炼油化工设备维护检修案例丛书

炼油化工换热设备维护检修案例

胡安定　主编

中国石化出版社

内 容 提 要

本书从炼油化工换热设备维护检修入手，精选了近年来炼油化工企业换热设备维护检修工作的有关案例。其中包括各种换热器、空气预热器、空气冷却器、水冷却器、余热锅炉、废热锅炉、蒸汽发生器等余热回收设备的维护检修案例。精选的案例密切结合生产实际，具有很好的示范性和可操作性。

本书可供炼油化工企业的厂长、经理，从事生产、设备、技术、科研、维修、安全、环保工作的管理人员和技术人员，以及基层车间的生产操作、维护检修人员学习、交流和借鉴，从而对加强企业换热设备维护检修和管理工作，实现生产装置的安全、稳定、长周期运行，起到积极的促进作用。

图书在版编目（CIP）数据

炼油化工换热设备维护检修案例 / 胡安定主编.
—北京：中国石化出版社，2016.5
（炼油化工设备维护检修案例丛书）
ISBN 978-7-5114-3924-6

Ⅰ.①炼… Ⅱ.①胡… Ⅲ.①石油加工厂-热交换设备-维修-案例 Ⅳ.①TE965

中国版本图书馆 CIP 数据核字(2016)第 069546 号

中国石化出版社出版发行

地址：北京市东城区安定门外大街 58 号
邮编：100011　电话：(010)84271850
读者服务部电话：(010)84289974
http://www.sinopec-press.com
E-mail：press@sinopec.com
北京柏力行彩印有限公司印刷
全国各地新华书店经销

*

787×1092 毫米 16 开本 21.75 印张 520 千字
2016 年 5 月第 1 版　2016 年 5 月第 1 次印刷
定价：65.00 元

前　言

炼油化工企业的换热设备是炼油化工生产过程工艺操作中传递交换热能达到工艺操作指标、保证平稳生产必不可少的重要设备，也是企业回收余热、节能降耗、挖潜增效、提高生产经济效益的重要设备，一旦操作失误、维修不当而发生损坏泄漏会污染环境、毒害人体，甚至引起火灾、爆炸，导致重大事故的发生。积极采取措施加强维修，搞好检测和腐蚀防护，使其经常保持完好，充分发挥其效能，以确保炼油化工生产安全、稳定、长周期运行是企业全体员工，特别是从事生产操作、设备管理及维护检修工作者肩负的重要使命。

多年来，广大从事炼油化工生产操作、设备管理及维护检修工作者，以及为炼油化工企业服务的有关科研、制造、维修单位的设备工作者，为搞好换热设备工作，作出了积极的努力，付出了辛勤的劳动，其中不少通过自身反复的实践，创造了很多好作法，积累了不少的好经验。他们通过归纳总结，构成了十分可贵的具体的案例。

根据炼油化工企业广大设备工作者的要求，为了便于更好地交流、借鉴和相互学习，我们从中精选了72篇案例，汇集编制而成《炼油化工换热设备维护检修案例》专辑出版。精选的案例具有很好的示范性和可操作性，期望对炼油化工企业广大设备工作者有所帮助，并能对提高和加强炼油化工换热设备管理和维护检修水平起到积极的促进作用。

为便于读者查找，我们将其分类划分为六章，即：换热设备技术、换热器、空气预热器、空气冷却器、水冷却器、余热回收设备等维护检修案例。

由于编者水平有限，在编辑过程中难免有不当之处，敬请读者批评指正。

前言

目　　录

第一章　换热设备技术

第二章　换热器维护检修案例

第三章　空气预热器维护检修案例

第四章　空气冷却器维护检修案例

第五章　水冷却器维护检修案例

第六章　余热回收设备维护检修案例

第一章　换热设备技术

1. 高效传热技术及装备的新发展

换热器在一般石油化工企业中占总投资的40%~50%，在现代石油化工企业中也要占到总投资的20%~30%，管壳式换热器由于制造成本低、清洗方便、工作可靠，是热量传递中应用最为广泛的一种换热器。但是，传统的管壳式换热器存在设备尺寸大、换热效率低、投资成本高等缺点，而利用高效传热技术对传统的换热器进行合理的设计和改进，则可以提高换热效率、减少设备投资，在节能增产方面起到举足轻重的作用。

近年来，江苏中圣高科技产业公司加大开发力度，推出了多种管型的高效换热器，如内波外螺纹管换热器、T形槽道管换热器、波纹管换热器、热管换热器等。这些高效换热器不但增加了单位体积的换热面积，还可以改善流体的流动状态，从而提高了传热效率。在石油、化工、食品、制药等领域得到广泛应用，为企业节省了大量设备投资，充分挖掘了低品位能源的利用潜能，带来了显著的经济效益和社会效益。

1　发展高效传热技术的意义

首先，在新上项目中采用高效传热技术可以提高换热器的传热效率，在相同热负荷的情况下，能够减小换热器的传热面积，从而有效地缩小换热器的外形尺寸，降低整体设备投资。

其次，在企业的扩能改造中，为了增加换热面积，需要增大换热器的外形尺寸或者增加设备的台数，由于现场安装尺寸的限制，以上两种方法往往不可行，这种场合下高效换热器的独特优势就显现出来了，可以不改变原有换热器的尺寸，仅靠更换高效换热管束来提高换热效率，达到目标要求。

再次，由于高效换热器自身或采用的特型管的特殊结构，具有自清洁作用，可以延缓污垢的生成，延长设备的运行周期，降低使用成本。

2　高效传热技术的工程化应用实例

2.1　高效换热器在PTA项目中的应用

内波外螺纹管高效换热器的换热管管内呈波纹状，管外呈螺纹状，使得靠近换热管壁面的流体边界层不断被破坏，减薄了边界传热层的厚度，总的传热效率能提高20%以上，同时流体的湍动能有效延缓污垢的生成(见图1)。这种高效换热器在PTA项目中得到了广泛应用，产生了显著的经济效益。

在上海石化涤纶部年产40万t PTA装置系统优化节能降耗改造工程中，为了更充分地利用氧化反应尾气中的热量多产副产蒸汽，将原来两台换热面积分别为1424m^{2}和1300m^2

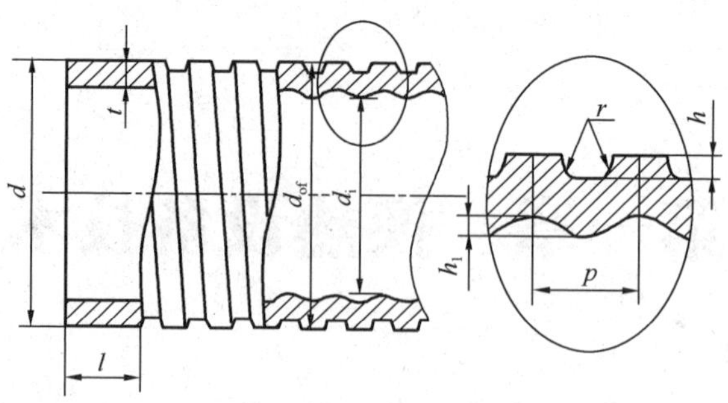

图 1　内波外螺纹管结构图

的列管式换热器更换成一台换热面积为 1664m² 的釜式内波外螺纹高效钛换热管换热器，虽然换热面积有所减少，但是由于换热效率有很大提高，副产 0.3MPaG 蒸汽的发生量由原来两台换热器共产 63t/h 增加至单台换热器产 88t/h 以上，全年可增发 0.3MPaG 副产蒸汽 20 万 t。以每吨 0.3MPaG 蒸汽 110 元计，则全年增加的收益达 2200 万元。即使扣除系统相互影响因素，对 40 万 t PTA 装置降低能耗的贡献也在 25kg 标油/t PTA 产品以上。

内波外螺纹管高效换热器可广泛推广至新建 PTA 项目和 PTA 改造项目，并为更大规模装置的工业应用奠定了基础，可有力推动 PTA 装置节能技术的进一步发展。

2.2　高效换热器在苯乙烯项目中的应用

T 形槽道管换热器的换热管是以光滑管为坯管，外表面被加工成螺旋状的 T 形翅片，翅片向内形成凹腔，这种凹腔为管外沸腾介质提供了稳定的汽化核心，总传热系数能提高 40%以上(见图 2)。由于沸腾时气泡被强制推出凹槽及液相的不断被吸入，使换热表面气液两相流加剧，从而有效地防止换热面的污垢产生。

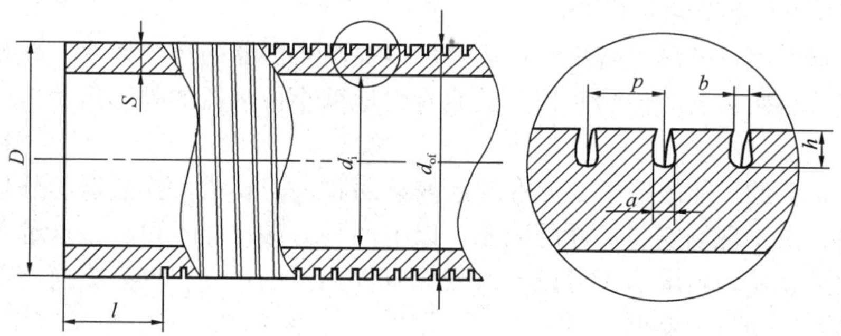

图 2　T 形槽道管结构图

1998 年大连石化苯乙烯项目中，有两塔拟采用塔顶蒸汽发生器，由于塔顶安装场地狭小，对蒸汽发生器的外形尺寸要求很高。如果采用传统的双锅筒循环水管式余热锅炉，需要设计独立的汽包，整个系统占用空间很大，还要在塔顶搭建平台，施工相当困难。我公司开发设计了 T 形槽道管釜式高效换热器，将蒸汽发生器和汽包合为一体，节省了材料，减少了设备占用空间。这两台蒸汽发生器每小时产汽 47.5t，按年运行 8000h 计算，年回收效益近 2 千万人民币。

2.3　高效换热器在 EO/EG 项目中的应用

内凹槽道管是以光滑管作为坯管，在管内表面加工成直线形内凹槽或螺旋形凹槽(见图 3)。内凹槽为管内介质的沸腾提供汽化核心，提高传热速率。内凹槽道管高效换热器适用于立式管内再沸器。

内凹槽道管高效换热器在扬子石化 EO/EG 装置的改造中，2 台再沸器得到了很好的应用。我们在不改变设备外形尺寸的前提下，仅将光滑的换热管更换成内凹槽道管，总的传热效率提高了约 50%。

2.4 高效换热器在大乙烯项目中的应用

低翅片螺纹管高效换热器的螺纹管是以光滑的管子作为坯管，在管子外表面加工出不同螺距和齿高的螺纹，这种管形的翅化比能达到 2.2 以上，大大地增加了换热器的换热面积(见图 4)。这种螺纹管换热器在乙烯项目的冷凝工况有广泛的应用，因为外面的螺纹沟槽利于冷凝液及时排除，有效减薄冷凝液膜，大大地提高了管外的传热系数。

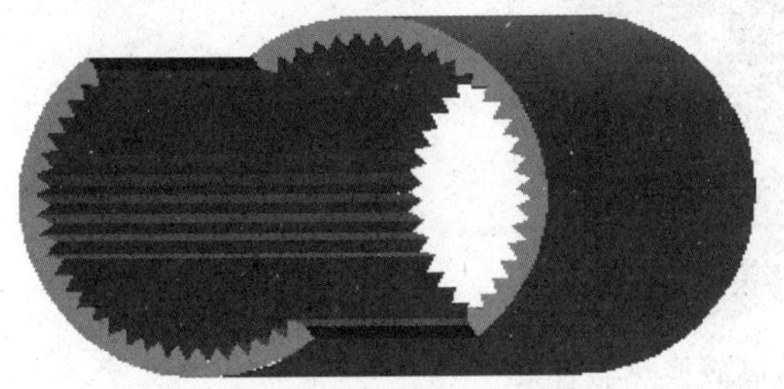

图 3 内凹槽道管结构图

图 4 低翅片螺纹管结构图

我公司设计并制造的螺纹管高效换热器在福炼 80 万 t 乙烯、天津 100 万 t 乙烯、镇海 100 万 t 乙烯及神华包头乙烯项目中得到了很好的应用，这些设备投用至今，结果表明操作平稳，热负荷均可提高 30%~50%，各项工艺指标完全达到并超过了设计要求，在节能改造中取得了明显的经济效益。武汉 100 万 t 乙烯使用的 8 台超大型螺纹管高效换热器，目前正在我公司的制造过程中。

2.5 高效换热器在炼油项目中的应用

炼油项目中原油、减压渣油和减压蜡油等油品黏度较大、结构热阻较高，因此双面强化传热的波纹管高效换热器尤其适合此类工况。波纹管内外突起的波纹状表面使边界层内产生漩涡，这些漩涡不断地使边界层内的流体与边界层以外的流体混合，介质湍动程度增加，使管内外介质的传热能力提高(见图 5)。波纹管换热器与普通光管相比总传热系数能提高 20%以上，而且具有很好的温差补偿能力，适应温差较大的工况。

图 5 波纹管结构图

这类高效换热器在扬子石化、高桥石化及上海石化等炼油项目中得到了广泛的应用。设备投用至今，提高传热效率显著，减缓了结垢，延长了设备的使用周期，降低了设备的运行成本，且可解决生产工艺瓶颈问题。

另外，炼油项目中当壳程的介质黏度大时，容易造成压力降过大，流速减小，影响换热效果。螺旋折流板高效换热器可有效解决这类问题。螺旋折流板高效换热器的折流板是采用若干块扇形折流板呈螺旋状组装形成，壳程介质在折流板组成的螺旋通道内呈螺旋状连续前进，消除了传统弓形板换热器存在流动死区的缺点，防结垢能力强，减小了壳程的压力降，抗震动性能好。如果根据实际工况再选用合适的高效换热管(波纹管、内波外螺纹管等)，则可以在管内外同时强化传热，最大限度地挖掘换热器的潜能。

2006年在金陵石化烷基苯厂的两台塔底油换热器管束中采用了“波纹管+螺旋折流板”的高效换热管束(见图6)，运行结果证明，壳体的阻力降较小，只有弓形折流板的1/3，设备运行稳定可靠。螺旋折流板换热器在中海油的部分炼油项目中也得到了广泛的应用。

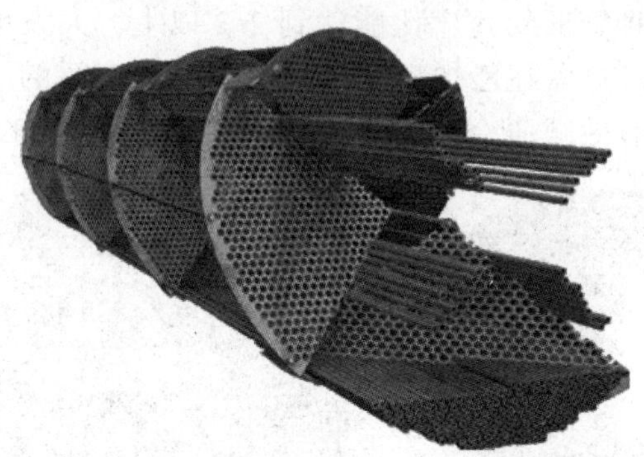

图6 正在制作的螺旋折流板高效换热器管束

2.6 高效换热器在烧碱行业中的应用

烧碱行业由于自身的特点，对换热器的耐腐蚀性要求很高，因此氯气预冷器、氯气冷却器及盐水换热器等多使用镍及钛的材料。如果采用高效传热技术，不仅能缩小设备尺寸，为企业节约大量设备投资，还能提高换热效率，延长设备的使用周期，延缓污垢的产生，降低设备操作成本。特材高效换热器在新浦化学、上海华胜天原化工、江苏双菱化工集团及鲁西化工等烧碱项目中得到了广泛应用。

2.7 高效换热器在醋酸乙烯项目中的应用

高效换热器由于自身特点，不仅在扩能改造中得到广泛应用，在新上项目中也被很多人考虑到，在川维醋酸乙烯项目中的聚合及药调单元使用了23台我公司制造的高效换热器。因为换热效率提高，相同操作工况下，比普通换热器的外形尺寸有所缩小，为企业节省了大量设备投资。

2.8 高效换热器在余热回收行业的应用

随着世界能源的日益减少，人们的节能环保意识逐渐加强，对余热回收、低温热利用的重视程度与日俱增，而在此过程中的温差推动力一般很小，热管换热器在一定程度上可以解决此类问题。热管由管壳和内部工作工质组成。热流体的热量通过热管壁传给热管加热段的工质，工质吸热后蒸发沸腾，转变为蒸气，上升至放热段后和冷流体进行热交换，工质冷凝后在重力作用下回到加热段，如此周而复始借用液态工质的汽化和冷凝的潜热达到高效传热的目的。工质冷凝后不需外加动力，靠重力自然回流，运行费用低，操作稳定性高。图7、图8分别为重力式热管换热器和分离式热管换热器工作原理图。

为满足日益提高的加热炉效率，降低加热炉排烟温度，按理论计算，加热炉排烟温度每降低20℃，可节约燃料1%。我们在石化行业的加热炉一般可将排烟温度从250℃降到130℃排放，理论可以节约燃料6%。目前我们在石化行业投运的设备达500多台套，年节约燃料折合标煤约15万t，折合人民币约1.2亿/年。

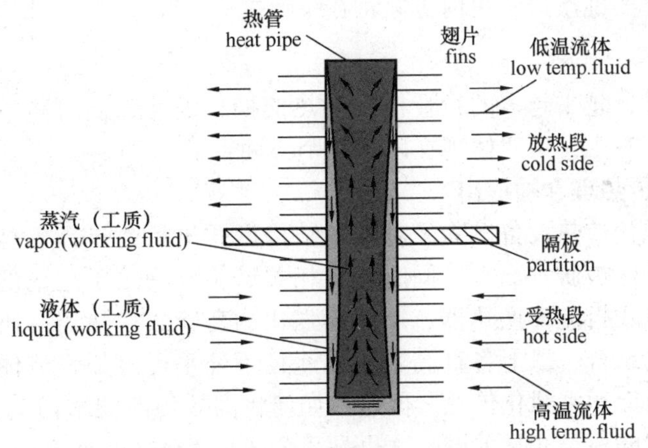

图7　重力式热管换热器工作原理图

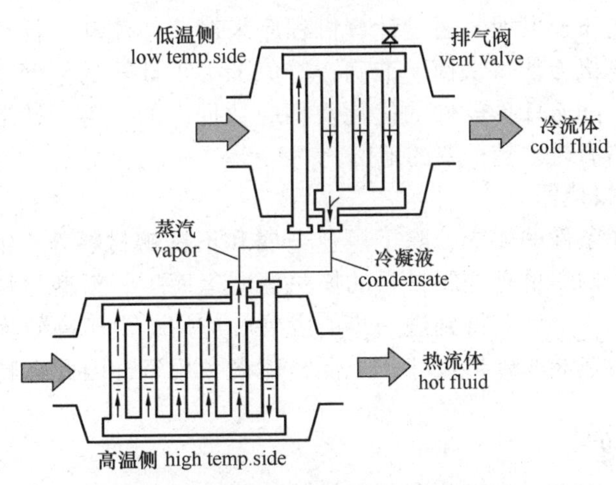

图8　分离式热管换热器工作原理图

2.9　高效换热器在管程介质黏度较大的场合下的应用

2009年在上海石化聚酯装置中，酯化反应分离塔塔顶产生0.7kg、115℃左右的低品质饱和水蒸气，通过循环水冷却每小时生成6.9t废水。为了能有效利用这部分低品质蒸汽，将回收的这部分蒸发潜热用于第一酯化釜PTA浆料预热，为此增加一台浆料加热器。这样既可以对反应原料进行预加热，同时又能减少循环冷却水的用量，实现节能节水效果。但是由于PTA浆料随温度的下降黏度上升得非常快，在35℃时物料的黏度高达3985cP，使用的普通光管换热器极易发生换热管堵塞现象。我公司的技术人员结合PTA浆料的物性和内波外螺纹管高效换热器在类似工况下的运用经验，决定采用内波外螺纹管高效换热器，实践证明，这种换热器有效地防止了浆料结垢及换热管堵塞。这台设备自2008年6月投用以来，共5套装置运行一直稳定，从未出现换热管堵塞，按全年运行8000h计，全年可节约重油1144t，节约循环水量为176.7万t。

2010年中国石化仪征化纤股份有限公司聚酯生产中心在相同的装置中遇到了同样问题，鉴于上述经验，结合已有成功经验对实际工况进行了分析计算，采用了适合此类工况的内波外螺纹管高效换热器，目前项目进展顺利，设备制造接近尾声。仪征化纤瓶片生产中心在类似装置中也打算实施改造，目前方案正在设计之中。

3 展望

随着科学的发展，越来越多的行业涉及到热交换，因此人们对高效传热技术和换热设备的研究也日益广泛深入，主要体现在以下几个方面。

3.1 多种高效传热理念被提出

近年来，为了强化传热设备，除了对旧的结构形式进行改进，也有新的结构形式被提出。多种高效传热元件被研发出来，同时还有相关试验开展给予理论的支持和证明。如叶片旋流管换热器、帘式折流片换热器、螺旋片强化的套管式换热器，还有文献报道纳米技术与高效传热技术的结合，以上各种高效传热途径不外乎通过加强流体的湍流状态，减少流动死区，增加换热面积来强化传热。但是，如何将高效传热技术切实可行地应用于生产，架起理论和生产之间的桥梁才是关键，这也是我公司一直致力于研究的一个重要的方向。

3.2 设计方法和计算

随着计算机技术的飞速发展，通过计算机程序来对流体流动和传热过程进行模拟、计算已成可能，由于计算机方便、快捷、准确，避免了手工计算的繁琐和错误，近年来得到了普遍的重视和发展。随着计算软件的优化及相应数据库的完善，计算机在传热计算和高效换热设备的设计中占有越来越重要的地位。

3.3 新型材料的换热器

为了满足不同操作条件的要求，除了黑色金属和不锈钢材料外，铜、铝、镍等有色金属及其合金和钛、钽、锆等稀有金属材料的换热器应运而生。新型材料的换热器在耐强腐蚀性能方面有特殊优点，今后会得到进一步的发展和应用。由于高效换热器在相同热负荷的情况下，能够缩小换热器的外形尺寸，降低整体设备投资，因此在特材换热器领域有广阔发展的空间。

3.4 生产制造工艺

换热设备的发展和生产制造工艺有着密切的关系。目前，随着产品系列化、零部件的标准化、制造过程的机械化和自动化，以及复合、衬里、表面处理等技术的逐渐成熟，高效换热器的生产制造工艺也日趋完善。

经过多年的实践证明，高效传热技术用于换热器的改进，强化了传热效果，提高了生产的安全稳定性，大大降低了设备的投资，给企业带来显著的经济效益，是一项成熟稳定的技术。随着工业的发展及人们对节能降耗的重视，高效换热器的广泛使用势在必行。

（江苏中圣高科技产业有限公司　郭宏新，汪芳，李秋杰）

2. 加强换热设备技术管理的几项措施

长岭炼化公司共有换热设备903台，其中不锈钢管束换热器285台，CrMo合金管束换热器70台，钛管换热器2台，哈氏合金换热器1台，铜管束换热器6台，玻璃管换热器1台，10#钢管束换热器538台。1#常减压初顶、常顶空冷和后冷却器选用10#钢，减顶选用18-8型不锈钢，2#常减压常顶油气换热器选用钛管换热器，常减压重油、催化油浆等部位选用10#钢，焦化装置选材以18-8型不锈钢为主，硫化氢水溶液部位选用08(09)Cr2AlMo和18-8型不锈钢为主。

由于近年来，公司加工原油硫含量和酸值较高，换热器腐蚀泄漏情况有所加重，为提高换热器寿命和保证正常生产，我们不断总结经验，一方面加强换热设备检维修管理，另一方面加强了腐蚀泄漏研究分析，不断采用新技术、新材料，有效地保证换热设备的正常运行，同时尽量地减少维修成本。

1 换热设备的防腐管理

1.1 加强工艺防腐，降低高硫原油对设备的腐蚀

设备管理部门与生产管理部门协同管理，开好常减压装置“一脱三注”，针对以前注“7019”水溶性缓蚀剂存在局限性的问题，通过试验研究采用了缓蚀效果更好的油溶性缓蚀剂，虽然常顶设备采用的设备材质为碳钢，但腐蚀轻微，冷却器和空冷寿命在8年以上，有的达12年。现在又在催化装置分馏塔顶应用了该措施，分馏塔顶冷却器以前采用不锈钢，使用6年即腐蚀穿孔，管子表面可见明显蚀抗，现在，经过两年多运行，在今年初大检修抽芯检查未发现明显腐蚀。

1.2 加强设备表面防腐

由于公司加工原油变化，换热器内漏增加，生产装置检修周期延长，循环水质管理难度增大，生产中后期循环水质逐渐变差，对换热器腐蚀加剧，因此，我们加强了水侧涂料防腐，所有冷却器检修时都要检查，防腐层脱落的，均安排重新防腐。对油侧存在均匀腐蚀的部位，则进行Ni-P镀。这样，有效地延长了设备寿命。

1.3 有针对性地更换、升级材质

对循环水和低温水系统的换热器，由于换热器泄漏后对系统影响较大，近年我们逐年对油侧腐蚀性较强的部位更换为不锈钢，尤其是低温水系统，一旦泄漏，对发电机组影响大，同时整个系统重新清洗置换损失较大，我们几乎都采用了不锈钢管束，减少了泄漏后对系统的污染。

1.4 加强腐蚀研究

今年公司专门立项，委托长岭设备研究所对公司的换热器的腐蚀情况进行普查，并对不同的材质在几个主要部位的耐腐性进行比较，在此基础上，建立长岭炼化公司冷换设备腐蚀及选材指导。前阶段在水系统、分馏塔顶、脱硫装置等部位进行挂片试验。通过分析，我们发现低温水腐蚀性比循环水还强，这对我们在低温水系统换热器的选材上有了很大的帮助。目前，这项工作正在进行。

2 换热设备泄漏的原因

2003年以来，共发生换热器泄漏29起，其中外漏2起，小浮头泄漏5起，其余为管子腐蚀泄漏。管子腐蚀泄漏中有13起为循环水冷却器，7起为低温水系统换热器，其余2起为重沸器和油-油换热器。除腐蚀引起的泄漏外，其他因素引起的换热器泄漏也占很大比例。

2.1 设计方面原因造成泄漏

焦化装置的7台低温水换热器，有4台检修改造开工后运行不久发生泄漏，主要原因是装置扩能改造时选型不对，这7台换热器壳程介质温度在300℃以上，管程水温为120℃，由于选用浮头式换热器，浮头泄漏后，换热管内产生强烈水击，致换热管爆裂，现在更换为U形管换热器后该问题得到解决。

2.2 制造方面造成泄漏

个别制造厂采用的管材质量差，或采用旧配件翻新，如脱硫冷502新管束装上就漏，发现管子已穿孔，调查发现管子为存放10年的旧管。加氢制氢装置换501管箱法兰泄漏，抽芯检查发现管板有凹痕，经车削发现该管板为旧的配件堆焊，而且堆焊质量很差。

2.3 工艺原因造成泄漏

主要是装置生产条件变化，冷却器循环水流量小，管束及管板表面结垢及垢下腐蚀。1#常减压减顶回流冷却器换208为不锈钢管冷却器，管板为16Mn锻件，今年6月腐蚀泄漏，试压发现管子与管板多道焊缝泄漏，管板表面有明显腐蚀凹坑，管板表面处理干净后，我们堆焊了一层不锈钢层。常三线冷却器换207为2001年12月制作的新管束，2002年7月就因管子腐蚀穿孔，造成换热器内漏，更换并防腐后于2004年4月再次泄漏，经设备所分析，原因是流速慢，造成细菌腐蚀。抢修时我们更换为不锈钢管束。

3 换热设备选材、表面保护及维修方面的几点做法

3.1 设备选材方面

根据这几年的使用情况，水冷器以碳钢为主。但壳程介质腐蚀也是比较严重的，我们采用了不锈钢管，如催化分馏塔顶冷却器、循环油-低温水换热器，常减压减顶冷却器，大部分换热器已使用了10年，目前运行正常。对常减压的油-油换热器我们主要选用10#和08(09)Cr2AlMo，焦化装置则主要以不锈钢为主。脱硫装置污水汽提部分主要选用不锈钢，脱硫部分主要选用10#管，从使用情况看，脱硫的部分换热器选用10#钢寿命较低，如贫富液换热器、再生塔重沸器、贫液冷凝器等寿命仅有3~5年。

一些部位选用08(09)Cr2AlMo钢效益比较明显，如重整装置瓦斯加热器(管束公称直径800mm)，由于Cl^-含量较高，使用碳钢寿命1年，18-8不锈钢半年，而使用08(09)Cr2AlMo钢寿命可达4年，不仅更换设备费用每年减少3万元，同时维修费也可节省1万元。

3.2 表面保护方面

经使用情况的统计和分析，我们有以下看法：

(1) 对碳钢冷却器，一定要进行涂料防腐，否则，换热器寿命会大大缩短。一般情况下，不防腐的寿命在4年以下，防腐后可达8年以上，而且管子不结垢，检修时便于清洗。最好新管束就做涂料，效果才好。如前述1#常减压常三线冷却器换207，2002年7月管子

腐蚀泄漏，管束更换后由于抢修时间紧，来不及防腐，使用至2003年5月大检修时才进行涂料防腐，但效果差，2004年4月再次泄漏。

（2）对腐蚀较轻的均匀腐蚀部位，选用Ni-P镀效果较好，如催化丙烯塔顶冷却器、重整精馏冷却器，采用Ni-P镀后，经4年使用后，管子镀层依然完好，焦化富气冷却器使用8年管子仍然完好。但这种方法不能用在介质为水或含水较多部位的设备上，如我们在常减压电脱盐切水换热器上就几乎没有效果。

（3）对08(09)Cr2AlMo这类抗硫化氢腐蚀的材料，以前我们认为它们耐蚀性较强，故用于冷却器时管程没有进行涂料防腐，使用中我们发现，它们在循环水中的腐蚀率较高，有的使用寿命仅5年，如焦化柴油冷却器冷104，1#催化富气冷却器换301。

3.3 制造、修理方面

为延长设备使用寿命，要注意制造和维修上的一些细节，如对采用不锈钢管子的冷却器，管板又是16Mn的，管板管程侧表面一定要堆焊不锈钢层，否则，管板表面以及管子与管板的焊缝会腐蚀，甚至一些采用蒸汽作为热源的重沸器或换热器的管板表面也会被冲蚀，如2#催化解析塔底重沸器换304，管板蚀坑达5mm，1#常减压减顶回流冷却器换208也因管子与管板焊缝腐蚀造成泄漏。发生这些情况，以前我们直接更换新管束，现在由于维修费用紧张，我们一般都修理再回用。方法是将管板表面喷砂，除去油污后，堆焊不锈钢层，通过近两年使用情况看，效果不错，节省了大量的维修费。

管子为不锈钢的换热器，其他部件(除管板外)也要采用不锈钢。这样增加的成本不会太高，但对延长换热器管束的使用寿命很有好处。如我公司焦化装置柴油换热器换105/5，6，焦化汽油加氢装置汽提塔重沸器换601(U形管)因折流板等部件不是不锈钢，使用10年因折流板腐蚀致管束散架而报废，很可惜。

4 总结

换热设备在石油加工过程中，承担着热量传递的重要作用。冷换设备运行的好坏，直接影响着生产装置的平稳运行及综合运行经济指标。

长岭炼化公司近年来在各级设备管理人员变化频繁以及检维修单位管理关系的变化的形势下，在检修周期延长，原油品种向高硫、高酸趋势发展的环境下，认真加强换热设备的管理，保证了生产装置的正常运行。

（中国石化长岭分公司机动处　宾超波，曾文海）

3. 设计选用标准换热器方法的探讨

换热器标准从 JB 1168—73、JB 2207—73 到 JB 1168—80、JB 2207—80，再到 JB/T 4714—1992《浮头式换热器和冷凝器型式与基本参数》、JB/T 4717—1992《U 形管式换热器型式与基本参数》(简称 92 版标准)，至今已达 37 年的历史，在石油化工行业，为换热设备的设计、制造、采购、安装及检修提供了巨大的便利条件。92 版标准颁布后，为贯彻上述标准，中国石化建设工程公司(原北京设计院)、中国石化洛阳工程公司、兰州石油机械研究所共同编制了标准换热器的通用图系列(以下简称标准换热器通用图系列)，并得到广泛应用。随着石油化工行业近几年的快速发展和技术进步，以及标准的变更，标准换热器的设计和使用遇到很多问题，以下对 92 版标准换热器的设计选用提供一些方法供参考和借鉴。

1 讨论与分析

目前，在标准换热器使用中遇到最多的问题是标准换热器原来的设计工况和实际工况不一致，主要表现为材质变化、腐蚀裕量变化及接管法兰变化。

1.1 主体材质的变化

标准换热器通用图系列的设计压力是以设计温度 200℃为基础的，其他温度下的最大许用工作压力按升温降压表(见表 1)查取，标准换热器通用图系列 PN1.0MPa 和 1.6MPa 的筒体材料为 Q245R，设备法兰为 16Mn 锻件，PN2.5MPa、PN4.0MPa、PN6.3MPa 筒体材料为 Q345R，设备法兰为 16Mn 锻件，JB/T 4714—1992、JB/T 4717—1992 只给出了安装尺寸，没有给出材质，但从尺寸分析看，也是按通用图系列的材质给出的，由于实际工况的需要，经常会将 Q345R 材质改为 Q245R，将设备法兰由 16Mn 锻件改为 20 锻件，Q245R 与 Q345R 材料的许用应力见表 2(以 16mm 为例)。

表 1 标准换热器的升温降压表 MPa

允许工作压力	200℃	250℃	300℃	350℃	400℃
PN1.0 换热器	1.0	0.89	0.81	0.74	0.68
PN1.6 换热器	1.6	1.42	1.31	1.18	1.10
PN2.5 换热器	2.5	2.22	2.05	1.85	1.72
PN4.0 换热器	4.0	3.56	3.28	2.96	2.76
PN6.3 换热器	6.3	5.69	5.24	4.73	4.41

表 2 Q245R 与 Q345R 材料的许用应力比较

材料	工作温度/℃				
	200	250	300	350	400
Q245R	123	110	101	92	86
Q345R	170	156	144	134	125

设备法兰用材料最大允许工作压力见表 3。

表 3 设备法兰用材料最大允许工作压力(JB/T 4703—2000) MPa

公称压力/MPa	法兰材料(锻件)	工作温度/℃				
		-20~200	250	300	350	400
1.0	20	0.73	0.66	0.59	0.55	0.50
	16Mn	1.0	0.96	0.86	0.81	0.77
1.6	20	1.16	1.05	0.94	0.88	0.81
	16Mn	1.60	1.53	1.37	1.30	1.23
2.5	20	1.81	1.65	1.46	1.37	1.26
	16Mn	2.5	2.39	2.15	2.04	1.93
4.0	20	2.90	2.64	2.34	2.19	2.01
	16Mn	4.00	3.82	3.44	3.26	3.08
6.4	20	4.65	4.22	3.75	3.51	3.22
	16Mn	6.4	6.12	5.5	5.21	4.93

从表 2 和表 3 不难看出，Q245R(20 锻钢)比 Q345R(16Mn 锻钢)许用应力或最大允许工作压力有明显下降，无法满足表 3 的要求。但使用单位往往按标准型号采购，如 BES1200-2.5/2.5-395-6/25-4，如果型号不变更，就无法通过国家质监部门的监督检查，如变更型号，使用单位又会对标准换热器产生误解。

对这个问题一些设计院在标准换热器的基础上设计了安装图，一些设计单位给出了《标准换热器补充修改说明书》，将其型号进行了变更，这两种方式都可以解决上述问题。

笔者认为，可以在通用图系列中增加 20 锻件和 Q245R 系列，即形成 *PN*1.0、*PN*1.16、*PN*1.6、*PN*1.8、*PN*2.5、*PN*2.9、*PN*4.0、*PN* 4.6、*PN*6.3 系列，其中 *PN*1.16、*PN*1.8、*PN*2.9、*PN*4.6 系列为 Q245R(20 锻钢)系列，安装尺寸可以分别按原 *PN*1.6、*PN*2.5、*PN*4.0、*PN*6.3 尺寸设计，其升温降压可以参照设备法兰 20 锻钢的升温降压表。上述示例 BES1200-2.5-395-6/25-4 如材质为 Q245 和 20 锻钢，设计选用型号应为 BES1200-1.8-395-6/25-4。

当主体材质采用不锈钢复合板时可以参照基材材料进行型号选用。

1.2 腐蚀裕量的变化

标准换热器的设计工况腐蚀裕量为 2mm，而实际工况可能是其他数字，比如是 5mm，但实际的设计压力会很低，比如 0.5MPa，设计院设计给出的型号为 BES1200-2.5-395-6/25-4，当然，本意是由于腐蚀裕量的增加，最大允许工作压力会降低，但一些使用单位会误解为腐蚀裕量为 5mm 的设计压力为 2.5MPa，形成选用的标准换热器与实际工况的矛盾。所以，不妨在图纸中给出标准设计工况和实际设计工况两种的设计参数和型号，上述示例可以同时给出 BES1200-2.5-395-6/25-4 和 BES1200-0.5-395-6/25-4 两种型号，后一种型号为实际使用工况的型号，前一种型号为标准换热器设计工况，前一种型号供以后使用单位更换设备使用部位时参考。产品铭牌中按实际设计工况标注，为保证使用单位的利益和设备的安全，设备的类别划分和设备的制造按标准设计工况和实际使用设计工况两个中的苛刻者。

1.3 接管法兰的变化

由于装置的要求，接管法兰的标准、压力等级、直径各不相同。

1)压力等级的配置

接管法兰压力等级应与换热器的压力等级相匹配，推荐按表4配置，其中换热器的设计压力是以设计温度200℃、腐蚀裕量2mm为基础的。

表4 推荐接管法兰配置表

换热器标准工况设计压力	接管法兰标准	压力等级	200℃法兰许用压力(20锻钢)/MPa	200℃法兰许用压力(16Mn锻钢)/MPa
PN1.0换热器	HG 20592	16bar	1.26	1.51
	HG 20615	Class150	1.38	1.38
	SH 3406	PN2.0	1.27	1.4
PN1.16换热器	HG 20592	16bar	1.26	
	HG 20615	Class150	1.38	
	SH 3406	PN2.0	1.27	
PN1.6换热器	HG 20592	25bar	1.97	2.37
	HG 20615	Class300	3.64	4.38
	SH 3406	PN5.0	3.18	4.37
PN1.8换热器	HG 20592	25bar	1.97	
	HG 20615	Class300	3.64	
	SH 3406	PN5.0	3.18	
PN2.5换热器	HG 20592	40bar	3.16	3.79
	HG 20615	Class300	3.64	4.38
	SH 3406	PN5.0	3.18	4.37
PN2.9换热器	HG 20592	40bar	3.16	
	HG 20615	Class300	3.64	
	SH 3406	PN5.0	3.18	
PN4.0换热器	HG 20592	63bar	4.98	5.96
	HG 20615	Class600	7.28	8.76
	SH 3406	PN6.8	4.33	5.94
PN4.6换热器	HG 20592	63bar	4.98	
	HG 20615	Class600	7.28	
	SH 3406	PN6.8	4.33	
PN6.3换热器	HG 20592	100bar	7.9	9.47
	HG 20615	Class600	7.28	8.76
	SH 3406	PN10.0	6.36	8.74

当接管法兰压力等级低于上述《推荐接管法兰配置表》时，其换热器的整体设计压力和型号压力应降低至接管法兰所能承受的最大工作压力。

2)接管直径的变化

92版标准换热器(JB/T 4714—1992、JB/T 4717—1992)详细地给出了换热管的排管数、流通面积及接管直径大小，这里的接管直径与换热器管、壳程的流通面积是相匹配的，一般不宜变动接管直径，由于工艺的需要，也可以增大或减小接管直径，这时除对接管本身情况(如流速)进行核算外，宜应按实际流量和介质物理特性对标准换热器主体的流通情况进行核算，必要时采取去掉防冲板或更改换热管排管数等办法，以避免由于接管直径增加过大但流通面积不够而造成设备局部流速过快或设备振动等情况发生。

2 使用中的注意事项

由于石油化工行业的快速发展，工况也越来越复杂，对标准换热器使用中的再次利用及更换使用工况，应有专业人员对其新的使用工况的压力、温度、介质特性、腐蚀情况进行仔细核对，对其适用性进行分析。

3 结论

(1) 标准换热器是国内换热器专家的智慧的结晶，方便了行业的设计、制造和使用，但在新的情况下，需要进一步的完善，建议增加 *PN*1.16、*PN*1.8、*PN*2.9、*PN*4.6 的Q245R(20 锻钢)材质系列。

(2) 由于腐蚀裕量的变化，设计图纸应提供标准和实际两种设计工况的设计参数和型号。

(3) 接管直径和压力的配置应与设备相匹配，建议接管直径变化时应对换热器主体进行工艺核算。

(湖北长江石化设备有限公司 赵天波，胡广志)

4. 换热器法兰连接用密封垫片的选用

长期以来，法兰连接的泄漏是困扰石油化工装置正常生产的主要问题之一。实际情况表明，法兰连接的密封难点更多的是集中在像换热器这样的大型设备上。随着各种装置的大型化和高参数化，设备对法兰垫片的密封性要求越来越高，致使垫片出现泄漏的情况越加严重。换热器是石油化工装置中普遍使用的重要设备。换热器垫片的泄漏不仅影响装置的正常生产，更是危及装置、人员的安全。因此，针对换热器法兰连接的特点，分析研究其产生泄漏的原因，结合垫片密封技术的新发展和新产品，从垫片的正确选用方面着手加以解决应是合符实际的对策。

1 换热器法兰连接密封的特点

(1) 换热器法兰相对于管法兰其尺寸普遍较大，大型石化装置的换热设备其通径往往在 *DN*1000~2000，甚至更大。由此造成法兰普遍存在如下问题：

① 大法兰在加工过程中其表面质量不容易保证，不仅法兰表面的粗糙度较大而且往往容易形成较大的宏观变形。

② 大法兰的刚性相对较小，在操作条件下受到诸如介质作用力、温度应力和其他各种各样应力的作用而使法兰密封部位更容易产生宏观变形。

正是存在上述的宏观变形使大尺寸的换热器法兰相比于小尺寸的管法兰更容易出现泄漏。根据以往密封原理，密封是通过螺栓的负荷压缩垫片使其变形致密并填塞法兰表面的粗糙度和不平，从而阻止被密封介质从垫片材料内部的微观间隙和法兰表面通过而达到的。螺栓负荷通过法兰作用于整个垫片上使其变形。但由于法兰表面存在宏观变形，垫片在法兰表面的变形并不均匀一致，法兰表面凹下部分相对于法兰表面其他部分所受的压缩变形较小，因而该处垫片材料内部和与法兰表面间的界面致密性较小，从而容易形成泄漏通道。因此，只有在法兰和垫片相接触的表面各点通过垫片的压缩变形使其致密性都达到所要求的情况下才能形成良好的密封。

对诸如换热器这类设备大尺寸法兰而言，所用的垫片必须要有足够的压缩变形量来弥补其表面的宏观不平度才能确保其密封不漏。由此可见，要使换热器法兰连接获得良好的密封，垫片压缩变形的补偿能力就显得特别重要。从弥补法兰表面的粗糙度特别是其宏观不平度(变形)的角度看，垫片的压缩变形越大就越有利于密封。因此选择用于换热器等大尺寸法兰的垫片应以其是否具有较大的压缩变形能力作为主要依据。除了垫片所受的压缩应力外，其变形能力主要取决于垫片的结构形式、材料、尺寸(特别是垫片厚度)等。

(2) 换热器的操作条件复杂，不仅温度、压力等工艺参数高，而且波动变化大也是造成换热器垫片容易泄漏的重要原因。

操作压力对密封的影响主要体现在其对法兰连接的力与变形协调关系的改变上。在操作状态下由于介质压力所形成的轴向分离力的作用，原来预紧状态下的螺栓力和垫片应力都会发生变化，螺栓力随之增加，而垫片应力则随之下降。这种变化取决于法兰连接各元件的刚度。另一方面，操作温度对密封的影响则主要体现在由于法兰连接中各元件的温度变化不协调而引起包括垫片在内的各元件受力的变化。例如，在设备降温过程中法兰温度下降比螺栓温度快所形成的温差使螺栓负荷减少，垫片应力随之下降而导致泄漏。在已有法兰连接的情况下，上述的垫片应力下降主要取决于垫片本身的压缩-回弹特性。因而，在选择垫片时必须考虑垫片的良好压缩-回弹性能才能确保连接的密封性。

2 换热器垫片的选用

2.1 选用垫片的一般性准则

垫片的选择有两种情况，一种是从设计的角度进行选择，就是在设备设计时考虑选用垫片；另一种是从使用的角度进行选择，也就是根据已有的设备条件来选择合适的垫片。但不管是那种选择，以下列出的垫片选用的一般性准则仍然是应该遵循的。

1）选用垫片的性能必须能满足设备要求

设备对垫片的性能要求主要包括：

（1）密封性　这是显然易见的，选择垫片时其密封性必须能满足设备的要求。但有两方面情况值得注意。一是密封是一个相对的概念。对某些设备来说可能对密封性要求并不高，$1\times10^{-2}cm^3(N)/s$ 的泄漏率就被认为是密封的。但对另一些设备来说，泄漏率必须达到 $1\times10^{-4}cm^3(N)/s$ 甚至以上才能被认为是密封的。因此垫片的选择应根据设备对密封性的要求进行。另外也要注意，所选用的垫片能否具有设备所要求的密封性能。也就是说，垫片本身所具有的密封性随着垫片的型式、结构、材料等不同而不同。有些垫片的密封性只能达到 $1\times10^{-2}cm^3(N)/s$ 的泄漏率，而另一些则可达到 $1\times10^{-5}cm^3(N)/s$ 泄漏率。因此，在以密封性作为性能要求选择垫片时，应首先确定设备的密封性指标也就是容许的泄漏率，然后在此基础上对照垫片本身所能达到的的密封性来选择那些能满足设备密封性的垫片。

（2）密封寿命　这是一个与垫片使用时间相关的性能。垫片的密封寿命是指垫片的密封性能满足设备要求的情况下时间的长短。垫片的密封寿命取决于垫片的型式、结构、材料等，但相对而言，垫片的构成材料是否随时间而发生变化是判断垫片密封寿命长短的重要依据。通常垫片的密封性会随着使用时间的延长而发生变化，但只要这种变化仍然在满足设备密封性要求的范围内，垫片仍然符合寿命的要求。以密封寿命作为性能要求选择垫片时，首先要确定设备对垫片使用寿命的要求（如设备检修期等），以此为依据对照垫片本身所具有的密封寿命性能来选择相应的垫片。

（3）安全可靠性　垫片的安全可靠性直接影响到设备乃至装置的持续安全生产，因此安全可靠性应作为垫片选择的重要准则予以重视。由于垫片的结构型式和材料不同其安全可靠性会有很大差异，例如一般来说，金属垫片的安全可靠性很高，而非金属垫片的安全可靠性相对较差，金属与非金属材料复（组）合的则介于两者之间。

（4）使用安装性　垫片的使用安装性是指垫片在运输和现场安装时是否方便、容易。一般说来，垫片的使用安装性虽然不会直接影响到垫片的密封性能，但如果垫片在运输和安装过程中容易损坏就会延误施工工期，造成浪费。因此在选择垫片时其使用安装性能也应作为选用的因素加以考虑。

（5）适应性　选择垫片应该与介质的特性相适应，应考虑与介质的相容性、耐腐蚀性，还有就是与环境的适应性等。

2）选用垫片时经济性的考虑

从控制工程建设或维护检修成本的角度出发，选择垫片时无疑应对其经济性加以考虑。但这里的所谓经济性不仅是指垫片本身的价格成本，而且还包括其他隐性成本。例如选择一个价格相对便宜但性能一般的垫片与选择一个价格稍高但性能更好的垫片相比，前者似乎节约了购买垫片的费用，但如果在往后的安装过程中却容易出现损坏而更换，甚至在使用过程中不能确保密封而需要采取诸如停车更换或现场“打包”堵漏等后续措施进行补救，这时所产生的费用(即所谓隐性成本)显然要比垫片的价格高了不知多少倍，这样的选择是得不偿失的。由此可见，即使从经济性来考虑选择后者应该更为明智。因此，选择垫片时其经济性的考虑不应简单地仅考虑垫片本身的价格，还应从密封性、使用寿命、安全可靠性和使用安装性能等各方面加以综合考虑，才能选择出真正符合要求的密封件。

2.2　合用于换热器法兰连接的新型垫片

1）柔性石墨金属波齿复合垫片

波齿复合垫片系由特殊构造的金属骨架与膨胀石墨材料复合而成。金属骨架上、下表面开有相互错开的特殊形状的同心圆沟槽，其上复合了一层适当厚度的膨胀石墨材料，最终构成整体结构的垫片，如图1所示。

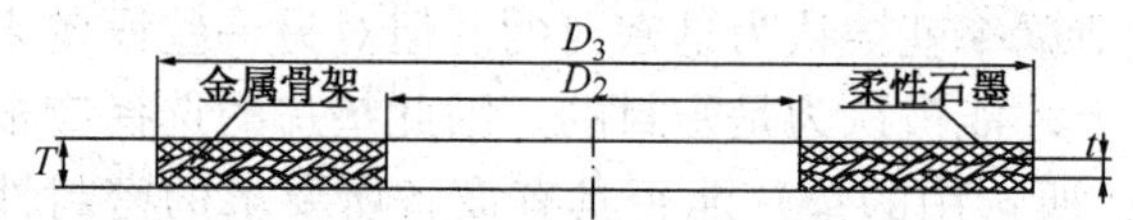

图1　柔性石墨金属波齿复合垫片

由于复合垫片的金属骨架既是带尖齿又是波纹状的，故名为波齿复合垫片。使用时由于法兰的压紧，复合在垫片上的石墨材料被压缩进入沟槽，金属骨架上、下表面的环形齿峰与法兰面紧密接触并在法兰进一步压紧下产生弹性变形，使膨胀石墨被高度压缩和封闭在金属骨架与法兰面之间所形成的环形密闭空间里，由此形成了波齿复合垫片的特有性能，一道道金属骨架的尖齿峰连同被高度压缩的柔性石墨材料构成一道道严密的密封，整个复合垫片实际上具有多道金属密封与柔性石墨材料密封的联合作用。而特殊构造的金属骨架就像弹性元件一样使波齿复合垫片具有良好的弹性。由于波齿复合垫片的特殊构造使之与其他类型垫片相比具有一系列更为优异的性能特点：

（1）优异的密封性　由于波齿复合垫片具有齿形金属密封和非金属柔性石墨密封的双重作用，而且它的密封带是完全隔开的(这有别于缠绕式垫片的螺旋形带)，因此使它具有特别优良的密封性。气密性试验表明，波齿复合垫片即使在35MPa压紧下也能达到极高的密封性(泄漏率可达 10^{-5} cm^3/s 级)。

（2）回弹性能优良、密封寿命长　由于波齿复合垫片具有特殊构造的波齿状弹性骨架，而且构成复合垫片的金属和柔性石墨材料具有极好的耐高温、耐流体侵蚀的性能及不会老化，垫片的弹性主要由特殊构造的金属弹性骨架产生，不必担心使用时会发生应力松驰，因此能长期保持优异的密封性能。

（3）安全可靠性高　波齿复合垫片使用时金属骨架的环形齿峰与法兰面紧密接触，其柔性石墨材料被坚固的金属骨架和法兰面所封闭，因此不必担心柔性石墨材料会被高压流体冲走，也不必担心会像缠绕式垫片那样被压“散架”或“压溃”(“失稳”)，波齿复合垫片实际上具有与金属垫片同样的安全可靠性。

（4）使用安装方便　波齿复合垫系带金属骨架的整体结构，在运输和使用安装中不必担心像缠绕式垫片那样会“散架’。此外，波齿复合垫片厚度较薄(通常为2~4mm)，在用于凸凹型或榫槽型法兰时可以留出足够深度作为凸型法兰安装时定位用，因而安装方便，能确保安装质量，避免缠绕式垫片通常因厚度较大、影响定位而容易产生“压偏”的现象。

(5) 适应性广　波齿复合垫片可以适用于绝大多数场合，包括高、低温(-200~600℃)和高、低压(真空~25.0MPa)场合，由相应的金属骨架材料制造的波齿复合垫片可用于包括大多数腐蚀性流体在内的各种场合。

(6) 经济性　波齿复合垫片是一种经济型垫片。尤其是在石油化工和电厂中各种油品、蒸汽等非腐蚀性流体场合，采用由碳钢材构成的波齿复合垫代替缠绕式垫片或齿形垫等可为用户节省费用。

波齿复合垫片自90年代初研制生产以来以其独特结构和优异性能很快在石化系统各装置上获得广泛应用。据统计，仅广州市东山南方密封件公司在2000~2009年十年间向43家石化企业供应的波齿复合垫片就达120万件，其中用于换热器等大型设备上达到81800件，几乎遍及所有生产装置。

2) 双金属自密封波齿复合垫片

与过去传统垫片的“强制密封”不同，双金属自密封波齿复合垫片是按“压力自密封”原理设计的新型垫片。它由两片金属叠合后在其外圆周通过熔焊方法将两者融合在一起而形成整体结构的“压力自密封”金属骨架，然后像柔性石墨金属波齿复合垫片一样，在金属骨架的上下表面加工有特殊设计的波齿状沟槽，此特殊结构骨架的外表面再复合上适当厚度的柔性石墨材料，最终构成了双金属自密封波齿复合垫片。双金属自密封波齿复合垫片的典型结构如图2所示。

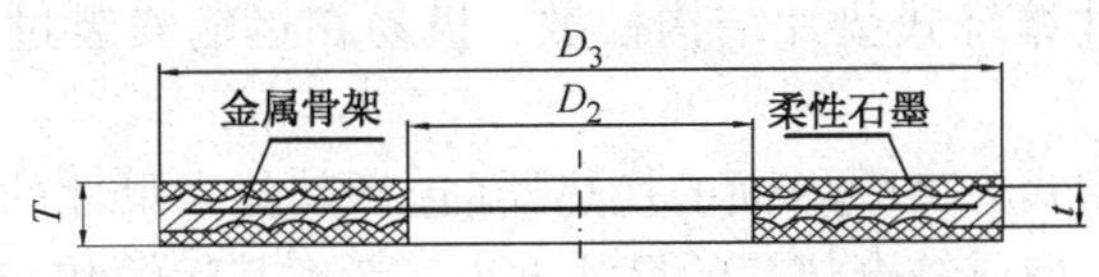

图2　双金属自密封波齿复合垫片

在外观上双金属自密封波齿复合垫片与过去的柔性石墨金属波齿复合垫片几乎没有差异，两者的安装和预紧也一样，但在操作状态下其工作原理则完全不同。在操作状态下，包括柔性石墨金属波齿复合垫片在内的普通垫片由于介质形成的轴向分离力作用会使垫片原有的预紧力减少，密封能力下降，可能导致密封失效。但对双金属自密封波齿复合垫片来说，操作状态下的介质会渗透进入组成金属骨架的两片金属间的微观间隙内，由于此介质压力的作用使两片金属分别压向上下两法兰面，从而使垫片与上下法兰面上的应力增加，最大可增加至介质的压力值。也就是说，由于双金属自密封波齿复合垫片的“压力自密封”结构，使得垫片避免了普通垫片因介质压力形成的轴向分离力的作用而减少的预紧力的下降，从而使垫片的原有密封能力得以保持。也可以说，双金属自密封波齿复合垫片与普通垫片相比，其最大特点是在操作状态下密封性能不受介质压力的影响。

由于双金属自密封波齿复合垫片是在原有柔性石墨金属波齿复合垫片结构的基础上进一步改进发展的，因此它除了具有原来柔性石墨金属波齿复合垫片的所有优异性能——优异的密封性、回弹性能好、密封寿命长、安全可靠性高、使用安装方便、适应性广等外，还由于它的“压力自密封”作用使其密封性能更好，寿命更长，安全可靠性更高，而且对法兰密封面的宏观补偿能力更为有效，更有利于诸如压力容器、换热器一类大尺寸法兰连接获得良好的密封。

近几年来，双金属自密封波齿复合垫片在解决石油化工系统的各种设备密封难题上已经发挥了很好的作用，其中包括那些采用碟形弹簧补偿装置而仍然泄漏的密封难题。特别是作为换热器法兰连接垫片其效果更为显著。目前该垫片已在中国石化、中国石油、中国海油三大公司的40多家企业的各种装置上获得应用，总数已超过27000件，其中在直径650mm以上的超过6560件，1000mm以上的超过3760件，1500mm以上的超过1140件，2000~3000mm的超过180件，3000mm以上的有30件，最大尺寸达3300mm。

2.3 换热器垫片选用的一般性建议

石油化工装置的换热器型式多样，使用工况复杂多变，垫片的选用难以针对具体设备，在此仅就换热器垫片选择中的相关情况提出一般性建议以供参考。

(1) 换热器法兰的尺寸普遍较大，应充分考虑法兰加工过程和使用时产生的宏观变形对密封影响，因此垫片选用的基本原则是所选择的垫片应有足够的压缩变形量以提高其对大尺寸法兰宏观变形的补偿能力。为此，建议垫片选择时原则上应选其压缩变形量相对较大的垫片如非金属材料类构成的或金属与非金属材料复合的垫片。

(2) 一般来说，金属平垫、齿形垫或齿形组合垫等金属类垫片不适合选作包括换热器在内的大尺寸设备法兰用垫片。因为金属垫片的压缩变形量极小，无法对法兰表面存在的任何宏观变形进行补偿，从而容易导致垫片的密封能力不足而泄漏。

(3) 连接法兰面的型式为凹凸面的换热器，应尽量避免选用缠绕式垫片。由于用于大尺寸凹凸面上的缠绕式垫片既无外环加强，又无内环加固，垫片的密封部位极易被压溃而使密封失效。而且大尺寸缠绕式垫片结构松散，极易在运输安装过程中损坏而增加成本，拖延工期造成额外损失。

(4) 连接法兰面的型式为突(平)面的换热器(包括其他大尺寸的其他设备)，可以选用带内外环的缠绕式垫片，但应结合垫片的尺寸大小，考虑其运输和安装是否存在问题。

(5) 柔性石墨复合垫片(即高强石墨垫片)有一定的压缩性和密封性，也容易制成大尺寸垫片，运输安装也没有什么问题，但安全可靠性不足，仅推荐用于操作参数不高的非重要场合。

(6) 新型柔性石墨金属波齿复合垫片和双金属自密封波齿复合垫片不仅具有一系列优异的密封性能，而且具有较大的压缩变形量，能很好地补偿包括换热器在内的大尺寸法兰面的宏观变形而获得良好的密封，因而特别适用于包括换热器在内的大尺寸设备法兰上。尤其是双金属自密封波齿复合垫片的“压力自密封”作用，更有利于垫片对法兰面上任何部位的变形进行自动补偿，从而使换热器法兰连接获得更为可靠的密封性。

(7) 低压高温等非重要场合使用的换热器法兰垫片可选择能耐高温的柔性石墨复合垫片(即高强石墨垫片)(垫片的耐温能力取决于柔性石墨材料)。对密封性要求较高的也可选用柔性石墨金属波齿复合垫片或双金属自密封波齿复合垫片。

(8) 高温高压和易燃、易爆、有毒介质等重要场合必须确保法兰连接的密封性能优良，安全可靠。因此，推荐选用性能优异的柔性石墨金属波齿复合垫，但对密封性和安全可靠性要求高的场合应选用性能更好的双金属自密封波齿复合垫片。

(9) 高温高压场合的换热器法兰也可以选用八角垫等金属环垫。理论上金属环垫的密封性能比较好，安全可靠性也高，但由于在实际应用上受法兰和垫片的加工制造精度、安装要求等因素影响很大，往往难以获得满意的效果，而且成本高，法兰环槽应力集中容易对法兰造成损坏，选用时应慎重考虑。

(10) 对操作温度和压力略有波动的场合，一般情况下可选用柔性石墨金属波齿复合垫片，而对密封性或安全可靠性要求较高的场合应选用双金属自密封波齿复合垫片。操作压力变化大的推荐选用其密封性能免受介质压力影响的双金属自密封波齿复合垫片。

(11) 对压力、温度等操作参数波动较大，特别是温度变化激烈的场合应在选用双金属自密封波齿复合垫片的同时附加碟型弹簧补偿装置。

(12) 热媒(导热姆或联苯导热油)加热系统不应采用石棉橡胶板或非石棉橡胶板一类材料作为密封件，而应采用防介质渗透性强、不会溶胀的柔性石墨材料为主体的密封件，如柔性石墨金属波齿复合垫片和双金属自密封波齿复合垫片。由于热媒介质渗透性强，对密封性和安全可靠性要求很高，应首选高性能的双金属自密封波齿复合垫片以确保其密封性的要求。

(13) 对带一般性腐蚀性介质的场合可选用不锈钢骨架的柔性石墨金属波齿复合垫，要求较高的重要场合可采用不锈钢骨架的双金属自密封波齿复合垫片。压力不高的非重要场合亦可选用不锈钢增强的高强石墨复合垫。

(14) 以石棉为基材的密封材料如石棉橡胶板等应尽量少用或不用，因为该类材料不仅不符合环保要求，而且性能往往不能满足要求，造成事故隐患，故一般只推荐用于低参数、不重要场合如普通水、汽和油品等。对以往较多使用石棉橡胶板的低参数非重要场合，建议采用高强石墨垫或非石棉橡胶板代替。

(广州市东山南方密封件有限公司　吴树济，吴凯珺)

第二章　换热器维护检修案例

5. 换热器管束开裂失效分析

换热器是炼油和石化装置中的用于不同介质之间传热的主要设备，应用十分普遍。换热器管束隔绝管程与壳程介质，依靠管壁传导热量。一旦换热器管束发生泄漏，导致管程与壳程介质混合，就会影响产品质量，甚至发生重大安全事故。换热器管束泄漏的原因多种多样，多数为腐蚀因素造成的，但也有特殊情况，有的甚至在未使用前就发生开裂失效。2012 年 4 月，某化工厂装置中，一台新建的固定管板式换热器在使用前进行水压试验时，发现有多根管束泄漏。该换热器于 2011 年 4 月在某生产厂家制造，2011 年 6 月进入新建装置中安装就位，2011 年 7 月对该换热器进行管程试压后放水。换热器管束规格 $\phi19\times2$，材质 10#钢。现场将换热器泄漏管束抽出，对其进行失效分析，以确定管束发生开裂的原因，并制定相应的整改措施。

1　管束内外壁检查分析

针对管束的外观进行宏观检查分析，用体式显微镜查看管束开裂情况、管体外壁腐蚀情况以及有无裂纹和其他损伤。图 1 为管束的纵向开裂外观形貌，可以明显看出，在管体上顺着轴向有一条明显的大裂纹，裂纹长度大约为 170mm，裂纹一端管体被拉断，出现缩颈现象。测量这段管体直径(外径)，裂纹中间部位管体较粗(ϕ19. 4mm)，裂纹两端管体较细(ϕ18. 6mm)，而且在拉拖过程中，裂纹中间部位管体表面被折流板和管板刮蹭掉氧化层，颜色比较光亮。这表明管束属于内压作用下的鼓胀开裂。

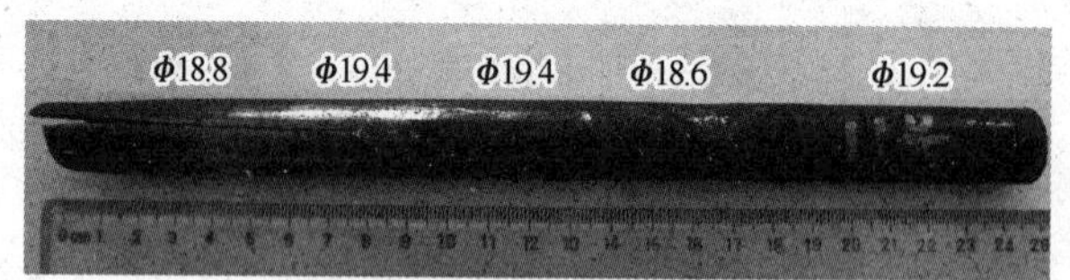

图 1　管束纵向开裂外壁宏观形貌

在管束段上截取试样，纵向剖开，用体式显微镜针对管体内壁形貌进行观察分析，查看是否存在带状折叠、裂纹等缺陷，并查看管体内壁的腐蚀情况。由图 2 可以看出，管束内壁腐蚀严重，表面存在点蚀坑，初步估计点蚀坑深度大约为 0. 3mm 左右。管束内壁未发现折叠缺陷痕迹。

2　管束内外壁微观检测分析

选取 1 个内壁腐蚀严重和 1 个外壁腐蚀严重管束试件，超声波清洗干净后，采用扫描电镜观察分析管体内外壁腐蚀程度，利用能谱仪检测分析管体内外壁腐蚀产物成分。由图 3

图 2　管束内壁点蚀严重形貌

和图 4 管束内外壁微观形貌可以看出，管体内外壁均存在点蚀坑，点蚀坑附近氧化膜破损，氧化腐蚀严重。由表 1 点蚀坑腐蚀产物成分检测结果可知，腐蚀产物成分单一，只有铁的氧化物。管束内外壁均未发现应力腐蚀的痕迹。

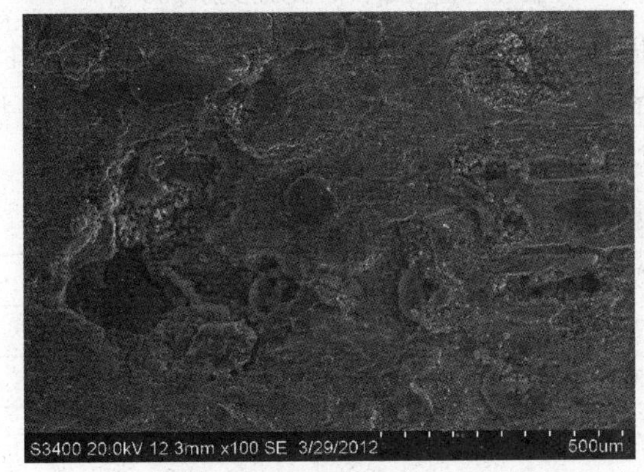

图 3　管束外壁点蚀坑微观形貌(100 倍)

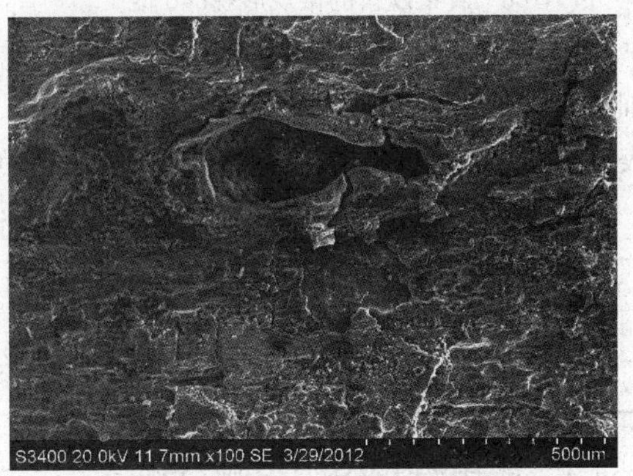

图 4　管束内壁点蚀坑微观形貌(100 倍)

表 1　管束点蚀坑腐蚀产物成分表

元　素	质量百分比/%	原子百分比/%
O	25.80	54.82
Fe	74.20	45.18

3　开裂管束断口微观检测分析

将纵向开裂的管束破开，截取成断口试样，超声波清洗干净后，采用扫描电镜观察分析管束断口的微观形貌，利用能谱仪检测分析断口表面的腐蚀产物成分。由图 5 管束断口的宏观形貌可以看出，管束的纵向断口平直，与管体环向应力方向垂直，断口截面未出现缩小减薄现象，这些均表现出脆性断裂的宏观特征。

图 5　管束开裂断口试件

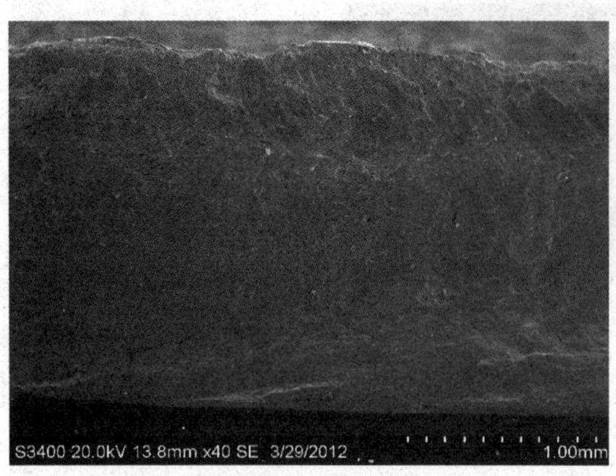

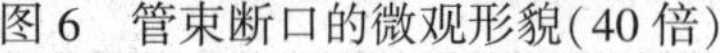
图 6　管束断口的微观形貌(40 倍)

图 7　管束断口的微观形貌(500 倍)

由图 6 和图 7 管束断口的微观形貌可以看出，管束断口表面大部分区域腐蚀严重，个别区域腐蚀产物脱落之处显示出脆性解理断口特征“河流花样”(见图 7)。由表 2 纵向断口表面腐蚀产物成分检测结果可知，腐蚀产物成分单一，只有铁的氧化物。

表 2　管束断口的腐蚀产物成分表

元　素	质量百分比/%	原子百分比/%
O	25. 37	54. 27
Fe	74. 63	45. 73

4　管束金相组织检测分析

截取 2 个管束试样，一个为横向组织检测试样，另一个为纵向组织检测试样，制备成金相试样，利用金相显微镜分析其横向和纵向金相组织。由图 8 和图 9 管束金相组织形貌可以看出，管束的横向和纵向金相组织形态基本相同，组织构成均为大量铁素体(白色)+少量珠光体(黑色)，晶粒度等级为 7 级，属于正常的低碳钢正火组织，未发现粗大夹杂物(尤其是带状 MnS 夹杂物)。

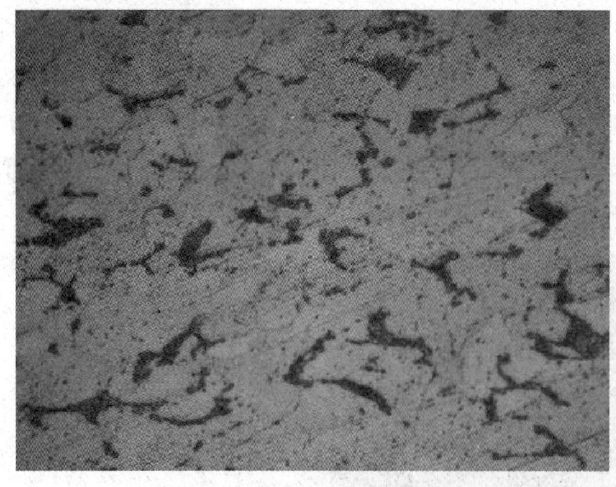
图 8　管束横向截面的金相组织(500 倍)

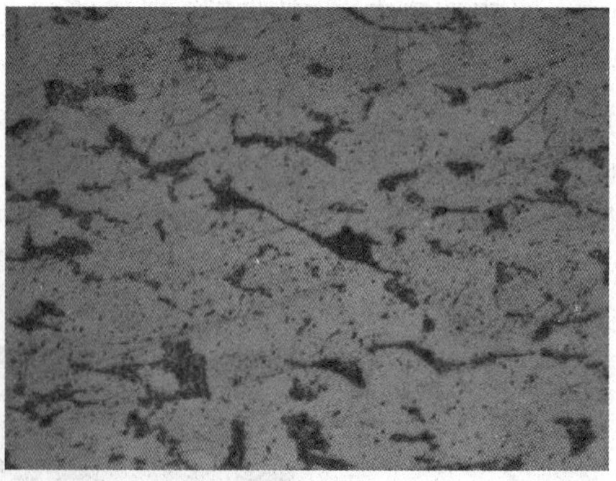
图 9　管束纵向截面的金相组织(500 倍)

5 失效分析与结论

换热器管束的金相组织正常，晶粒度满足要求，未发现粗大夹杂物和折叠缺陷。虽然管体表面有点蚀痕迹，但是无晶间腐蚀和应力腐蚀迹象。管束横向断裂(拉拖取管造成)表现出良好的塑性，而纵向开裂表现出脆性特征，这说明管束纵向开裂时处于低温条件件。低碳钢在-20℃以下开始逐渐出现强度下降、脆性增加倾向，容易产生低温脆性断裂。由此可以确定管束的开裂失效机理为：低温环境下在内压作用下的过载脆性开裂。

结合该换热器的制造和现场施工过程，推断管束开裂原因为：由于管束过细过长(12m)，中间难免存在弯曲部位，而换热器现场安装就位后移动困难，导致2011年7月换热器管程试压水未能排净，到冬季寒冷时期，管束中的残留水结冰膨胀，而管束碳钢材质又出现低温脆化现象，导致部分管束胀裂泄漏。

6 总结

鉴于换热器过细过长管束在试压后不能依靠自流排净残留水，而在北方冬季时容易发生结冰冻胀，造成管束开裂失效，因此，今后应加强换热器的安装施工管理，水压试验后及时吹扫干净残留水，防止类似失效案例发生。

（中国石油大庆石化分公司乙烯工程指挥部　张淑芝）

6. 换热器管束折流板对漏磁检测信号的影响

铁磁性换热管是石油化工行业生产中最为常用的换热设备部件，常用的换热器管束、余热锅炉管子等是换热设备的核心部件，其安全状态对生产和经营具有关键影响。其一旦泄漏，轻则会出现混料，影响生产的正常进行，严重的则会引发火灾事故，后果极其严重。目前随着国内高硫油炼量的增加，炼油设备腐蚀加剧，换热管的腐蚀也不例外，换热管腐蚀到一定程度，即会影响换热设备使用，需要对其进行修理和更换，如果腐蚀缺陷不能及时发现，换热管就会带着隐患运行，影响装置安全稳定长周期运行。

以下利用研制的在役换热管漏磁内检测传感器，对 $\phi25$ 及 $\phi38$ 两种规格换热管的折流板进行试验，确定折流板对漏磁信号的影响，以便对实际检测过程中的信号分析提供帮助。

1 漏磁检测系统

漏磁检测的基本原理是建立在铁磁材料的高磁导率特性之上，在有缺陷处磁力线发生弯曲变形，并且有一部分磁力线漏出缺陷表面，通过检测钢管表面逸出的漏磁通即可判断是否存在缺陷。

本文所涉及的换热管漏磁检测系统，主要由换热管漏磁内检测传感器、探头定位系统、信号调理电路和数据采集系统及分析软件组成，其中换热管漏磁内检测传感器是磁场激发及信号采集的主要部分，本文仅对该部分进行介绍。

在大直径铁磁性管道的在线漏磁检测中，为达到较好的磁化效果，常使用沿周向阵列磁铁的方法来获得所需的励磁源。然而对于换热器管来说，由于空间过于狭小，无法容纳足够体积的永磁铁来达到理想的磁化效果，因此这种周向阵列磁铁的方法就无法应用。为了改善漏磁传感器的磁化能力，采取的磁路设计如图 1 所示。其中励磁回路和磁敏检测元件是该系统的主体部分。

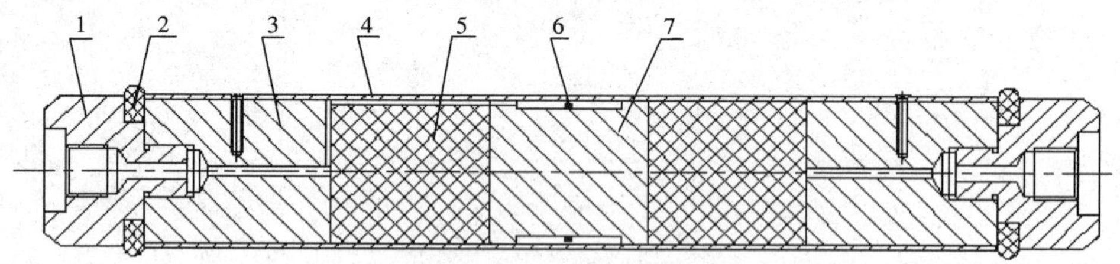

图 1　换热管漏磁内检测传感器结构

1—端部连接体；2—橡皮垫；3—端部衔铁；4—探头体；5—磁铁；6—磁敏检测元件；7—中间衔铁

2 试验部分

2.1 试验用换热管试样

在材质为 20#钢的 $\phi25$mm×2. 5mm 及 $\phi38$mm×3mm 换热管上加工缺陷，每根管上加工 4 个通孔缺陷，缺陷大小如表 1 所示。

表 1 试验用换热管试样规格和缺陷表

换热管规格	缺陷类型	缺陷大小/mm
ϕ25×2.5mm	通孔缺陷	ϕ1.6，ϕ3.2，ϕ5，ϕ6，间距 400
ϕ38×3mm	通孔缺陷	ϕ1.6，ϕ3.2，ϕ5，ϕ6，间距 400

2.2 试验用模拟折流板

模拟折流板加工图样如图 2 所示，图中设计的四个大小不同的孔是针对四种不同管径的换热器管束而设计，孔径大小及板厚依据 GB 151—1999《管壳式换热器》相关规定选取。分别加工厚度为 5mm、10mm、15mm 三块不同厚度的模拟折流板以备试验使用。模拟折流板与换热管在试验过程中的组装如图 3 所示。

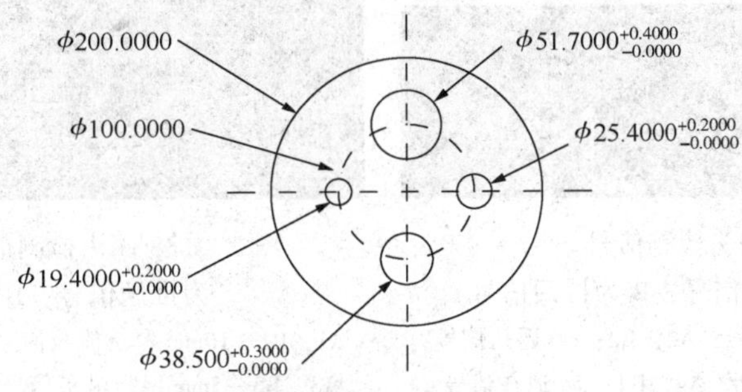

图 2 模拟折流板加工图

图 3 模拟折流板实际照片

2.3 试验方案的设计

本次试验设计三个步骤进行：①三块壁厚不同的模拟折流板(5mm、10mm、15mm)分开放置在换热管无缺陷部位进行检测，以确定本文所采用的漏磁检测系统是否能够检测出折流板引起的漏磁信号；②5mm 与 10mm 模拟折流板合并检测与 15mm 折流板检测信号进行对比，以判断在相同厚度下两块合并的折流板与一块折流板的信号差别；③三块模拟折流板合并放置在 ϕ5 通孔上进行检测，与原 ϕ5 通孔采集的漏磁信号进行比对，用以分析折流板下缺陷信号与非折流板处信号的差异。

以上试验过程中检测软件的参数设置均相同，检测灵敏度为 3000，信号步长为 50。ϕ25mm 换热管采用 ϕ25 探头进行检测，ϕ38mm 换热管采用 ϕ38 探头进行检测。每次检测均做推拉两次检测，并分别记录下采集的信号。

3 试验结果及分析

（1）三个折流板分别进行检测时，在 $\phi25$ 换热管上（见图 4）：三折流板均能被检出，且折流板信号与通孔信号在相位上相反，折流板信号高低与其厚度成正比，15mm 厚折流板信号与 $\phi3$ 孔信号相当。在 $\phi38$ 换热管上（见图 5）：三折流板均能被检出，且折流板信号与通孔信号在相位上相反，在推送检测中折流板信号高低与其厚度成一定正比，15mm 折流板信号与 $\phi5$ 孔相当，5mm 折流板信号小于 $\phi3$ 孔信号；在拉回检测中：折流板信号与通孔信号相位相同，三折流板信号与其自身厚度不成比例，10mm 折流板信号比 15mm 折流板信号要大，10mm 折流板信号大于 $\phi6$ 通孔信号，15mm 折流板信号小于 $\phi5$ 通孔信号，而 5mm 折流板信号仍然小于 $\phi3$ 通孔信号。

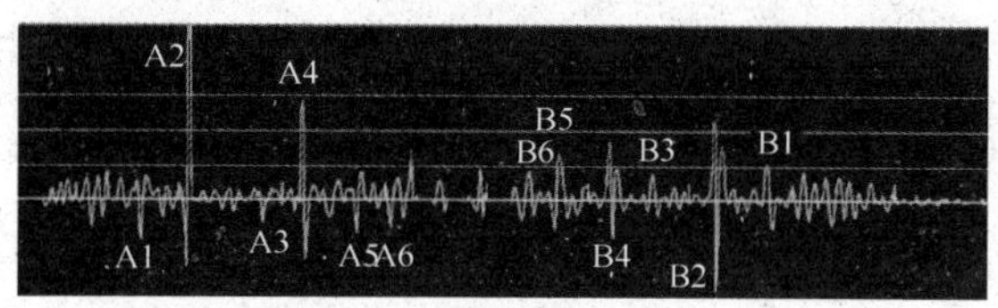

图 4　$\phi25$ 探头检测信号
（信号前代号 A 为推送信号，B 为拉回信号）
A1，B1—10mm 厚折流板信号；A2，B2—$\phi6$ 通孔信号；
A3，B3—5mm 厚折流板信号；A4，B4—$\phi5$ 通孔信号；
A5，B5—15mm 厚折流板信号；A6，B6—$\phi3$ 通孔信号

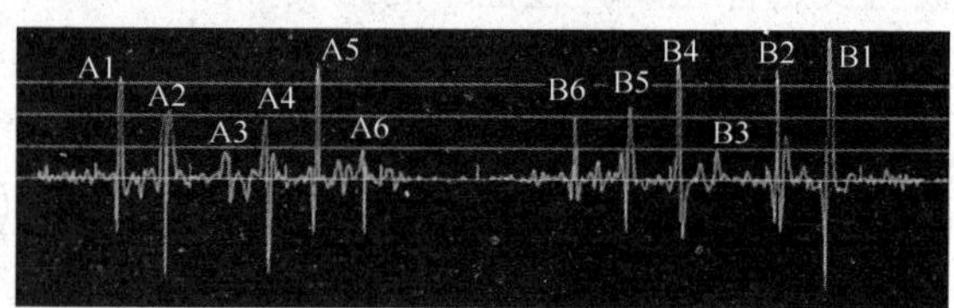

图 5　$\phi38$ 探头检测信号（信号前代号 A 为推送信号，B 为拉回信号）
A1，B1—10mm 厚折流板信号；A2，B2—$\phi6$ 通孔信号；
A3，B3—5mm 厚折流板信号；A4，B4—$\phi5$ 通孔信号；
A5，B5—15mm 厚折流板信号；A6，B6—$\phi3$ 通孔信号

（2）5mm 与 10mm 折流板合并检测与 15mm 折流板检测信号进行对比，发现在 $\phi25$ 换热管上（见图 6）：15mm 折流板信号能够检出，与通孔信号的相位相反，其信号比 $\phi3$ 通孔信号小，而 5mm+10mm 折流板却不能够检出；$\phi38$ 换热管上（见图 7）：15mm 折流板与 5mm+10mm 折流板均能够检出，其信号与通孔信号的相位正好相反，15mm 折流板信号比 5mm+10mm 折流板信号大，这两个折流板信号均大于 $\phi5$ 通孔信号，而小于 $\phi6$ 通孔信号。

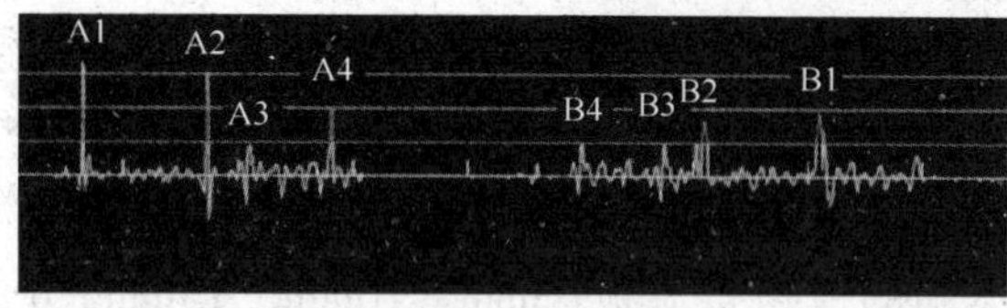

图 6　$\phi25$ 探头检测信号（信号前代号 A 为推送信号，B 为拉回信号）
A1，B1-$\phi6$ 通孔信号；A2，B2-$\phi5$ 通孔信号；
A3，B3-15mm 厚折流板信号；A4，B4-$\phi3$ 通孔信号

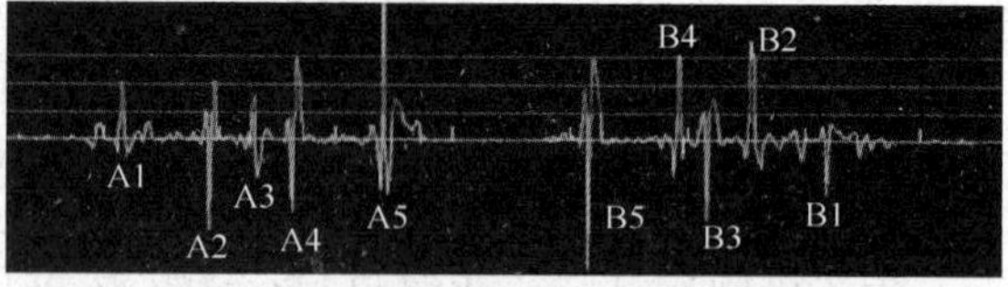

图 7　$\phi38$ 探头检测信号（信号前代号 A 为推送信号，B 为拉回信号）
A1，B1-$\phi3$ 通孔信号；A2，B2-15mm 厚折流板信号；
A3，B3-$\phi5$ 通孔信号；A4，B4-5mm+10mm 厚折流板信号；
A5，B5-$\phi6$ 通孔信号

（3）三块模拟折流板合并放置在 $\phi5$ 通孔上进行检测时，在 $\phi25$ 换热管上（见图 8）：与原 $\phi5$ 通孔信号比对，信号反向有延伸，且较长，正向基本无变化，但是信号相位呈 180°反转；在 $\phi38$ 换热管上（见图 9）：与原 $\phi5$ 通孔信号对比变化较小，信号相位呈 180°反转。

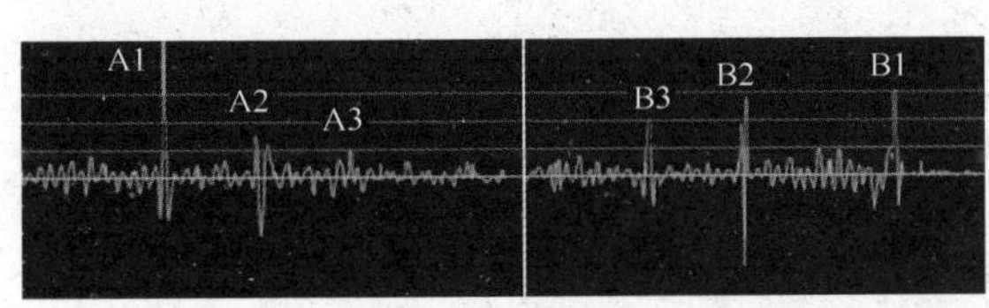

图 8 ϕ25 探头检测信号(信号前代号 A 为推送信号，B 为拉回信号)

A1，B1-ϕ6 通孔信号；A2，B2-ϕ5 通孔+折流板信号；A3，B3-ϕ3 通孔信号

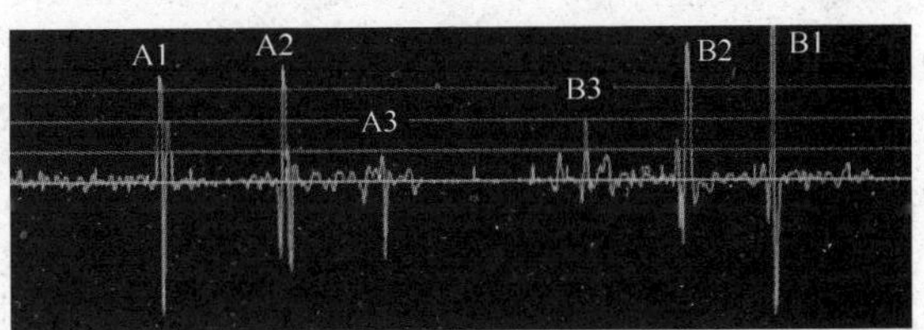

图 9 ϕ38 探头检测信号(信号前代号 A 为推送信号，B 为拉回信号)

A1，B1-ϕ6 通孔信号；A2，B2-ϕ5 通孔+折流板信号；A3，B3-ϕ3 通孔信号

4 结论

通过试验，得出以下结论：

（1）本换热管漏磁检测系统能够检测出折流板产生的漏磁信号，且不同厚度的折流板其漏磁信号大小也不同，折流板越厚，其漏磁信号幅值越高。

（2）折流板信号大小与通孔信号的幅值高低受换热管管径大小影响。在 ϕ25 换热管上，15mm 厚折流板信号与 ϕ3 通孔信号相当，且相位与通孔信号相反；在 ϕ38 换热管上，15mm 厚折流板信号与 ϕ5 通孔信号在推送检测时相当而在拉回检测时却小于通孔信号，且两次相位变化不同。

（3）折流板在通孔缺陷上时，显示的信号与原通孔信号相位相反，但信号幅值与原缺陷信号相比无较大变化。

（4）本换热管漏磁检测系统在信号上仍存在不稳定性，如 5mm 与 10mm 折流板合并在 ϕ25 换热管上检测，并未测出，后期仍需对该检测系统做优化设计。

（中国石化天津分公司 田亚团，李涛）

7. 换热器头盖法兰的带压堵漏

带压堵漏技术是一项能在不停工的情况下迅速消除泄漏的设备紧急抢修技术，现已在石化、电力、冶金等流程企业得到广泛应用。卡具注胶堵漏是带压堵漏技术中适用范围最广、效果最好，同时也是难度最大的一种堵漏技术。换热器头盖法兰泄漏是带压堵漏的难点之一。由于其尺寸大，因此堵漏成本相对较高，堵漏难度也相对较高。解决此类问题的关键是如何合理设计卡具，在保证堵漏效果的情况下，降低卡具造价、减少注胶量。

1 换热器头盖法兰卡具设计

1.1 换热器头盖法兰堵漏难点分析

换热器头盖法兰密封与一般的工艺法兰密封形式不同(见图 1)，换热器普遍采用凹凸面密封，压入垫片的胴体与换热器的壳体及头盖之间的间隙一般为 1~2mm。头盖法兰一旦泄漏，在这么小的间隙下密封剂无法到达和深入，如果采用局部卡具设计的堵漏方法，最后泄漏会从卡具的两端、换热器的胴体与壳体间的间隙漏出。

其次，由于换热器头盖法兰的外径尺寸一般都比较大，因此设计整体卡具的尺寸也大。如果卡具厚度不够，没有足够的刚度和强度，在高的密封比压下就很容易发生卡具变形，造成密封剂漏出，最终导致堵漏失败。如果卡具太厚，一方面增加了堵漏成本，另一方面造成卡具安装难度也大大增加。

图 1 换热器头盖法兰

1.2 换热器头盖法兰卡具设计要点

卡具注胶带压堵漏只要卡具设计得好，堵漏就成功了 80%。根据上述分析，换热器头盖法兰堵漏卡具要注意如下几个方面：

(1) 为减少密封剂的用量，整体卡具的凸台高度要伸到螺栓孔的外边缘，这样可大大压缩密封剂的用量和厚度；然后，在法兰槽底部到螺栓之间再设计垫块。

垫块如图 2 所示。垫块的宽度要小于二螺栓的间距，以便于安装时从二螺栓间塞入；厚度要小于法兰槽底部到螺栓间距 5mm 左右，为穿铁丝留有余量。

这样，所需密封剂的厚度已大大减至约大于螺栓直径的厚度，整个卡具的密封剂的用量可减少超过 1/3。一方面节省了密封剂费用，另一方面可有效减少密封剂的内聚力对卡具可能的破坏。

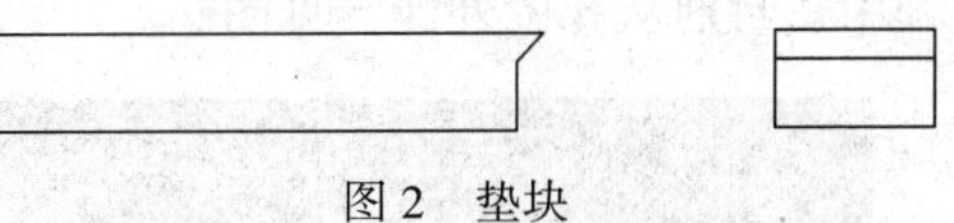

图 2　垫块

槽内填坑为什么设计垫块而不是随便采用其他物品填充呢？因为其他物品在密封剂注入过程中很容易被挤压到一起，阻挡密封剂流动。同时，这些物品间会存在间隙，而密封剂在流动过程中因受到阻挡很难填满各间隙，必然会影响到密封效果，导致堵漏失败。垫块设计时要设计一定数量窄些的垫块，在固定吊装螺栓部位要设计短的垫块。设计好后的垫块在安装时，要用铁丝将之固定，见图 3。

图 3　法兰槽内垫块安装

（2）针对卡具强度问题，设计外加压板和拉环进行补强。

由于法兰外径大，卡具的尺寸和曲率半径也就大，在密封压力的作用下卡具抵抗变形的能力相对较弱，因此在不过多增加卡具厚度的情况下就需要对卡具进行补强。在设计时，可利用换热器上的螺栓设计固定件拉环，见图 4。压板设计见图 5。这样可增强卡具的抗变形能力，提高了堵漏的密封效果。

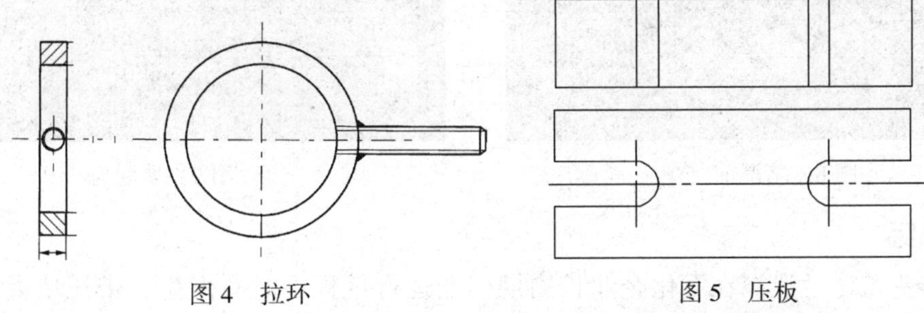

图 4　拉环　　　　图 5　压板

由于换热器头盖法兰卡具外径大、周长长，为了提高卡具的环形紧固力，还可将卡具设计为四均分较为合适。若设计多于四均分，会增加卡具剖切面数量，也增加了密封剂外溢的风险。

（3）针对法兰间隙大、卡具宽的特点，卡具的注胶孔应设计为双排孔。

这样设计的目的是为了缩短密封剂行进的距离，防止局部过压对卡具造成的破坏。针对固定吊装螺栓部位的突兀处，在卡具上的固定部位设计一个大小尺寸合适的铣槽，以包裹突兀点，见图 6。针对换热器检修时预留在法兰上的吊装孔，设计孔销，阻止在堵漏注胶过程中密封剂从孔中外泄，见图7。

图6　法兰卡具

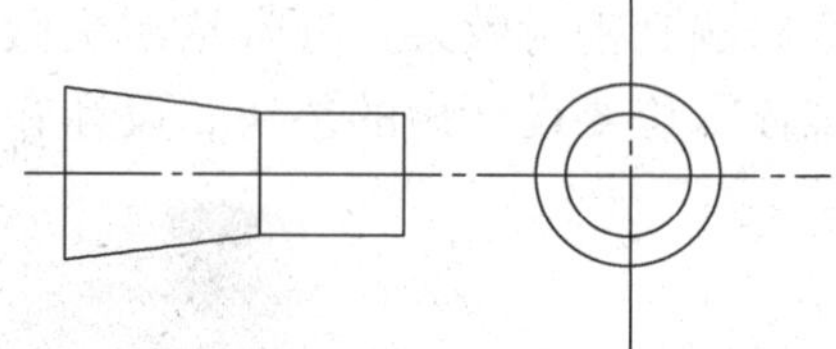

图7　孔销

2　现场应用

某石化硫磺装置3.5MPa蒸汽换热器E5105头盖法兰发生严重泄漏，若不能及时处理，消除泄漏，装置将被迫停工，现场泄漏状况见图8。根据现场情况，按上述设计要求设计卡具。注意现场的每一个细节，比如有些法兰螺帽不一样大，先进行了清点和测量，并设计了二种不同的扣在螺帽上的拉环。现场施工作业时，一切均很顺利，堵漏很成功。堵漏完毕后，堵漏效果见图9。

图8　堵漏前

图9　堵漏后

3　总结

换热器头盖法兰泄漏在石化企业长周期生产运行过程中时有发生，带压堵漏的立足点是：如何提高堵漏成功率，同时降低堵漏成本。到目前为止，我们已进行过80余次换热器头盖法兰的带压堵漏作业。采用上述设计，不仅堵漏效果好，还比以前节省了约30%~40%的密封剂用量，大大节约了堵漏成本，减轻了注胶堵漏劳动强度，同时缩短了泄漏时间，创造了巨大的经济效益和社会效益。

（岳阳长岭设备研究所有限公司　刘玉，莫建伟，朱明亮，胡平贵）

8. 无应力免焊封堵系统高效实现换热管封堵的应用

堵管是解决换热器中管子管板泄漏，延长设备使用寿命较为有效的方法。它与更换已损坏的管子等其他维修方法比较，具有易操作、时间短及不会造成整个系统较长时间停机等优势。针对设备的不同结构、工况要求以及工厂能力，可采取不同的堵管方法，国内较为常用的有敲击堵管、胀塞堵管、焊接堵管。另外还有一种是 ASME PCC2 2011 中推荐的免焊封堵系统堵管。

免焊封堵系统堵管技术因其操作简便、安全牢靠、可拆卸等优点，虽然涉世不久，一些工业领先的国家已在实际生产中广泛应用。免焊封堵系统堵管通过液压驱动拖动金属锥形销，将锥形销上的多个同质金属环正好咬合住换热管内壁，达到堵管效果。基本上管壳式换热设备都可采用该技术堵管。对因管材或者结构特殊无法采用常规修堵或者修堵效果不理想的设备，免焊封堵系统更具优越性。正因为如此，免焊封堵系统堵管技术得到美国机械工程师协会的书面推荐。

1　免焊封堵系统的基本原理

免焊封堵系统技术是一种将操作质量与操作者作业方法完全分离的封堵方式。封堵需要的力度由系统本身各部件控制。在密封环与换热管内壁咬合力达到最佳时，安装工具与堵塞由于堵塞组件之一的断裂杆断开而分离，从而完成封堵。免焊封堵系统形式见图 1。

根据耐压程度不同，可将免焊封堵塞分为高压封堵塞(最高耐压 483bar，$1bar = 10^5Pa$)和低压封堵塞(最高耐压 69bar)两类。高压封堵塞的锯齿环为 5 个，低压封堵塞的锯齿环为 3 个。封堵塞形式见图 2。

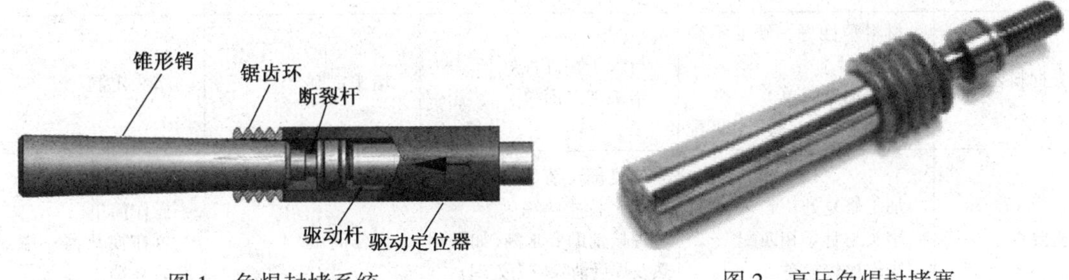

图 1　免焊封堵系统　　图 2　高压免焊封堵塞

2　免焊封堵系统的特点

免焊封堵系统工具作为一种新型、可靠和高效的堵管方法，得到业内越来越多用户的认可，这主要是因为它具有以下几个特点：

(1)高效率　免焊封堵系统实际封堵时间只需十几秒，不需要对设备进行预热或者进行焊接后的应力释放处理。

(2)易操作　免焊封堵系统仅需要对普通操作人员进行简单的培训，就可以掌握包括换热管内壁的常规除锈除腐蚀斑点处理、免焊封堵系统的组装、免焊封堵操作在内的简明流程。

(3)适用性强　免焊封堵系统堵管不会受到损坏处所在位置的制约，且能解决某些焊接性能差的材料用焊接堵管其堵管质量难以保证的问题。此外管板有防护涂层的换热器也能使用免焊封堵系统堵管。因此其适用性远远大于传统的各类堵管方式。

(4)可靠性强 免焊封堵系统堵管与敲击、焊接堵管相比，安装力度受控、无热应力区、无机械应力区。通过封堵塞上密封环自身的形变实现封堵，对换热管内壁无损伤。不会发生堵塞弹出伤人事故。

(5)稳定性高 免焊封堵塞选用与换热管同样的材质。保证了封堵效果不受温度变化的影响，且金属材质不会老化，不会产生渣质，不会影响容器内介质的纯度以及整个工艺流程中相关介质的纯净度。

(6)可拆卸 免焊封堵塞安装后还可以拆卸。这一性能可以实现紧急情况下停车快速堵管，待计划内检修时间充裕时拆除堵塞，进行换管，在提高保证换热效率的同时，延长换热器整体使用寿命。

以下将免焊封堵系统堵管与传统的堵管方式如敲击堵管、焊接堵管、胀塞堵管等在原理、方法、预处理要求等方面逐一作一比较，以加深对免焊封堵系统堵管技术特点的了解，见表1。

表1 几种堵管方式的比较

	敲击堵管	焊接堵管	胀塞堵管	免焊封堵系统堵管
原理	堵头与管子依靠残余应力结合	堵头与管子产生金属熔合	堵头与管子依靠张力结合	堵头与管子内壁咬合
堵管方式	用外力将堵头压入管子	堵头与管子焊接	用外力将堵头胀开	用液压驱动达到额定力时堵头安装到位
对修复部位的预处理	预处理要求高，对于管子内孔形状、光洁度、圆度有一定要求	预处理要求高，需要用工具加工坡口，且焊接部位清洁度要求高	预处理要求一般	专用工具预处理简单
堵头材料要求	材料塑性好，硬度不高于管子 堵头加工简单 尺寸应与修复管子相匹配	与管子相焊性好 堵头加工简单	堵头定制	堵头定制
工艺要求	加工修复处 堵头与管子相匹配 操作比较简单	修复部位清洁度要求高 焊工技能熟练 焊接辅助要求高(如需预热及焊后消除应力处理) 受位置影响	操作简单	操作简单 可在换热器一端封堵另一端
适用性	临时性堵管 耐压低	材料具有可焊性 损坏部位便于焊接	临时性堵管 耐压低、耐温低	永久性堵管 耐高压、耐高温
工效	较快	慢，周期长	快	快
对设备应力损伤	有	有	无	无
可靠性	有弹出隐患	好	易老化，有残渣产生	好
可拆卸后换管	可	不可	可	可
性价比	一般	一般	一般	高

通过以上四种堵管方法的比较可以看出，免焊封堵系统堵管无论在实用性、可靠性还是在提高生产率方面都比其他三种堵管方式更具优越性。

3　免焊封堵系统堵管的应用实例

某石化企业的二级废热锅炉泄漏故障导致紧急停车。经检测发现一部分换热管需要封堵。

两台换热器的工艺条件设备参数见表 2。

表 2　两台换热器的工艺条件设备参数

		换热器 1	换热器 2
管程	压力/bar	35.5	320.0
	进口温度/℃	340	345
	出口温度/℃	450	
壳程	压力/bar	118.0	115.0
	温度/°C	330	330
换热管	数量	1101	
	规格	25.4×5.16	19.05×3.1
	材质	10CrMo910	10CrMo910

两台设备在高温高压下运行，按传统处理方法，需要使用焊接堵管。根据经验，估算需要长达 5 天的时间完成预热、焊后应力释放处理、焊接封堵。这一停车损失所带来的巨大压力使得该企业不得不寻求新的维修方法。但首次使用免焊封堵系统堵管技术，出于安全稳妥考虑，该企业审查了以下免焊封堵系统堵管技术所积累的相关科学检验数据结果。

1) 弹出测试

在如图 3 的测试系统中，将压力不断加大，直到堵头从列管中弹出。最高压力达到 1378bar。

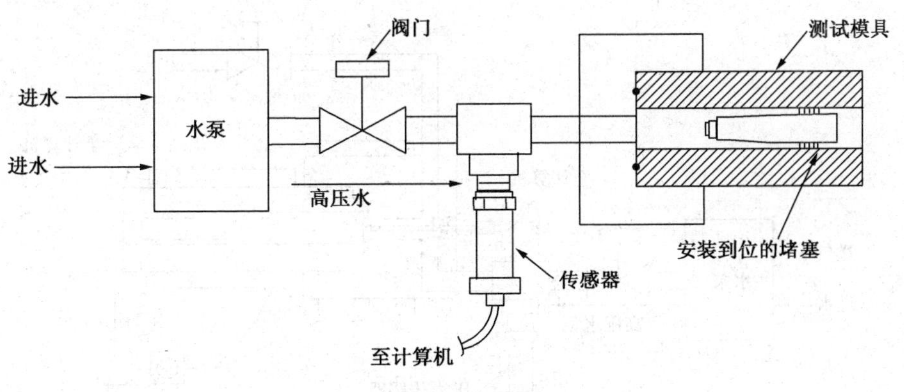

图 3　弹出测试

2) 无应力检验

检验在图 4 所示的管板实体模型中进行，用来确定安装高压堵头时所产生的力对周边换热管的影响。管板根据 TEMA class R 设计，孔桥厚度为 0.46mm。

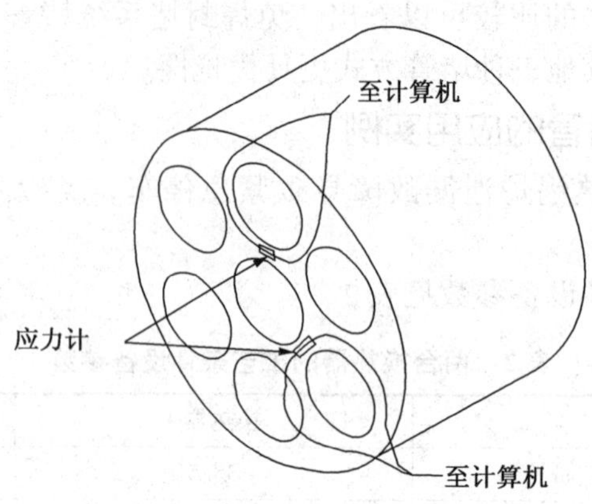

图 4　TEMA Class R 管板模型

换热管胀接到管板上的 6 个圆孔。管板和换热管的连接密封性通过 G650 检漏仪检测。胀接的 6 个连接头都是合格的。查漏后胀接列管的 ID 用电子测量仪测量并记录。应力记安装在管板表面最窄的地方，用以测量周边的应力。免焊封堵高压堵头安装在管板中心没有装列管的圆孔中。安装堵头后测量到的 6 根外圈列管的 ID 没有永久性的形变。测量到的由于安装堵头产生的力量不到胀接列管施加到管板上的力量的 30%。更进一步的是堵头安装完毕后，所有的管板和列管之间的连接仍然是紧密无泄漏的。

3) 耐热循环检验

一个最重要的测试是热循环。日常工况中温度的起伏变化是不可预料和难以避免的。测试设备如图 5 所示。一个直径为 63.5mm 的腔室由一个带加热器环绕。堵头安装在腔室的中心，堵头的一端施加水压。热电偶和压力传感器监测水温和压力。带加热器在温度低于 400℉时启动，当温度超过 500℉时关断。同时压力在近似 345bar 和 414bar 之间波动。温度上升和下降速度分别是 750°F/h 和 116°F/h。温度和压力比率见图 6。

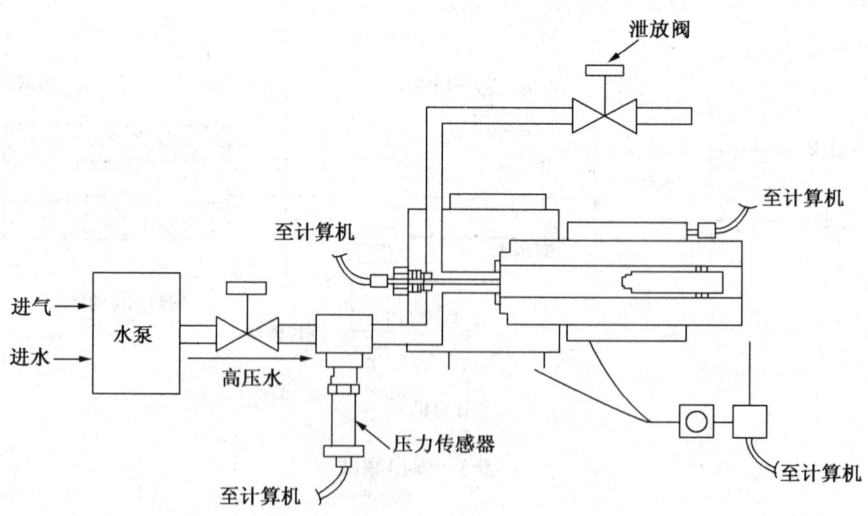

图 5　热循环测试系统

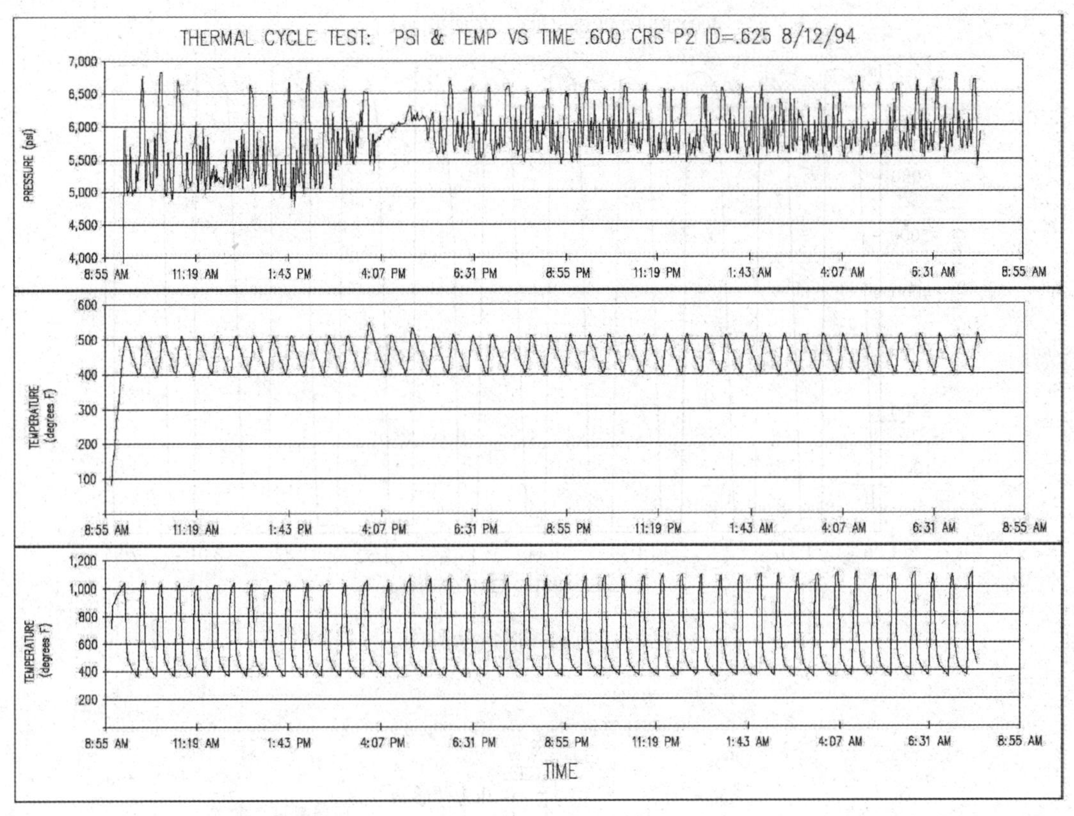

图 6 热循环测试结果图

比任何加载在换热器上的热瞬值更严格的是在循环加热过程中小腔室的外壁承受了1000°F 的高温。堵头可测泄漏信号发生在经历了超过 300 次的循环测试后。这等同于一个工厂操作运行了 10 个月后。在整个测试过程中，并且压力超过 1378bar 后，没有出现泄漏信号。

4) 耐压循环检验

压力变化在 0~483bar 间循环发生。靠手工操作开关和阀门产生大气压和 483bar 压力。压力快速变化频率如图 7 所示。

没有出现泄漏。弹出测试表明在 1318bar 压力下，免焊封堵塞的咬合力没有降低。

5) 抗振荡检验

振荡测试系统如图 8 所示。

堵头在以 3 倍重力加速度、振荡频率为 120Hz、压力为 483bar 的环境下进行了振荡测试。在 13h 的测试中没有泄漏信号。尽管由于产生的噪音和大量的气源要求，测试时间相对比较短，但是在经历了这种程度的振荡下，弹出压力没有明显的降低。

基于以上科学实验结果，以及诸如埃克森、陶氏、杜邦、壳牌都在检修规程中都将这一工具列为换热管封堵的首选工具，该企业接受了这一科学封堵方法。在几小时内完成了原需要 5 天完成的封堵工作。设备在之后三年运行时间里，封堵的换热管状态良好。同时，这一技术被该企业列为同类型设备的指定维修技术。

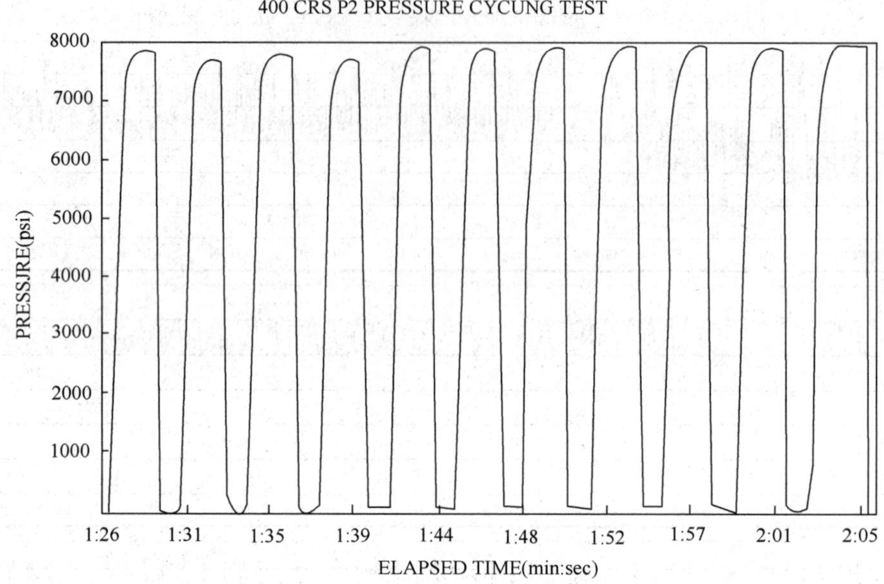

图 7 压力循环测试结果图

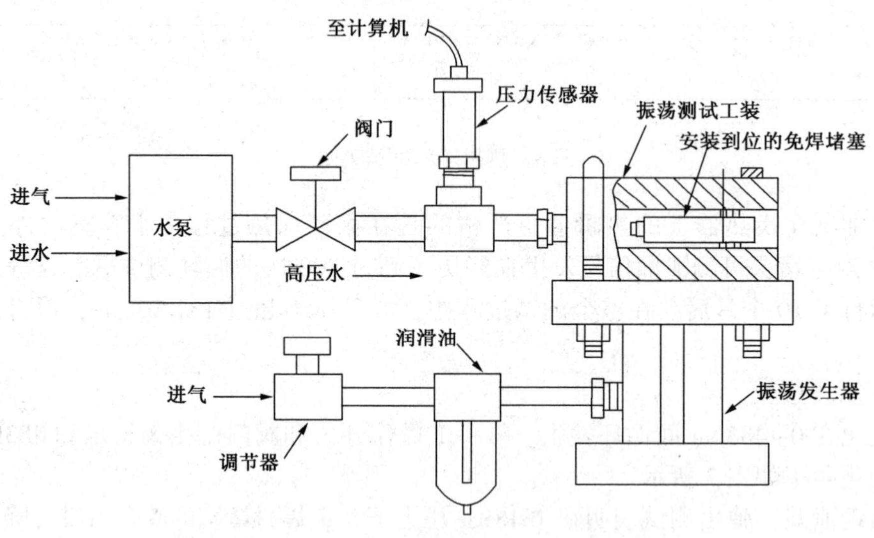

图 8 振荡测试系统图

4 结论

免焊封堵系统堵管技术在国内是一项新的堵管技术，国外石化、电力企业出于安全、经济考虑都已广泛应用。我国从西屋等设备制造企业进口的管壳换热器也都采用这一技术工具作为维修附件。其良好的应用记录使得美国机械工程师协会在 ASME PCC2 2011 年上明文介绍，将免焊封堵系统堵管技术作为更好的一种维修技术积极推广应用。

（中国石油哈尔滨石化分公司 李玉明）

9. 换热器SCS工业清洗试验研究

换热器是石油加工装置最常用的设备，它对装置产品（包括中间产品）的热量回收、加工能耗的降低有着重要意义。衡量一台换热器的运行状况的优劣，除了其固有的设备特性和工艺条件外，如何保证其介质热交换面的清洁，保证有良好的热传导空间和总传热效果是一个重要因素。以常减压蒸馏装置为例，国内大多数企业都在重视其长周期运转，降低其加工能耗，把改善及优化换热流程，提高原油的换热终温作为重要的工艺改进措施。但在一套运行装置上，随着加工量的积累和原油加工过程中的油垢沉积，其换热器的传热效果逐渐下降，制约了这个目标的实现。为此，换热器的清洗及其清洁程度也受到了炼制工作者的重视。传统的换热器清洗主要采用蒸汽和水力冲洗、机械除垢等方法，近十年来高压水射流清洗技术也普遍采用，但以上诸办法都存在着清洗过程公用工程消耗大、洗净能力低、劳动强度大、对环境污染影响大的问题。SCS（Super Cleaning System）炼油装置洗净新技术的出现，给我们带来了炼油装置节能降耗新的机遇。该项技术自1998年以来已经成功地在日本、韩国等国家十多家炼油厂三十七套装置推广应用并获得了重要的技术经济效益。江苏天鹏石化特种工程有限公司在国内独家引进日本索夫塔特工业株式会社研究实施的SCS无废水炼油装置洗净技术，首次在大庆石化分公司炼油厂一套常减压蒸馏装置上试验并取得了良好效果。作为最新炼油设备内清洗的新技术，也将会在国内推而广之。

大庆石化分公司炼油厂一套常减压蒸馏装置年处理能力为250×10^4t/a，本开工周期自2001年至今已三年有余。由于装置长周期运行，其两路拔头油/减底油换热器E126A/B/C/D和E129A/B/C/D结垢严重，传热效率降低，导致原油换热温度和拔头油换热终温降低，装置能耗日益增加。

使用SCS技术可以在线清除换热器污垢，江苏天鹏石化特种工程有限公司与大庆石化分公司炼油厂双方经过充分的技术交流和详细的技术方案论证，决定采用SCS技术对一套常减压蒸馏装置的拔头油/减底油换热器E126A/B/C/D的渣油侧进行短循环清洗，并与拔头油/减底油换热器E129A/B/C/D的渣油侧高压水射流清洗对比，以检验SCS技术清洗效果，为下一步常减压蒸馏装置全面在线清洗做准备。

1　试验时间安排和清洗准备

1.1　试验时间

试验于2004年7月1~5日进行，在此期间，正值装置进行停工大检修。

1.2　清洗准备

由于SCS技术在国内尚属首次应用，所用HKS-101A清洗剂对设备腐蚀性没有测试，作为最主要的前提条件，我们在工业应用开始前分别用100%清洗剂原液、2%清洗剂+98%二重催轻柴油（以下简称LCO）的清洗工况混合液进行了24h挂片腐蚀试验。本次试验所用溶剂浓度为2%HKS-101A油溶剂，试验结果证明HKS-101A清洗剂对设备没有任何腐蚀。

1.3　清洗范围和清洗方法准备

SCS技术应用试验安排在常减压蒸馏装置的停工过程中，按照预先制定的清洗方案，以催化柴油（LCO）作为清洗剂母液建立装置大循环系统，向循环系统中注入一定量的HKS-

101A 清洗剂，利用装置原有的设备(如加热炉、循环泵、塔、罐等等)对原油预热系统以及渣油、重油系统的热交换器进行在线清洗，从而提高换热器传热效果，降低加热炉能耗。

本次清洗考虑到 SCS 技术在国内属首次应用，故未实施全装置在线清洗，仅选取在有代表性的结垢最严重的 E126A/B/C/D 管束渣油侧进行短循环清洗。在一套常减压蒸馏装置计划检修期间，将拔头油/减底油换热器 E129A/B/C/D 的管束抽出，其空壳体作为缓冲罐，利用脱硫醇航煤泵 P129A/B 建立清洗循环路线，对常减压蒸馏装置的减底油/初底油换热器 E126A/B/C/D 的渣油侧进行 SCS 清洗。

SCS 清洗循环流程为：

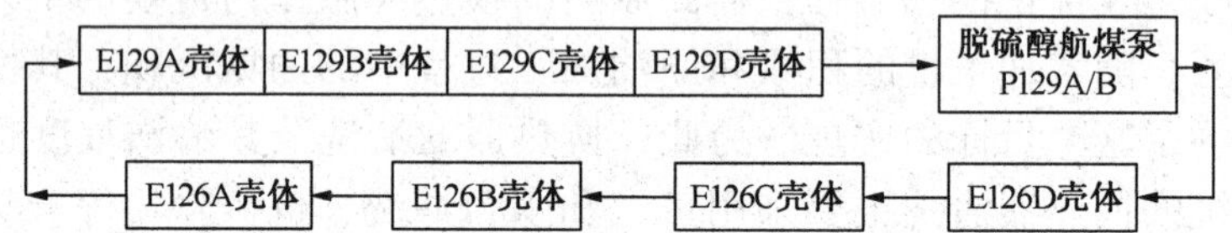

清洗液采取在 E126A/B/C/D 管程通入 1.0MPa 低压蒸汽的方式来加热。

E126A/B/C/D 的管束渣油侧 SCS 清洗流程示意图如图 1 所示。

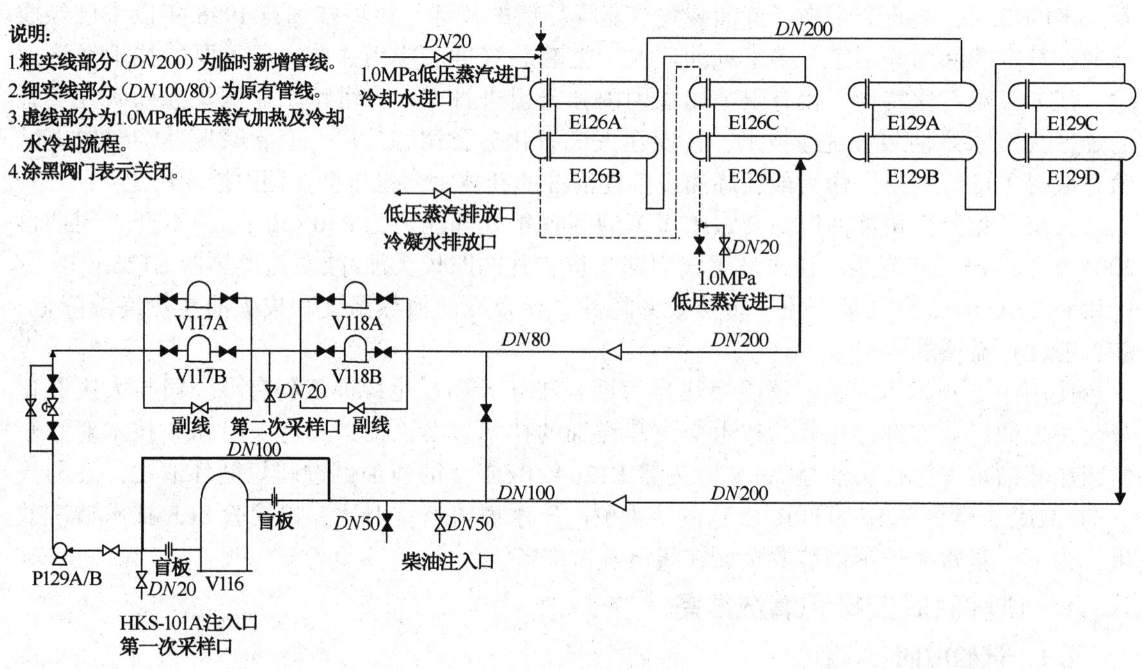

图 1　E126A/B/C/D 的管束渣油侧 SCS 清洗流程示意图

清洗设备为 E126A/B/C/D 的管束渣油侧，换热器型号为 YB800-180-40-2，换热管为 ϕ25 螺纹管，壳程进出口接管为 *DN*200mm，壳程设计流量为 84m^3/h。清洗用泵：泵型号为 80YⅠ-100B，轴功率为 15.3kW，设计流量为 40m^3/h，扬程为 73m。

2　清洗试验条件与操作

2.1　试验条件

清洗温度：120℃(Max)；清洗流量：40m^3/h；二重催轻柴油使用量约为 20m^3(总用量)，清洗剂用量为 2 桶(200L 装)。清洗用二重催轻柴油质量见表 1。

表 1　炼油厂二重催轻柴油性质

项　目	二重催轻柴油		项　目	二重催轻柴油	
	开工标定数据	试验时实际数据		开工标定数据	试验时实际数据
密度(20℃)/(kg/m³)	866	887.1	冷滤点/℃	-20	—
馏程：50%馏出温度/℃	234	226	硫含量(质量分数)/%	0.0665	—
馏程：90%馏出温度/℃	308	310	十六烷值	34~36	—
馏程：95%馏出温度/℃	327	328	芳烃(质量分数)/%	58.2	—
凝固点/℃	-41	—	多环芳烃(质量分数)/%	35.2	—

2.2　清洗操作实施步骤

(1) 建立清洗循环回路。

将 E126A/B/C/D 管程与系统隔离，在 E126A、E126D 管程外侧接入 1.0MPa 低压蒸汽管线，在 E126B、E126C 管程间就地放空。E126D 壳程配置 *DN*200 临时管线与系统原有 *DN*80 管线相连，E126A 壳程配置 *DN*200 临时管线通过 E129A/B/C/D 空壳体与系统原有 *DN*100 管线相连，改通脱硫醇航煤泵 P129AB 进出口与减底油/初底油换热器 E126A/B/C/D、E129A/B/C/D 的壳程的流程，并用蒸汽贯通试压。

(2) 二重催轻柴油引入，循环运转，清洗剂注入，温度调整。

通过罐车向循环系统内引入二重催轻柴油，开单泵建立临时清洗系统循环。先后从 E126A 管程侧、E126D 管程侧引入 1.0MPa 低压蒸汽将催化柴油加热至 120℃(Max)，温度表在 E126D 清洗液入口处)。清洗过程温度变化情况见表 2。

表 2　清洗液温度变化一览表

时　间	温度	时　间	温度	时　间	温度	时　间	温度
2004.7.2　18:10	25℃	2004.7.2　23:10	100℃	2004.7.3　04:10	120℃	2004.7.2　10:40	96℃
2004.7.2　19:10	55℃	2004.7.3　00:10	106℃	2004.7.3　05:10	117℃	2004.7.3　15:15	85℃
2004.7.2　20:10	65℃	2004.7.3　01:10	111℃	2004.7.3　06:10	115℃	2004.7.3　16:25	60℃
2004.7.2　21:25	82℃	2004.7.3　02:10	115℃	2004.7.3　08:10	98℃	2004.7.3　16:30	58℃
2004.7.2　22:10	92℃	2004.7.3　03:10	120℃	2004.7.3　09:10	96℃	2004.7.3　17:30	56℃

注：表中温度为清洗加温、清洗、结束的温度变化过程。

当临时清洗系统循环并开始升温后，从脱硫醇航煤泵 P129A/B 泵入口将 HKS-101A 清洗剂注入到循环油里。

(3) 清洗操作。

在临时清洗系统连续升温的同时，循环油系统同步运行。首先按单泵循环清洗从 2004 年 7 月 2 日 18 时至 3 日 8 时 30 分共 14.5h，然后按双泵循环清洗从 3 日 8 时 30 分至 3 日 16 时共 7.5h，最后单泵循环降温清洗从 3 日 16 时至 3 日 17 时 30 分共 1.5h，整个清洗过程持续 23.5h。

在清洗过程中，进行了两次采样。2004 年 7 月 3 日 8 时 30 分在单泵变双泵循环前从泵入口采样，目测循环液体颜色由清洗前的土黄色变成了黑褐色，7 月 3 日 17 时 30 分在循环停止后从泵出口采样，目测循环液体变为褐灰色悬浮状浑浊液体，初步分析原因是在蒸汽加热、水冷却过程中有水泄漏到循环油中引起柴油轻度乳化所致。

(4) 退油。

清洗结束并在循环液体冷却至60℃以下后，用罐车将循环液体退至罐区不合格油品罐沉降，沉淀后的油可与原油混炼。

3 SCS清洗的设备拆检结果

在7月3日清洗结束后，E126B、E126A、E126D、E126C的管束先后于7月5日抽出。从E126A/B/C/D换热器管束结垢情况来看，尽管每台换热器管束残留少量污垢，但其换热管之间间隙均能透光，部分换热管的螺纹清晰可见。其中，E126A的SCS清洗效果在四台换热器中最好(见图2)，距管板1m长距离内的管束及其全换热器上半部分管束清洗得很干净，螺纹换热管的螺纹清晰可见，换热管间透光性好，换热管上残存的污垢属于自然沉降堆积的含油量低的松散型垢物，这些垢物用消防水一冲即掉。

E126B的SCS清洗效果次之(见图3)，其上半部分管束清洗得很干净，换热管的管螺纹大部分可见，换热管间透光性良好，换热管上残存的污垢属于自然沉降堆积的含油量低的松散型垢物，这些垢物用消防水也一冲即掉。

图2 E126A SCS清洗结果

图3 E126B SCS清洗结果

E126C、E126D的SCS清洗效果稍差见(图4、图5)，其部分换热管间透光性良好，但换热管的管螺纹大部分未显现，换热管上残存的污垢含油量较大，垢物比前两台要多。

图4 E126C SCS清洗结果

图5 E126D SCS清洗结果

4　换热器管束部分清洗效果差异原因分析

SCS 清洗技术是针对常减压蒸馏装置在线大流量全装置清洗而开发的，其优势在于装置大流量全循环清洗。局部短循环清洗由于清洗的系统容量小、流量小、流速慢、温度偏低等诸多因素势必导致其效果不如装置大循环在线清洗。

本次清洗流程由于现场条件局限，未能完全按照技术方案中要求的清洗流程实施。清洗采用了局部短循环流程，其容量仅为 $20m^3$，而换热器部分就占了 $18m^3$左右，循环液体没有沉降的空间；被清洗设备的设计流量为 $84m^3/h$，而局部循环系统的设计流量为 $40m^3/h$，实际清洗流量远未达到 $40m^3/h$；循环泵的进出口管径也与被清洗设备的进出口管径相差较大(2.5 倍)，以致清洗液流速较低，相差达 6 倍之多。由于流量、流速均低，系统小而密闭，致使清洗下来的垢物无法带出沉降，最终只能在换热器管束上再度沉降。

E126A/B/C/D 已长周期运行 3 年有余，其结垢非常严重。而本次 SCS 清洗是参照方案按 2%的比例添加清洗剂，导致清洗系统重油溶解饱和以致于换热器管束上残留部分重油未被溶解。从换热器管束情况来看，E126C/D 的结垢程度要比 E126A/B 严重，所以其清洗效果逊于 E126A/B。

清洗过程中加热蒸汽或冷却水渗漏到循环系统，也是导致柴油轻度乳化而影响清洗效果的原因之一。

5　结果与讨论

SCS 清洗技术之所以有着优异的洗净性能，主要是采用了 HKS-101A 清洗剂并在一定的温度和清洗液大流量、高流速的条件下进行的。HKS-101A 清洗剂对烃类物质甚至重质高 C/H 垢性物质具有一定的分子亲和力。清洗剂的特点是对积垢有直接的侵润、渗透、软化、溶解、分散直至剥离的作用。

在以往的换热器等设备清洗中，以蒸汽、热水甚至高压水射流的动能都不能使这些垢性物质(多为重沥青质、胶质的结垢)发生熔化、溶解和整体移位，采用化学清洗的方法对单体管束虽然能达到理想的效果，但是清洗速度慢。因对这些部位管束表面清洗得不彻底，对恢复原有的换热效率是很不利的。另外，由于表面有锈垢与油垢的浮着，容易产生金属的垢下电化学腐蚀。由于检修对管束表面油垢与结焦物清除不彻底，热阻是比较大的，对装置的长周期运行是很不利的。但在 HKS-101A 清洗剂的作用下，它们之间的分子亲合作用使清洗剂与垢性物质相互渗透、溶解，最后被大流量的清洗液所融合，尽管清洗液中的清洗剂浓度很低。另一方面，HKS-101A 也是一种特殊的表面活性剂，具有对设备金属材质的相容性且无腐蚀性的特点，使垢性物质能随清洗液的流动而剥离金属表面。适宜的清洗温度，使黏性结垢物的黏附力下降，更易于清洗剂发生相互渗透和溶解，最终脱离聚集空间。100~150℃的循环清洗液温度避免了水溶性液体中水的沸腾而影响清洗条件的控制。选择 LCO 油品作为溶媒母液，除了其较强溶解性外它还有着可以在 100℃以上的温度下应用，以及废清洗液可以全部回收的优势。

在本次试验和清洗结果的检查对比中，我们认为：

(1) 本次试验虽未能完全按照预定技术方案要求的清洗流程和范围进行清洗，但已初步探明 SCS 清洗技术的优异效果，HKS-101A 清洗剂显现的相容性和对烃类油垢、盐垢的化学亲和力足以使被清洗设备达到除垢要求。

从 E126A 的清洗情况(见图 6)，对照 2003 年 6 月日本国新日本石油炼制仙台炼油厂 600×10^4t/a 蒸馏装置黑油系统换热器 SCS 清洗后的管束照片(见图 7)，SCS 清洗技术在我厂常减压蒸馏装置渣油系统的应用已经达到装置在线清洗的效果。

图 6　E126A SCS 清洗结果

图 7　仙台炼油厂黑油系统换热器 SCS 清洗结果

未经清洗的 E129A/B/C/D 的管束被垢物堵得严严实实(见图 8)，其管束在经过高达 240MPa 高压水射流清洗后换热管间仍有垢物(见图 9)，其透光度和管螺纹显现程度均逊于经过 SCS 技术清洗后的 E126A/B/C/D 换热器管束透光度和管螺纹显现程度(见图 6)。

图 8　未经清洗的 E129A 管束结垢情况

图 9　E129D 高压水射流清洗结果

(2) 渣油换热器 E126A/B 的短循环清洗已显现 SCS 技术在重油污垢清洗上的优势，建议因重油型换热器结垢影响装置长周期运行的常减压蒸馏装置采用 SCS 技术进行全装置在线清洗，以达到节能降耗、降本增效、延长开工周期的目的。

(3) 此次试验从清洗的感观结果可以预测清洗后的换热器的换热效果将会大大提高，将会对装置节能有一定的帮助。但我们也感到这次试验由于多方面条件的限制，尚不能作出量化的结果分析。在试验前后的生产工艺条件，诸如介质温度、压力、流量的记录等未能予以统计，试验本身也仅在部分换热流程中实施，对全装置总的热回收分析难以作出全面对比，还需要在今后的工作中进一步加以完善、充实和全面量化，以取得较佳效果，并作出对清洗工艺条件的鉴定性意见。

另外，SCS 清洗技术的扩大应用还可包括从脱盐罐到塔类的清洗过程，甚至还包括冷却器系统(尤以重质油冷却系统)。在常减压蒸馏装置的应用效果的基础上，能否在其他装置上加以应用，也值得考虑，这将在今后逐步进行针对性试验，以使 SCS 技术进一步发展，满足炼油工业生产的实际需要，全面提高炼油工业的技术经济效益。

(中国石油大庆石分公司炼油厂　王巍)

10. 段间换热器腐蚀原因分析及对策

大庆石化公司化工一厂裂解装置中压缩工段段间换热器的 $\phi20\times2$mm 碳钢管束管程为循环水，管壳为裂解气，工作温度约为 40~90℃。自实行压缩机注水降温技术后，装置运行一段后，发现碳钢管束多处腐蚀穿孔，造成换热器报废。为了对该台换热器的腐蚀原因进行分析并提出有效的防腐蚀对策，于 2004 年 8 月采集了一段穿孔和腐蚀的管束和正在运行的换热器凝结工艺水样品，通过采取现代物理测试技术观察腐蚀产物元素成分、微观电子显微形貌、腐蚀产物结构，解析了腐蚀原因，剖析了腐蚀机理，并在此基础上提出了防腐蚀对策。

1 腐蚀检测结果

1.1 工艺水成分的化学分析(见表 1)

表 1 换热器凝结工艺水分析结果

分析项目	分析结果
总硫	53. 9mg/L
Cl^-	13. 4mg/L
总铁	54. 6mg/L
氨氮	9. 3μg/L

1.2 腐蚀穿孔碳钢管线的表面形貌观察

考察现场截取的 $\phi20\times2$mm 碳钢管线的腐蚀环境，观察和分析管束腐蚀形态，并对宏观腐蚀状况进行观察分析。从外观鉴定情况看，上部进口部位的腐蚀明显高于中下部的腐蚀程度。

对截取腐蚀穿孔的管线进行表面勘察，发现碳钢管的腐蚀穿孔减薄的方向明显由管外向管内发展，碳钢管的孔蚀源主要集中在管外壁，腐蚀形态主要为局部孔蚀，在 25cm 长的管段内发现多处腐蚀穿孔，表面附着黑褐色锈层。管外壁出现径向约 6mm、轴向约 5mm 的孔，2mm 厚的管壁已穿透，且孔边缘有明显的多处较深的蚀坑，有些部位虽没有达到穿孔的尺寸，但局部小孔腐蚀十分严重，呈现严重的溃疡状腐蚀，管束局部被成片剥离、起皱。管内壁孔表面整体出现黄褐色锈层，一些锈层起皱、脱落现象，然而孔边缘光滑，说明发生了均匀锈蚀。从而印证，管外壁是蚀孔源，孔蚀是由管外壁向管内壁方向发展的。

1.3 穿孔部位腐蚀产物物理测试分析

通过现代物理测试技术可以观察腐蚀产物元素成分、微观电子显微形貌、腐蚀产物结构，进而对腐蚀原因进行解析并剖析腐蚀机理。主要检测项目有：穿孔部位和腐蚀部位表面扫描电镜观察；穿孔部位和腐蚀部位表面电子能谱分析；穿孔部位和腐蚀部位表面 X 射线衍射分析。

1）扫描电镜观察结果

图 1 示出截取腐蚀试样管外壁孔蚀表面的扫描电镜照片。其中图 1(a)为 500 倍。蚀孔

外部表面锈层分布不连续，沿着锈层出现腐蚀沟槽花样痕迹。同时，发现表面粗化而疏松，出现絮状花样。

截取试样管内壁表面的扫描电镜照片示于图1(b)。管内壁表面锈层粗糙、凸凹不平、疏松；局部有微小颗粒状物，锈蚀严重。

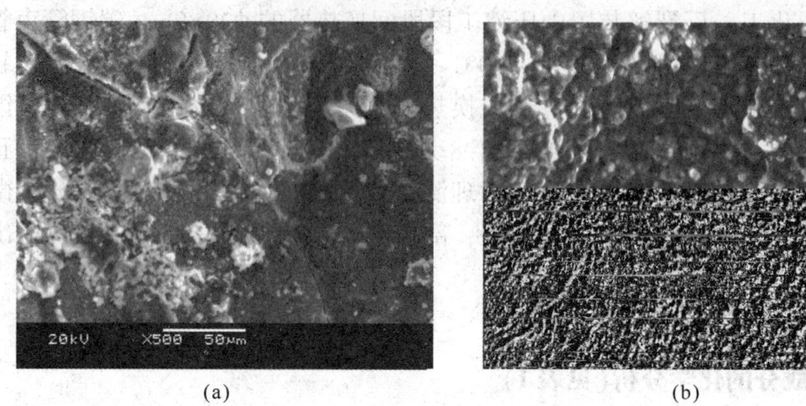

(a) (b)

图1 截取的试样管外壁、内壁的扫描电镜照片(500倍)

2）电子能谱分析结果

图2示出截取试样管外壁孔蚀表面、内壁表面的电子能谱分析(EDX)结果。由图可见，管外壁孔蚀表面[见图2(a)]主要由C、O、S、Ca、Fe、Cl、和Mg元素组成。管外壁孔蚀表面成分见表2。值得指出的是，管外壁表面S元素的峰值较高，这说明S元素参与了碳钢管孔蚀的历程。管内Fe峰值较高，是由于电子束打到基体。

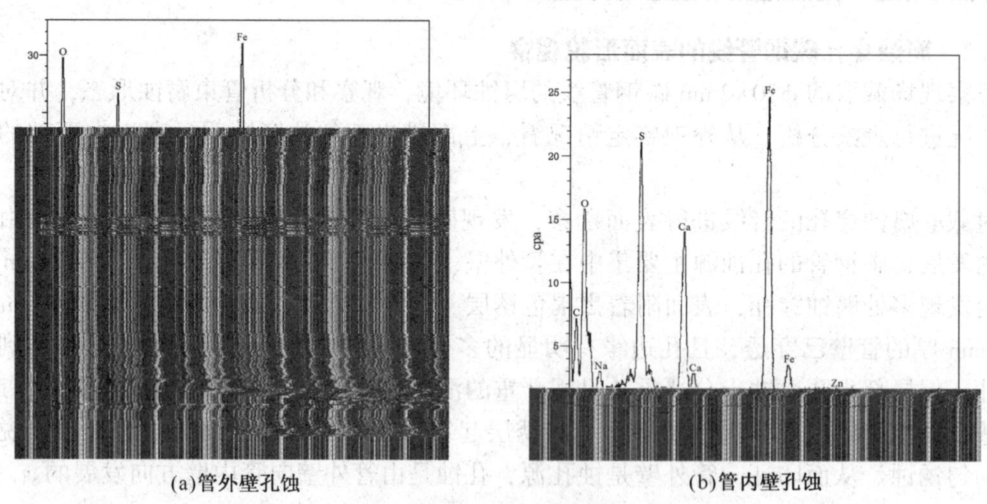

(a)管外壁孔蚀　(b)管内壁孔蚀

图2 管外壁孔蚀表面、内壁表面的电子能谱分析

截取试样管内壁表面的扫描电镜照片示于图2(b)。管内壁表面锈层粗糙、凸凹不平、疏松；局部有微小颗粒状物，锈蚀严重。

经分析，管内壁表面成分见表2。

3）X射线衍射结果

截取试样管外壁孔蚀表面、内壁表面的X射线衍射分析结果示于图3。其中，图3(a)为管外壁孔蚀，图3(b)为管内壁表面。

表 2 管内、外壁孔蚀表面成分

管外壁孔蚀表面成分		管内壁孔蚀表面成分	
分析项目	分析结果/%	分析项目	分析结果/%
C	0.70	C	0.42
O	69.61	O	61.33
Mg	0.75	Na	2.14
S	6.06	S	7.08
Cl	1.70	Ca	12.86
Ca	9.82	Fe	12.07
Fe	11.35	Zn	4.10

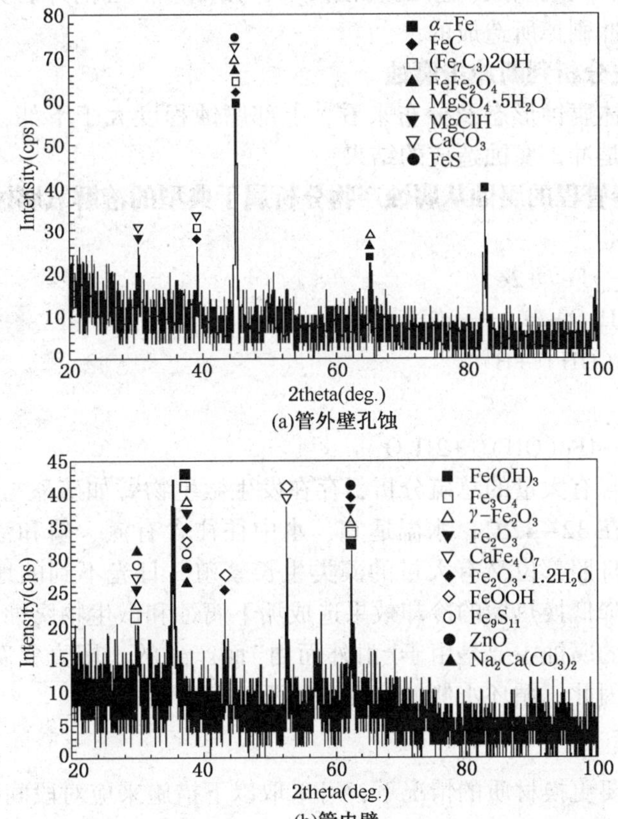

图 3 管外壁孔蚀表面、内壁表面的 X 射线衍射分析

经分析，管外壁孔蚀表面主要由 FeS 的铁的硫化物、α-Fe、FeC、$(Fe_7C_3)2OH$、$FeFe_2O_4$、$MgSO_4 \cdot H_2O$、MgClH、$CaCO_3$ 等化合物构成。管内壁表面主要由铁的氧化物 Fe_3O_4 和 ν-Fe_2O_3、Fe_2O_3、$CaFe_4O_7$、$Fe_2O_3 \cdot 1.2H_2O$、FeOOH 和 Fe_9S_{11}、$Na_2Ca(CO_3)_2$ 以及 ZnO 组成。

2 腐蚀原因及机理分析

2.1 段间换热器壳程的腐蚀属于典型的 H_2S-HCl-H_2O 体系腐蚀

从能谱及 X 射线衍射结果分析，可以得出该段间换热器壳程的腐蚀主要是由 H_2S-HCl-

H_2O 体系构成和控制。介质中的 H_2S 与 Cl^- 均参与了腐蚀过程。

从凝结水化验出的总铁离子含量 54.6mg/L 情况分析，所含的铁离子高出行业标准(总铁含量≤3ppm)18 倍，腐蚀情况相当严峻。

2.2 从工艺介质流程成分分析判断存在 $CO-CO_2-H_2O$ 腐蚀

碳钢、低合金钢在 $CO-CO_2-H_2O$ 腐蚀体系中，CO_2 在水中生成碳酸(H_2CO_3)，可使 pH 值达到 3.3，在该系统存在 CO 气体时，CO 可吸附在金属表面起到缓蚀剂的作用，阻止了因碳酸引起钢的全面腐蚀，这时候，若有应力存在，由于晶格间滑移在表面生成台阶，露出新生面，金属开始溶解此新生面，此面为阳极，其周围的 CO 吸附层(<10Å)为阴极，加速了碳钢设备的腐蚀。

从腐蚀产物中没有发现碳酸(盐)的腐蚀产物，按照参照国内外有关文献，是由于腐蚀产物在工况条件下被冲刷掉所造成的。

2.3 从腐蚀形貌分析判断冲击腐蚀

段间换热器从总体腐蚀形态及分布来看，上部腐蚀程度大于下部，且呈现典型的山谷状或沟壑状，经分析是冲击腐蚀造成的结果。

2.4 段间换热器管程的腐蚀从腐蚀产物分析属于典型的溶解氧腐蚀

腐蚀反应如下：

阳极反应　$Fe \longrightarrow Fe^{2+}+2e$

阴极过程　$O_2+2H_2O+4e \longrightarrow 5OH^-$

$Fe^{2+}+H_2O \longrightarrow Fe(OH)^++H^+$

$2H^++2e \longrightarrow H_2$

$4Fe(OH)^++4H^+ \rightarrow 4Fe(OH)^{2+}+2H_2O$

另外从内侧产物含有大量的总硫分析，存在发生微生物譬如硫酸盐还原菌的腐蚀条件，循环水的水温度通常在 32~42℃，水温适宜，水中往往含有氮、磷和油类等营养成分，有利于微生物的生长，日照部位又有大量的藻类生长繁殖，日光不到的地方则有大量的细菌繁殖，并生成黏泥，降低换热器的冷却效果造成垢下腐蚀和微生物腐蚀。

由于段间换热器的腐蚀主要是由于“由外而内”而产生的，即壳程腐蚀是导致该设备过早报废的主要原因，因此，循环水侧的腐蚀问题不过多赘述。

3 采取的对策

在不能或没有必要更换材质的情况下，可采取以下措施来应对段间换热器的腐蚀问题。

(1) 优化工艺操作，减少裂解气中带液量；

(2) 壳程采取牺牲阳极的阴极保护；

(3) 建议段间换热器壳程凝结水的 pH 值控制在 6.0~7.5 范围内；当 pH<6 时，HCl 的腐蚀会加强，当 pH>8 时，H_2S 的腐蚀作用增强。pH 值与腐蚀速率的关系见图 4。

3.1 加注有机胺类工艺缓蚀剂

控制凝结水的 pH 值应在 6.0~7.5 范围内，参照国内外乙烯装置设备防腐蚀经验，使用无机氨作中和剂，很难将凝结水的 pH 值控制在这一范围内，而使用有机胺作缓蚀剂兼中和剂，能较好地解决这一问题。

3.2 加强该部位的设备监测

针对该设备使用寿命仅为 1 年且凝结水中铁离子严重超标的现状，建议对该系统的设

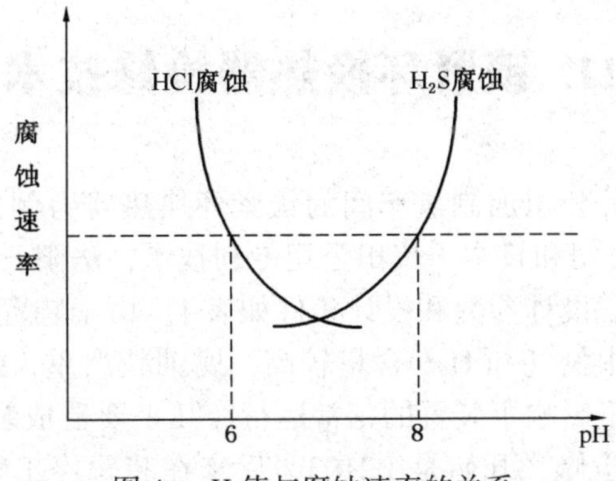

图4　pH值与腐蚀速率的关系

备及管线进行详细的腐蚀调查，加强设备监护进行必要的定点测厚，加强工艺防腐等工作，可有效地抑制和掌握设备的腐蚀状态。

4　结论

（1）通过对现场取的换热器凝结工艺水进行分析结果表明：①工艺水中总铁含量为54.6ppm，是国标的18倍，是理想工况（<1ppm）55倍，说明系统目前腐蚀情况十分严重；②工艺水中总硫含量为53.9ppm，Cl^- 13.4ppm，说明系统的腐蚀主要以 H_2S-HCl-H_2O 类型腐蚀为主。

（2）对截取腐蚀穿孔的管进行表面勘察，发现碳钢管的腐蚀形态主要为局部孔蚀，腐蚀穿孔减薄的方向明显由管外向管内发展，碳钢管的孔蚀源主要集中在管外壁即主要腐蚀发生在工艺侧。

（3）通过电子能谱分析结果发现，管外壁表面S元素的峰值较高，这说明S元素参与了碳钢管孔蚀的历程。

（4）电子能谱分析和X射线衍射分析结果进一步说明：腐蚀发生在外层工艺侧。

（5）在不能或没有必要更换材质的情况下，可采取优化工艺操作，减少裂解气中带液量；壳程采取牺牲阳极的阴极保护；加注有机胺类工艺缓蚀剂等措施防腐。

（中国石油大庆石化分公司　夏智富，顾培臣，唐华，闫凤芹）

11. 锁紧环换热器检修技术

以中国石化新疆塔河分公司加制氢车间的锁紧环换热器为例，该类换热器属高低压换热器，应用美国 Chevron 公司和日本千代田公司专利技术，洛阳石化工程公司设计，兰石机械设备有限责任公司制造。设计参数和设计条件如表 1。由于装置在运行期间，操作过程出现压力波动，且由于介质中氢气和 H_2S 含量较高，腐蚀较严重，锁紧环换热器在使用过程中发生了堵塞和泄漏，严重影响了装置的正常运行，几乎要造成装置停工，需要进行检修。我公司承担了该换热器的检修，开始是 E2103，后来在装置停工检修期间，又对 E2101 和 E2102 进行了检修。我们检修锁紧环换热器是第一次，拆卸工装(锁紧环拆卸专用工具)也是第一次使用。但根据有关资料和厂家提供的说明书，顺利完成了该类换热器的检修。

锁紧环换热器的技术参数见表 1，其密封结构如图 1 所示。

表 1 锁紧环换热器技术参数

容器类别	二 类		设计压力(管程/壳程)	8. 1MPa/1. 38Pa
结构类型	DFU		管程数	2
介 质	反应流出物/低分油		壳程数	2
最高工作压力(管程/壳程)	7. 7MPa/1. 2MPa		试验压力/(管程/壳程)	11. 7MPa/1. 87MPa
工作温度(入/出)	管程 223℃/140℃	壳程 45℃/181℃	管箱壳体材质	20 锻
设计温度	243℃	201℃	换热管	15CrMo

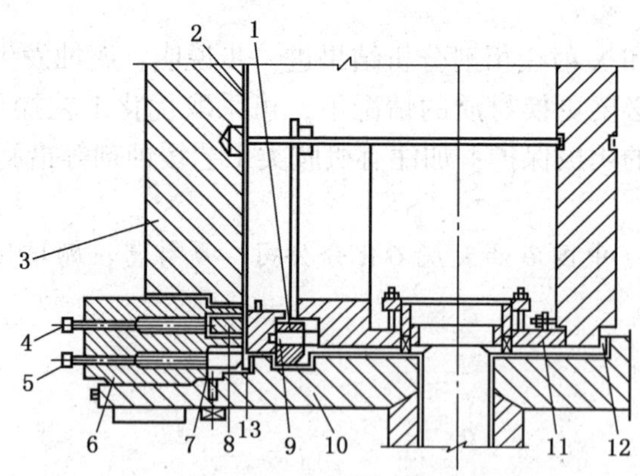

图 1 螺纹锁紧环式密封结构示意图

1—卡环；2—密封盘；3—压盖；4—内压螺栓；5—外压螺栓；6—螺纹承压环；7—外压圈；8—内压圈；9—顶压螺栓；10—管箱壳体；11—内套筒；12—垫片；13—垫片

1 拆卸

(1) 准备工作：

① 拆掉妨碍检修的物件，如影响拆装换热器的管线、法兰等；

② 准备好专用检修工具，调整中心及水平度(加平衡重)等；

③ 搭设脚手架，注意不要妨碍抽芯；

④ 在换热器上部放气孔中注入润滑油，使油进入螺纹锁紧环的螺纹部分；

⑤ 在内外压紧螺栓上喷上松动剂或煤油，以利拆卸。

(2) 作好标记：

① 在壳体和管箱壳体上沿圆周均分八等份，作好标记；

② 在螺纹锁紧环的端面、壳体的端面以及管箱的端面作上标记，记录其相对角度位置；

③ 在所有压紧螺栓(内、外圈)和对应螺孔边上作上标记。

(3) 保证安全前提下(加盲板，为试压准备临时管箱出口还加一对法兰和法兰盖)，通过连接螺栓(工装自带)将连接板与工装主梁连接起来；

(4) 将换热器的螺纹锁紧环上的圆周排列的内外圈压紧螺栓松开，使之处于无受力状态，并按顺序作上记号。

在卸松压紧螺栓时，由于厂家出厂时漏涂防高温咬合剂，造成高温黏结，常态时有些锁紧环换热器的压紧螺栓是非常难卸的；在常规的煤油渗透、松动剂浸泡后大锤敲打的方法无果后，还要采用固定窝头焊上加力杆(甚至用工字钢代替)进行拆卸的方法，这些方法相继无效后，就只有现场采用磁力钻钻透压紧螺栓的方法了。

但是，在磁力钻钻孔期间，切记不可钻偏，钻得过深、钻得过大易伤害螺纹，否则就得重新攻丝或者进行螺纹修复，并提前准备螺纹直径更大一些的压紧螺栓。

(5) 将压紧螺栓逐个卸出后，把连接好的主梁(连接有拨齿盘)吊起，用固定螺栓将换热器的螺纹锁紧环、压盖、内外压圈和连接板连接并上紧。

(6) 根据螺纹锁紧环的螺纹方向(必须保证正确，否则越上越紧)，利用吊车逆时针缓慢转动拨齿盘，测量螺纹锁紧环出来的长度，和图纸对照，等螺纹锁紧环将要出壳体时，在壳体下方放置一临时千斤顶支架，防止螺纹锁紧环旋出的一瞬间造成工装主梁的失衡而致使螺纹锁紧环外部螺纹受损。继续转动拨齿盘，稳稳地将螺纹锁紧环拆掉。

螺纹锁紧环和压盖、内外压圈是一体的，拆卸螺纹锁紧环时实际一并拆除了压盖和内外压环。

(7) 拆掉螺纹锁紧环后，轻放至橡胶垫上，并对螺纹进行保护，以防碰坏螺纹。

(8) 对 E2103 而言，将工装螺纹头 M24 旋入换热器的密封盘上的螺纹内，并制作胎具，轻取出密封盘，将其放在橡胶垫上即可，切勿碰坏密封面；然后拆除管程密封垫片。

对 E2101 和 E2102 来说，就较为复杂了。除拆下内套筒和支撑圈外，还要拆除内法兰螺栓(如前所述作好标记)并保管好，按照图示方向先取出三合环(也有称六合环的)竖直段(很关键的步骤，这两段与其他环的接合方向是竖直的)，然后沿径向取出三合环其他部分。最后再依次取出四合环、内法兰(含支承架)、隔板箱等。

(9) 换热器抽芯：

现场抽芯非常烦琐，由于锁紧环换热器的管程结构非常特殊，非法兰连接结构而是直接焊接连接，一般的抽芯机没法生根，专用工具(联接弧板)又抽不动(安全系数低)，需对抽芯机进行改造。由于抽芯时要连同分程箱一起抽出，会引起“头重脚轻”造成事故。所以即将抽出时必须注意，或者用一台吊车抽，一台吊车溜尾；或者在用一台吊车抽，最后倒钢丝绳；或者在出口处加支撑。其他抽芯过程和一般换热器过程相同。

2 换热器清洗试压

(1) 利用清焦泵，清洗换热器管束。

(2) 清洗干净后对管板表面进行着色，有裂纹应进行处理。

(3) 装入换热器管束，按照拆除的逆顺序进行安装，注意螺栓要涂防高温咬合剂并按编号旋入，注意力度(最好谁拆除谁安装)；注意三合环各个部分以及螺纹锁紧环、内外压圈、压盖与壳体的相对位置；注意垫片不能压偏损坏。

(4) 清洗干净后进行换热器壳程试压，漏的管子用丝堵封住后焊死。

(5) 实际试压时由于流程复杂，换热器结构特殊，可根据现场情况利用氨气试漏的方法等进行检测管板焊缝接头是否泄漏。

(6) 其他试压过程同一般的换热器。

3 总结

锁紧环换热器内外压紧螺栓的拆除是检修的关键，否则，将会大大增加工作量。另外，管束的拆卸没有利用原设计工装，而同于一般的换热器改造抽芯机，可以减小工作量，使工期提前。

(洛阳隆惠石化工程公司 杨学斌)

12. 螺纹锁紧环换热器检修问题的探讨

伴随炼油企业汽柴油产品质量的要求提高，每个炼化企业都设置有加氢类装置，随着装置处理量的大幅度提高，大多数加氢装置的高压换热器在设计过程中选用了密封性能可靠、结构紧凑、维护简单且能快速解决运行过程中出现泄漏问题的螺纹锁紧环换热器。

上海高桥石化公司加氢裂化装置高压螺纹锁紧环换热器(E-3101/A)在装置大修过程中，因碱洗流程不当，导致换热器内漏，通过紧固内圈压紧螺栓仍无法消除换热器内漏，而对螺纹锁紧环换热器进行检修，在拆卸过程中螺纹锁紧环造成一定程度的损伤。本文对损伤的螺纹锁紧环使用情况的判别和修复进行阐述，并提出相应的对策。

1　螺纹锁紧环换热器(E-3101/A. B)的操作条件

加氢裂化装置高压螺纹锁紧环换热器的操作条件见表1。

表1　加氢裂化高压换热器的操作条件

设备位号	介　质		操作温度/℃		操作压力/MPa	
	管程	壳程	管程	壳程	管程	壳程
E-3101/A	反应产物	混氢油	408/244	143/245	16.3	17.3

2　螺纹锁紧环换热器的结构特点

加氢裂化装置螺纹锁紧环换热器(E-3101/A. B)为双壳程、两管程、U形管换热器，换热管规格为φ19，为螺纹锁紧环式换热器结构，筒体材质为2.25Cr-1Mo+堆焊，换热管为0Cr18Ni10Ti。

锁紧环换热器由内外压圈、压杆、压紧螺栓、支架、固定压圈螺栓、螺纹承压环、压盖、密封盘、外密封圈、压环、顶压螺栓、卡环、管程内套筒、盘根、盘根压环、波齿复合垫、分程箱、管束、和壳体等组成。螺纹锁紧环换热器与普通U形管换热器主要区别在于：管箱部位的结构比较特殊，采用螺纹锁紧环压紧管箱盖板；壳体和管箱为一体的结构，没有管箱大法兰连接。

3　螺纹锁紧环换热器的拆卸情况

加氢裂化装置高压螺纹锁紧环换热器在检修准备期间并未列入检修计划，而是在停工反应系统碱洗过程中发现E-3101A. B内漏，由于高压流程中无隔离阀，因此无法确认究竟是哪台换热器出现了问题。

鉴于换热器出现的泄漏情况，对螺纹环上的内外圈压紧螺栓进行适量调整，以验证有否减少冷态泄漏的倾向，经过调节没有收到预期的效果。为此对已经运行了6年的螺纹锁紧环换热器进行解体检修。

3.1　螺纹锁紧环换热器(E-3101/B)的检修情况

3.1.1　螺纹锁紧环换热器(E-3101/B)的拆卸过程

先对低温段换热器E-3101/B进行检修，花费了1天时间拆卸螺纹锁紧环上的144只内外圈压紧螺栓，通过螺纹锁紧环专用拆卸工具，花费了2天时间拆卸螺纹锁紧环，螺纹锁紧环的螺纹情况良好，详见图1。

(a)

(b)

图1 E-3101/B的螺纹锁紧环

随后对三合环进行紧固，对壳程部分利用流程充水加压，水压大约为0.4MPa，换热器壳体与管板的垫片处泄漏明显，而管束的管接头无任何泄漏。

而后花费了2天时间进行螺纹锁紧环换热器内件的拆卸、抽芯。管束抽出后，壳程侧波齿复合垫片上的石墨复层缺失严重，因此通过对螺纹锁紧环的内圈压紧螺栓进行加载，但无法消除内漏。

3.1.2 螺纹锁紧环换热器(E-3101/B)的内漏原因分析

结合工艺操作和停工碱洗流程的分析，在装置正常操作过程中尚未出现产品质量问题，仅仅是在装置停工碱洗过程发现内漏。

结合装置正常的操作工况和螺纹锁紧环换热器的特点，E3101/A.B在正常运行时温度为400℃左右，螺纹锁紧环换热器的管箱壳体材质为2.25Cr-1Mo，线膨胀系数为12.38×10^{-6}/℃，通过螺纹锁紧环固定管束的加载力的传导件材质为0Cr18Ni10Ti，线膨胀系数为17.99×10^{-6}/℃，二者之间的线膨胀系数差异较大。

查阅装置停工过程中的碱洗流程，先对壳程按照NACE RP0170的要求进行碱洗，碱洗的水压大约为1.2MPa，而管程无任何物料。所以碱洗过程中的水压推动管束，极易造成对壳程侧的波齿复合垫片的冲击，造成石墨复层的脱落，从而引发内漏。

3.2 螺纹锁紧环换热器(E-3101/A)的检修情况

3.2.1 换热器(E-3101/A)螺纹锁紧环的拆卸过程

对高温段螺纹锁紧环换热器(E-3101/A)进行拆卸，可能是换热器工况条件的差异，E-3101/A的内外圈压紧螺栓的拆卸难度远大于E3101/B，在144只内外压紧螺栓中有20多只螺栓的螺帽被拧断，主要是从螺帽根部断裂，只能通过现场钻孔的方法拆卸断裂的内外压紧螺栓。通过螺纹锁紧环专用拆卸工具对螺纹锁紧环进行拆卸，按照拆卸E-3101/B的方法拆卸E-3101/A的螺纹锁紧环，未收到任何效果。因此先通过对螺纹部分加注了润滑剂进行浸润，未能收到预期的拆卸效果；而后又通过增设螺纹锁紧环的着力点，增大旋转螺纹锁紧环的力矩，也未能收到预期的效果。最后通过壳体加热，壳体表面温度高达350℃，由于高压设备壳体壁厚较厚，而热量传递到壳体与螺纹锁紧环接触面的温度约为150℃，对螺纹锁紧环腔体则注入干冰进行冷却，利用金属材料的热胀冷缩特点，适当增加旋转螺纹锁紧环的力矩，前后花费了10天左右时间将螺纹锁紧环拆卸下来。

3.2.2 换热器(E-3101/A)螺纹锁紧环损伤判别

从外观进行检查，螺纹锁紧环和换热器管箱的螺纹损伤严重，详见图2，部分螺纹拉伤的毛刺和螺纹损伤物仍残留在螺纹锁紧环上，螺纹锁紧环的螺纹损伤达到 40%，换热器管箱的螺纹损伤达到 30%。

在螺纹锁紧环和换热器管箱的螺纹清理打磨后，根据螺纹锁紧环的设计图纸进行 1∶1 放样剪切一个螺纹样板，对损伤的螺纹锁紧环和换热器的管箱螺纹进行全面检查，预计螺纹锁紧环与换热器管箱螺纹的有效啮合齿数只有 12~13 牙，部分螺纹锁紧环的螺纹与样板的的啮合程度较差，情况详见图 3。

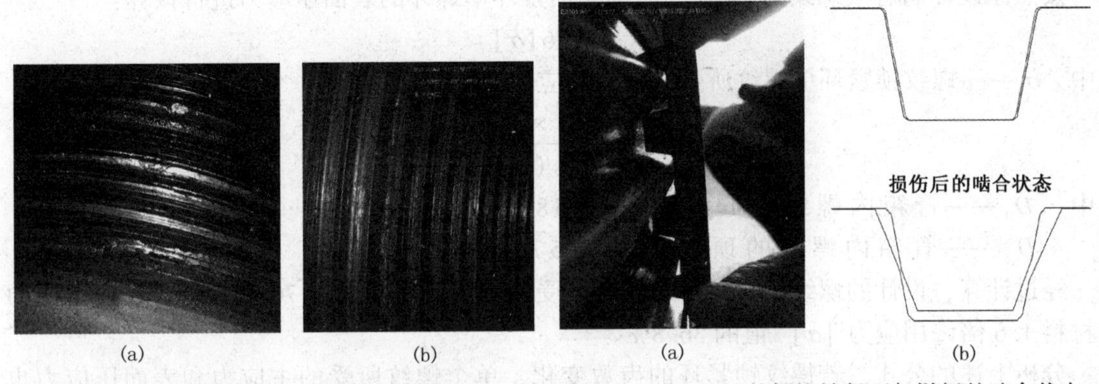

图 2 E-3101/A 损伤的螺纹锁紧环 图 3 E-3101/A 的螺纹锁紧环与样板的啮合状态

3.2.3 换热器(E-3101/A)螺纹锁紧环螺纹最少齿数的推算

查阅原设计单位的原始设计资料，原设计的有效螺纹为 20 牙，对螺纹锁紧环单螺纹的主应力进行核算：

$$\sigma_{主} < [\sigma]_t$$

式中 $[\sigma]_t$——材料 454℃的许用应力，$[\sigma]_t = 129\text{MPa}$；

$\sigma_{主}$——螺纹锁紧环单螺纹所受的主应力，MPa。

$$\sigma_{主} = \sqrt{\sigma_1^2 + 3 \times \tau^2}$$

式中 σ_1——螺纹锁紧环单螺纹所有的拉应力，MPa；

τ——螺纹锁紧环单螺纹所受的剪应力，MPa。

$$\sigma_1 = \frac{6 \times W \times h}{Z \times \pi \times D \times a^2}$$

$$\tau = \frac{W}{Z \times \pi \times D \times a}$$

式中 Z——螺纹锁紧环的齿数，$Z=20$；

D——螺纹锁紧环螺纹的中心圆直径，$D=1579.856\text{mm}$；

a——螺纹锁紧环螺纹的齿根厚度，$a=13.592\text{mm}$；

h——螺纹锁紧环螺纹的有效齿宽，$h=4.7432\text{mm}$；

W——螺纹锁紧环所承受的载荷，N。

$$W = 2 \times \pi \times b \times G \times m \times P + \frac{\pi \times G^2 \times P}{4} + \pi \times b \times G \times y$$

式中 b——管箱垫片的计算密封宽度，$b=6.45026\text{mm}$；

G——管箱垫片上压紧力的中心圆直径，G=1508.099mm；

m——管箱垫片的垫片系数，m=6.5；

P——管箱的设计压力，P=17.5MPa；

y——管箱垫片的比压力，y=179.3MPa。

经过计算，设计的螺纹锁紧环单螺纹所承受的主应力 $\sigma_{主}$=90.6.9MPa，主应力为材料许用应力 $[\sigma]_t$ 值的70%。

按照原设计的有效螺纹为20牙，对螺纹锁紧环单螺牙的表面压应力进行核算：

$$\sigma_f < 1.6[\sigma]_t$$

式中 σ_f——螺纹锁紧环单螺纹所受的表面压应力，MPa。

$$\sigma_f = \frac{4 \times W}{Z \times \pi \times (D_1^2 - D_2^2)}$$

式中 D_1——管箱内螺纹的低径，D_1 = 1587.5mm；

D_2——管箱内螺纹的顶径，D_2 = 1572.712mm。

经过计算，设计的螺纹锁紧环单螺纹所承受的表面压应力 σ_f=76.04MPa，表面压应力为材料1.6倍许用应力 $[\sigma]_t$ 值的36.8%。

分析上述的公式，若螺纹锁紧环的齿数变化，单个螺纹所受的主应力和表面压应力也随之发生变化，表2为螺纹锁紧环的良好齿数的单个螺纹的主应力和表面压应力。

表2 螺纹锁紧环齿数与主应力和表面压应力的关系表

齿数	20	19	18	17	16	15	14	13	12
主应力/MPa	90.29	95.04	100.32	106.22	112.86	120.38	128.98	138.90	144.15
压应力/MPa	61.07	140.39	148.19	156.91	166.72	177.83	190.54	205.19	211.46

从表2的数据结果显示，若螺纹锁紧环的单个螺纹的主应力按照螺纹锁紧环材质的许用应力值的100%进行测算，螺纹锁紧环的最少有效螺纹数至少为14牙。

由于螺纹锁紧环的牙型损伤，接触齿的啮合面减少，单个螺纹的表面压应力也将超过材料的许用应力。

3.2.4 换热器(E-3101/A)螺纹锁紧环的修复

换热器(E-3101/A)管箱螺纹损伤部位主要集中在管箱边缘部位的2~3牙螺纹且管箱中部有1~2条螺纹损伤较重，对螺纹清理干净后进行100%着色检测，未发现螺纹根部裂纹。

而螺纹锁紧环若不经修复螺纹就再使用，从材料本身的强度上已经无法得到保证，需对E3101/A螺纹锁紧环的螺纹进行复原和整修，保证在管箱螺纹存在部分损伤的前提下，螺纹锁紧环螺纹保持完整，以保证有14牙以上能良好啮合。

受检修现场场地和修复工具的限制，螺纹锁紧环送至原螺纹锁紧环换热器厂家进行整修，修复的具体方案为：

(1) 测绘出螺纹锁紧环的最大外齿尺寸，与螺纹锁紧环的图纸进行对比，设计出适合于现场安装的螺纹锁紧环最后加工尺寸。

(2) 对螺纹锁紧环进行全面的打磨清理，不允许存在毛刺和残渣遗留在螺纹锁紧环表面。

(3) 按照 JB/T 4730.5—2005《承压设备无损检测 第 5 部分：渗透检测》标准的要求对螺纹锁紧环的螺纹部位进行 100%渗透检测，I 级合格。

(4) 螺纹锁紧环整体进炉进行消氢热处理，消氢温度在 400~450℃之间，恒温 4h，后出炉空冷。

(5) 再次对螺纹锁紧环进行清理、打磨。

(6) 对整个螺纹锁紧环的螺纹部位进行补焊，按照 JB 4708—2000《钢制压力容器焊接工艺评定》为 2.25Cr-1Mo 进行焊接工艺评定，评定合格。螺纹槽填充日本神钢 CM-A106II 焊材，焊前预热温度≥180℃，层间温度控制在 180~250℃，严格执行焊接工艺制度。

(7) 将整个螺纹锁紧环的螺纹部位焊接完成后，进炉进行焊后消应力处理，在炉温低于400℃时，控制加热温度不高于 50℃/h，加热至(690±14)℃，恒温 4h 后以不高于 50℃/h 缓冷至 400℃，然后再空冷至常温，严格执行热处理工艺。

(8) 按图纸加工螺纹锁紧环；

(9) 按照 JB/T 4730.5—2005《承压设备无损检测 第 5 部分：渗透检测》标准的要求对螺纹锁紧环新的螺纹部位进行 100%渗透检测，I 级合格。

(10) 对螺纹锁紧环的内外压紧螺栓的螺纹进行丝锥过孔。

3.2.5 换热器(E-3101/A)螺纹锁紧环的回装

在换热器(E-3101/A)螺纹锁紧环修复过程和换热器管束抽芯之前，对换热器(E-3101/A)进行水压试验，水压大约为 0.4MPa，换热器壳体与管板的垫片处泄漏明显，而管束的管接头无任何泄漏，与换热器(E-3101/B)的情况一致。

在更换壳程侧的管束垫片后，对螺纹锁紧环的各个零部件进行回装，将新修复的螺纹锁紧环加载在螺纹锁紧环换热器安装专用工具上，能轻松自如地将新修复的螺纹锁紧环旋入管箱中，后按照设计院提供的内外压紧螺栓的力矩值进行加载即可。

4 螺纹锁紧环换热器的检修对策

螺纹锁紧环换热器的检修是我公司进行的第一次现场拆卸，检修过程中遇到的困难也比较多，但是也消化和积累了一些经验，为以后的螺纹锁紧环检修奠定了一定的基础。

4.1 螺纹锁紧环换热器的检修总结

螺纹锁紧环换热器由于结构复杂、零部件多、装配要求高等原因，检修难度较大，必须引起足够的重视。特别是螺纹锁紧环的拆装，如果中途卡死，将会引起严重后果。所以在螺纹锁紧环安装过程中应十分重视对中精度，稍有卡住的迹象应及时检查调整，如卡住现象有严重的趋势，应果断退出，检查和修整后再重新安装。

必须配置合适的专用工具。由于换热器的零部件都有一定的重量，尤其是螺纹锁紧环，必须在专用工具的配合下才能正确定位，否则容易产生螺纹锁紧环的偏心，影响螺纹锁紧环的啮合及密封垫片的定位，在管束的拆装过程中，要使用专门的工具以保护好管箱大螺纹。

螺纹锁紧环换热器安装时，要确保各零部件都能正确安装到位，并确保各零部件的安装尺寸与拆卸时各尺寸一一对应。

4.2 螺纹锁紧环换热器的检修反思

通过这次加氢裂化螺纹锁紧环换热器的拆卸检修，有以下几点反思和想法：

(1) 我公司对螺纹锁紧环换热器的检修是基于对螺纹锁紧环换热器的壳程先进行碱洗，

其碱洗的水压可能推动管束，造成波齿复合垫片柔性石墨的损伤，因而造成壳程侧泄漏。建议以后停工按照NACE RP0170的要求，若采取碱洗时，碱液应同时进入管壳程并保证压力一致，减少对垫片的冲刷，且碱洗结束后将水放净或直接用氮气进行保护，而不进行碱洗。

(2) 壳程侧管板的密封垫片问题。此部位垫片一般选择缠绕垫片或波齿复合垫，该部位垫片的回弹能力是一个重要指标，回弹能力强的垫片能弥补前述垫片作用力因温度发生变化而造成的泄漏。通过加厚缠绕垫、SU形缠绕垫、W形缠绕垫、双金属波齿复合垫，能有效地解决内漏问题。

(3) 针对螺纹锁紧环换热器的运行周期，到底需要多长时间进行一次检修？螺纹锁紧环管程侧垫片的使用情况究竟如何？目前各个炼化企业尚无明确的检修周期表，这就需要我们进行进一步的调研，以进一步了解螺纹锁紧环换热器的检修周期。

（中国石化上海高桥分公司设备动力处　王朝平）

13. 固定管板换热器管板背面凸肩开裂原因分析

某厂制造的一台固定管板换热器，其结构如图 1 所示。在壳程压力试验后，组装壳体与管箱，当用液压扳手上紧管板与管箱的连接螺栓时，管板凸肩突然发生开裂，裂纹形状、位置如图 2 所示。这种现象很少见。本文对裂纹产生的原因进行了分析。

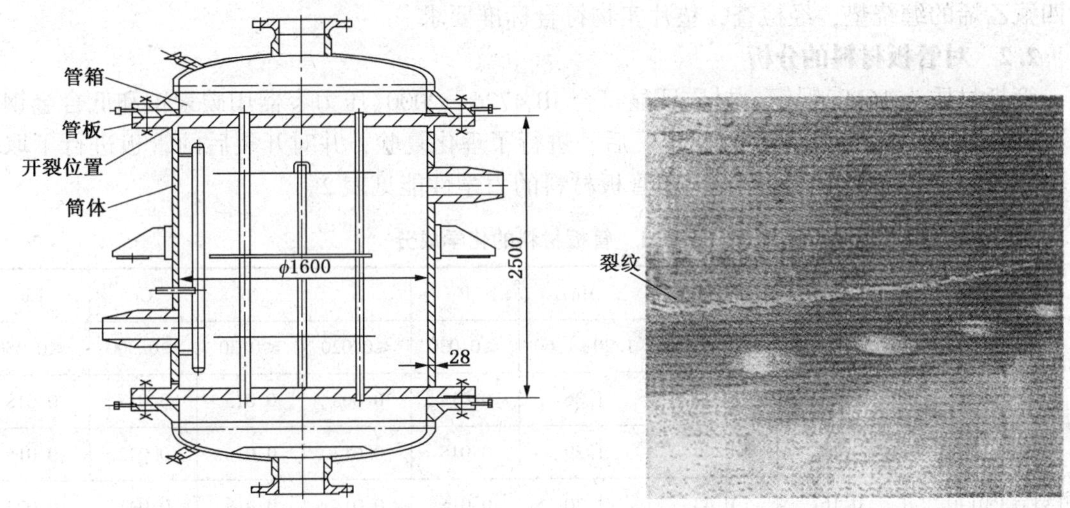

图 1　固定管板换热器结构示意图　　图 2　管板凸肩开裂照片

1　换热器的技术参数及管板与筒体的连接结构

换热器设计压力：管程 3.9MPa，壳程 2.34MPa；设计温度：管程 275℃，壳程 310℃。总长 4177mm；壳体材质为 16MnR；内径 D_i1600mm；壁厚 28mm；换热管材质为 10 号钢，规格 ϕ25mm×2.5mm×2500mm 共 1426 根；管板外径 D_w 为 1850mm，材质为 16Mn 锻件（Ⅱ级）。管子与管板的连接方式为强度胀+贴胀+密封焊。管板与筒体的连接结构如图 3 所示。

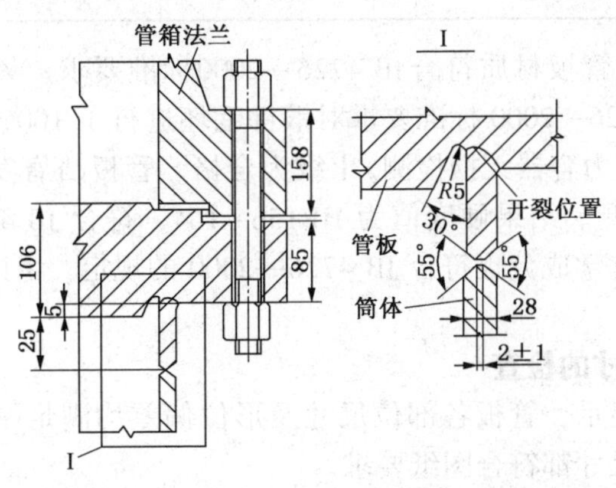

图 3　管板与筒体及管箱的连接结构示意图

2 制造工艺及材料状况分析

2.1 开裂宏观检查

对开裂管板进行现场检查，发现裂纹沿管板凸肩 $R5$ 圆角处贯穿了管板凸肩，长度约1500mm，宽度约2mm，呈不规则阶梯状。从断口形状分析，裂纹是由于管板在外力作用下断裂形成。检查管板密封面平面度为1mm，凸肩根部两侧的圆角半径为5mm，圆角处表面粗糙度 R_a 为25μm，符合图纸要求。对没有开裂的部位进行表面PT检查，没有发现裂纹。另外，管板与管箱的密封垫片，按标准JB/T 4705—2000《缠绕垫片》采用材质为0Crl8Ni9+聚四氟乙烯的缠绕垫，经检查，垫片实物符合标准要求。

2.2 对管板材料的分析

管板材质为16Mn锻钢，材质证显符合JB 4726—2000《压力容器用碳素钢和低合金钢锻件》的Ⅲ级锻件规定的要求，材料进厂后，进行了理化复验，并对开裂后的管板进行了取样检验，管板材料的化学成分见表1，管板材料的力学性能见表2。

表1 管板材料的化学成分 %

元素	C	Si	Mn	P	S	Ni	Cr	Cu
标准值	0.13~0.19	0.20~0.60	1.20~1.60	≤0.030	≤0.020	≤0.30	≤0.300	≤0.250
材质证值	0.13	0.42	1.36	0.018	0.008	0.015	0.017	0.018
制造前复验值	0.15	0.44	1.29	0.015	0.013	0.016	0.022	0.015
开裂后PMI值*	0.16	0.43	1.30	0.015	0.014	0.018	0.041	0.024

* PMI(positive material identification)精确材料鉴定。

表2 管板材料的力学性能

性能	σ_s/MPa	σ_b/MPa	δ_5/%	A_{KV}/J
标准值	≥275	450~600	≥20.0	≥31
材质证值	320	495	31.0	100，116，96
试样复验值	318	484	27.2	74，76，75
本体复验值	315	480	28.2	78，80，81

从表1、表2可见，管板材质符合JB 4726—2000标准要求。另外，由于管板技术要求为Ⅲ级锻件，还按JB 4726—2000标准要求对锻件毛坯进行了100%的超探复验，结果按验收标准JB4730—1994《压力容器无损检测》Ⅰ级为合格。管板凸肩发生开裂后，在现场对管板进行了硬度及PMI检测。结果硬度值为HB156~164，符合JB 4726—2000的规定；PMI检测结果证明，材料的化学成分也符合JB 4726—2000的规定。由以上分析可知，管板材料是完全合格的。

2.3 对管板加工尺寸的检查

机械加工检查记录显示，管板各部位尺寸及形位偏差均满足图纸要求。对管板尺寸进行复查，所能测量到的尺寸都符合图纸要求。

2.4 对制造工艺的分析

按制造工艺要求，这台换热器的组对焊接顺序为：穿管—管板与筒体氩弧焊打底—管子与管板的氩弧焊焊接—管头强度胀接和贴胀—管板与筒体的焊接。所有的焊接过程都按JB 4708—2000《钢制压力容器焊接工艺评定》的要求进行了焊接工艺评定。壳程水压试验符合GB 150—1998《钢制压力容器》、《压力容器安全技术监察规程》的规定，水压试验压力壳程为5.66MPa。也符合图纸的规定。管箱组装采用液压扳手，螺母规格为M36，力矩根据操作规程选用，螺母紧固顺序严格按操作规程进行。由此可见，制造工艺是完全符合标准、规范要求的。

3 开裂原因分析

3.1 残余应力水平高

该换热器管子与管板的连接采用强度胀接加两层氩弧焊密封焊再加贴胀，在管子与管板的强度胀接、焊接时会产生很大的残余应力。由于管板与筒体的组焊在穿完所有管子后进行，无法实现原图纸所要求的如图3所示的双面焊。根据换热器结构及焊接工艺评定，管板与筒体对接焊坡口形式应该是如图4所示的单面坡口。

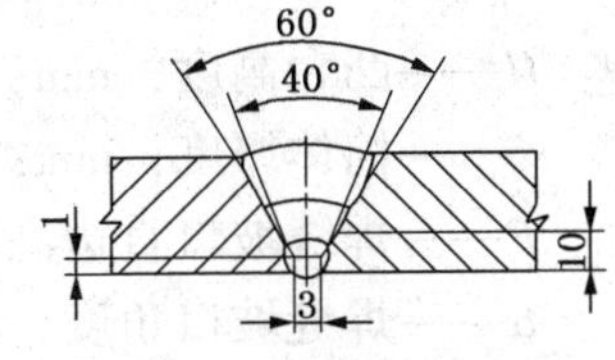

图4 管板凸台与筒体对接焊焊缝示意

由于焊缝宽且厚，焊接时会产生很大的残余应力。而壳程水压试验后，也会产生一定的残余应力，这几种残余应力都为拉应力，互相叠加，应力水平很高。该换热器长度较短、壁厚大、管子多、没有设置膨胀节、刚性较大，设计文件没有要求消除应力热处理，残余应力无法释放。

3.2 管板设计不合理

如图3所示，管箱法兰、密封垫片与管板组成一密封副，管箱法兰厚度为158mm，管板相对应位置的厚度仅85mm，两者相对差为46.2%。但在相关标准规范中有以下明确规定：

(1) GB 151—1999《管壳式换热器》的5.7.3.3条要求“管板与壳体法兰的厚度差应满足结构要求”。

(2) GB 151—1999的标准释义例题3关于固定管板换热器——管板兼作法兰，不带膨胀节：“尽管在管板的厚度下一系列应力核算表明强度有大量的富裕，仍保持管板延伸兼法兰的法兰厚度为52mm，其管箱法兰厚度为64mm，相对差18.8%”。

(3) 中国化工装备协会《化工机械制造企业压力容器设计单位设计人员考核习题解》中4~8条要求管板除了考虑各种应力的计算校核外，“管板兼作法兰时所取的厚度还应该满足结构上的要求”。

由于在紧固法兰与管板的连接螺栓时，液压扳手的预紧力矩是按螺母大小选定的，而螺母大小是根据管箱法兰与管板二者较厚一方来进行计算选择的，在两者厚度相对差为46.2%的情况下，所选择的预紧力对管板来说明显偏大，会导致在上紧螺栓时刚性强的管箱法兰不动，刚性弱的管板产生较大的变形。因此可以看出，管板的这一设计是不大合理的。

另外，管板凸肩处的拐角半径仅为5mm，虽然符合标准规定，但是取的下限值，容易在此位置产生应力集中，当在紧固螺栓这种外力诱导下，残余应力则会选择一个薄弱位置释放，从而造成管板凸肩开裂。

4 对策

对这台换热器的重新制造，建议设计、制造过程进行下列改进：

（1）延伸兼作法兰的管板处厚度由原来的85mm加厚至109mm，以使新的厚度与其配对的管箱法兰厚度（158mm）在刚度上相匹配，两者相对差为31%。

（2）按GB 151—1999提示性附录G的图G1（d），将管板布管圆范围内的管板厚度由原来的与凸台处的管板厚度相比较时的较薄结构，改成与凸台处的管板厚度一样厚，由于毛坯厚度不变，不会增加材料成本，但管板强度得到了加强。

（3）管板与筒体对接焊的凸台根部两侧的拐角半径均由原来的$R5$mm扩大为$R20$mm，以减缓应力集中，但需适当加长凸台高度。凸台高度的计算公式[1]为

$$H \geqslant (\delta - P)\tan\alpha/2 + R$$

式中 H——凸台高度，mm；

δ——筒体厚度，mm；

P——焊缝坡口直边高度，mm；

α——焊缝坡口角度，（°）；

R——凸台根部拐角半径，mm。

结合图4，可得

$$H \geqslant (28-1)\tan 60^\circ/2 + 20 = 43.38\text{mm}$$

由此，建议将凸台高度由原来的30mm增大为44mm。

（4）综合以上三点，管板布管圆范围内的管板厚度应为：$\delta = 109 + 44 = 153$mm。

（5）管板锻坯重新采购，为保证锻坯质量，增加以下技术要求：

① 锻造比不小于4；

② 锻后热处理按正火+回火执行，严格控制升温速度和保温时间；

③ 锻件试样与锻件同批，且有相同锻造比，其公称厚度应不小于管板厚度，其性能分析结果不应与管板差别太大。

（6）制造过程中对管板背面与筒体对接焊的凸台及其两侧各20mm范围内增加着色检查，以避免气孔、夹渣、微裂纹等表面缺陷。

5 结论

（1）该换热器管板材质、管板加工与制造工艺完全符合有关标准规范要求。

（2）造成管板凸肩开裂的原因在于管板设计不合理，管板凸台以外厚度与管箱法兰厚度相差悬殊，在管子与管板的强度胀接、焊接、管板与筒体的焊接及壳程水压试验时产生的残余应力叠加作用下，在液压扳手预紧力的诱导下导致凸肩发生突然性开裂。

（3）改进设计制造工艺后，管板强度、刚性得到加强，有效减缓应力集中；通过增加着色检查，可有效清除表面裂纹源，从而可有效避免在重新制造过程中发生类似凸肩开裂的现象。

（茂名石化机械厂 马伟勇，陈孙艺，刘传宝）

14. 复合式相变换热器在燃煤锅炉上的应用

锅炉燃烧过程中最大的损失是排烟热损失。排烟热损失是由于锅炉排出的高温烟气焓值高于进入锅炉的空气焓值而造成的热损失。天津石化公司热电部二期6#炉锅炉的排烟热损失为6.14%，改造前的排烟温度为150℃左右。因此，如何降低排烟温度减少热损失十分必要，但烟温降低后低温受热面的腐蚀问题又不容忽视。相变换热器的应用在大幅度降低排烟温度的前提下又能有效地防止低温腐蚀，为锅炉节能技术改造开辟了一条新的途径。

1　设备简介及工作原理

1.1　改造前运行工况

6#炉采用的是固态排渣、Π型布置、四角喷然、热风送粉煤粉锅炉，额定蒸发量410t/h。空预器采用管箱式两级布置，设计进口风温度为25℃，排烟温度为145℃。

改造前6#锅炉夏季实际运行排烟温度为150℃左右，且通过运行手段已无法降低，造成了排烟热损失居高不下；在冬季空气预热器入口风温度较低时，开启热风再循环后，送风机出力明显不够，造成氧量偏低，锅炉无法带满负荷。冬季正是热电部的高负荷期，为保证锅炉的带负荷能力，往往只能不投入热风再循环，因此加快了低温段空气预热器的腐蚀速率。

1.2　工作原理和改造目标

1.2.1　工作原理

锅炉尾部受热面的低温腐蚀与低温积灰往往相互影响而形成恶性循环。积灰后受热面壁温的降低，造成了硫酸蒸汽的凝结，而且在350℃以下被黏结的低温积灰能吸附三氧化硫，使腐蚀加剧；一旦腐蚀损坏空预器受热面管束，漏风后将使烟温进一步降低，进一步加剧了腐蚀与积灰的发生。

低温腐蚀会造成空气预热器受热面腐蚀穿孔，使大量空气漏入烟道，既增大风机电耗，又造成炉膛缺风，使燃烧恶化。低温积灰严重时将形成堵灰，不仅影响传热，而且可能因烟道阻力剧增而限制锅炉出力，甚至被迫停炉。

在现有运行条件下，锅炉排烟温度较高，烟气余热有较大利用空间。通过增设复合相变换热器，在避免尾部受热面受损的前提下，可降低排烟温度，减少排烟热损失。在保安全的前提下可大幅提高锅炉热效率。

在锅炉低温空预器出口加装复合相变换热器(见图1)，利用软化水相变潜热传递热量，在热管下端面加热，水吸收热量汽化为饱和蒸汽，在一定的压差下上升到热管上端面，向外界放出热量，并凝结成液体，饱和水经汽水分离器回到受热段，并再次汽化，往复循环，完成了把热量从高端传向低端的单向导热。使复合相变换热器与烟气温度保持“较小梯度温降(温差10~20℃)”，避免了预热器末端的低温腐蚀，同时减少了烟气的排烟热损失。

复合相变换热器通过在送风机入口加装的放热管排，加热了进入空气预热器末级入口的冷风温度，保证了该设备免受低温腐蚀。将排烟温度与酸露点间的低温烟气余热进行吸收而使后续除尘器等免遭低温腐蚀，节约了燃料并减少了污染物的排放。

复合相变换热器通过“相变段”换热流量的调节，实现对整个设备可能出现的不同最低壁面温度的闭环控制，保证面对燃料种类如煤质等变动引发酸露点变化后，对壁温同步可控可调，在保证设备安全运行的前提下，实现最大幅度回收烟气余热的节能目标。由于6#炉施工时间的限制，送风机入口未能加装换热管排，只在空预器出口处安装了换热管排。

1.2.2 改造目标

通过对锅炉的改造，将烟气排放温度降低20℃，有效回收低品质热能，产生经济效益。

在降低排烟温度的同时，保证尾部受热面(包括省煤器、空预器、相变换热器、除尘器)壁面温度高于烟气露点温度，避免了结露腐蚀和由此发生的堵灰，大幅度降低设备的维护成本。

保证换热器金属受热面最低壁面温度处于可控可调状态，使复合相变换热器具有相当幅度的调节能力，使排烟温度和壁面温度保持相对稳定，并能适应锅炉的燃料品种以及负荷的变化。

在保留热管换热器具有高效传热特性的同时，通过适时排放不凝气体有效解决相变换热器可能出现的老化问题，大大延长设备的使用寿命。

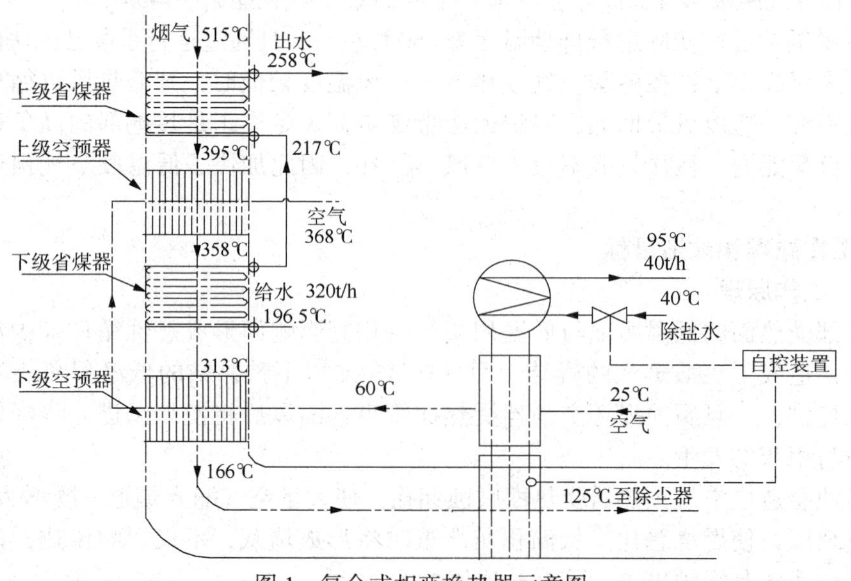

图1 复合式相变换热器示意图

2 复合式相变换热器的使用效果

复合式相变换热器正式投入运行后，在运行期间可以做到零补水。除盐水通过管道泵在汽包内进行热量交换，将加热后的除盐水送至汽机低压除氧器来水母管，排烟温度是通过相变换热器内工质的吸放热得到了有效的控制。

2.1 运行情况

相变换热器运行一年来工况稳定，降低排烟温度效果明显，排烟温度从安装前的145℃降到125℃。根据试验得出，当烟气流量在440000Nm^3/h、SO_2浓度在2100mg/Nm^{3}时，排烟温度为112℃时，除尘器未发生低温腐蚀。设计煤种的酸露点为94℃，所以排烟温度控制在125℃左右时，除尘器不会发生低温腐蚀。冷却用除盐水经过换热后回到除盐水母管，除盐水温度从20℃升高到90℃。通过实际运行，在煤种发生变化、负荷波动的情况下，相变换热器都发挥明显的降低排烟温度效果。

相变换热器壁温设定后，可通过自动控制相变管道泵启停、调整门开关来调整除盐水流量，达到控制排烟温度，排烟温度从壁温设定值改变后到稳定状态周期为22min。相变换热器在负荷稳定的情况下相变换热管束壁温设定值为115℃，在同等负荷下的相变换热器入口烟气温度平均值为143.8℃，相变换热器出口烟气温度平均值为124.2℃，排烟温度降低19.6℃，排烟热损失降低达1.18%。

为了减少启停相变泵对排烟温度的影响，将相变泵退出自动，改为手动调节，这样保证了除盐水流量的稳定，只将汽包壁温控制投入自动，通过调整门控制除盐水流量使排烟温度趋于稳定，如图2所示。

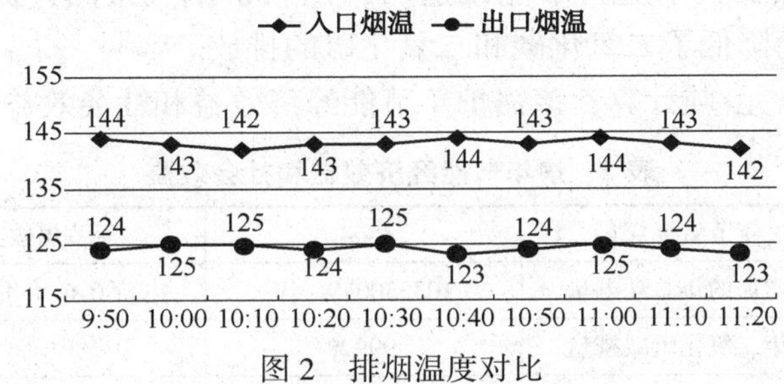

图2 排烟温度对比

通过锅炉运行记录可知，满负荷工况下吸风机挡板是开满的，相变换热器会增加阻力，在长期运行后必然会形成积灰。为解决这个问题，我们在相变下段加装了4台激波吹灰器，每4h吹灰1次，停炉后检查管束中未发现明显的积灰现象。为了延长相变换热器的使用寿命，减少烟气对管束的磨损，在向风侧加装了防磨盖板，减少磨损，激波吹灰器的投用也减少了受热面的积灰，最低壁温度的有效控制也基本杜绝了低温腐蚀的发生，从而延长了相变换热器的使用寿命。

2.2 测试情况

2011年11月27~28日，热电部委托天津电力科学研究院对6#炉低氮燃烧器改造进行了测试，其中对相变换热器降低排烟烟温的变化进行了测试分析，改造后的热力试验分四个工况进行，首先于12月27日完成了满负荷(410t/h)燃尽风门不同开度下两个工况的测试，28日完成了85%负荷(350t/h)燃尽风门不同开度下两个工况的测试。相关相变换热器的主要测试结果汇总于表1。

表1 不同工况下的数值变化

序号	项　目	单位	工况1	工况2	工况3	工况4	备　注
1	锅炉主蒸汽流量	t/h	415.4	415.8	356.9	357.3	DCS示值
2	相变换热器入口烟气温度	℃	142.10	147.60	133.85	140.95	相变就地柜显示均值
3	相变换热器出口烟气温度	℃	122.22	124.17	117.98	119.43	实测值
4	据相变出口烟温计算的炉效	%	92.20	91.90	91.87	91.04	经设计参数修正后
5	据相变入口烟温计算的炉效	%	91.18	90.62	90.92	91.04	
6	锅炉效率偏差值	%	1.02	1.28	0.95	1.23	

通过在低温段空预器出口加装相变换热器，锅炉排烟温度降低了20℃左右，锅炉效率提高了1.1%左右，满负荷燃尽风门关闭工况下，修正到设计保证值的锅炉效率达到了92.20%，较设计锅炉效率(90.37%)提高了1.83%。由此数据表明，各个工况下的炉效均

有不同程度的提高。

3 经济效益分析

$6^{\#}$炉锅炉通过增设复合相变换热器，在避免受热面结露积灰问题的前提下，降低了排烟温度，减少了排烟热损失，在保障锅炉安全运行的前提下大幅度地提高了锅炉热效率。

锅炉额定蒸发量为410t/h锅炉，按照目前实际运行中锅炉负荷为400t/h，锅炉排烟温度平均值为145℃，加装相面换热器后排烟温度可降低至125℃。此区间烟气降温幅度为20℃。

应用复合相变换热器技术进行节能改造后，回收了烟气余热，提高了锅炉整体效率，节省了燃料消耗，从而降低了二氧化碳和二氧化硫的排放。

按照标煤价格800元/吨计算，该锅炉年节能经济效益和社会效益如表2所示。

表2 炉年节能经济效益和社会效益

直接经济效益	年节省标煤量	3564t	年节煤效益	285.12万元
增加能耗	增加的年总耗电量	1035300kW·h	电价0.6元/kW·h	-62.12万元
附加循环经济效益	年二氧化碳减排量	9992t	—	
	年二氧化硫减排量	123t	—	
年节能经济效益合计				223万元
单台相变换热器的投资费用约为				341万元

综上所述，$6^{\#}$锅炉年节能经济效益为223万元，通过换热器改造不仅节能减排，并且可以有效解决目前存在的空预器腐蚀严重问题，有效减少烟道积灰，提高除尘除硫效果，降低锅炉的维护费用。相变换热器的使用年限不低于下级空预器的使用寿命。相变换热器单台设备费303.7万元，每台换热器安装及外围管道材料费37.3万元左右，总投入共计为341万元，$6^{\#}$锅炉年节能经济效益：223万元，回报周期为1.53年，即18个月左右。

4 运行分析

4.1 运行注意事项

在点炉初期，不宜过早投入相变换热器。其原因一是因为点炉初期锅炉烟气温度较低，相变换热器不能建立较好的水循，再加上相变换热器在投用后还要进行排汽可能导致水循环停止；二是因为排烟温度较低，在除尘投入电除尘器后可能发生冷凝结露，发生糊板、腐蚀和破坏绝缘。

在投用初期按照要求注水后，正常运行时不需要补水。但是要根据汽包壁温、排烟温度和调整门开度来判断相变内部的水循环情况。汽包壁温无法下降的原因是换热率下降所致，导致换热率下降的主要因素一是排烟温度过低无法产生足量蒸汽进行热交换；二是设备长期运行释放出不凝气体，使水循环不畅导致设备换热效率下降。

相变下段要定期地进行排污，运行中发现相变运行一段时间后，会产生大量的残渣容易堵塞排污口，并且水中的杂质增多后会使换热效率下降。

相变换热器的停运要在锅炉停运前进行，利用排污口将相变换热器内的循环水排净，通过尾部高温烟气将相变换热器内水分蒸干，起到保护受热面的作用。

4.2 运行实例分析

2012年2月相变换热器运行一段时间后，发现排烟温度缓慢上升，换热器甲、乙侧汽包壁温偏差大。甲侧相变汽包壁温比设定值高出 10℃，除盐水进、出口水温为 20℃、45℃，除盐水进水调整门开度已经开满。乙侧相变汽包壁温与设定值相同，除盐水进、出口水温为 20℃、85℃，除盐水进水调整门开度为 25%。

发现此问题后，对甲侧相变汽包进行了排汽处理，半小时后关闭，重新投入自动后汽包壁温恢复到了设定值，调整门开度下降到 21%，除盐水出口水温也达到了 85℃，排烟温度恢复到了 125℃。

4.3 存在问题和改进措施

相变下段应加装水位计，便于检查相变下段的运行情况，泄漏后能便于及时发现。只安装一个水表作为注水多少的标准过于简单，并且在冬季水表易冻裂。相变放热段汽包有必要加装压力表和安全门，便于监视和安全运行。

相变换热器吸热段与放热段设计体积过于庞大，在现场安装中造成了很多不便，并且吸热段被设计为一个整体，如果发生吸热段泄漏只能全部停止运行。如将吸热段进行分段设计采用多管箱连接，既方便了安装又可以将发生泄漏的管段隔离，保证系统内其他部分正常运行。

5 结论

复合式相变换热器在热电部 6#炉中的成功应用，大幅度地降低了排烟温度，使大量中低温热能被有效地回收利用；相变换热器在降低排烟温度的同时，保持了尾部受热面壁面温度始终处于较高水平，远离了酸露点的腐蚀区域，从根本上避免了结露腐蚀和由此发生的堵灰，有效提升了设备的运行安全性并降低了维修成本；复合相变换热器本身具有相当幅度的调节能力，可以使排烟温度和壁面温度保持相对稳定，锅炉适应燃料品种以及负荷变化的能力显著提高。

（中国石化天津分公司热电部 齐健东）

15. U 形管代替浮头式换热器的可行性分析

换热设备是炼油、化纤和化工生产中广泛应用的设备之一，约占工艺设备总量的 20%～70%，目前常用的换热器种类有浮头式、固定管板式和 U 形管式，其中以浮头式换热器最多。固定管板换热器由于自身结构限制应用的场合有限；浮头式换热器零部件多，易拆卸和清理，但是检修的工作量大，容易内漏；U 形管换热器适用的场合广、检修简单、所用检修时间短、操作弹性好。

1 技术分析

U 形管换热器的设计、制造和使用技术已经相当成熟，只不过与其他类型的换热器相比较起来其中某些方面还存在不足之处，如最内侧换热管之间间距过大、U 形管制造麻烦、穿管困难、管程不易清洗和内漏后管子不易更换等，实际上，随着技术的不断进步，这些方面已经大大改善。

1.1 设计

U 形管换热器与其他类型换热器的最大区别是管束结构，在设计换热管布局时要考虑换热管的最小弯曲半径 R_{min} 与分程隔板槽两侧相邻管中心距 S_n 的关系见表 1。由于管径越大，最小弯曲半径 R_{min} 就越大，大部分换热管的最小弯曲半径大于分程隔板槽两侧相邻管中心距 S_n，因此最内层换热管在排列时为了保证适合分程隔板槽两侧相邻管中心距需要进行斜向交叉排列。最内层的 U 形之间的间距过大时可设置假管或挡板。

表 1 不同管径最小弯曲半径和布管间距

换热管外径 d/mm	16	19	25	32
最小弯曲半径 R_{min}/mm	32	40	50	65
换热管中心距 S/mm	22	25	32	40
分程隔板槽两侧相邻管中心距 S_n/mm	35	38	44	52

1.2 制造

（1）随着冶炼和制造技术的不断提高，U 形管的制造日益简单，目前在管材市场上，专门供应用于制造 U 形管换热器的各种规格的整根 U 形管已批量供货，只要用户提供交货清单和技术要求，材料厂商就会把经过检测合格的 U 形管直接送过来，不需要设备制造厂逐根煨制和试压。另一方面，随着 U 形管换热器制造数量的不断增多，设备制造厂在 U 形管的制造方面也积累了丰富的经验，装备也日益完善。

（2）穿管是 U 形管束制造中的难点，需要对以下几个方面进行严格控制：保证折流板管孔精度和排列同轴度；对 U 形管的形状偏差进行严格控制；对直线段的直线度进行严格控制；穿管时在管头加装引导装置。

（3）在管头与管板的连接方面，管板自动焊技术已经相当成熟，完全可以使管束在平放的状态完成焊接。

1.3 清洗

随着清洗技术的提高，化学和超高压清洗已经广泛应用在管束的清洗中，针对 U 形管的管程清洗，也出现了一些专用工具和方法，使U形管的管程清洗更加方便。

2 使用性能

（1）目前U形管换热器大量应用于高温高压的场合，只要工艺条件允许，就可选用该类型换热器。

（2）与浮头式换热器相比，由于去掉了浮头密封，U形管换热器的管束更不容易发生内漏，即使发生了内漏，也非常容易处理，尤其是在查找漏点的时候不需要过多的工装，而浮头式在查找内漏时需要有大量专用的工装，而且操作起来比较麻烦。U形管换热器的管束发生内漏时一般有两种可能：一种是换热管损坏；另一种是管板接头焊缝腐蚀。第一种情况一般很少发生，发生时可用堵头堵住；第二种情况比较多见，处理时可以对焊缝进行清理补焊。

（3）使用状态下的受力状况比较好，尤其在管程温差比较大的时候，每个管程的温度不一样，单个管程的换热管所受到的温差应力能够自由平衡，不受浮动管板的限制，有利于保护换热管。

（4）使用过程中的操作弹性更大。温度和压力的波动对设备来说是不利的，但与同等规格浮头式换热器相比，U形管换热器能够承受更大的温度和压力波动，这对装置的安稳运行是非常有利的。

3 经济效益分析

3.1 检修费用

以常见的BES1000-2.5-275-6/25-2和BIU1000-2.5-275-6/25-2换热器相比较，按照中国石化《石油化工行业检修与技术改造工程预算定额》(试行2001年)分别计算每种换热器单台检修费用，分地面和平台(2m以上)两种情况，详细计算结果(包含换热器抽装管束在内的所有工序，不含换热器壳体密封面更新和管束清洗费用)见表2。

由此可以计算出在地面上检修一台U形管换热器要比检修一台浮头式换热器节约费用4105.27元，在平台上要节约4200.36元，平均节约4152.82元。在生产装置里，换热器一般集中或就近布置，这就使放置在平台上的换热器比较多一些。以某500万t/a炼油装置2002年小修为例，其中仅常减压和催化两套装置共检修换热器153台，投资预算150.1万元(平均每台检修费用9810元)，占本次检修总投资(1830万元)的8.2%，其中U形管换热器9台，仅占总数的5.9%，如果U形管换热器的比例能够提高到70%，即107台，减掉原有的9台后是98台，按平均每台节约0.3738(4152.8×0.9)万元计算，仅本次小修就可节约36.63万元。

表2 不同换热器的检修费用

换热器类型	BES1000-2.5-275-6/25-2		BIU1000-2.5-275-6/25-2	
价格/元	基价/元	预算/元	基价/元	预算/元
地面	5889.33	10208.34	3656.09	6103.07
平台(2m以上)	8194.94	12786.01	5961.7	8585.65

3.2 购置费用

一台型号为BES1000-2.5-275-6/25-2的浮头式换热器重量为10550kg，一台型号为

BIU1000-2.5-275-6/25-2 的 U 形管式换热器重量为 10340kg，它们的重量差是 210kg(当公称压力越高的时候，重量差就越大)，如果按设备每吨 1.2 万元计算，则购买一台 DN1000PN2.5 的 U 形管式换热器要比购买一台同规格的浮头式换热器要节约 0.252 万元。

综上所述，每台换热器的使用寿命一般为 15 年，需检修 5~7 次，加上购置费差价，如果计算所有装置的换热器，只要工艺条件允许，投用 U 形管式换热器所节约的费用是非常可观的。

4 可操作性分析

(1) 对于新建的炼油、化纤装置可在设计阶段进行评估，只要使用条件允许，即可大量采用 U 形管式换热器。

(2) 对于旧装置中正在使用的浮头式换热器可结合报废年限有计划地分批更换。对于客观需要改换的可对其壳体进行改造，更换为 U 形管管束。

5 结论

通过以上分析，U 形管式换热器在很多方面都有较高的性价比，尤其在使用性能方面，只要工艺条件适宜就可替代，这一点在替代过程中致关重要，因为在现役的换热器当中，浮头式换热器还占有绝对的比例，不少换热器的使用环境也是在随着工艺的调整而变化的，同时也需要对 U 形管式换热器在各种使用条件下的情况作进一步观察分析，以便进一步评估其价值，为更广泛推广使用积累数据。另外由于大大减少了静密封数量，操作弹性大，对装置的稳定性和安全性起到了决定性作用，因此具有更大的经济效益和社会效益。

(洛阳隆惠公司压力容器制造厂 夏成广，雷会芳)

16. 板壳式换热器在石化装置应用案例分析

板壳式换热器是甘肃蓝科石化高新装备有限责任公司开发研制的新一代换热器，在高效、节能、环境保护等方面具有显著优势，其设计制造技术达到国际先进水平，填补了国内技术空白，并可替代进口，国际竞争力十分强劲，满足了当前石油和化工等行业实现装置的国产化、大型化以及节能减排、提高经济效益的需求。板壳式换热器已应用于重整、芳烃、加氢、蒸馏、甲醇、乙苯等装置。截至目前，已生产各类板壳式换热器 100 余台，在全国各大炼油化工企业以及苏丹、哈萨克斯坦、伊朗等国家得到推广应用，为用户创造了巨大的经济效益和社会效益。

1　板壳式换热器的分类

按使用的板片形式，板壳式换热器可分为两种类型：RZ 型板壳式换热器和 LT 型板壳式换热器。

RZ 型板片为人字形波纹(见图 1)，用于要求介质比较清洁的场合，如重整、芳烃等装置，一般为立式设计。

LT 型板片为方格鼓泡型波纹(见图 2)，抗堵塞能力较强，并可进行机械清洗，用于常顶、初顶油气水冷及原油与油气换热等，一般为卧式设计。

图 1

图 2

目前采用的材质有 321、316、304、2205、254、Ti。

板壳式换热器的技术参数为：

(1) 板束最大承受压差：≤4.0MPa；

(2) 最高操作温度：≤ 550℃；

(3) 板片宽度：≤2000mm。

2　板壳式换热器应用实例分析

2.1　重整、芳烃装置板壳式换热器进料过滤系统

进料过滤系统是板壳式换热器的重要组成部分(见图3)，是设备长周期稳定运行的首要保证条件。过滤系统的重要组成部分是过滤器，目前国内普遍采用的是篮式过滤器，其结构简单，操作及维护均较为方便。但由于组装精度不够，易发生过滤失效，造成板壳式换热器进料混合分布器堵塞，影响设备正常运行。此外，由于过滤器出口至换热器入口的管线清理不彻底，也会造成进料混合分布器堵塞。

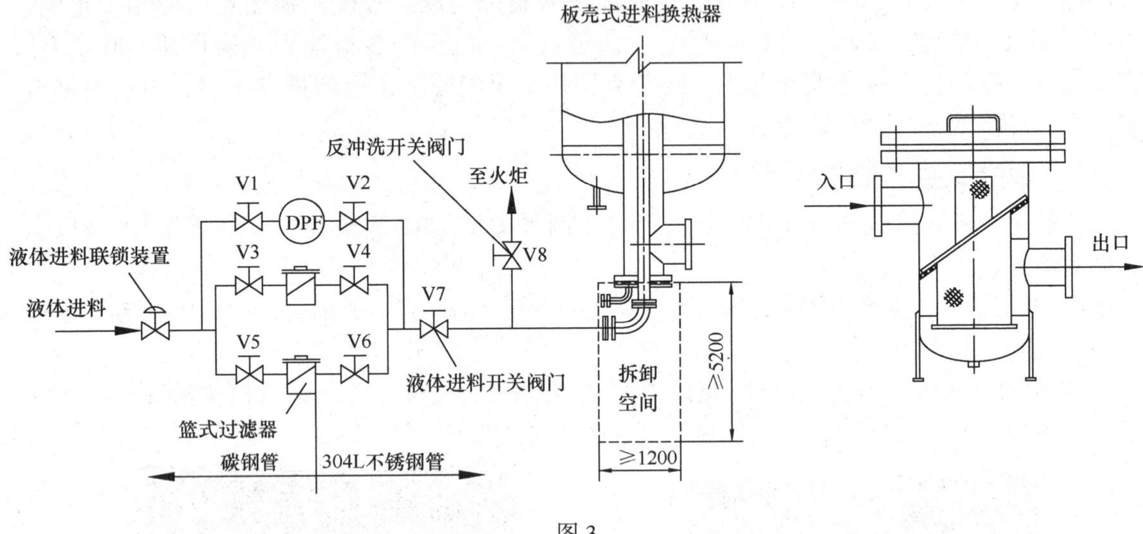

图3

以下为进料过滤系统实际操作过程中的案例。

1) 过滤器进出口方位安装错误

进出口安装相反后，会将滤网吹出过滤器，并随液体进料进入换热器，造成堵塞(见图4)。

2) 过滤器内漏

过滤器制造精度未达到图纸要求时，会造成运行过程中过滤篮在过滤器内移动，在滤篮与设备密封面之间产生间隙，造成内漏(见图5)。

图4

图5

3）过滤系统管线清理

过滤系统中，自过滤器出口至设备液体进料入口的管线须采用不锈钢材质，管线预制完成后应彻底清理管线内杂物，并进行酸洗处理。实际操作中，曾发生由于未进行管线清理，开工后杂物堵塞液体进料分布管，造成处理量达不到规定负荷。图 6 为从液体进料分布管清理出的杂物。图 7 为液体进料分布管内堵塞情况。

图 6

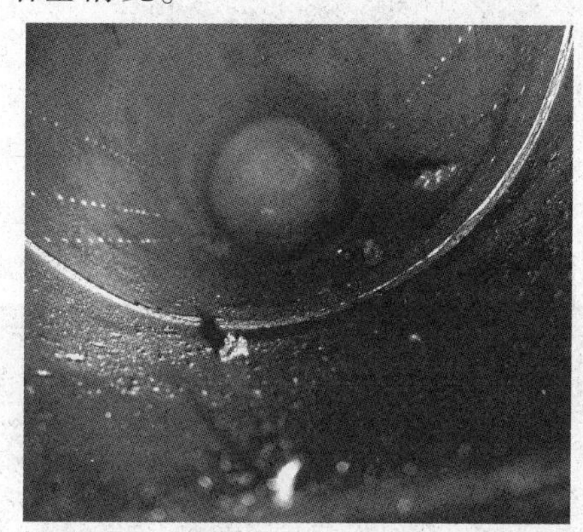

图 7

2.2 设备内部堵塞

板壳式换热器在运行期间，由于各种原因，会在换热器内部产生结盐、结焦、结垢等现象，对换热板片的流道及分布器造成堵塞，使换热器的传热效率下降，对换热器造成破坏性影响，进而影响装置的正常运行。

1）换热器内部氨盐的沉积

氨盐的沉积一般出现在换热器的冷端，可造成循环氢分布板堵塞(见图 8)。当氨盐在板片内部沉积时，可能造成板片腐蚀(见图 9)。在设备检修期间，应及时了解氨盐的沉积情况，并采取措施防止板片腐蚀。

图 8

图 9

2）设备内部结焦

设备内部结焦一般发生在板片之间，结焦后换热流道严重堵塞，使换热器压降大幅度升高，给装置的操作带来严重影响(见图 10)。

换热器板片结焦可通过压降的变化来观测，当压降持续上涨时，表明换热板片可能发

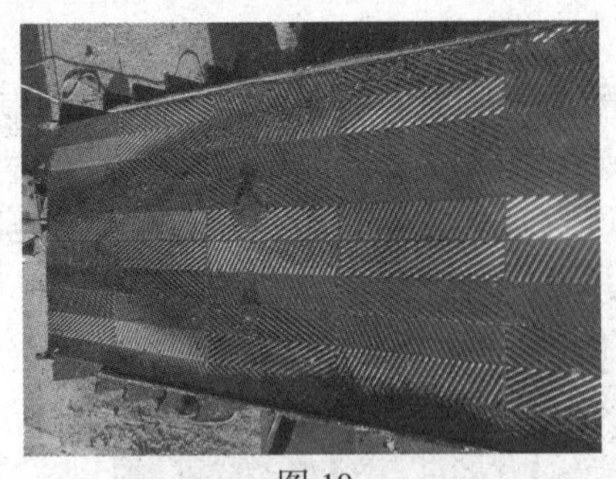
图 10

生结焦现象，目前针对结焦的处理，一般采用化学清洗来清除，以重整板壳式换热器为例，正常操作期间板程压降为 43KPa，结焦后升至 146KPa，化学清洗后降至 42KPa。当结焦现象发生后，应及时分析调整操作条件，避免结焦现象的发生。

3）换热器内部结垢

换热器内部结垢一般发生在换热器的冷端，尤其是进料分布器中的循环氢分布板。结垢的组成一般包括胶质、催化剂粉尘、氨盐等。结垢严重时会造成循环氢分布板严重堵塞，增大了板程压降，同时造成进料分布不均，严重时可造成设备损坏（见图 11、图 12）。

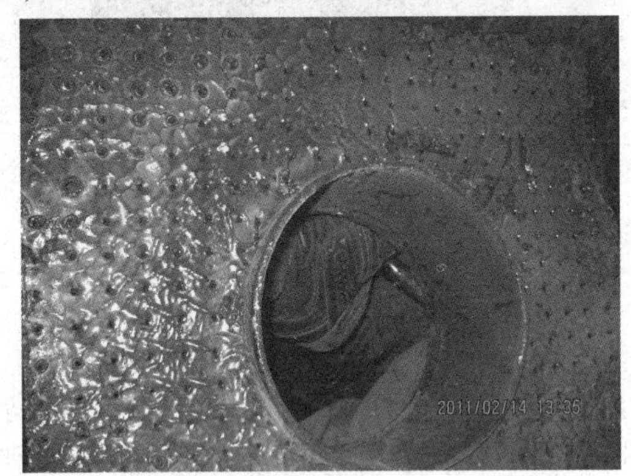
图 11

图 12

3 装置运行期间的维护

装置运行期间，应定期记录板壳式换热器的各项操作参数，并结合运行参数的调整与初期运行参数进行比较，以及时掌握换热器的实际状况。

操作中应注意温度及压力的波动幅度及频率，巡检期间适当关注换热器有无异常震动。特别应注意反应系统的异常状况对换热器的影响。

以重整、芳烃装置用大型板壳式换热器为例，可能出现的操作参数异常情况有以下几点。

3.1 液体进料分布器的压降升高

液体进料压力与循环氢压力之差为液体进料分布器的压降，当这一压降升高时，表明分布器堵塞，应及时检查过滤器是否失效。清除分布器堵塞可采取反吹方法。分布器堵塞严重时，将引起板程介质分布不均，可能引起板片损坏。

3.2 壳程压降升高

壳程压降升高表明壳程流道堵塞，可能的堵塞物为催化剂粉末、系统中的杂质或结焦。

3.3 板程压降升高

板程压降升高主要由循环气体分布板堵塞及板程流道堵塞引起，一般循环气体分布板堵塞较为常见，主要为铵盐及循环气体中的粉尘。如果仅为分布板堵塞，则换热器热端温差不会发生变化。

3.4 热端温差升高

热端温差升高表明换热器的传热效率下降，这种情况一般伴随着板程或壳程的压降升高，因为板束流道的堵塞会导致板片表面结垢，影响传热效率。

板束流道的堵塞目前只能采用化学清洗的方法消除。

3.5　产品质量下降

在装置运行正常的情况下，如发生产品质量下降，可通过对比反应产物进出口的取样分析结果，确认换热器是否发生内漏。

4　装置异常情况的处理

装置运行中由于加热炉熄火、循环气压缩机停车等原因造成装置停车时，应及时切断液体进料，尽量使板程和壳程保持温度变化同步，避免温差过大。再次开车时应重点关注换热器内部与反应器内部的温度差异，由于换热器与反应器的热容不同，两者的冷却速率相差较大，在温差大于100℃的情况下启动循环气压缩机时，应采取措施控制进入换热器的气体流量，以避免对换热器造成热冲击。如情况允许，在启动循环气压缩机时反应器内部温度应降至150℃以下。

5　板壳式换热器检修

正常情况下板壳式换热器的检修包括以下内容：

（1）膨胀节目测检查及波纹管着色检查；

（2）换热板片焊缝目测检查；

（3）混合进料分布器检查清理；

（4）壳体无损检测；

（5）板程或壳程单侧气密试验。

检修期间如设备长期处于停用状态，应充氮保护。

如需对换热器进行修理时，可根据实际情况通过人孔、接管进入换热器内部检修，或将换热器板束抽出检修或更换。

图13为板壳式换热器内部维修情况。图14为板壳式换热器板束更换情况。

(a)　(b)

图13

(a)　(b)

图14

（甘肃蓝科石化高新装备股份有限公司　苏敏）

17. 大型焊接板式换热器的应用及存在问题处理对策

镇海炼油化工公司炼油厂700万t改扩建工程的主体装置——80万t/a连续重整装置(CCR)是引进美国UOP公司专利的第二代CCR装置，工艺技术水平为20世纪90年代中期国际先进水平。其中的关键设备——混合进料换热器(工艺位号E301)在国内同类装置中首次选用焊接板式换热器(WPHE)，WPHE由法国ZIEMANN—SECATHEN公司设计制造。其主要技术指标如表1。

表1 设备主要参数

工艺参数	冷流		热流	
	进	出	进	出
流量/(kg/h)	146198		146232	
温度/℃	92	472	523	110
入口压力/MPa	0.55		0.33	
换热量/MW	56.42			
温差保证值/℃	51.0			
压降保证值/MPa	0.086			
壳体重量/t	65			

从1996年12月底投用以来，该板工换热器除了总压降ΔP超过设计值以外，其余各项指标均符合设计要求，一直运行了3年左右时间，后发现连续重整装置的汽油辛烷值出现下降迹象，并且随着运行时间的增加其辛烷值比原来下降了三个单位，同时其后续的芳烃抽提装置四苯产量也大幅度下降，经多次反复查找原因，确定为板式换热器内部板束泄漏，最后决定进行停工抢修。检查发现E301热端波纹板撕裂，脱焊严重，根本无法用补焊来修复，而且重新订购一台焊接板式换热器至少需要一年时间，最后被迫堵了10%的流道，以勉强维持装置生产。

1 板式换热器的结构特点

焊接板式换热器的结构见图1，它主要由压力容器外壳、传热板束和物流收集接管三部分组成。压力容器外壳的作用是承受强度(或承受操作压力)。传热板束是焊接板式换热器的核心部件，由284块板片焊接而成，每块板片通过专利技术——水下爆炸成型而获得，板片的流道设计为瓦楞状排列，相邻板片的流道流向相反。

一侧走热介质，紧邻侧就走冷介质，通过逆流传热，跟管壳式换热器相比较，板式换热具有下列优点：

(1) 传热效率高。这是因为：①传热板束是由几百块厚度为0.8mm的波纹板组成，可以提供流体的高紊流，高传热效率，两侧流体的传热膜系数约为管壳式换热器的2~3倍；②流体分布均匀，基本上无死角，也不存在渗漏；③纯逆流换热，使热端接近温度达到最低，ΔP<51℃，这是管壳式换热器无法实现的。

(2) 这些长板经过水下爆破形成波纹，而不是金属的溃压形成。爆破成形不仅具有光滑的表面(可以明显地减少堵塞)，从而避免了机械挤压成型的冷作硬化现象，同时也能从根本上消除成形时的应力，实质上减少了应力腐蚀。

(3) 这些板片堆叠后在周边进行焊接(形成板束)，含有管箱和板束表面间也进行焊接，形成一个密闭的弹性组合。

(4) 波纹板的锯齿形和人字形沟槽，形成了几万个板与板的接触点，使得板束在任何流速下都不会振动。

(5) 均一的流体分布和二相液体的持续混合，形成了整个板束上均匀的温度分布，减少了相间分层造成的热应力。

(6) 波纹板承受较低的机械压力。因为板束垂直悬挂在一个独特的集管箱支撑系统上，使得每一块板几乎只承受其本身的重量。

(7) 结构紧凑，重量轻，占地少，曾考虑过采用管壳式换热器的方案，经初步设计，按 80 万 t/a 处理能力设计，需用两台 φ1500、高 24m 的立管式换热器，点重量达 200t 以上，而采用 WPHE，设备重量仅为 65t。

(8) 受压外壳承受的压力跟反应介质压力相同，本设备外壳中引入反应介质中的循环氢，其目的是减少板束内外的压差(ΔP 几乎等于 0)，这样即使在高温高压下操作也非常安全，壳体上设有庞大的法兰和管板消除了主要的外部泄漏点，也避免了因管板连接失效而产生的内部泄漏。

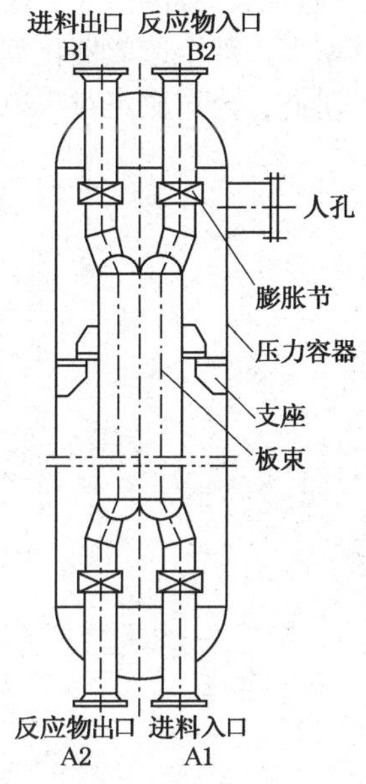

图 1　板式换热器结构图示意图

(9) 因板束流道极为光滑，使得压力降小，操作弹性大，布置也合理。

由于板式换热器具有上述诸多优点，因此，目前像 UOP、IFP 等国际著名设计专利商已将板式换热器纳入催化装置的标准设计。国外新建和扩能改造的重整装置，大多采用板式换热器，最近几年国内也有几套重整装置选用板式换热器。

板式换热器主要部件的材质为：① 整个板束包括板片和附件全部采用 ASTMA230TP321，奥氏体不锈钢；②外壳采用 1.25Cr—0.5Mo；③冷、热端膨胀节采用 INCOLOY800 退火钢。

2　板式换热器应用情况及其工艺地位

板式换热器的工艺作用主要是将重整进料(重整精制石脑油与循环氢的混合物)与反应产物进行充分的热交换，从而提高重整进料的温度，降低反应产物的温度至规定值，其热负荷占整个连续重整装置的 40%，从图 2 不难看出，板式换热器的正常运行，不但可以降低反应加热炉的能耗(油耗)也可以减轻反应产物后部冷却的物耗，能耗(如电耗、水耗等)，因此从节能降耗的角度来看，板式换热器是 CCR 装置的关键设备。

由法国 SECATHEN 公司制造的板式换热器 E301，于 1996 年 12 月 28 日正式投用，并为 80 万 t/a 连续重整装置的开车一次成功作出了贡献。按合同要求于 1997 年 1 月底对 E301 进行技术性能的考核，考核结果：流量、热负荷和冷热流的各端温度指标均符合要求，热端温差 46℃，好于设计保证值，但 E301 的总压降为 0.180MPa，远远高于设计值，当时我们跟 SECATHEN 的现场技术代表进行了多次探讨和交涉，均没有结果。1997 年 8 月，对 80 万 t/a 连续重整装置进行了总体标定，其间对 E301 的各项技术指标进行了反复认真的测试。当时 E301 的热侧压降为 $\Delta P_1=0.161$MPa，冷侧压降 $\Delta P_2=0.057$MPa，总压降 $\Delta P=0.218$MPa，大大超过设计指标，板式换热器压降增大的严重后果是对后部的催化剂连续再生系统造成影响。使得连续再生系统总压降加大，提升器、分离料斗、闭锁料斗等区域的压降也增加，最终导致催化剂磨损加剧，催化剂粉尘成倍增多，甚至造成催化剂粉尘堵塞新氢压缩机入口过滤器，严重威胁连续重整装置的正常生产。对此，公司决定对E301进行停工抢修。

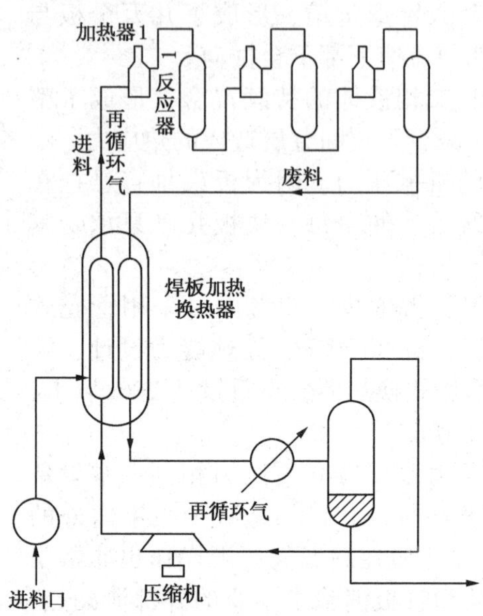

图2 连续重整反应流程示意图

3 板式换热器检查情况及抢修方案确定和实施

3.1 抢修方案的准备过程

早在停工抢修之前，公司就组织炼油厂、生产处、检安公司并邀请杭州制氧机厂板式换热器分厂的专家一起成立了一个抢修攻关组，对这台大型的进口焊接板式换热器产生泄漏的众多因素进行认真地分析。

同时结合可能出现的故障制定了三套详细的抢修方案，详见表2。

表2 抢修方案

<table>
<tr><th>方　案</th><th>方　案　Ⅰ</th><th>方　案　Ⅱ</th><th>方　案　Ⅲ</th></tr>
<tr><td rowspan="2">情况
过程
步　骤</td><td rowspan="2">封头间隔板
板裂或焊缝撕裂</td><td colspan="2">换热器内部通道层的层间窜漏</td></tr>
<tr><td>无连续三层的
层间窜漏</td><td>发生包括或超过
连续三层的层间的窜漏</td></tr>
<tr><td rowspan="3">查　漏</td><td colspan="3">1. 拆除生成油侧通道进出口A2、B2试压法兰，并做好进入换热器生成油侧通道查漏的一切准备工作</td></tr>
<tr><td colspan="3">2. 保持外筒体开口N5端充以0.03MPa的压力下，同时对进料侧通道充以0.02MPa的干燥洁净空气，然后，分别进入生成油侧通道的A2、B2开口，用肥皂泡法细查漏点，并作好记号</td></tr>
<tr><td colspan="2">（根据封头内部空间及焊接位置情况决定是否需要从外筒体的孔进入，切割换热器焊缝处，而完成堵焊工作）</td><td>3. 释放进料侧通道压力，并拆除进料侧通道出口B1的试压法兰；同时，装上生成油侧通道的进出口A2、B2试压法兰
4. 保持外筒体开口X5端充以0.03MPa的压力下，同时对生成油侧通道充以0.02MPa干燥洁净空气。然后，进入进料侧通道的B1开口，用肥皂泡法细查漏点，确定发生了连续三通道窜漏的情况</td></tr>
</table>

续表

<table>
<tr><td>方　案</td><td>方　案 Ⅰ</td><td>方　案 Ⅱ</td><td>方　案 Ⅲ</td></tr>
<tr><td rowspan="2">情况
过程
步骤</td><td rowspan="2">封头间隔板
板裂或焊缝撕裂</td><td colspan="2">换热器内部通道层的层间窜漏</td></tr>
<tr><td>无连续三层的
层间窜漏</td><td>发生包括或超过
连续三层的层间的窜漏</td></tr>
<tr><td>检　修</td><td>3. 释放外筒体和原料气通道压力后，按焊接工艺堵焊相应漏点，并着色检查合格</td><td>3. 释放外筒体和原料气通道的压力后，按焊接工艺堵焊相应通道，并着色检查合格</td><td>5. 发生此类情况，必须堵焊所有连续窜漏的通道，但因进料侧通道进口封头内衬有加强筋，无法进入堵焊相应通道，故需切割该封头后，实施堵焊，从而周期将延长
6. 按焊接工艺堵焊相应通道后，进料侧通道充以 0.01MPa 压力检查通道堵焊成功。然后，装焊原料气通道进口封头，并着色检查合格</td></tr>
<tr><td>装置复原</td><td colspan="2">4. 按步骤 2 细查，确认无泄漏后，装置复原开车使用</td><td>7. 分别按步骤 4、2 细查，确认无泄漏后，复原装置，开车使用</td></tr>
</table>

3.2　检查情况

连续重整装置停工切断进料后，我们抓紧对 E301 进行吹扫、置换，分析合格后交付连续重整装置，停工切断进料后，我们抓紧对 E301 进行吹扫、置换，分析合格后交付施工单位检修，并请有相关经验的杭州制氧机厂板换分厂的技术人员配合查漏，按照原定方案割除生成油侧出入口弯头短节，未经打压目测检查发现：生成油热侧板与密封条及板与隔板间存在 41 条裂缝或漏点，最长的有 140mm 左右，且有几条裂纹延伸到板下侧，这 41 条裂纹或漏点主要分布在中间隔板侧及隔板根部，主要分布在三个区域在 59~75 块板间，第三区域在 96~104 块板间，生成油冷侧则未发现有裂纹。鉴于此又将原料油热侧弯头割除，检查发现该侧有 64 条裂纹，主要也分布在中间隔板侧，分布区域与生成油侧相同。详见图 3、图 4。

图 3　裂纹实图(a)

图 4　裂纹实图(b)

3.3　抢修方案的具体实施及其效果

由于检查发现的情况远比制订抢修预案时估计得要清楚明了，因此使实际处理过程也变得简洁和直观，用不着按预定方案按部就班去做。

3.3.1 裂纹补焊

对出现的裂纹用不锈钢焊丝，采用氩弧焊方式进行实焊，在补焊初期发现，顺焊时易造成裂纹扩展及板变形，于是采用逆焊方式补焊及板间塞木塞，消除了裂纹的扩展及板的变形，采用这种工艺对所有裂纹进行了补焊，并进行着色检验，合格后进行气压试验，发现压力仍无法建立起来，检查发现封条裂纹处补焊较好，而在通道处由于裂纹的延伸，泄漏仍较大，其中7个通道泄漏特别大，有的已连续有三个通道泄漏，说明裂纹已延伸到板内部，板上存在裂纹。

3.3.2 封通道

针对通道间存在的泄漏，依照方案Ⅲ对严重泄漏的通道进行堵板，即在通道处焊上 $\delta=4mm$ 的18-8封条，将通道封死，这样势必要牺牲换热面积，同时使压降进一步增加，是不得的办法。根据实际情况，共计封死14通道，占单程总通道的10%左右，封通道时，生成油热侧及冷侧同时封死。堵死的通道从东往西数，具体为第41、42、43、44、45、46、49、98、99、100、101、102、103、104通道口。

3.3.3 堵漏效果

经过对裂纹补焊及封死部分通道后，再进行气压试验，压力很快可升至0.1MPa，泄漏情况明显好转，但无法保压，三分钟内压力全部泄完，如果再继续通道，必将影响到换热器的换热面积及其处理量，对此经洛阳院测算后，厂部决定不再封通道，换热器重新复位。

该换热器经过堵漏后，减少了泄漏量，但无法彻底消除泄漏，这仍将影响连续重整装置的汽油辛烷值及芳烃的收率。从目前的生产来看，在480℃操作温度下，汽油辛烷值能达到92左右，在505℃操作温度下，汽油辛烷值达到97左右，从经济效益上来看效果更为明显，处理前E301的泄漏量约为7%，处理后，其泄漏量约为3%，按芳烃产量55t/h计，每小时芳烃收率就增加2.2t，每天增加52.8t，每天收益增加在10万元左右。应该说效果是比较理想的。

4 总结

针对板式换热器的所有裂纹缺陷均发生在热端这一现象，再结合SECATHEN这台焊接板式换热器的结构特点，我们经分析产生裂纹的主要原因为：

（1）SECATHEN的结构设计有问题，还存在少量局部死区，导致板片客观存在热不均匀，产生较大的热应力，最终引起开裂，从裂纹产生的部位来看，多发生中间隔墙附近，即死区部位。

（2）SECATHEN的结构设计还有个不合理之处，就是板束与收集器（封头）连接处的强度不够，主要表现为中间隔墙板较薄，并且筋板数量少（跟另一家板式换热器的制造商PACKINOX相比），这样的热应力作用下，容易被拉裂。

（3）焊接质量不高，裂纹多发生中间间隔墙附近，此处焊接位置最差，易发生焊接不充分、漏焊等现象。

（4）为了保证连续重整装置的长周期、满负荷运行，同时满足该装置进一步扩能改造的需要，在广泛征求SECATHEN和PACKINOX等国际著名制造商的意见，认定该板式换热器是无法完全修复的（国际上无一先例），经过局部修补能达到镇海炼化公司目前这样的运行水平已经是相当了不起了。为此我们公司在反复论证、比较的基础上，决定再新引进一台设计更完善、技术更先进的 PACKINOX 板式换热器。

（5）板式换热器在我公司连续重整装置上的使用情况以及暴露的问题、原因的查找和最终的处理措施，可以为国内同行在引进和使用类似设备时提供一定的借鉴，同时也可以供国内换热器制造厂家在研发、制造大型板式换设备时参考。

（中国石化镇海炼化分公司　魏鑫）

18. 钛制高效换热器的研究与应用

石油化工装备中，使用了大量的换热设备，随着石化行业的不断发展，为了提高能源的利用率和使用寿命，对换热器设备的要求越来越高，高效换热器不仅能够降低主材消耗，而且能减少设备体积及运行维护费用，进而降低产品成本，提高经济效益，特别是钛制高效换热器，以独特的耐腐蚀、不污染、换热效率高、可靠性好等特点可广泛应用于石油化工装置，如原油蒸馏、加氢脱硫、酸性气体脱除、溶剂萃取、天然气的回收与加工等，若用钛制高效换热器，其应用前景将更为看好。

钛的强度高、耐腐蚀性好且具有较小的污垢倾向，钛的密度约为铁的一半而强度却比铁高 30%。钛管可以在较高流速下工作而没有冲刷腐蚀，如钛管海水冷却换热器在海水流速大于 9m/s 的工况下持续运行 8 年表面没有冲刷腐蚀。由于钛制高效换热器管内外无层流底层、结垢小、管壁薄，所以传热效率好，能够减少传热面积，使设备的投资低于使用传统材料的投资。

国外在 20 世纪 70 年代开发出高温烧结表面多孔管(高通量管)、T 形槽道管、螺旋波纹管、螺纹管等高效换热器，广泛用于化工、石化、电力、轻工等行业。我国在 80 年代才开始研究开发高效换热器设备，经过近二十年工程技术人员的努力，开发了多种形式高效换热元件，特别是近几年来我公司与国内有关科研院所进行合作，通过理论分析、实验研究、小试和工程应用，开发出了几种较典型的高效换热器——T 形槽道管换热器、内波外螺纹管换热器、螺旋波纹管换热器、高热通量换热器及管内插入件换热器，这几种高效换热器广泛用于企业的扩能改造中，大大降低了设备投资、操作费用，为企业带来了可观的经济效益。我公司研制的钛制高效换热器以优良的耐腐蚀、实用性、强度高、传热效率高、适应性大等优点，在很多工业领域都有推广应用价值。

1 结构特点

钛制螺旋波纹管换热器保持了管壳式换热器使用温度、压力、流量、热负荷的一般要求，设计方法及加工技术成熟，另外可用在某种腐蚀介质条件下不锈钢与铝、铜无法适用的场合，或可以用不锈钢或其他常用金属材料，但腐蚀率高，使用寿命较短，而使用钛管耐腐蚀性好，可靠性高，寿命长，经济合理。钛制螺旋波纹管换热器可在保持管壳式换热器壳体、管板、管箱、支撑件等结构不变的条件下，采用螺旋波纹管换热元件及局部改进，达到冷热两侧流体强化传热的目的。

钛制螺旋波纹管是在普通钛管的基础上，经过特殊滚轧工艺加工而成具有双面环状螺旋波纹形槽道的强化传热管，经强度和拉力试验，在压力达到 84MPa，保压半小时，无泄漏，无宏观永久变形发生，如图 1 所示。

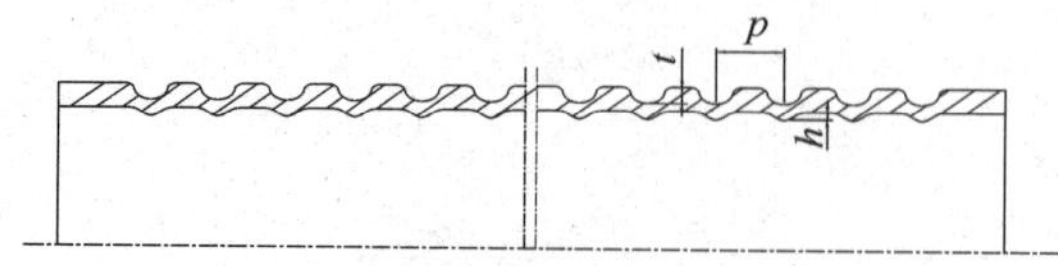

图 1 螺旋波纹管截面图

h—波峰与波谷间距离；t—壁厚；p—波距

换热基管的直径 $\phi10\sim\phi60$mm，波峰与波谷间距离 $h=0.2\sim1.8$mm，壁厚 $t=0.5\sim3.0$mm，波距 $p=1.5\sim15$mm。管内外壁存在波峰、波谷可有效提高紊流的脉动性，改变流体流动状态，钛制螺旋波纹管的两端保留原来光滑管表面，以便与管板的胀焊连接性能，确保了换热器的结构强度及使用寿命。

2　传热性能

钛制螺旋波纹管作为换热器元件具有以下优点：①表面光洁，无垢层，污垢系数(ξ)大大降低；②强度高，耐腐蚀性好，因而管壁可以比较薄，减少导热热阻 δ/λ；③管内外螺旋波纹形成的凹凸结构，即波谷和波峰可有效提高管内外流体紊流的脉动性，改变流体与管壁及流层之间的摩擦，减少层流厚度，促进湍流，即使在流速低时，也能达到充分湍流，增强对流换热，另外螺旋波纹结构对污垢有自清理作用，因为污垢一般是沿着波峰边缘形成平行的垢层，在运行时随温度变化，管子会膨胀和收缩，污垢与金属的热膨胀系数相差较大，加之流体的脉动性，会阻止污垢生成，实现自动清理。

按传热学理论，在换热器中热量传递一般由管内流体对管内壁对流放(吸)热，管内壁到管外壁的纯导热过程，管外流体对管外壁的吸(放)热过程组成。一般传热过程可表示为：

$$\text{热流体}\xrightarrow{\text{对流}}\text{管外壁}\xrightarrow{\text{导热}}\text{管内壁}\xrightarrow{\text{对流}}\text{冷流体}\quad\text{（壳程为热介质）}$$

或 $$\text{冷流体}\xrightarrow{\text{对流}}\text{管外壁}\xrightarrow{\text{导热}}\text{管内壁}\xrightarrow{\text{对流}}\text{热流体}\quad\text{（壳程为热介质）}$$

换热量

$$Q=KA\Delta t\quad(\text{kW})$$

式中　Q——传热量，kW；

K——传热系数，kW/m^2·℃；

A——传热面积，m^2；

Δt——传热温差，℃。

在换热器传热温差和换热量不变情况下，提高传热系数，可有效减少传热面积，即缩小设备体积和重量。

传热系数　$K=1/(1/\alpha_1+\xi_1+\delta/\lambda+\xi_2+1/\alpha_2)$　(kW/m·℃)

如上所述，钛制螺旋波纹管作为换热元件，可有效降低污垢热阻 ξ_1、ξ_2，导热热阻 δ/λ 和提高对流换热系数 α_1、α_2，从而提高总传热系数 K。

通过对比实验，钛制螺旋波纹管换热器与光管换热器相比，其传热系数 K 会提高 1.3~2.6 倍，效果非常明显。

3　阻力特性

钛制螺旋波纹管的阻力特性受换热元件的结构影响，波峰波谷引起流体脉动充分湍流而强化传热的同时，与光管相比较，随波谷与波峰的间距和波距的不同，其阻力增加 1.15~2.3 倍，壳程阻力增加约 1.3 倍左右，与其他强化传热元件相比，阻力增加幅度比较小，换热系数增加显著。

4　数值模拟

受工艺条件的限制，大型换热器的传热和流动试验相对比较困难，用解析方法求解，要作出大量的简化假设，准确度较差。

数值模拟又称数值实验，它能很好解决这一难题，计算结果与工业考核基本一致，其准确度得到工程技术人员的认可。我们采用 fluent 软件对螺旋波纹管和光管的管内外传热和阻力性能作了模拟，如图 2、图 3、图 4 所示，工艺物性条件和进口流速条件均设定为一致。

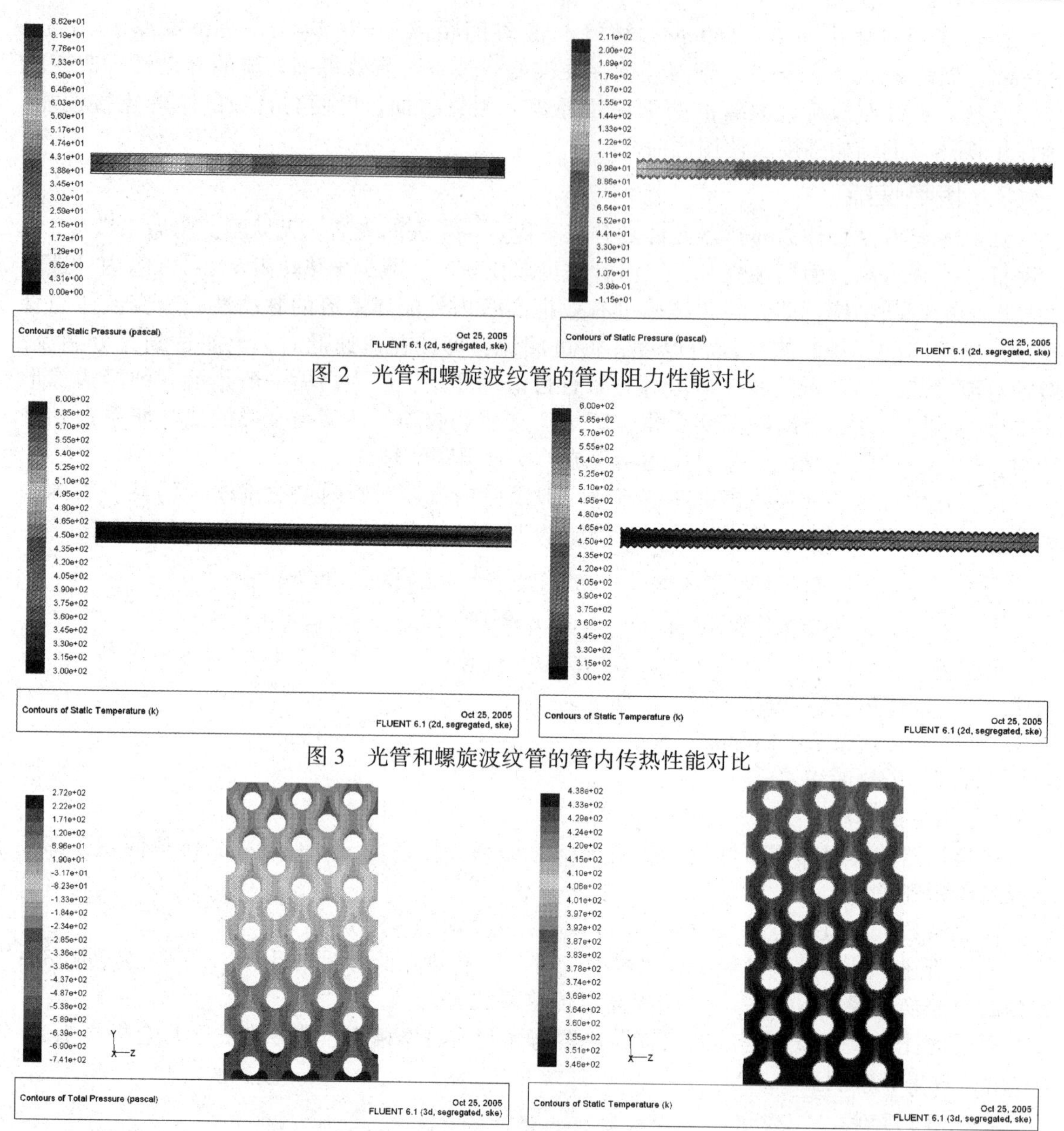

图 2　光管和螺旋波纹管的管内阻力性能对比

图 3　光管和螺旋波纹管的管内传热性能对比

图 4　光管和螺旋波纹管的管外阻力与传热特性

由图可以看出当流体流过管内时，在凹凸面的波峰与波谷间会产生速度、压力突变，从而破坏层流底层，即使在较低的流速下也能达到湍流。正是这种较大的扰动破坏了边界层热阻，实现了管内强化传热。这为大型换热器的试验和设计提供了充分的理论基础。

5　制造工艺

换热元件用钛管，一般符合 GB/T 3625—1995《换热器及冷凝器用钛及钛合金管》标准要求，并要求：①退火状态供货；②抽样进行力学性能试验，包括拉力、压扁、扩口试验等；③全部进行无损检验和液压试验；④公差小；⑤表面清除划痕裂纹等缺陷。

由于钛材的缺陷敏感性高，加工前对管子按上述要求认真检查，若有小裂纹、小孔划痕等缺陷，一定要进行处理，以免成型过程产生裂纹，加工成型后为消除残余应力进行退火热处理。管子与管板连接一般采用焊接方法，不允许产生缝隙腐蚀时宜采用胀接和焊接相结合以保证密封性。支撑板或挡板管孔边缘尖角倒钝或磨成圆角，管空应进行机械加工。最终用30%硝酸加3%氢氟酸水溶液对元件进行酸洗，以除去表面污染层。

6 工程应用

螺旋波纹管换热器应用在扬子石化公司常减压，催化裂化装置上50台；应用于大连石化公司蒸馏常减压，催化装置中30台；广州石化、九江石化炼油裂化等装置中20台。经过近5年运行结果表明，操作平稳，热负荷均可提高15%~45%，各项工艺指标达到了设计指标，在节能改造中取得了明显的经济效益。

钛制换热器应用于某制碱厂蒸馏塔冷凝器，使用介质为NH_4C1，温度95°，铸铁换热管使用一年即有部分管子腐蚀穿孔，二年已腐蚀损坏严重，停止使用应用，使用TA2钛管规格$\phi60\times2\times3010$mm代替$\phi63\times6\times2968$mm铸铁管。投产使用两年多，对管子抽样进行宏观检查，未发现腐蚀现象，预计使用寿命可达20年以上。由于使用钛管传热效率高，提高入塔母液的温度，节约了大量蒸汽，经济效益显著，钛制冷却器在天津碱厂和大连化学公司碱厂应用取得了良好效果。钛制换热器用在氯碱工业食盐电解制氯气冷却器代替石墨冷却器使用寿命达20年，效果良好。

7 结论

钛制螺旋波纹管换热器以其优良的耐腐蚀性、重量轻、传热效率高、适应性大等优点，在各工业领域得到了广泛的应用。

（1）钛制螺旋波纹管换热器与光管换热器相比，其传热系数可提高1.3~2.6倍，有效地多回收热量。

（2）钛制螺旋波纹管换热器与光管换热器相比，其结构形式和外形尺寸完全相同，有较好互换性和适应性。

（3）钛制螺旋波纹管换热器对蒸馏水、海水、酸碱盐溶液具有优异的耐腐蚀性，使用寿命可达20年以上。

（4）钛制换热器具有自清污垢作用，能使其保持稳定长期的强化传热效果和操作周期。

（5）钛制换热器，因材料密度小，强度高，可减小设备体积和重量。

总之钛制换热器是很有推广应用价值的高效节能产品，近几年来应用领域不断扩大，表现出了广阔的发展前景。

（江苏中圣高科技产业有限公司　刘丰，郭宏新，鲁广松）

19. 不锈钢换热器失效分析及解决措施

燕山石化公司化学品事业部苯酚精制单元305-E设备为精制单元脱烃塔，主要脱除苯酚中的烃类物质α-MS，由于α-MS和苯酚沸点比较接近，所以采用与水共沸的方法将α-MS从苯酚中脱除。316-C设备是该塔的中间再沸器，其结构为U形管式换热器(以下简称换热器)，其筒体和换热管材质为316L(固溶)，工况见表1。

表1 换热器工况

位号	部位	介质	操作温度	操作压力
316-C	管程	苯酚	145℃→135℃	负压300mmHg
	壳程	苯酚+水	130℃→131℃	0.12~0.13MPa

换热器于2005年8月检修时投用，2006年8月发现多根换热管泄漏，壳体上半部分出现大量环向穿透性裂纹。该换热器的腐蚀泄漏直接影响了装置的正常生产，同时造成严重的安全隐患。为了找出其泄漏失效的原因，提出相应的解决措施，我们对该换热器进行了失效分析。

1 腐蚀分析

首先我们对换热器筒体和换热管进行取样，分别为失效筒体样品(1#样品)和失效换热管样品(2#样品)，并进行下列试验。

1.1 宏观检查

图1(a)是1#样品宏观腐蚀形貌，筒体表面存在大量肉眼可见的腐蚀坑和垂直于材料轧向的裂纹，表面有黄色腐蚀产物。图1(b)是2#样品宏观腐蚀形貌，材质为316L，固溶态。图2给出的是筒体应力腐蚀断口形貌，可以看出，断口表面有大量黄色腐蚀产物。

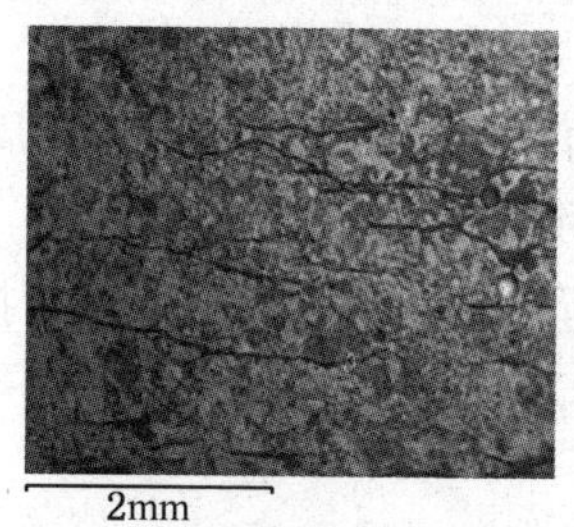

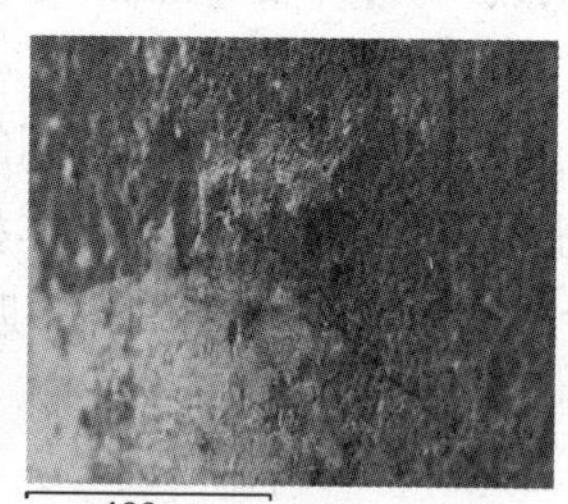

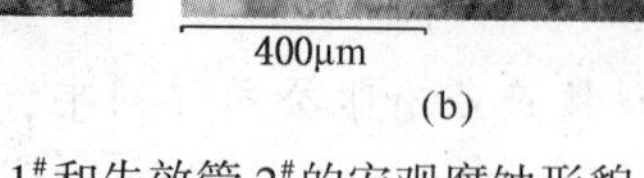

图1 筒体样品1#和失效管2#的宏观腐蚀形貌

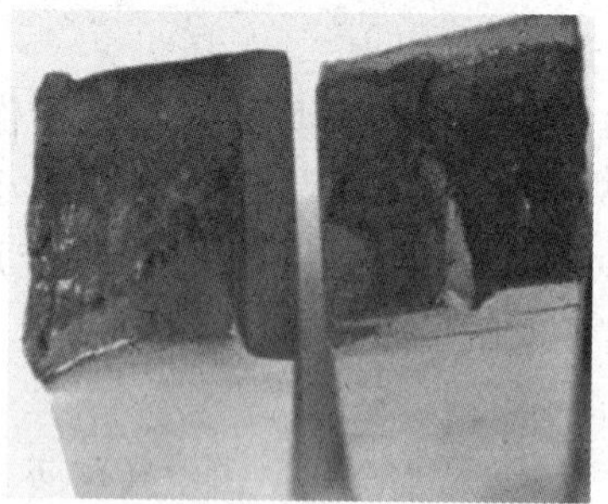

图2 筒体腐蚀断口形貌

1.2 材料化学成分

1#样品和2#样品的化学成分如表2所示。由表2可知，316L不锈钢筒体的化学成分符合ASTM A959标准的规定。316L不锈钢换热管的成分符合ASTM A959、GB/T 1220—1992以及JIS G4303—1998标准的规定。

1.3 夹杂物检查

1#样品和2#样品的非金属夹杂物等级如表3所示。1#和2#样品的夹杂物控制属正常水平。

表2　失效316L$1^{\#}$和$2^{\#}$的化学成分　%

	C	Si	Mn	P	S	Cr	Ni	Nb	Ti	Mo	Cu	W	V	B	N	Fe
$1^{\#}$	0.014	0.58	0.88	0.026	0.006	16.47	10.0	0.01	0.01	2.18	0.15	0.02	0.07	0.0017	0.013	Bal.
$2^{\#}$	0.02	0.25	0.84	0.027	0.005	16.4	12.14	0.02	0.004	2.19	0.19	0.03	0.04	0.001	0.031	Bal.

表3　失效316L $1^{\#}$和$2^{\#}$的夹渣物评级结果

样 品	A 硫化物		B 氧化铝		C 硅酸盐		D 球状氧化物	
	细系	粗系	细系	粗系	细系	粗系	细系	粗系
$1^{\#}$	1.5~2.0	0	1.0	0	0	0	1.0	0
$2^{\#}$	0.5	0	0.5	0	0	0	0.5	0

1.4　显微组织

图3为$1^{\#}$和$2^{\#}$样品的显微组织。从图3可以看出，$1^{\#}$筒体组织为奥氏体+少量铁素体，中心部位的铁素体量较表层的多，晶粒度7.0~8.0。$2^{\#}$无缝管组织为奥氏体，晶粒度7.0~8.0，均为正常的固溶退火奥氏体组织。

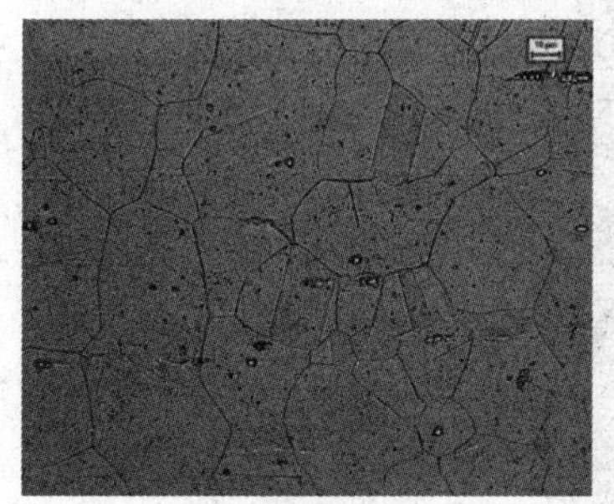
(a)$1^{\#}$横截面

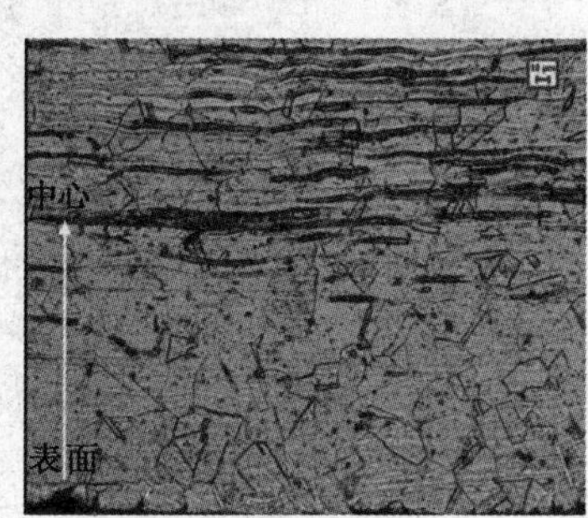

(b)$1^{\#}$纵截面

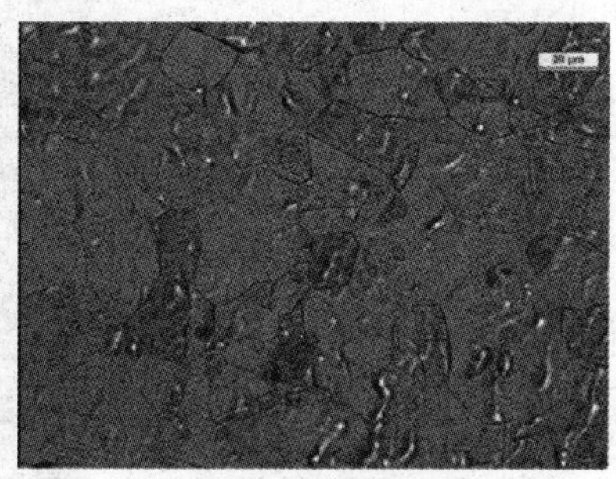
(c)$2^{\#}$纵截面

图3　筒体$1^{\#}$和无缝管$2^{\#}$的显微组织

1.5　裂纹形貌

图4为$1^{\#}$和$2^{\#}$样品的裂纹形貌。从图4可以看出，筒体失效部位既有穿晶应力腐蚀裂纹，又有穿晶、沿晶混合型裂纹。

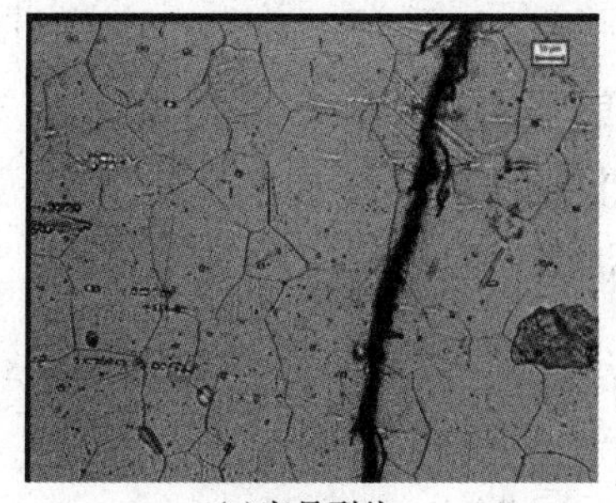
(a)穿晶裂纹

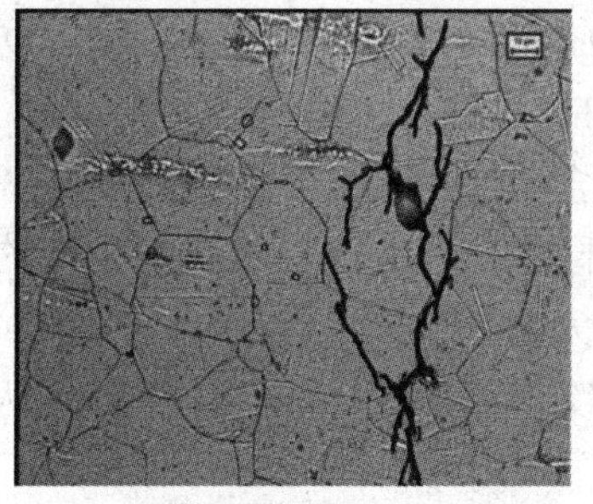
(b)沿晶裂纹

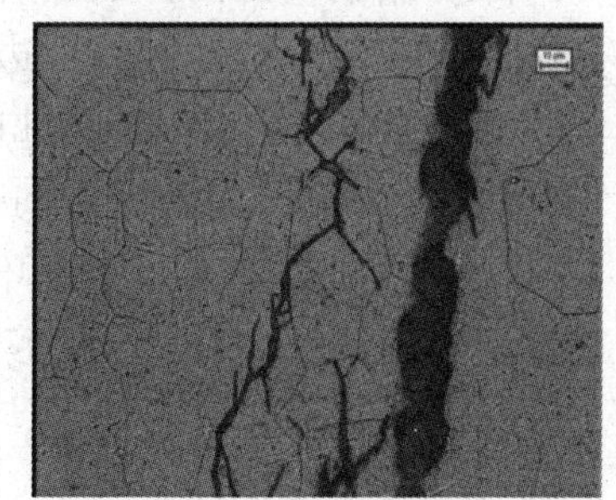
(c)混合型裂纹

图4　筒体内表面的裂纹

换热管的裂纹形态同样包括穿晶、沿晶混合型腐蚀裂纹，如图5所示。

图 6 为筒体的剖面裂纹。部分裂纹是纵向起源于点蚀坑底的穿晶腐蚀裂纹(见图 7)，说明材料表面凹坑等缺陷能引起或加速腐蚀裂纹的产生。

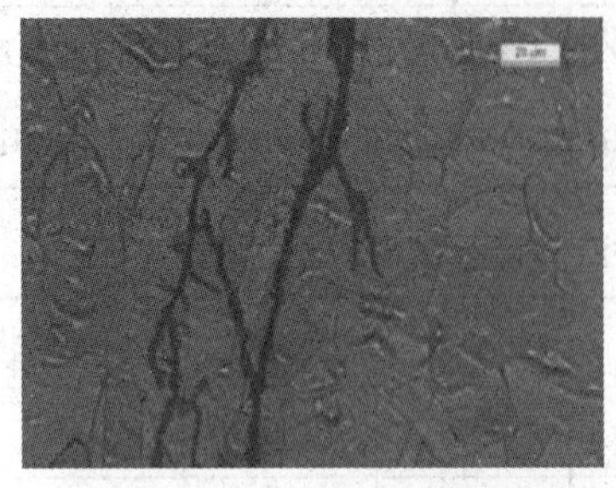

图 5　无缝管的穿晶、沿晶混合型腐蚀裂纹

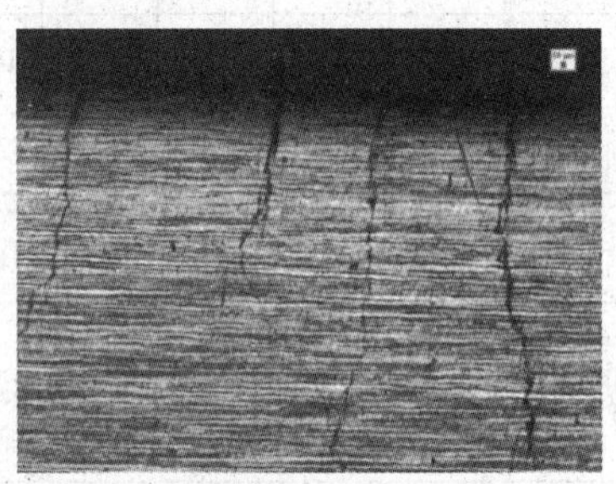

图 6　筒体剖面裂纹

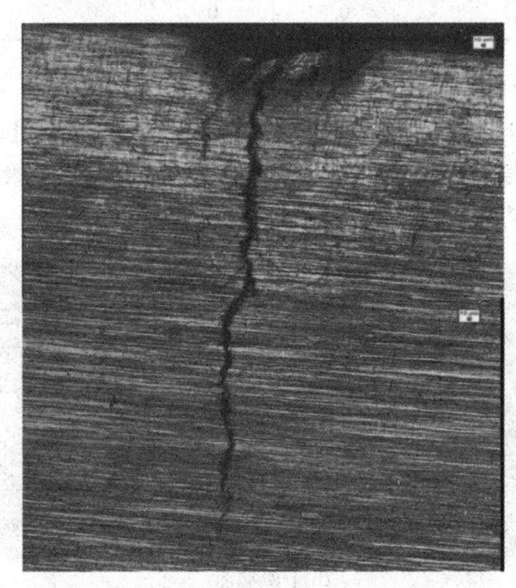

图 7　筒体纵向起源于点蚀坑底的穿晶应力腐蚀裂纹

1.6　腐蚀产物的微观分析

为了进一步弄清应力腐蚀发生的原因，对应力腐蚀断口和裂纹部位的腐蚀产物进行能量弥散 X 射线探测(EDX)和扫描电子显微镜(SEM)分析。

图 8 给出的是筒体表面的 SEM 形貌。从形貌可以看出，筒体内表面有大量的裂纹，裂纹内部有腐蚀产物，裂纹周边的表面有大量的开放型腐蚀坑。

图 9 是 1#筒体样品腐蚀断口的 SEM 形貌和 EDX 分析结果。由图可知，断口是典型的解理断裂形貌，断口表面有含 Cl 的腐蚀产物。同时在筒体裂纹内部还检测到有机物成分，如图 10 所示。裂纹内部的舌状物仅有 C、O、S 的成分，由于 EDX 不能检测 H 元素，基本可以确定该舌状物为有机物的结晶体。

图 11 是 2#无缝管样品的裂纹形貌和 EDX 能谱分析。从图可知，从管裂纹内部也检测到含 Cl 的腐蚀产物。

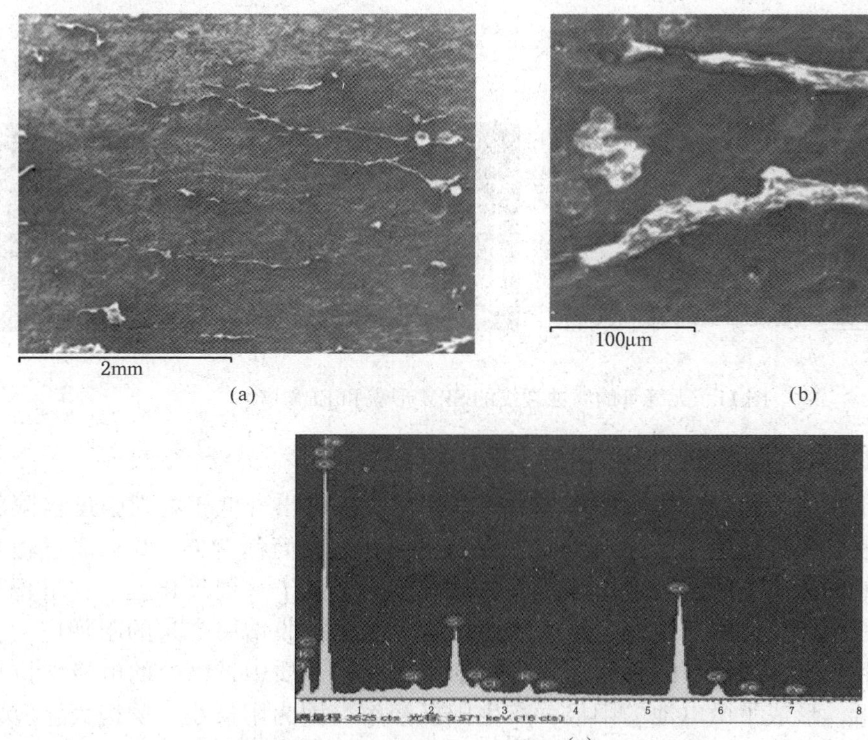

图 8　筒体腐蚀表面的 SEM 形貌和 EDX 分析

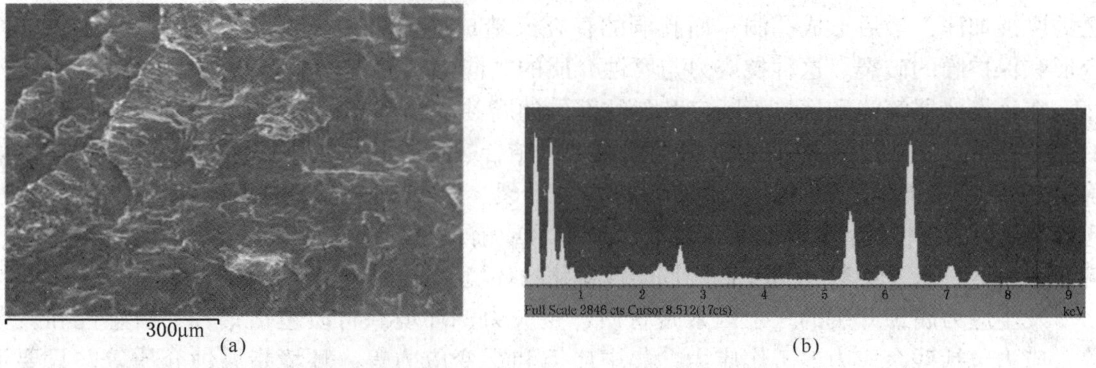

图 9　筒体腐蚀断口的 SEM 形貌和 EDX 谱

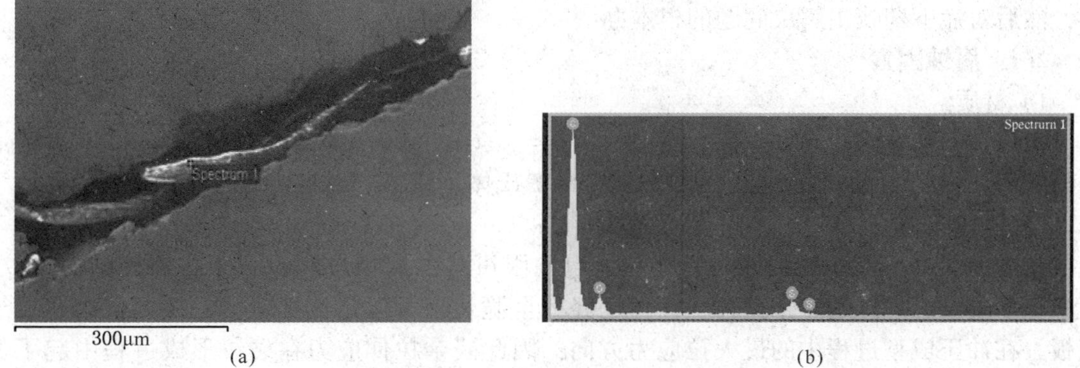

图 10　筒体腐蚀裂纹内部的产物分析

(a)

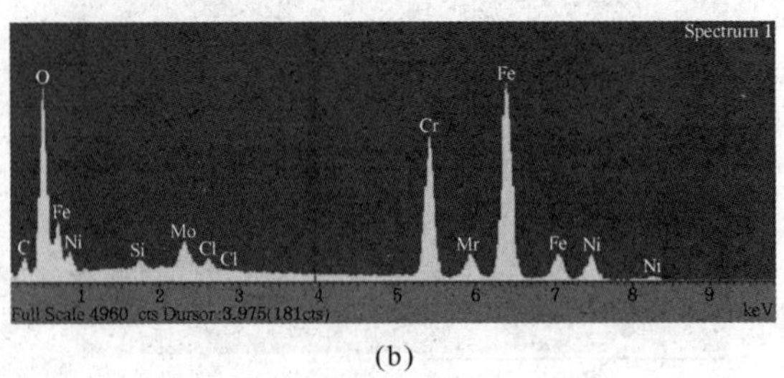

(b)

图 11 无缝管的腐蚀裂纹的 SEM 形貌和 EDX 谱

2 腐蚀原因及机理分析

奥氏体不锈钢在应力和特定的腐蚀环境的联合作用下，将出现低于材料强度极限的脆性开裂现象，致使其失去功能，这种现象称为应力腐蚀开裂，简称 SCC。其形成过程是铬镍不锈钢在含有氧的氯离子的水溶液中，首先在金属表面形成了一层氧化膜，它阻止了腐蚀的进行，使不锈钢钝化。由于压力容器本身的拉应力和保护膜增厚带来的附加应力，使局部地区的保护膜破裂，破裂处的基体金属直接暴露在腐蚀介质中，该处的电极电位比保护膜完整的部分低，形成了微电池的阳极，产生阳极溶解。因为阳极小、阴极大，所以阳极溶解速度很大，腐蚀到一定程度后，又形成新的保护膜，但在拉应力的作用下又可重新破坏，发生新的阳极溶解。在这种保护膜反复形成和反复破裂过程中，就会使某些局部地区的腐蚀加深，最后形成孔洞，而孔洞的存在又造成应力集中，更加速了孔洞表面的塑性变形和保护膜的破裂。这种拉应力与腐蚀介质的共同作用便形成了应力腐蚀裂纹。

在该换热器筒体和换热管断口和裂纹部位的腐蚀产物中都检测到 Cl 元素，主要是含 Cl 的 Fe、Cr 的氧化物，有些部位的 Cl 含量较高。结合裂纹的形貌和腐蚀产物的成分，基本可以确定，316L 不锈钢发生氯化物引起的应力腐蚀开裂。而 316L 不锈钢本身在苯酚、苯酚+水中应该有足够的耐蚀性，选材是正确的。但如果水或前道工序中带入氯化物，再加上酸催化反应后中和不完全，使 316L 处于高温弱酸性氯化物环境，发生应力腐蚀开裂是必然的。

发生应力腐蚀开裂的三个因素是材质、拉应力、环境。材质包括钢种、敏感性和疲劳等，应力包括残余应力、工作应力、集中应力和交变应力等，环境指腐蚀介质等。只要消除三个因素中的一个即能消除应力腐蚀。下面我们就从这三个方面着手分析哪个是主要因素，然后对症下药找出解决问题的根本办法。

2.1 腐蚀因素

1）材质

奥氏体不锈钢为较易发生应力腐蚀的钢种，NaOH、KOH 等高温碱溶液、含 Cl^- 水溶液等都能引起 SCC 开裂，而 316L 为较为典型的奥氏体不锈钢。

2）拉伸应力

从前面图 1 可以发现试件表面存在大量肉眼可见的腐蚀坑和垂直于材料轧向的裂纹，其中很多裂纹已经穿透整个筒体，筒体已经完全脆化，可以定性地认为，裂纹走向垂直于钢板，在冲压成型过程中的最大拉应力方向，因此残余拉伸应力在裂纹形成过程中起了关键作用。

3）腐蚀环境

不锈钢只有在特定的腐蚀环境下与应力共同作用，才能引起应力腐蚀。其腐蚀性以氯化物为最强，氯离子即可引起不锈钢的孔蚀，又可引起应力腐蚀开裂。实验研究结果表明，氯化物的浓度越高，产生应力腐蚀裂纹的时间越短。即使氯离子含量只有百万分之一也会在短时间内产生裂纹。腐蚀温度对应力腐蚀裂纹的影响很大，发生氯离子应力腐蚀开裂的临界温度为70°。随着温度的上升，裂纹的敏感性显著增加，产生裂纹的时间大大缩短，裂纹成长的速度明显增大。氯离子和温度对应力腐蚀的影响见图12。而316-C换热器的工作温度为130℃，由于该换热器上部主要为汽相，温度较高，所以上部筒体腐蚀开裂特别严重。

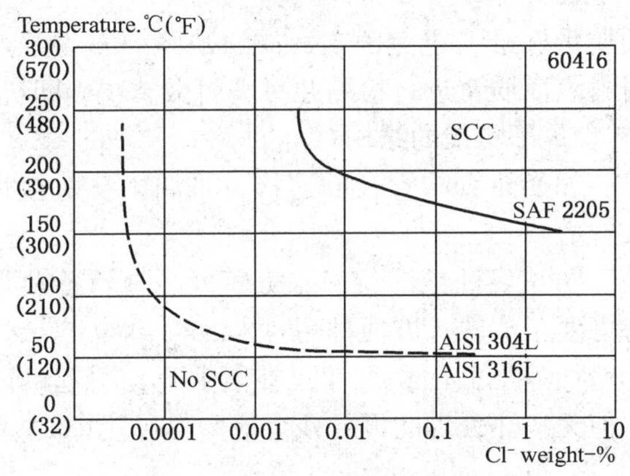

图12 应力腐蚀对比

那么现在问题的关键变为查找氯离子的来源，由于该系统是采用与水共沸的方法将α-MS从苯酚中脱除，氯离子就极有可能是随着水进入系统的，我们对所加的水进行了多次取样分析，取样结果如表4所示。

表4 氯离子含量测量表

取样次数	第一次	第二次	第三次	第四次
氯离子含量/$\times10^{-6}$	7.09	4.89	5.24	4.69

氯离子很可能通过沸腾、冷凝等方式在局部浓缩富集，从而使局部氯离子含量增加，发生应力腐蚀开裂。

2.2 腐蚀机理分析

奥氏体不锈钢发生氯离子导致的应力腐蚀开裂的敏感温度区间一般是70～300℃，在室温下很少会发生应力腐蚀，而温度越高，应力腐蚀敏感性越大。苯酚生产装置的316-C不锈钢换热器，应力腐蚀最为严重中间部位的工作温度约为130℃，正处于容易发生应力腐蚀开裂的温度区间。而设备在轧制、加工成型、焊接等过程中留有残余应力诱发了材料的应力腐蚀开裂，形成的裂纹亦与最大残余拉伸应力的方向垂直。尽管在换热器内介质中氯离子含量很低，而在较高的温度下，奥氏体不锈钢在氯离子含量很低的介质中也往往会发生应力腐蚀开裂。氯离子很可能通过沸腾、冷凝等方式在某些局部浓缩富集，从而满足开裂所需的浓度。另外根据上面的金相、断口观察和腐蚀产物分析的结果，裂纹的金相照片和断口的形貌特征都与奥氏体不锈钢在氯化物介质中发生应力腐蚀开裂时的断口特征一致，在部分断口样品表面也检测到了 Cl 的存在。因此，苯酚生产装置的 316L 不锈钢换热器的裂纹，是氯离子导致的应力腐蚀开裂。

3 腐蚀对策

根据上面分析的形成 SCC 腐蚀开裂的三个因素，防治措施如下。

3.1 设计阶段

1）选用适宜的材料

（1）对于特定材质的压力设备，应力腐蚀只对某些材料直接具有敏感性，选用适宜的材料避开这些敏化组合也就防止了 SCC 产生的可能。针对本案例在氯离子的腐蚀环境我们可以选用 SAF2205 双相不锈钢来解决 SCC 的发生。

（2）尽提高材料表面质量标准，避免因表面质量缺陷引发裂纹产生的可能。如选用光亮管，或设备制造前对材料表面质量进行检测并对表面微裂纹、凹坑等缺陷进行修复。

2）避免过大应力集中和有害离子集聚的结构

（1）尽可能避免缝隙，如换热管与管板的连接可采用内孔对接焊，这样即避免了缝隙又避免了胀管产生的残余应力。

（2）尽可能避免死角，防止腐蚀液滞留、水分蒸发、蒸汽冷凝、腐蚀产物积聚、有害离子浓缩，结构上还应考虑便于清洗，方便排污。

（3）改善应力分布，增加危险截面积尺寸，补偿由开孔引起的刚度损失，装配时要选用膨胀系数相近的材料，使无法热处理的设备残余应力尽可能小。

3.2 制造装配阶段

1）降低组装时引起的装配应力

（1）要严格控制设备制造成型过程中的错边量、角变形等误差，超过国标要求时要进行校正。

（2）尽量消除或减少焊接过程产生的对口错边量、棱角等误差，避免应力集中。

2）减少和消除焊缝余高

减少焊缝余高可避免在母材和焊缝的过渡区由于构件的不连续性引起的应力集中。

3）减少焊接残余应力

（1）装配时尽可能使焊缝在刚度较小的情况下焊接，在安排组装焊接顺序时，应先焊收缩量大的焊缝，在焊收缩量小的焊缝，并根据受力情况先焊工作应力大的焊缝。

（2）预先用反变形法减小焊接残余应力。

（3）振动法消除残余应力。

（4）表面引入压应力。如表面采用喷丸、喷砂、锤击和碾压法，压应力层可将拉应力层与腐蚀环境分开，产生耐 SCC 的效果。

（5）以合理的热应力来消除残余应力。

3.3 使用阶段

（1）操作中要稳定操作，不能随便改变工况，设备是按既定工况设计的，改变工况就可能造成 SCC 的发生。

（2）优化流程，避免操作压力波动过大、过频以产生疲劳点蚀坑，给应力腐蚀创造条件。

（3）对操作工进行培训，使他们规范操作，提高安全意识。

4　结论

通过失效分析得出结论，苯酚装置的不锈钢换热器产生的裂纹是 Cl^- 导致的应力腐蚀开裂，其中应力来源于设备加工成型过程中所产生的残余内应力，一定浓度的 Cl^- 是因介质中微量 Cl^- 通过沸腾、冷凝等方式在某些局部浓缩富集所致，此外介质的工作温度正是导致材料发生应力腐蚀开裂的敏感温度区，从而导致了应力腐蚀失效。

解决 SCC 通行的也是最有效的方法就是提高材质，但是我们也应该看到材料与介质的敏化组合很多，再加上一些不确定因素的影响，防治 SCC 的产生还应该以预防为主，可通过改进工艺流程避免腐蚀环境的产生，优化设备结构设计，避免设备制造过程中残余应力的产生及设备使用过程中有害离子的积聚等方式从根本上来解决 SCC 的产生。

（中国石化燕山分公司化学品事业部机械动力部　曹业华，耿世勇，戴典）

20. 16MnR+321 复合钢板换热器焊接质量控制

不锈钢复合钢板一般是由较薄的不锈钢板作复层，而较厚的珠光体钢板作基层，由这两种材料经轧制或爆炸复合而成为双金属板，它实现了这两种金属材料的冶金性结合。由于不锈钢复合钢板既具有不锈钢板对介质的耐蚀性、耐磨性、抗磁性，又具有碳钢或低合金钢的高强度和低成本，使它们各自的优点得到了充分的利用，成为不少特殊领域里不可替代的金属材料，不锈钢复合钢板可以代替纯不锈钢板使用，节省设备制造成本(降低40%~60%)。因此在石油、化工、医药及食品等行业制作反应釜、储罐及各类容器得到越来越广泛的应用。

不锈钢复合钢板换热器的焊接主要包括管箱、壳体复合钢板的焊接，管板、法兰的堆焊，不锈钢接管与复合钢板壳体的焊接，管板与换热管的焊接等方面。本文通过 2007 年中国石油化工股份有限公司广州分公司常减压蒸馏装置原油-减三线油换热器的制造实例，阐述了该类奥氏体不锈钢复合钢板容器的焊接特点和采取的工艺措施，对管箱、壳体复合钢板的焊接，管板堆焊、复合钢板管箱焊后消应力热处理的质量控制进行分析总结。

原油-减三线油换热器技术参数见表 1。

表 1　技术参数

参数名称	壳　程	管　程
工作压力/MPa	1.4	2.2
工作温度/℃	250	164
设计压力/MPa	1.94	2.42
设计温度/℃	270	184
介质	减三线油	原油
主要受压元件材质	16MnR+321	16MnR+321 管板 16MnⅡ 堆焊 0Cr18Ni10Ti
材料规格/mm	壳体、 外头盖 12+3	管箱 20+3; 管板 89+4
热处理		管箱
焊接接头系数	0.85	0.85
换热面积/m^2	122.7	
换热器型号	BES700-2.42/1.94-120-6/25-2	

1　焊接性分析

母材 16MnR+321 复合钢板，属奥氏体复合钢板，按 JB 4733—1996《压力容器用爆炸不锈钢复合钢板》B1 级正火状态交货，复合钢板的化学成分和力学性能见表 2。

表 2 复合钢板基层、复层材料的化学成分和力学性能

材质	化学成分/%									力学性能	
	C	Mn	Si	P	S	Ni	Cr	Ti	N	R_m/MPa	A/%
16MnR	0.17	1.32	0.27	0.014	0.007					550	27.5
321	0.04	1.31	0.42	0.027	0.002	9.1	17.4	0.39	0.013	602	57.0

从表 2 看出，不锈钢复合钢板的基层和复层在化学成分和性能等方面有较大的差异，而且其所使用的焊接材料也同样存在较大的差异，因此稀释作用强烈，使得焊缝中奥氏体形成元素减少，含碳量增多，增大结晶裂纹的倾向，焊接熔合区则可能出现马氏体组织而硬度、脆性增加，同时由于基层与复层的含 Cr 量差别较大，促使 C 向复层迁移扩散，而在其交界处焊缝金属区域形成增碳层和脱碳层，加剧熔合区的脆化或另一侧热影响区的软化。为有效地防止稀释和碳过移问题，在基层和复层之间加一“隔离层”即过渡层。过渡层材料选择的是否正确，工艺是否得当，直接影响着焊接工作的成败。因此可以说复合钢板容器制造的关键是焊接问题，而焊接工作的关键又是过渡层的焊接。

换热器管板采用在 16Mn 锻件上堆焊 0C18Ni10Ti 作为耐蚀层，管板厚度 89mm，堆焊厚度为 4mm。

管板堆焊奥氏体材料与上述奥氏体不锈钢复合钢板焊接的过程相似，因此一般选择先在母材上堆焊一层过渡层，该过渡层金属应存在一定数量的铁素体，使在与母材交界的熔合区达到满意的韧性，从而确保焊缝金属有较高的抗裂性能和较好的耐蚀性。

2 管箱、壳体复合钢板焊接工艺评定

试件选用复合钢板 16MnR+321，厚度 16mm+3mm，按产品要求分别制作非热处理试件 H01 和热处理试件 H02。

2.1 焊接方法选择

工艺评定选用与实际产品相同的焊接方法。

由于换热器直径较小，为 *DN*700mm，焊接方法选用如下：

（1）壳体 A、B 类焊接接头基层、过渡层、复层均采用手工电弧焊，对应试件号 H01。

（2）管箱 A、B 类焊接接头基层、过渡层、复层均采用手工电弧焊，对应试件号 H02。

2.2 焊缝坡口形式选择

坡口选择原则上以熔合比越小越好，以尽量减少焊缝金属的化学成分和性能的波动。

由于热加工的影响会引起相析出和晶粒长大等组织的变化，这些将会降低材料的耐蚀性，因此坡口的加工尽量采用机械加工。若采用等离子切割时，复层应朝上（见图 1），切割后用机械方法去除端面及热影响区的缺陷。

1）坡口开在基层侧

坡口开在基层侧，减少了过渡层和复层的焊接工作量以及不锈钢焊条的消耗，但是在容器内部清根，易对复层金属造成渗碳层

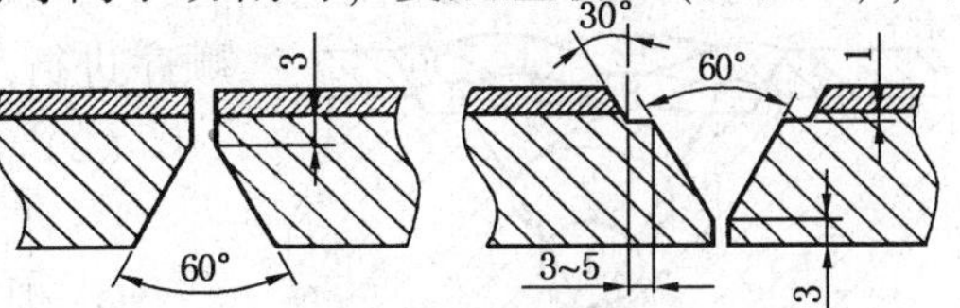

图 1 坡口形式示意

和飞溅落在复层表面留下腐蚀隐患，同时容器内部工作环境较外部恶劣，碳弧气刨容易给操作者造成危害。

2）坡口开在复层侧

坡口开在复层侧，加大了过渡层和复层的焊接量和不锈钢焊条的消耗，但是在容器外面清根的方式更容易受到操作者的欢迎。同时预先去除部分复层材料使基层与复层完全分开的做法，避免在焊基层时可能会熔掉复层材料的弊端，从结构上来保证焊接质量。

2.3 焊接材料的选用

（1）基层 16MnR 之间采用手工焊，选用结 507 焊条；

（2）过渡层的焊接选用 25%Cr-13%Ni 型焊条，以保证能补充基层对复层造成的稀释，为同时更好地保证焊接接头的防晶间腐蚀的要求，选用低碳的 A062。

（3）复层选用的焊接材料应保证熔敷金属的主要合金元素含量不低于复层母材标准规定的下限值，对于有防晶间腐蚀要求的，还应有一定含量的 Nb、Ti 等稳定化元素或是超低碳焊材。本设备复层 321 之间采用手工焊，选用与之化学成分相近的 A132。

焊材的化学成分和力学性能见表 3、表 4、表 5。

表 3　J507（ϕ4.0mm）焊条的化学成分和力学性能

化学成分/%									力学性能	
C	Mn	Si	P	S	Ni	Cr	Mo	V	R_m/MPa	A/%
0.067	1.04	0.36	0.021	0.013	0.020	0.074	0.005	0.012	550	30

表 4　A062（ϕ3.2mm）焊条的化学成分和力学性能

化学成分/%									力学性能	
C	Mn	Si	P	S	Cu	Ni	Cr	Mo	R_m/MPa	A/%
0.035	1.37	0.80	0.019	0.004	0.089	13.02	24.13	0.09	595	40

表 5　A132（ϕ3.2mm）焊条的化学成分和力学性能

化学成分/%										力学性能	
C	Mn	Si	S	P	Cr	Ni	Mo	Cu	Nb	R_m/MPa	A/%
0.051	1.12	0.65	0.007	0.02	19.98	9.50	0.28	0.26	0.51	590	36.1

2.4 焊工资格

焊接过渡层和复层的焊工应具有堆焊的资格。

2.5 工艺措施

（1）焊接顺序如图 2 所示。焊接时，按照先焊基层，再焊过渡层，最后焊复层焊缝的顺序进行。

图 2　焊接顺序示意

（2）工艺参数见表 6。

（3）工艺措施：

① 焊条焊前须按规定进行烘干处理；

② 过渡层、复层焊接均宜采用反极性、直线运条和

多层多道焊；

③ 过渡层、复层焊接均宜采用小电流、快速焊。

表6　工艺参数

焊接部位	焊接方法	焊材规格/mm	焊接电流/A	焊接电压/V
基层	SMAW	J507 ϕ4.0	160~170	24~26
过渡层	SMAW	A062 ϕ3.2	80~100	21~23
复层	SMAW	A132 ϕ3.2	80~100	21~23

2.6　焊缝检验

试件复层焊缝表面经100%渗透检测，按JB/T 4730—2005　Ⅰ级合格。

试件焊接接头进行100%X射线检测：

试件H02三张片全部评定为Ⅱ级片；

试件H01两张Ⅰ级片，一张Ⅱ级片。

2.7　焊后热处理

由于管箱制造完成后，需进行620℃左右的整体热处理，以消除焊接残余应力，在此热处理规范下能否保证复层321材料的耐蚀性能要求是必须关注的问题。在后面的对试件H02的试验证明，在制定合理的焊接工艺的条件下，所得接头的耐蚀性能非常优良，按GB 4334.5进行的腐蚀试验结果显示耐蚀性能达到标准要求。试件H02进行焊后热处理，热处理曲线见图3。

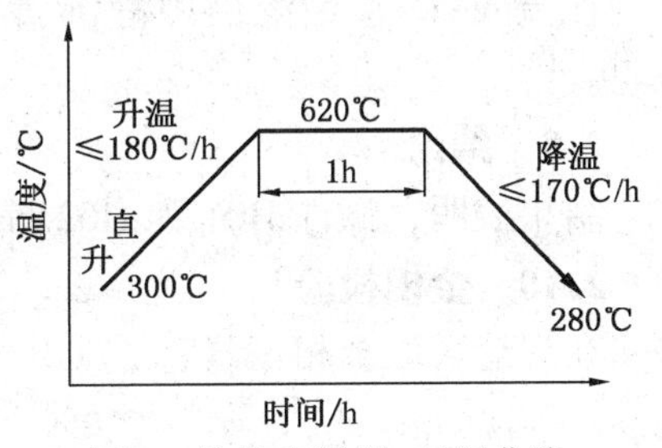

图3　热处理温度-时间曲线

2.8　焊接工艺评定

按JB/T 4708—2000进行焊接工艺评定。

1）试件H01力学性能试验

在试件上截取试样进行力学性能试验。

按GB/T 228、GB/T 232、GB/T 229的规定进行拉伸、弯曲、冲击试验，结果如下：

抗拉强度 R_m=545、540MPa。

弯曲试验：180°侧弯曲4件，两件无裂纹，两件有裂纹，最大处为1.6mm。

冲击功：见表7。

表7　冲击试验结果

缺口位置	常温 A_{KV}/J	平均 A_{KV}/J	缺口位置	常温 A_{KV}/J	平均 A_{KV}/J
焊缝中心	170，148，144	154	热影响区	170，178，172	173

试件H01力学性能评定为合格

2）试件H02力学性能试验

在试件上截取试样进行力学性能试验。

按GB/T 228、GB/T 232、GB/T 229的规定进行拉伸、弯曲、冲击试验，结果如下：

抗拉强度 R_m=520、530MPa。

弯曲试验：180°侧弯曲4件，3件无裂纹，1件有裂纹，为0.4mm。

冲击功：见表8。

表8 冲击试验结果

缺口位置	常温 A_{KV}/J	平均 A_{KV}/J	缺口位置	常温 A_{KV}/J	平均 A_{KV}/J
焊缝中心	104，110，114	109	热影响区	216，175，192	194

按 GB/T 4340.1，试件 H02 硬度测试结果见表9。

表9 H02 硬度试验结果

焊缝(HV)	热影响区(HV)	母材(HV)
168，170，170	163，162，163	136，140，138

试件 H02 力学性能评定为合格。

3）晶间腐蚀试验

根据 GB 4334.5—2000《不锈钢硫酸-硫酸铜腐蚀试验方法》，试件 H01 和 H02 切取试样分别在硫酸-硫酸铜溶液中静沸腾 16h 后取出，经 180°面弯均无裂纹，未发现晶间腐蚀现象。

2.9 结论

结果表明，试件 H01 和 H02 焊接接头的力学性能和耐蚀性能均达到标准要求。

2.10 金相检验

在焊缝区取金相试样，按 GB/T 13298—91 标准在 Leitz MM6 显微镜下进行显微组织观察。

试件 H01 的焊缝区金相组织如图4所示。焊缝区由奥氏体+β 铁素体组成，组织均匀。经铁素体测定仪测定，铁素体含量为 6.2%~7.6%，满足组织韧性要求。

试件 H02 的焊缝区金相组织如图5所示。焊缝区由奥氏体+β 铁素体组成，组织均匀。经铁素体测定仪测定，铁素体含量为 5.2%~7.0%，满足组织韧性要求。

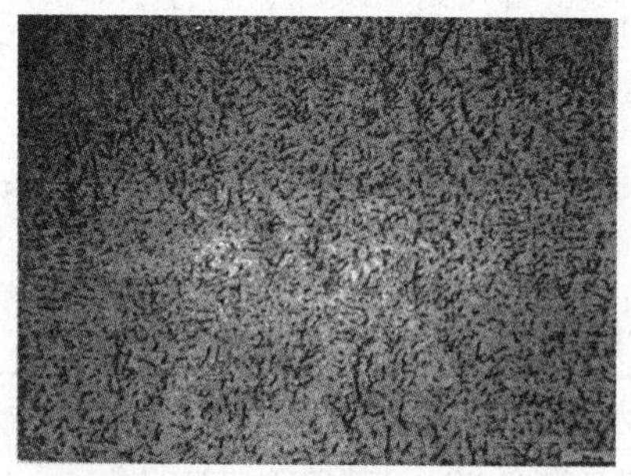

图4 H01 焊缝区金相组织

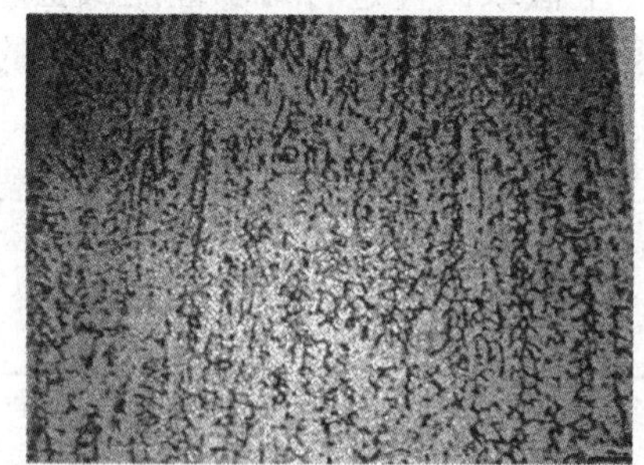

图5 H02 焊缝区金相组织

3 管板堆焊焊接工艺试验

试件采用 δ 为 25mm 的 16MnR 钢板，在钢板上堆焊宽度 38mm，总厚度 4mm 焊层。

3.1 焊接方法选择

由于受设备资源的限制，仅可以选择手工电弧焊或单丝埋弧堆焊，尽管单丝埋弧堆焊劳动条件好，效率高，但是单丝埋弧堆焊稀释率很高，而且热输入量大，合金元素烧损严重，特别是盖面层的 Ti 元素，在试验中发现采用这一方法盖面层 Ti 几乎全部烧损，鉴于管板直径较小，工作量不大，采用了手工电弧焊的方法进行堆焊。

3.2　焊接材料选用

遵循与复合钢板焊接相同的原则，过渡层采用 A062，盖面层用 A132。

3.3　工艺参数

工艺参数见表 10。

表 10　堆焊工艺参数

焊接部位	焊接方法	焊材规格/mm	焊接电流/A	焊接电压/V	预热温度/℃	层间温度/ ℃
过渡层	SMAW	A062 ϕ4.0	140~145	23~26	150	
盖面层	SMAW	A132 ϕ4.0	130~135	22~25		≤100

3.4　工艺措施

（1）堆焊前对母材预热 150℃以上，层间温度控制在不大于 100℃；

（2）过渡层焊接时，采用小的热输入，以减小母材熔深，避免稀释率过高；

（3）堆焊盖面层时，仍应采用小的热输入；

（4）焊条焊前须经 150℃烘干 1h。

3.5　焊接工艺评定

按 JB 4708—2000 进行焊接工艺评定。

试件堆焊层经 100%PT，未发现超标缺陷，按 JB/T 4730—2005 评定为Ⅰ级。

1）化学成分分析

试件堆焊层进行化学成分分析，结果见表 11。

表 11　试验堆焊层化学成分（质量分数）　　%

C	Si	Mn	P	S	Cr	Ni	Mo	Nb
0.049	0.75	1.46	0.029	0.026	19.98	9.91	0.18	0.40

从表 11 可以看出，试样堆焊层的化学成分符合标准对 A132 的规定。

2）力学性能试验

按 GB/T 232 进行弯曲试验，试样 4 件，进行 180°侧弯试验，两件无裂纹，两件有裂纹，最大处为 1.4mm，按标准评定为合格。

3）金相检验

在试样堆焊盖面层取金相试样，按 GB/T 13298—91 标准在 Leitz MM6 显微镜下进行显微组织观察，金相组织如图 6 所示。焊缝区由奥氏体+β 铁素体组成，组织均匀。

图 6　盖面层金相组织

4）铁素体含量测定

按 GB/T 1954—80 对堆焊层进行铁素体含量测定，为 5.5%~7.0%，评定为合格。

5）晶间腐蚀试验

根据 GB 4334.5—2000《不锈钢硫酸-硫酸铜腐蚀试验方法》，切取试样在硫酸-硫酸铜溶液中静沸腾 16h 后取出，经 180°面弯均无裂纹，未发现晶间腐蚀现象。

3.6 结论

结果表明，堆焊层的力学性能和耐蚀性能均达到标准要求。

4 产品焊接中的应用

4.1 焊件定位焊

组对时应以复层为基准对齐，错边量为不大于 1.5mm，不允许采用打磨复层金属的方法来减小错边量。定位焊一定要焊在基层金属上，不允许用不锈钢焊条在基层上定位焊，更不能在不锈钢上用低合金钢焊条焊接。

4.2 焊前清理

焊前应清理焊接区域及其周围 20mm 范围内的水、油、锈及渣等污物。

4.3 焊接实施和注意事项

（1）焊接时，严格按评定合格的焊接工艺进行；

（2）焊接基层时不得熔化复层，复层金属熔入基层焊缝会产生焊接裂纹；

（3）基层钢板侧尽量选用抗裂性能较强的碱性焊条；

（4）合理选择过渡层的焊接材料，过渡层的填充金属必须能允许基层的稀释；

（5）为减少基层对过渡层的稀释，过渡层焊接应尽量选用小直径焊条，采用小电流、快速焊；

（6）过渡层的焊接采用反极性、直线运条和多道焊；

（7）过渡层的熔焊金属在基层处的厚度宜为 1.5~2.5mm，在复层处的厚度为 0.5~1.5mm。

（8）为防止重复加热使焊缝的抗蚀性能降低，复层焊缝应在最后焊接；

（9）复层的焊接应采用多道焊，层间温度控制在 60℃以下；

（10）壳体复层焊缝表面应磨平，余高控制在 0.5mm 以下；

（11）合理制定"T"形焊接接头处基层与过渡层焊缝焊接程序，即为避免纵缝端部的过渡层焊缝熔入环向基层焊缝中，要求纵缝两端部附近的过渡层和复层焊缝，必须在环向基层焊缝焊完后再焊接；

（12）管板堆焊前的预热采用电加热，管板应受热均匀；

（13）管板过渡层堆焊时要在保证熔合良好的前提下，尽量减少基层金属的熔入量，即减少熔合比；

（14）不锈钢接管与复合钢板壳体的焊接，应先用过渡层焊材 A062 填满坡口，最后用 A132 进行复层焊接。

4.4 检验

（1）A、B 类焊接接头进行 20%X 射线检测，按 JB/T 4730—2005 Ⅲ级合格。

（2）A、B 类焊接接头在焊完基层焊缝后，进行 100%磁粉检测，合格后方可施焊过渡层。

（3）所有复合钢板焊接接头的复层表面应进行 100%渗透检测，按 JB/T 4730—2005 Ⅰ级合格。

（4）管板堆焊前进行 100%磁粉检测，堆焊完机加工后钻孔前进行 100%渗透检测，按

JB/T 4730—2005 Ⅰ级合格。

（5）管板堆焊层进行化学成分测定，结果如表 12 所示。从表 12 可以看出，产品堆焊层的化学成分符合标准对 A132 的规定。对管板表面取 5 点进行铁素体含量测定，结果为 5.2%~6.6%。

表 12　产品堆焊层的化学成分(质量分数)　%

C	Si	Mn	P	S	Cr	Ni	Mo	Nb
0.055	0.18	2.01	0.022	0.005	19.94	9.27	0.18	0.34

（6）设备制造完毕后，按设计要求进行管、壳程的水压试验。

（7）设备试压用水的氯离子浓度测试，不大于 25 mg/L 为合格。

5　效果

设备交付使用一年有余，运行良好。实践证明，焊接工艺得当，焊后质量优良，保证了产品在特定环境中的安全使用。

6　总结

不锈钢复合钢板因其兼有不锈钢和碳钢、低合金钢等的性能而具有特殊的价值，得到越来越广泛的应用，奥氏体不锈钢复合钢板除本篇中的材料外，还有复层材质为 304(或 304 L)、316(或 316L)等，在实际的应用中，应根据不同的材料和特定的环境选取合适的焊接材料。

在石化行业中，不仅奥氏体不锈钢复合钢板应用广泛，铁素体-马氏体不锈钢复合钢板也更多地被用于制造设备，制造工艺也在不断地优化，以适应新的产品。总地来说，不锈钢复合钢板的焊接，关键是掌握其过渡层的焊接，只有合理地选择材料，配合适当的工艺，才能得到性能优良的焊缝，生产出合格的产品。

（广州石化建筑安装工程有限公司　崔荣荣）

21. 重沸器过热失效的原因分析及建议

大连石化分公司四催化装置工艺编号为 E1306 的解吸塔中段重沸器在 2005 年装置停工检验中，发现壳体局部产生了变形。为了找出其变形的原因，以及确诊能否继续安全使用，对该重沸器进行了现场宏观检查及相应的理化检验。同时，参考兄弟炼厂此方面的情况，分析产生的原因，提出了防范措施。

1　设备自然状况

该设备由洛阳石油化工设计院设计，2002 年 6 月由山东美陵化工设备股份有限公司制造。设计压力：2.45MPa；温度：200℃；材质：16MnR；工作介质：(壳程)解吸塔中段油，(管程)稳定汽油；内径：1500mm；壁厚：16mm；总高：11585mm。

2002 年 10 月由中油六公司安装并投入使用。自投用以来，据车间提供一般工作压力在 1.0~1.5MPa，工作温度在 97~161℃范围；从运行记录及计算机操作记录均未发现有超温情况。

2　现场理化检验及结果

2.1　宏观检查

2005 年装置停工检修时，对该重沸器进行定期检验，当打开外保温时，发现外表面局部有褐色的氧化皮，并伴有较明显的变形。其外观如图 1、图 2 所示。

图 1　换热器过热处外观图一

图 2　换热器过热处外观图二

2.2　金相分析

为了搞清楚变形原因及确定是否可以继续使用，经研究决定取其有代表性的三点进行金相分析。取外表面变形部位两处(1#、3#)和远离变形部位一处(2#)进行金相组织分析。

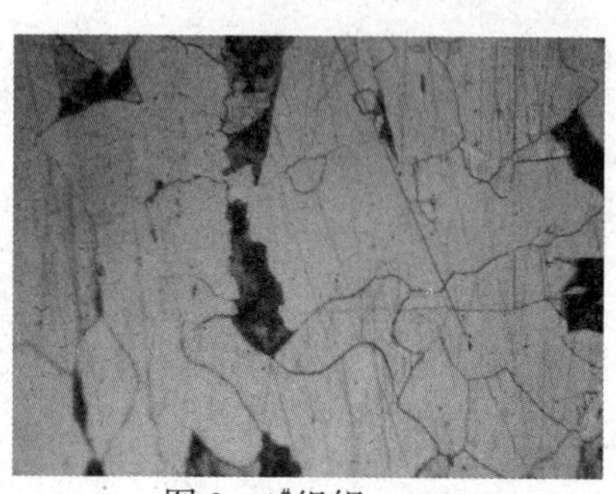
图 3　1#组织　100×

具体组织为：

1#：铁素体+珠光体，晶粒度 2 级，珠光体形态完整，无球化；

2#：铁素体+珠光体，晶粒度 8 级，珠光体形态完整，无球化；

3#：铁素体+珠光体，晶粒度 4 级，珠光体形态完整，无球化。

其微观组织如图 3~图 5 所示。

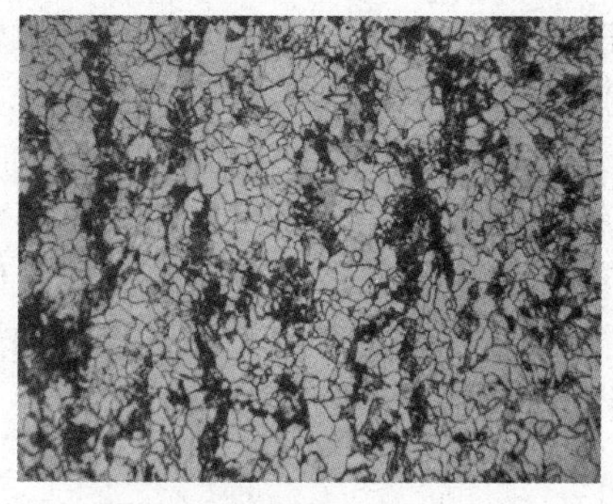

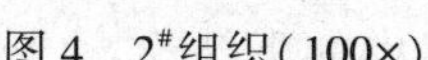

图4　$2^{\#}$组织(100×)　　　图5　$3^{\#}$组织(100×)

金相组织分析结果表明：$1^{\#}$、$2^{\#}$、$3^{\#}$组织都为铁素体和珠光体，珠光体也都没有球化现象，但三者的晶粒度相差很大。远离变形部位处($2^{\#}$)晶粒度(8级)远远高出变形部位。

2.3　硬度检测

为了确定机械性能是否有所改变，进行硬度检测。检测部位仍为对其进行金相分析的三点。

测试结果表明：变形部位的硬度值较其他部位有一定的降低，而且晶粒度越大的降低就越多。检测结果见表1。

表1　硬度检测结果(由HLD换算成HB)

检验部位	$1^{\#}$	$2^{\#}$	$3^{\#}$
硬度值/HB	111	126	117

3　结果分析

3.1　组织变化

从金相分析结果来看，变形处与远离变形处组织的晶粒度差别非常大，表明变形处已经历过一个奥氏体化以上较高温度的热循环过程。即变形处曾经局部受热，其温度大大高于奥氏体化温度，致使奥氏体晶粒长大；同时机械性能显著降低，在重沸器内部压力的作用下，超温处产生变形。在其后的冷却过程中，由于重沸器的外部有保温层，冷却比较缓慢，最终形成铁素体+珠光体的平衡组织。因粗大奥氏体晶粒的影响，铁素体的晶粒度也变得十分粗大，形成典型的过热组织。

3.2　力学性能变化

从硬度检测结果(表1)来看，变形部位的硬度值较远离变形部位有一定的降低。由于硬度与强度有一定的对应关系，其强度也有一定幅度的下降；同时随着晶粒度的增大，材料的塑性和韧性特别是冲击韧性将有显著的降低。

4　过热原因分析

从运行记录、计算机操作记录及车间反应来看，该设备自投用以来均未出现超温情况。哪来的热量促使设备过热变形如此？

通过分析及了解兄弟炼厂，初步判断为设备内硫化亚铁自燃所致。

硫化亚铁自燃——铁的硫化物极易自燃。含硫容器中的硫化氢等活性硫能与容器内壁裸露的金属表面反应生成硫化亚铁而附着在容器内壁上。活性硫对金属具有较高的腐蚀活性，它们主要分布在沸点低于240℃的轻质馏分中。一段时间后，其内防护层被硫化成一层较厚的、柔性很强的胶质膜，对硫化亚铁堆积层起保护作用。

一般情况下硫化亚铁自燃的可能性很小，但当含硫容器在检修期间，有大量的空气进入容器内，已形成的硫化亚铁就会与氧气硫化亚铁发生强氧化还原反应而放热。由于胶质膜对硫化亚铁堆积层的包覆作用，使热量不能及时散发，虽然采用常规蒸汽吹扫但无法短时带走如此大的热量且很难彻底清除硫化亚铁，导致硫化亚铁温度升高引起自燃。轻者造成设备过热、过烧、损坏，严重的将引发火灾和爆炸事故。

5 结论及建议

通过宏观检查及金相分析、硬度测试，对该重沸器得出如下结论：

(1) 变形处的金相组织已发生了明显的变化，属过热组织。

(2) 变形处力学性能也有一定幅度降低。

(3) 该重沸器除非经过形变处理和重新热处理，否则不能使用。

对此给出以下建议：

随着公司炼制高含硫原料比例的大幅提高，设备腐蚀问题也会越来越严重地暴露出来，尤其在常减压蒸馏、催化裂化、加氢精制、气分、脱硫等装置都会产生大量的硫化亚铁，硫化亚铁容易黏附在设备和管道上。因而，在这些装置停工检修时，对一些可能会产生硫化亚铁自燃问题的设备，打开前一定要采取一些降温、消除硫化亚铁的措施，如可适当添加硫化亚铁钝化清洗剂，在较短时间内使硫化亚铁完全钝化，同时还可达到清除铁垢的目的。

（中国石油大连石化分公司　汤建美）

22. 常减压装置换热器壳体大法兰与壳体异种钢焊接焊缝横向裂纹分析

金陵石化公司一联合车间Ⅲ套常减压装置原油-常三线换热器E21/2壳体大法兰与壳体焊缝出现横向裂纹。经着色探伤，裂纹出现在焊缝的熔合线处(见图1)。现对裂纹出现的原因进行分析。

图1　E21/2壳体大法兰与壳体焊缝裂纹的外观形貌

E21/2换热器的主要参数如下：

制造日期：1998年7月；

制造单位：无锡换热器厂；

直径：800mm；

厚度：10mm；

温度：管程193℃，壳程202℃；

压力：管程1.6MPa，壳程1.72MPa；

壳体材质：18-8(壳体法兰为16Mn，内侧由18-8堆焊而成)；

介质：管程为原油，壳程为减三线渣油。

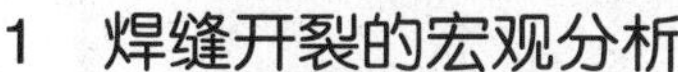

1　焊缝开裂的宏观分析

1.1　宏观形貌的观察

经检测壳体的尺寸为$\phi 800\times 10$mm，法兰侧厚度为10mm，外侧焊缝宽度为10mm。壳体内侧的宏观形貌如图2所示，局部放大形貌如图3所示，中间有一亮带为焊缝，从内侧来看，焊缝宽度为40mm，仍光泽如初，焊缝下部为16Mn，其交界处则有凹陷线。

图2　壳体与法兰的焊接处宏观形貌

图3　图2的局部放大形貌

1.2　化学成分的测定

取E21/2壳体与法兰连接处样品，分析焊缝两边的化学成分，检测结果如表1所示。

检测结果表明，E21/2壳体为不锈钢，Cr含量为12.07%，Ni含量为6.30%。同18-8标准要求的Cr含量18.00%~20.00%，Ni含量8.00%~10.50%相比，焊缝附近壳体不锈钢成分中Cr、Ni均有较大的偏差，其Cr、Ni含量仅为标准下限的2/3。而法兰为16Mn材料，但Mn含量也低于国标GB 1591—88中16Mn要求的下限。故与标准相比，壳体与法兰材质中的主要合金元素偏低。

表1 E21/2壳体与法兰化学成分分析结果

	C	Si	Mn	P	S	Cr	Ni	Mo	Cu	Ti
壳体侧	0.07	0.70	1.43	0.022	0.008	12.07	6.30	0.05	0.07	0.01
法兰侧	0.16	0.41	1.52	0.019	0.009	0.03	0.02		0.03	
GB 1221—84 0Cr18Ni9	≤0.08	≤1.00	≤2.00	≤0.035	≤0.030	18.00~20.00	8.00~10.50			
GB 1591—88 16Mn	0.12~0.20	0.20~0.55	1.20~1.60	≤0.045	≤0.045					

1.3 硬度检测结果

对壳体与法兰进行宏观硬度测定，其结果如下：

壳体：199，199，195，平均 $HV_5$198；

法兰边：210，206，210，平均 $HV_5$209；

0Cr18Ni9 经固溶处理后 σ_b 大于 520MPa，而 16Mn 在正火状态下的硬度为 HB169。

2 壳体法兰焊缝处裂纹检测

送来试样经过着色探伤检验，沿着着色探伤痕迹解剖试样，如图 4 所示。但这样进行解剖后仅在一个小试样的内壁发现了一条黑色短线条(见图 5)，为确定其是裂纹，又重新研磨，结果该黑色线条消失。

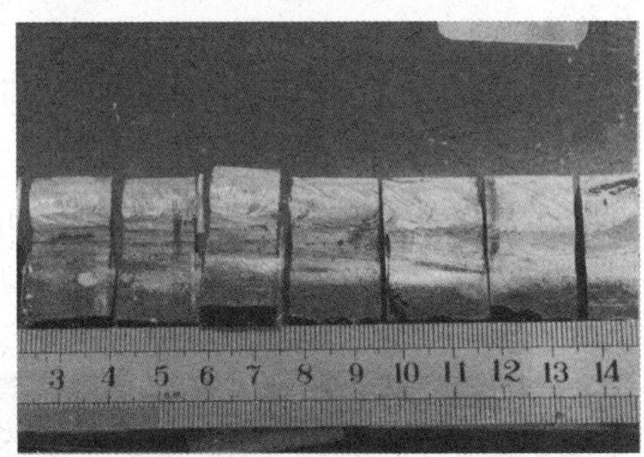

图4 最初的取样解剖情况

图5 在所有解剖样品中仅发现的一条似裂纹的线条

上过程表明壳体法兰焊缝的开裂是极为细小或裂纹是垂直于焊缝的。将焊缝两边磨平，用 20%的热盐酸浸蚀后进行观察(见图 6)。试样经盐酸浸蚀后可看到焊缝处出现一条黑色条带(见图 7)，同时在 16Mn 侧发现裂纹，裂纹数量很多，裂纹互相平行但都很细小(长度小于 2mm)。

图6 壳体法兰焊缝内壁裂纹检测

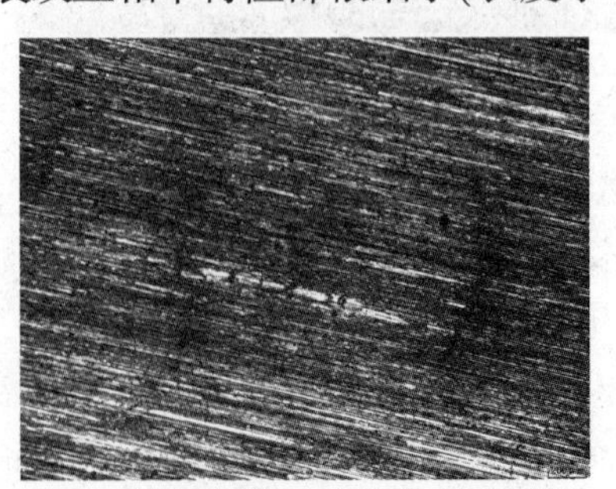

图7 黑色条带区裂纹的放大形貌

取壳体法兰焊缝的横截面，采用苦味酸、盐酸水溶液浸蚀，可看到焊缝的堆焊过程(见图8)，裂纹起源于内壁。

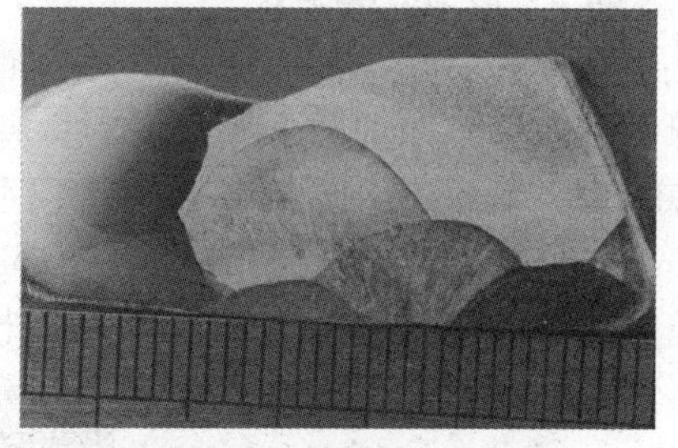

图8　壳体法兰焊缝横截面浸蚀后的宏观形貌

3　壳体法兰焊缝开裂的微观观察分析

3.1　焊缝处组织的观察

由于采取多重焊接，但焊缝的组织特别复杂，图9所示的是不同焊道间的组织，其中有铁素体、上贝氏体、下贝氏体、索氏体等组织。有些焊道内出现柱状晶，有些则没有。说明各焊道的冷却速度是变化的，同时各焊道的化学成分也是变化的。

(a)靠法兰侧

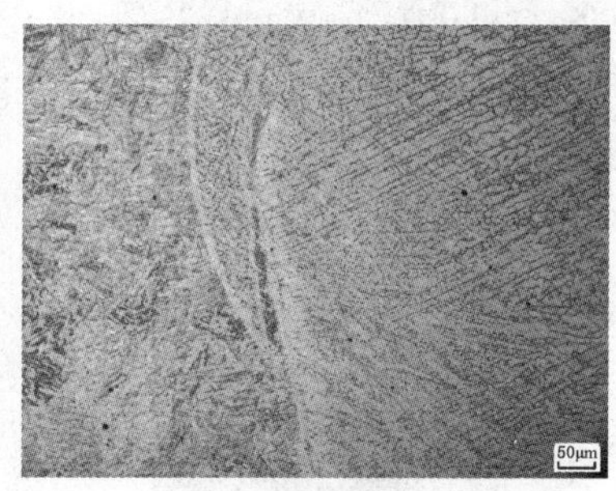

(b) 靠壳体侧

图9　焊缝的低倍组织

由于裂纹出现在壳体内壁最靠近16Mn的焊道内，故对其进行取样分析。

在16Mn侧沿焊道向16Mn基体组织依次为熔合区的典型羽毛状上贝氏体、热影响区的细晶粒铁素体+珠光体+岛状铁素体魏氏组织、母材的珠光体+铁素体呈轧态条状排列。焊道内基本是一次结晶的柱状晶。组织从16Mn侧依次向焊道内为边界铁素体+贝氏体(魏氏组织)、焊道内的针状下贝氏体及与相临焊道交界处的铁素体+奥氏体复合组织。焊道的颜色从16Mn侧开始逐渐变暗至与其他焊道交界处逐渐变亮。这与HCl热溶液宏观浸蚀的形貌相对应。在该道焊缝的颜色最暗处(中间)，发现了大量的回火马氏体组织(见图10)。而一些沿晶裂纹主要集中在这一区域之内。

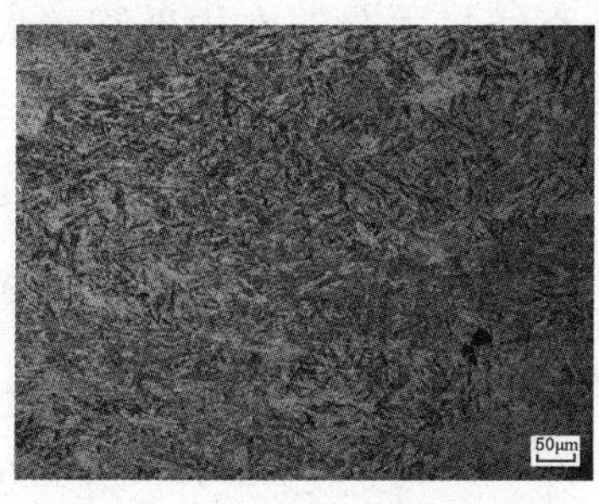

(a) 板条状马氏体

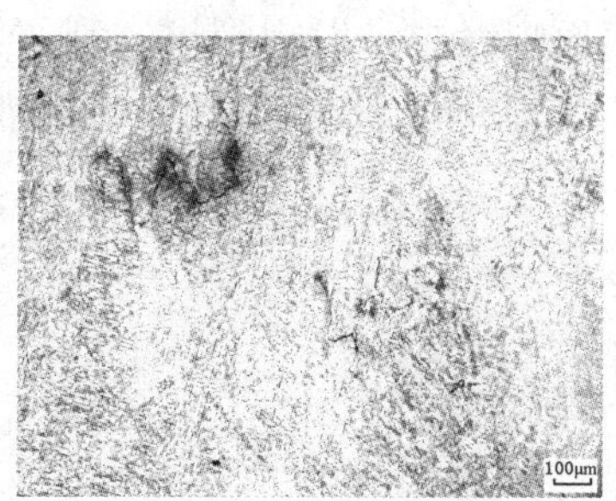

(b) 马氏体区出现的裂纹

图10　靠16Mn侧焊道内的板条马氏体及马氏体区出现的裂纹

3.2 焊缝的缺陷

在制备金相试样时也观察到焊缝的缺陷，其主要有空洞、夹渣与夹杂。图 11 为壳体法兰内壁焊缝亚表面上的空洞，空洞长度达 1.6mm，空洞范围在 2mm 左右。同时在焊缝内部 16Mn 边缘也发现空洞(见图 13)。图 12 所示的是在焊缝靠近外壁处发现的夹渣缺陷，其宽度达 1mm，长度为 10mm。同时在外壁焊缝表面发现熔渣(见图 14)。这些夹渣区域也是微小气孔密集区。焊缝中的夹杂主要是球形氧化物夹杂，细小而分布弥散，为 1 级夹杂(见图 14)。

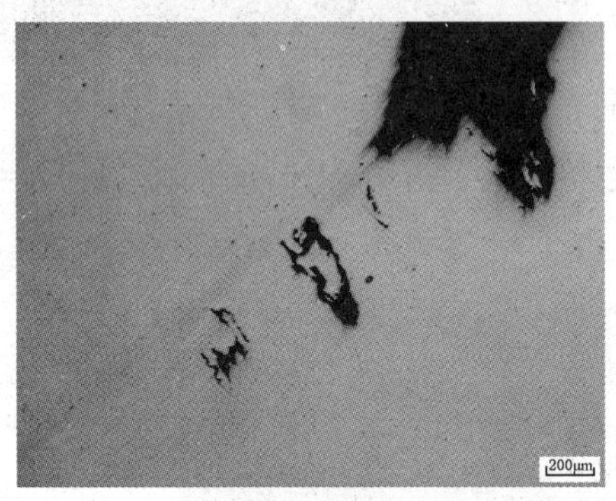

图 11 焊缝中的空洞

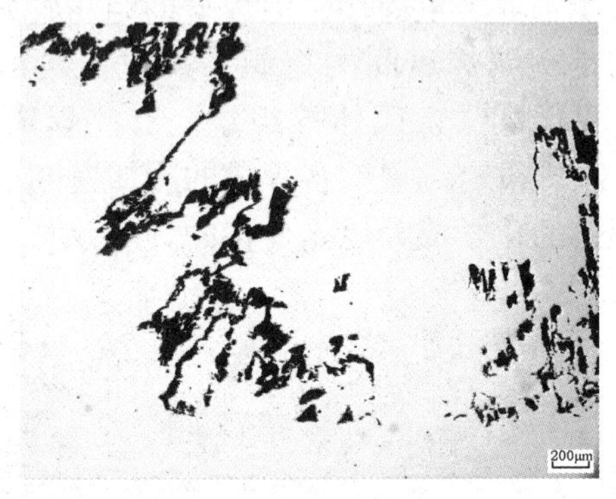

图 12 在外壁焊缝内部发现的夹渣缺陷

图 13 在焊缝内部发现的氧化物夹杂与空洞

图 14 在外壁焊缝表面发现的焊渣缺陷

3.3 裂纹形态的观察

为了观察焊缝中的裂纹形态，对焊板进行三面取样，图 15 为取样示意图。

1) 内壁表面观察

在焊板外壁表面焊缝中未发现裂纹，裂纹沿直线集中分布在内壁焊缝表面，裂纹互相平行，长度为 0.2~0.3mm，从裂纹走向可以判断裂纹为沿晶裂纹(见图 16)。

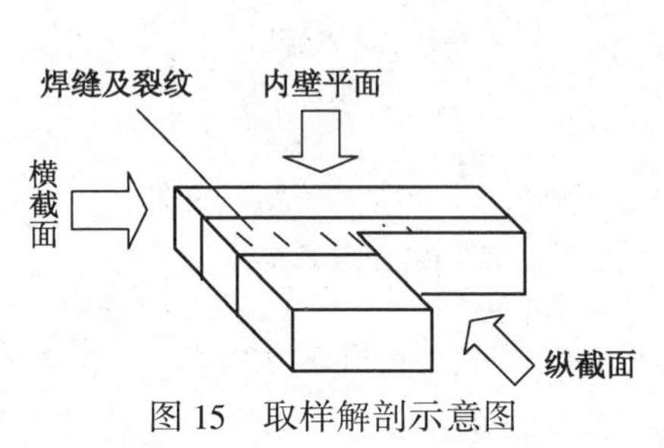

图 15 取样解剖示意图

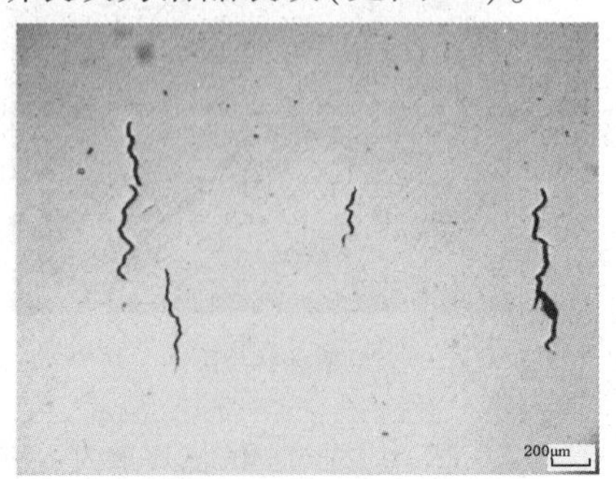

图 16 内壁焊缝表面裂纹形貌

2）横截面观察

从横截面可以看出，裂纹主要集中在内壁焊缝亚表面，裂纹迂回弯曲，沿柱状晶分布，大部分裂纹互相贯通。在焊缝亚表面内裂纹宽度最大，而两端较小。裂纹分叉较少而裂纹尾部尖锐(见图17)。试样经浸蚀后发现在亚表面连贯裂纹下部，有孤立的沿晶小裂纹，裂纹也是沿原奥氏体晶界开裂(见图18)。

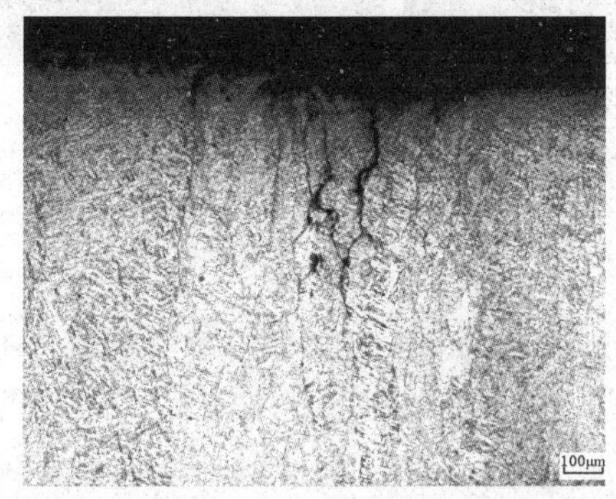

图17 裂纹在横截面上的形貌

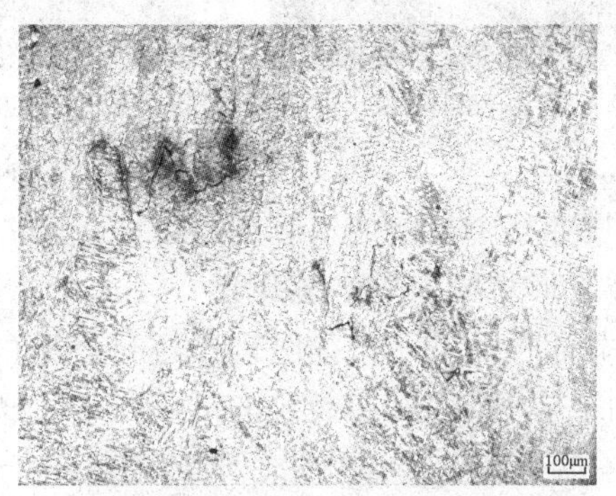

图18 在横截面上出现的孤立裂纹

从以上对内壁焊缝表面及横截面的观察，可以发现焊缝中的裂纹既具有焊接热裂纹的特征，又具有HIC裂纹的形貌，同时裂纹中部变宽，有少量分叉，故也有SCC裂纹是特征。

3）纵截面裂纹形貌观察

沿热盐酸宏观浸蚀样品黑色焊缝表面中线进行解剖，可观察在纵截面上裂纹的形貌及其与组织的关系。

从图19可看出，从下部的16Mn钢板开始，组织依次为16Mn熔合线的上贝组织、焊缝中、铁素体+贝氏体(魏氏组织)、针状贝组织+回火马氏体组织。在焊缝中，越接近表面板条马氏体束越大、越多，而裂纹恰分布在板条马氏体领域内(见图20)。裂纹主要沿原奥氏体晶界分布，但裂纹有少量小段是穿晶的(沿着马氏体板条束扩展或劈断马氏体板条)。值得注意的是被裂纹劈开的马氏体板条两部分从外形轮廓或结构条理都可完全拼接起来。同时裂纹的这些小段处于或接近裂纹最宽处。说明裂纹是在较低的温度下开始的。故可排除裂纹是焊接热裂纹的判断。同时在纵截面上会发现许多“鸡爪”形沿晶裂纹，以及几乎所有裂纹都起源于焊缝内或亚表面(原奥氏体晶界)，裂纹尾部尖锐。所有这些都是HIC裂纹的特征。

同时值得注意的是在观察横接面时，在接近焊板外壁也发现了沿晶形裂纹，说明裂纹

16Mn熔合线上贝氏体

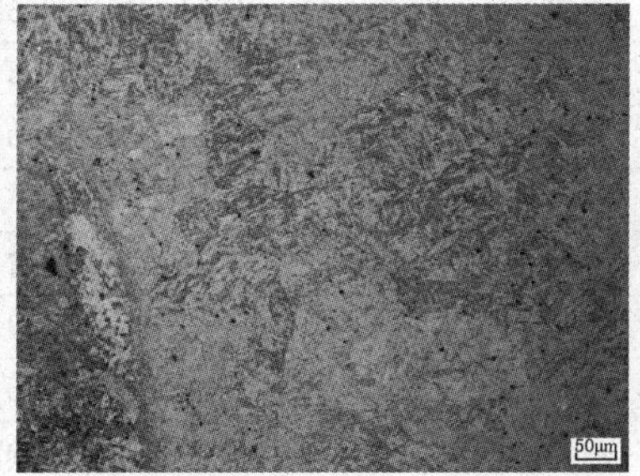

焊缝中出现的回火马氏体

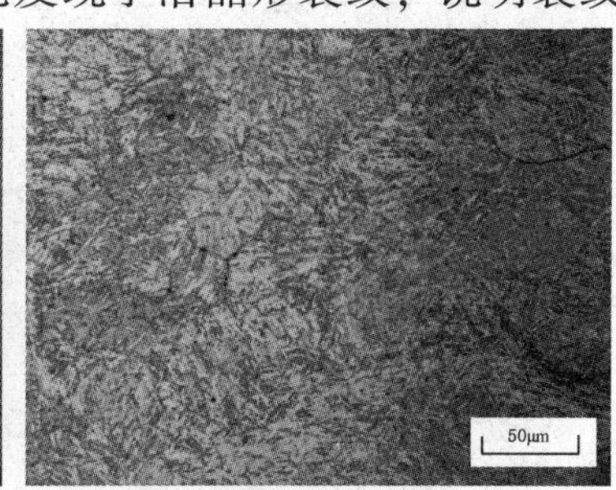

马氏体板条束群

图19 纵截面的显微组织

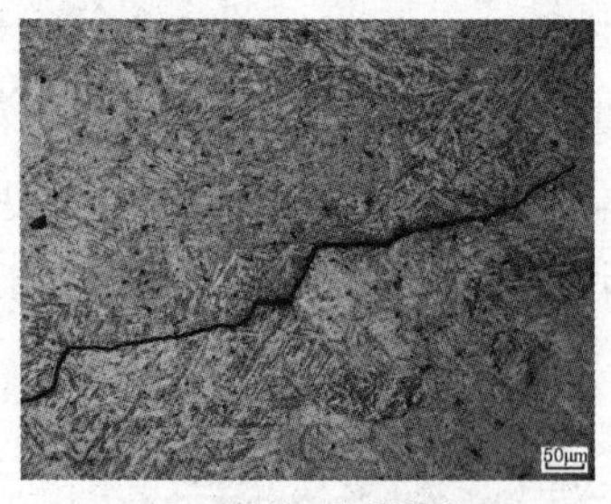

穿晶+沿晶裂纹

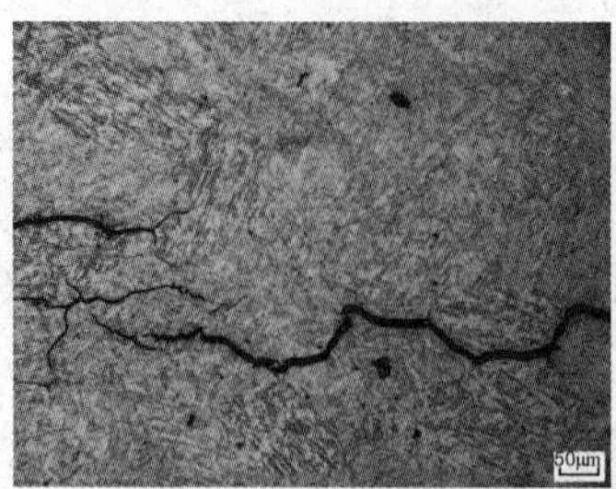

裂纹集中在马氏体领域

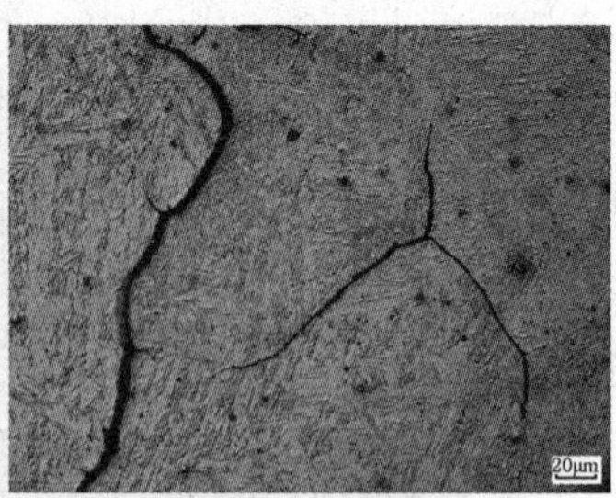

典型裂纹形貌

图20 纵截面裂纹形貌

的深度以贯穿整个板壁的厚度(见图21)。

4）裂纹形貌的扫描电镜观察

将横截面样品置于扫描电镜中进行观察(见图22)，可清楚地看出裂纹起源于焊缝内或焊缝亚表面，可排除最初裂纹的形成是SCC开裂。该处显微硬度达HRc35，为马氏体组织。

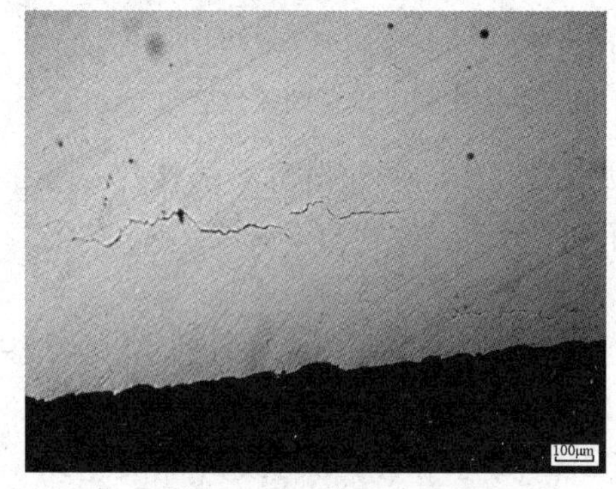

图21 在焊板靠近外壁焊缝横截面上的裂纹

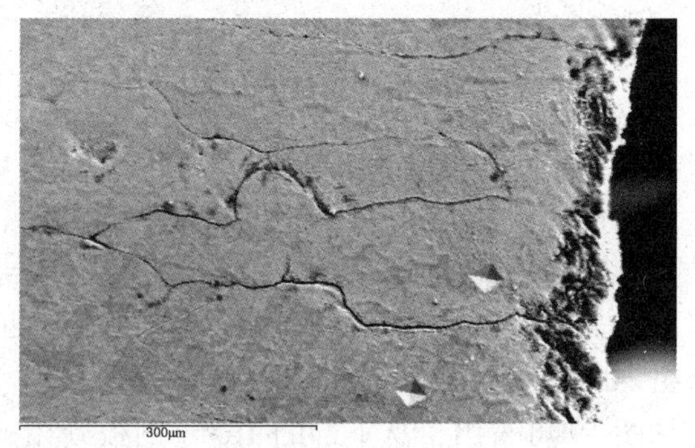

图22 裂纹在扫描电镜中的形貌

5）焊缝区电子探针分析与宏观硬度分布

从原来对壳体(18-8)及法兰(16Mn)的化学成分分析(见表1)可看出，壳体材料的Cr、Ni含量低于18-8国标要求，由于焊接采用多层焊缝。焊缝中的组织形态非常复杂，故对裂纹区焊缝附近利用电子探针进行成分测定，其结果见表2。同时对壳体-法兰试样两端磨平，进行焊板内壁焊缝处的硬度测定，其结果如图23所示。

表2 焊缝裂纹区化学成分的的电子探针能谱测定结果

	C	Cr	Ni	Mn	Fe	Si	S	Cl	O
靠18-8焊道		12.26	8.57	2.19	71.52	0.46			
		17.60	7.93	2.05	71.84	0.58			
		16.84	8.39	2.22	71.69	0.86			
开裂焊道	9.08	11.91	3.69	1.09	65.73	0.73			7.77
	3.02	10.86	5.28	1.21	78.91	0.72			
		11.29	5.73	1.40	80.67	0.89			
靠16Mn焊道		13.56	7.28	1.61	76.49	1.06			
		13.51	7.43	1.56	76.39	1.10			
		13.42	7.10	1.39	76.97	1.12			

续表

	C	Cr	Ni	Mn	Fe	Si	S	Cl	O
焊缝裂纹中		3.47	2.23		23.56	2.83	59.98		14.66
	41.40	8.35	1.64		13.88	2.15	11.08	0.23	18.98
	13.35	11.48	3.36	1.00	48.07	0.64	2.08		20.01
		11.40	6.53	1.55	79.54	0.98			

从测定结果看，焊缝中靠近 18-8 壳体的焊道中 Cr、Ni 的成分含量要高于原壳体母材，但含 Mn 量超出 18-8 标准的不大于 2.00%。在靠法兰侧，Cr、Ni 含量均低于 18-8 国标要求，其中在开裂焊缝中，Cr<12%，Ni<5.5%，应为铁素体或马氏体钢，该处的硬度达 HRc42.3。

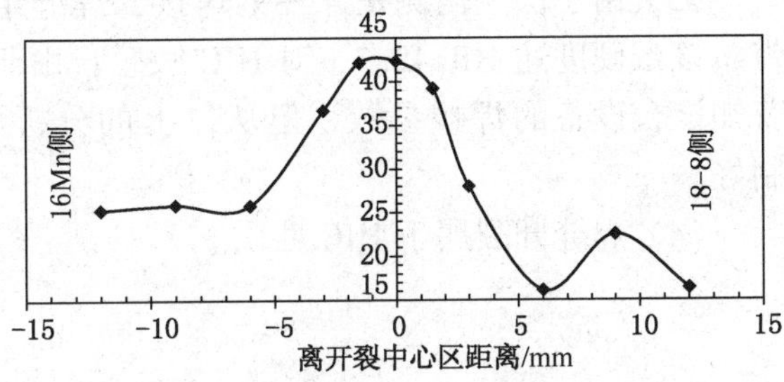

图 23　开裂焊缝处的宏观硬度分布

从焊道裂纹中的电子能谱分析可以看出，如果裂纹穿透焊板内壁，则裂纹中含有较多的 C、S、O，即由于裂纹的毛细效果而壳程介质进入裂纹，但有的裂纹(焊道内部裂纹)中并没有 S、Cl 等腐蚀因子。故可以认为，壳体-法兰裂纹是 HIC 裂纹。

4　讨论

经过对一联合车间Ⅲ套常减压装置原油-减三线热换热器 E21/2 壳体大法兰焊缝的解剖观察，看到开裂是从壳体法兰焊缝内壁开始的。裂纹细小，但多而互相平行，与通常的“发纹”相似，为 HIC 裂纹。裂纹起源于焊缝靠近 16Mn 一侧的焊道中，该焊道经热 HCl 浸蚀后出现黑色条带，经金相组织与硬度检测，为回火马氏体组织，而裂纹分布起源于该马氏体区域中，以沿晶+穿晶方式扩展向焊板内外壁扩展。同其余焊道相比，该焊道有以下特征：

(1) 该区域不是奥氏体组织，而是板条马氏体组织；

(2) 该区域化学成分的 Cr、Ni 含量低于其他焊道，含 Cr 约 10%，Ni 约 5%，同时有较高的 C，所以可形成合金马氏体组织；

(3) 该区域硬度较高，达 HRc42.3，故对 HIC 敏感，所以裂纹起源于该黑色条带内区。

根据 E21/2 换热器的运行工艺可知，壳程介质为减三线渣油，温度为 200℃，不应该发生 HIC，这说明开裂是在停机降温时发生的。

由于焊缝中存在一条高硬度的马氏体带，这条带马氏体在运行时未能得到完全的回火，所以存在较大的马氏体相变残余应力，这从沿焊缝横截面解剖样品时出现的浮凸可以看出(见图 24)。由于马氏体的存在，在有氢的情况下极易发生开裂。

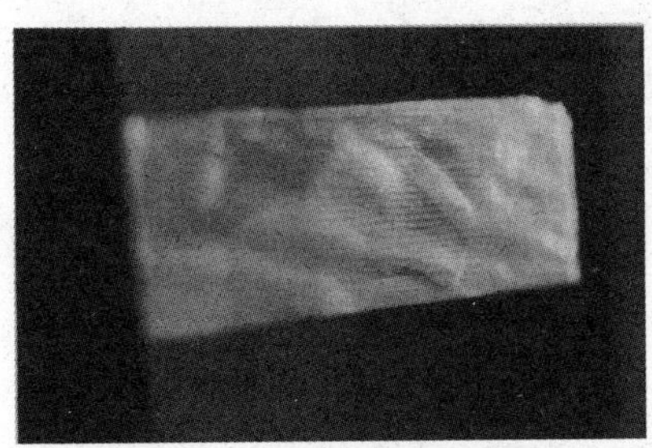

图 24　切割焊板横截面后出现的宏观浮雕

氢的来源可有两处：

(1) 焊接时的氢，在冷却凝固时可在特别区域析出；

(2) 渣油中含有较高的 H_2S，发生下列反应：

$$H_2S = HS^- + H^+$$

$$HS^- = S^{2-} + H^+$$

$$H^+ + e = H$$

在较高的残余应力下促使材料开裂。

5 结论

根据对E21/2壳体大法兰焊缝裂纹的检测、观察与分析，可得出以下结论：

（1）E21/2壳体为18-8奥氏体不锈钢材料，但铬、镍含量低于国标标准要求；

（2）法兰为16Mn板材，符合国标标准要求；

（3）由于法兰内侧是异种钢焊接，焊缝组织、成分复杂，在焊接时形成一黑色马氏体带，该带硬度达HRc42.3，对HIC敏感；由于到制造厂没有查到当时的焊接工艺卡，无法获知该台设备的焊接参数，但从以上的分析可以判断当时的焊接电流和层间温度没有控制好。

（4）焊缝开裂属于HIC性质。

（中国石化金陵分公司　王郁林）

23. 常减压装置初常顶油气换热器的腐蚀分析与对策

设备腐蚀一直是困绕炼油化工企业装置安全生产和长周期运行的一个重要课题。近年来，随着我国炼制高硫、高酸原油的不断增加，装置设备的腐蚀越来越呈加剧的趋势。腐蚀的形态和发生的部位呈现复杂和多样化。这对炼油化工生产装置的防腐管理、防腐措施提出了更高的要求。尤其是一直存在着常压塔塔顶油气换热器严重腐蚀的问题，换热器管束的使用寿命通常不足半年，主要为管束腐蚀泄露，严重影响装置的"安、稳、长"运行。

1　腐蚀情况介绍

1.1　盐腐蚀

常减压装置的初顶、常顶(即所谓"两项顶")系统的腐蚀属于 $HCl-H_2S-H_2O$ 腐蚀，其中 Cl 含量的多少对设备的腐蚀影响最大。同时，氯化镁和氯化钙在加热过程中容易分解成 HCl，而 HCl 溶于水便生成腐蚀很强的盐酸，腐蚀设备。经研究发现 H_2S 的存在对 HCl 的腐蚀有加剧作用。当 H_2S 浓度增高时，这种作用更加明显。据相关资料介绍，盐含量的多少在很大程度上决定了常减压装置设备的腐蚀的速度。

1.2　硫腐蚀

由于常减压装置加工原油含硫量提高，塔系统硫含量急剧上升，造成两顶系统设备腐蚀日趋严重。原油中的含硫化合物很多，但参与腐蚀反应的主要是 H_2S、硫醇、元素硫等活性硫及易分解成 H_2S 的硫化物。硫化物的腐蚀分布在低温部位及高温部位，低温部位以 H_2S 为主，高温部位的腐蚀以硫元素为主。

1.3　酸腐蚀

原油中环烷酸的含量通常占原油中酸性氧化物的90%左右。有资料介绍，原油的酸值(相当于酸度的100倍)>1时腐蚀作用极为严重；原油的酸值达到0.5时就会造成显著的腐蚀；原油的酸值<0.3时不会引起腐蚀。

其次腐蚀机理是塔顶油气中的 SO_3^+ 和 Cl^- 离子在换热器中冷凝形成硫酸对换热管造成腐蚀。

2　操作条件

华北某石化公司500万t/a常减压装置上选用换热器型号及操作条件见表1。

表1　500万t/a常减压装置上选用换热器型号及操作条件

序号	工艺编号	设备名称	型　号	操作条件					
				管　程			壳　程		
				介质	温度/℃	压力/MPa	介质	温度/℃	压力/MPa
1	E-1001/1-2	原油-初顶油气换热器	BES1500-4.0-795-6/19-2b	初顶油气	127/90	0.04	原油	45/71	2.0
2	E-1002/1-2	原油-常顶油气换热器	BES1500-4.0-795-6/19-2b	常顶油气	124/99	0.04	原油	45/71	2.0

3 腐蚀介质数据

3.1 原油电脱盐前后含盐分析

原油电脱盐前后含盐分析情况见表2。

表2 原油电脱盐前后含盐分析情况 mgNaCl/L

时 间	4月12日	4月19日	4月26日	5月3日	5月10日
脱前原油含盐	3.9	4.3	4.5	4.6	4.2
脱后原油含盐	2.0	2.3	1.9	2.1	2.9

控制指标：原油脱后含盐≯3mgNaCl/L。

3.2 原油及关键部位油品总氯分析

原油及关键部位油品总氯分析情况见表3。

表3 原油及关键部位油品总氯分析情况 mg/L

样品名称	3月4日	3月17日	4月7日	4月21日	5月10日
储运原油		—	—	—	—
采油一厂	1.31	1.15	2.98	2.17	1.24
预加氢进料	0.79	1.97	1.97	1.97	1.1
大庆原油		—		—	

3.3 原油及商品渣油总硫分析

原油及商品渣油总硫分析情况见表4。

表4 原油及商品渣油总硫分析情况 mg/kg

时 间	采油一厂	采油二厂	采油三厂
2009年8月19日	0.54	0.152	—
2009年10月13日	0.608	0.146	0.118
2009年10月26日	0.599	—	—
2009年11月10日	0.610	0.144	0.129
2009年12月1日	0.588	0.144	—
2010年1月7日	0.555	0.142	—
2010年2月2日	0.591	0.153	0.116
2010年3月8日	0.601		
2010年3月16日	0.581	0.144	
2010年4月19日	0.572	0.143	
2010年5月10日	0.55		

3.4 通常使用钢管的腐蚀试验及数据分析

腐蚀试验及数据分析分别见图1、图2、图3及表5、表6。

图1 3%HCl腐蚀试验

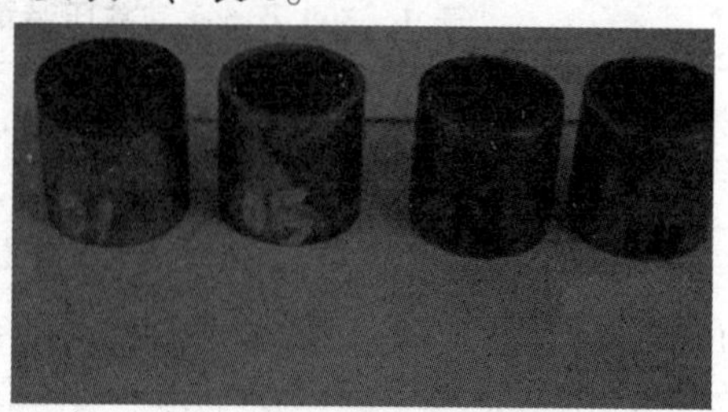

图2 50%H_2SO_4腐蚀试验

表 5　在 HCl、H_2SO_4 水溶液中的腐蚀试验对比　mg/(cm^2·h)

介质、温度、浸泡时间	09Cr2AlMoRE	12Cr2AlMoV	Cr2AlMo	10#钢
3%HCl、80℃、24h	5.17	7.68	12.7	15.4
50%H_2SO_4、70℃、6h	17.0	25.0	37.0	48.5

表 6　H_2S 介质的模拟工况条件的腐蚀试验对比(浸泡时间 144h)

催化系统塔顶油气 H_2S：9.79×10^{-6} 温度：100℃	09Cr2AlMoRE	12Cr2AlMoV	Cr2AlMo	10#钢
腐蚀速率/(10^{-2}mg/cm^2·h)	1.58	2.28	2.42	9.28

图 3　H_2S 模拟工况条件的腐蚀试验

以上试验数据分析可知，从抗腐蚀能力看，09Cr2AlMoRE 与不含稀土的 Cr2AlMo 相比，在 3%HCl、80℃ 和 50% H_2SO_4、70℃ 的对比实验中，09Cr2AlMoRE 分别是不含稀土的 Cr2AlMo 钢的 2.46 倍和 2.18 倍；在 9.8×10^{-4} H_2S、100℃ 的对比实验中，09Cr2AlMoRE 是不含稀土的 Cr2AlMo 钢的 1.53 倍，比 10#钢的耐腐蚀性能提高将近 6 倍，可见其耐腐蚀性能极为显著。

4　腐蚀原因分析

(1) 电脱盐合格率低。由华北某石化分公司 500 万 t/a 常减压装置原油电脱盐数据分析，可以看出电脱盐合格效率较低。这是造成常减压装置严重腐蚀的主要原因之一。

(2) 从原油及关键部位油品总氯分析可以看出，原油中氯总含量波动加大，有时成倍增加，氯含量的不稳定，不宜确定其最佳操作参数，不仅对设备造成腐蚀，而且对设备使用寿命的影响难以估计。

(3) 原油及商品渣油硫含量也呈上升趋势，硫含量的增加无疑加剧了设备的腐蚀。

5　措施

目前防腐手段主要为工艺防腐和材质升级，工艺防腐一定程度上可以减缓介质对设备的腐蚀，但从根本上是解决不了问题的。最根本的措施是对设备进行材质升级，根据加工介质的性质选用合适的耐腐蚀材料。

由于奥氏体不锈钢在盐酸环境下会产生应力腐蚀，因此管束不能采用不锈钢材质，一般采用碳钢和渗铝，但这两种管束最长使用寿命为 3 年，并且其抗腐蚀效果并不显著。

由 09Cr2AlMoRE 钢管的腐蚀试验及数据可以看出，09Cr2AlMoRE 对介质中的 H_2S、

Cl^-、SO_3^+和 Cl^-防腐蚀性强。以往在 300 万 t/a 常压装置上，采用了碳钢和渗铝，这两种管束最长使用 3 年。而且，由于初、常顶换热器一般都布置在框架的顶层平台，安装位置高，检修困难且费用高。

在 2006 年新建的 500 万 t/a 常减压装置上，初、常顶换热器选用 09Cr2AlMoRE 材质，在整个 5 年的运行周期中，运行良好，管束完好。5 年运行后准备更换，鉴于没有太大腐蚀，可继续使用。

针对以上情况，采取的措施为：

（1）对常减压装置上，初、常顶换热设备进行材质升级，选用相应耐腐蚀强度大的 09Cr2AlMoRE 材质。

（2）提高原油电脱盐合格率，从工艺上对腐蚀介质进行抑制。

6 总结

常压塔顶腐蚀是炼油装置普遍存在的问题，特别有效的防护手段不多，工艺防腐蚀可延长设备使用寿命，但要从根本解决腐蚀问题，需要在加强工艺防腐蚀的基础上对管束进行材质升级。09Cr2AlMoRE 稀土钢材质在常减压装置初常顶换热器上的使用中，抗腐蚀效果显著，有效地保证了装置的长周期运行，可以推荐使用。

（中国石油华北石化分公司　宋运通，王鲁荣，董秀丽，杨玉成）

24. 重油催化裂化装置轻柴油换热器腐蚀原因分析及防护措施

重油催化裂化装置的轻柴油换热器 E207，管程走富吸收油(入口温度 225℃，出口温度 176℃)，壳程走轻柴油(入口温度 48℃，出口温度 150℃)。2009 年装置检修时，发现管外壁布满大量褐色腐蚀产物，在高压水清洗后发现管束外腐蚀严重，由轻柴油出口到入口腐蚀逐渐加重，在轻柴油入口侧管束外有大量腐蚀凹坑，部分已经腐蚀穿孔(见图 1)，点蚀明显。该管束材质为碳钢，2004 年更换，只使用了 5 年。

图 1　管束腐蚀外貌

1　换热器腐蚀原因分析

为了查清发生腐蚀的真正原因，对壳程介质组成进行了分析，介质中 H_2S 含量 90ppm，Cl^- 含量 4.5ppm，H_2O 含量 0.01%，其他都为烃类($C_9 \sim C_{12}$ 含量占 98% 以上)。

轻柴油由分馏塔第 17 层、19 层和 20 层抽出，经汽提塔汽提后，加压进入轻柴油换热器，介质内含有一定量 H_2S 和 HCl。介质中的 HCl 主要来源于原料油中的无机盐类和有机氯化物，H_2S 主要来源于原料油中含硫化合物(如硫醚、噻吩等在高温下分解产生)，虽然经过多道工序，还会随油品轻组分及水汽进入下一道工序，溶于水形成盐酸和氢硫酸。

由于 H_2S、HCl 和 H_2O 的存在，形成了 $HC1-H_2S-H_2O$ 腐蚀环境。尽管腐蚀介质只是少量存在，仍然会对设备造成腐蚀，特别是在低温部分，水由气态转变为液态，形成“露点”腐蚀，反应过程如下：

$$Fe + 2HCl \longrightarrow FeCl_2 + H_2$$

$$Fe + H_2S \longrightarrow FeS + H_2$$

$$FeS + 2HCl \longrightarrow FeCl_2 + H_2S$$

$$FeCl_2 + H_2S \longrightarrow FeS + 2HCl$$

2　采取的措施

该管束材质为碳钢，只用了 5 年，为了提高管束抗腐蚀能力，保证装置长周期运行，可采用原管束材质升级或对碳钢管束采取防腐措施的方法。经对制造费用、耐蚀性等方面综合考虑，决定管束材质不变，采取碳钢换热管渗铝的防腐蚀措施。

2.1　渗铝防腐蚀技术原理

换热管渗铝是通过物理或化学的方法，在钢材表面形成一种铝铁合金层，使之具有抗高温氧化性、耐硫化氢腐蚀以及耐环烷酸腐蚀等优良性能，在某些特定的环境下可以用普通渗铝钢材代替不锈钢，在价格上远低于不锈钢。渗铝工艺主要包括粉末法、气相法和料浆法渗铝，该换热器采用固体粉末包埋法渗铝，渗铝层连续、均匀、致密，而且不存在脆性区。

渗铝工艺的渗铝剂主要由三部分组成：铝粉、防黏剂、催渗剂(常用 NH_4Cl)，它们在加热时产生氨气与氯化氢。氨再分解为氮气和氢气，防止渗件和渗剂氧化，反应过程如下：

$$NH_4Cl \longrightarrow NH_4 + HCl$$

$$6HCl + 2Al \rightarrow 2AlCl_3 + 3H_2$$

$$Fe + AlCl_3 \longrightarrow FeCl_3 + [Al]$$

反应结果，在钢材表面上有了原子状态的活性[Al]，并立即渗入到被渗件的表层中。

2.2 渗铝管束的制造与安装

渗铝管采用固体粉末包埋技术，渗铝管表面渗层应连续、均匀、致密，渗铝层的渗层厚度应≥0.10mm，且应<0.18mm，渗铝层表面铝含量应>20%(质量分数)，渗铝层表面显微硬度值为3000~6000MPa。

管板及折流板的穿管尺寸加工时，由于基管渗铝后公差会增大，必须保证管板孔的尺寸为 ϕ25.6~25.8mm(换热管外径 ϕ25)，折流板孔的尺寸为 ϕ26~26.4mm。

管板与渗铝管的焊接采用手工氩弧焊，具体焊接工艺如下：

(1) 将渗铝管管头与管板表面油污、铁锈、氧化皮等清理干净，无须磨掉管头表面渗铝层。

(2) 采用钨极氩弧强度焊(角焊缝)，两遍填丝：第一遍填丝使用焊丝规格型号为 ϕ1.4~ϕ1.6mm 的 H08Mn2SiA，焊接电流 120~140A；第二遍填丝使用焊丝规格型号为 ϕ2.0mm 的 H08Mn2SiA，焊接电流 160~180A。

管板与渗铝管焊接后，对焊接管头进行热喷铝处理，喷铝工艺如下：

(1) 根据换热管内径，制作木头塞子，将管头塞住，避免在喷砂除锈过程中损坏换热管头内表面渗铝层；

(2) 对焊接管头进行喷砂处理，应达到GB 8923—88《涂装前钢材表面锈蚀等级》标准的sa1 级；

(3)由渗铝厂家到制造现场进行管板喷铝处理，喷铝层厚度达到 0.10~0.15mm。

在管束运输、安装过程中，要保护好管束的渗铝层，不能有硬伤损坏渗铝层。

3 结论

采用渗铝技术的碳钢管束具备耐蚀、耐高温、耐磨三大特性。渗铝钢渗层均匀致密，耐蚀性大大提高，可与 1Cr18Ni9Ti 不锈钢相当，在制造成本上远低于 1Cr18Ni9Ti 不锈钢，制造换热器费用约为不锈钢材质制造费用的二分之一，即提高设备运行周期，又达到了降本增效的目的。

(中国石油大庆石化分公司炼油厂　郑新兵，罗广辉)

25. 重整装置换热器的腐蚀与防护

1 换热器内漏情况

大庆石化公司催化重整装置是用来生产芳烃的，加工能力为 1.5×10^5t/a。所用原料为常减压初馏塔顶汽油、加氢裂化汽油、焦化汽油经加氢精制后作为重整原料。

在催化重整过程中除了含有氢之外，原料油中含有硫、氮、氧、氯等化合物，在加氢分解生成 H_2S、NH_3、H_2O 和 HCl。由于这些杂质的存在造成设备的腐蚀，特别是换热设备管束腐蚀比较厉害，有的使用仅 2~3 年换热器管束便报废。

2005 年 5 月换管束并采用 Ni-P 镀防腐的重整装置汽提塔底 2 台换热器，H309/1 型号为 F1200-430-10-4，H309/2 型号为 F900-240-16-2，管子与管板采用高强度胀焊，材质碳钢。换热设备材质为碳钢管束采用 Ni-P 镀防层，1994 年以来在炼油厂换热设备上使用，经验证效果较好。但是这两台管束使用到 2007 年 7 月便不能使用，提前报废。2007 年 7 月又更新两台碳钢管束，但是使用不到 3 个月便腐蚀泄漏提前报废。工艺条件见表 1，使用情况见表 2。

表 1 换热器工艺条件

序号	工艺编号	设备名称	规格型号	介质		操作压力/MPa		操作温度/℃	
				管程	壳程	管程	壳程	管程	壳程
1	H309/1	汽提塔底加热器	FB1200-430-10-4	柴油	溶剂	0.65	0.07	257	140
2	H309/2	汽提塔底加热器	FL900-240-16-2	柴油	溶剂	0.65	0.07	257	140

表 2 换热器使用情况

序号	工艺编号	使用情况
1	H309/1	自 2005 年 6 月 Ni-P 镀防腐管束投入运行至 2006 年 5 月、9 月和 2007 年 1 月 15 日三次出现管束上部管穿孔内漏，共堵管 33 根 2007 年 7 月投入运行至 2007 年 9 月发生第一次管束泄漏 5 根，10 月 10 根，根据现场使用的管束外表面看发生大量的点蚀坑，不能继续使用。具体管束外壁腐蚀情况见图 1、图 2
2	H309/2	H309/2 自 2005 年 6 月 Ni-P 镀防腐管束投入运行至 2007 年 1 月 23 日和 2 月 11 日二次出现管束上部管外表局部腐蚀穿孔内漏共 16 处 2007 年 7 月投入运行至 2007 年 8 月末发生第一次管束泄漏 4 根，9 月中旬泄漏 12 根，根据现场使用的管束外表面看发生大量的点蚀坑，不能继续使用

从图 1 可以看出换热管束的换热管出现泄漏，从表面可以看出是现有点蚀坑然后连成一片发生腐蚀穿孔。从图 2 可以看出无论是发生在折流板上的点蚀坑，还是在换热管上的点蚀坑，电蚀坑的密度是比较大的。

图1 管子外壁出现点蚀坑并泄漏

图2 管束折流板处及换热管出现大量的点蚀坑

2 理化检验情况

2.1 宏观检查

(1) 管外壁检查情况 观察外表面分布大量点蚀、溃疡状腐蚀，管板表面有明显冲刷迹象，管束腐蚀集中于管束上半部分，以两侧较为严重，管束上部折流板处管子有减薄。管子外壁有黄色锈蚀物附着，有部分点蚀、坑蚀形貌，

(2) 管内部检查情况 管内部分散有焦质物、油气结垢，外观判断基本无腐蚀。

2.2 成分分析

采用 SPECTRO 定量光谱仪分析，结果见表3。

表3 管子的化学成分

材质	化学成分/%						
	C	Mn	Si	S	P	Cr	Ni
碳钢 10#	0.11	0.51	0.18	0.035	0.010	≤0.25	≤0.25

从成分分析结果判断，管束材质为 10#碳钢，与台账记录吻合。

2.3 壳程能谱分析(EDX)

从能谱分析结果来看，H-309 管壁的腐蚀产物主要为铁的氧化物及 C、O、Cl、S、P、Si 等有害元素，其中对管束有较大腐蚀影响的元素为 Cl、S，其腐蚀产物以赤铁 Fe_2O_3、磁性氧化铁 Fe_3O_4、$FeCl_2$、$FeCl_3$ 和 FeS 或多硫化铁(FeS_x)形式存在。

2.4 管程能谱分析

管程中主要成分为 Fe 及少量 Ca、Si 等，未见有大量 Fe 的氧化物、硫化物和氯化物等典型腐蚀产物成分，说明管程内未受到腐蚀侵害。

2.5 H-309 换热器壳程金相分析

从图3~图5 可以看出，金相显示该换热器管热管金相正常，为铁素体(F)+珠光体(P)，P 沿晶界分布。材质没有受到超温损伤，材质正常。

2.6 扫描电镜分析(SEM)

从图6 可以看出，扫描电镜显示，腐蚀产物主要为铁的氧化物覆盖，未见有贯穿性裂纹和沿晶、穿晶腐蚀形貌和现象。

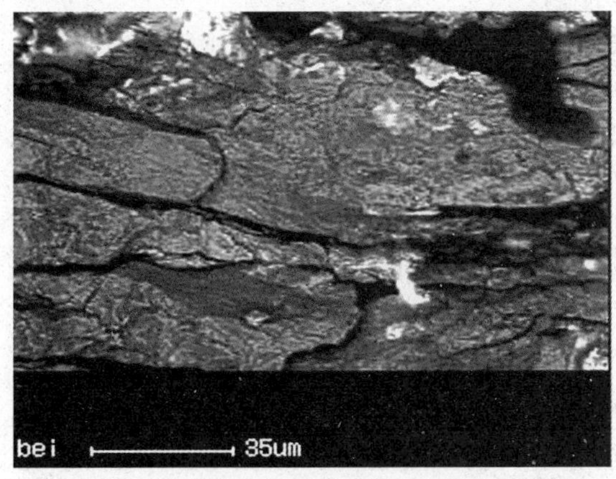

图 3　H309 壳程显微金相(50×)

图 4　H309 壳程金相照片(200×)

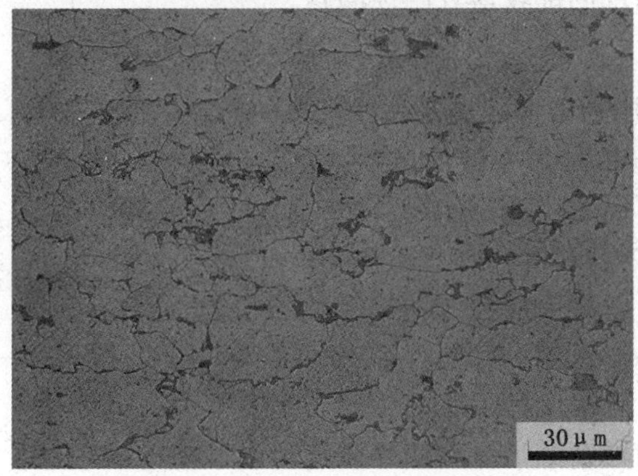

图 5　H-309 壳程金相照片(500×)

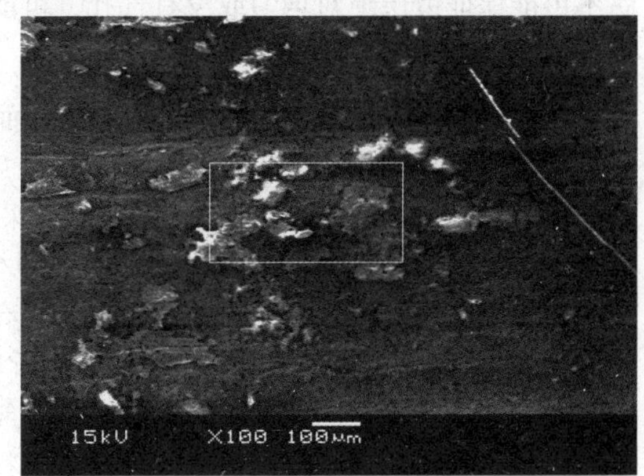

图 6　H309 壳程扫描电镜照片

3　腐蚀机理分析结论

3.1　腐蚀情况

该车间自 2002 年换用四甘醇以来抽提系统腐蚀一直很严重，通过考察国内其他单位，发现我们与其他单位的本质区别在于无抽提料加氢系统，其他数据比较接近。无加氢的后果主要是导致油品溴价偏高，体现在烯烃含量不易控制。经与其他单位比较，我们的原料烯烃含量偏高，它是引起系统溶剂酸化的主要因素。如果碳钢在偏酸性下使用，金属腐蚀是比较快的。实际碳钢管束在该系统使用就已经证明了这一点。

3.2　腐蚀原因分析

通过现场勘察和物理检测分析，综合成分分析、能谱分析、扫描电镜和金相分析，综合判断：H-309 换热器腐蚀失效的主要原因是由于壳程低温 H_2S+H_2O 的腐蚀和低温 $HCl+H_2O$ 的腐蚀环境造成的腐蚀(管束外壁腐蚀产物及表面现象证明了这一点)。而管程腐蚀不明显，管程总体表现为均匀腐蚀，减薄量很小，因此不作为此次失效分析的重点。

H-309 管束壳层的介质为四乙二醇醚溶剂，温度 130℃，参与腐蚀的机理主要是低温 H_2S+H_2O 的腐蚀和低温 $HCl+H_2O$ 的腐蚀。腐蚀反应为：

$$Fe+H_2S \longrightarrow FeS+H_2$$

$$HCl+Fe \longrightarrow FeCl_2+H_2$$

副反应：

$$FeS+HCl \longrightarrow FeCl_2+H_2S$$

上述的可逆反应，反复循环，使得腐蚀不断地进行下去，直至换热管腐蚀穿孔。湿硫化氢对该管束的碳钢腐蚀破坏表现为电化学反应过程中阳极铁溶解导致的全面腐蚀，表现为金属设施的壁厚均匀减薄和点蚀穿孔等腐蚀；系统腐蚀介质中还含有 HCl，由于 HCl 和 H_2S 相互促进构成循环腐蚀，HCl 的存在起到了起加速作用。HCl 不仅与 Fe 起作用，使材料均匀减薄、产生点蚀坑，而且能把 FeS 膜溶解，使腐蚀加速进行。

3.3 目前使用措施

根据现有的条件，加大缓蚀剂注入力度，严格控制系统 pH 为 8~11，使之任何情况下都能不小于 8.0，这样减缓设备腐蚀速度，未能彻底解决腐蚀问题。主要原因是该处较系统其他部位温度高(120~140℃)，溶剂易分解出现酸性，加剧了腐蚀速度；另外，Ni-P 镀防腐不可能保证镀层绝对均匀或没有气孔，可能出现局部较薄处腐蚀问题。

4 解决措施

换热器 H309/1.2 解决方案，采用增加抽提原料加氢设施是比较理想的措施。但是根据我厂的实际情况不可能采用该方法，只能采用管束材质升级的被动办法。根据我厂重整装置操作条件类似的乏汽汽提水换热器 H306 采用不锈耐酸钢管束运行 4 年以上没出现内漏的情况，决定采用 0Cr18Ni10Ti 材质预制 H309/1.2 管束各一台。选择依据如下：

(1) 工艺因素　我们的原料烯烃含量偏高，它是引起系统溶剂酸化的主要因素。另外，该装置的重整进料加氯控制在 $<5\times10^{-7}$，所以说，抽提系统的 Cl^- 只能 $<5\times10^{-7}$。按国家 GB150—1998《钢制压力容器》中要求氯离子含量不超过 25mg/L，按规定可以使用。

(2) 不锈钢依据　根据奥氏体不锈钢材料耐点腐蚀、晶间腐蚀和应力腐蚀能力的顺序：1Cr18Ni9Ti →0Cr18Ni9(304)→0Cr18Ni11Ti(321)→00Cr19Ni10(304L)。通过综合效益考虑采用 0Cr18Ni10Ti(321)能较好地解决该问题。

因为 0Cr18Ni10Ti 低碳不锈钢抗晶界腐蚀能力优秀，可以防止防止晶界腐蚀。Cr-Ni 在钢的表面形成非常薄的致密的氧化膜，它可以防止进一步的氧化或腐蚀。选用含碳量低的铬镍奥氏体不锈钢，如 0Cr18Ni10Ti 可以降低晶界敏化的危害；严格控制 Cl^- 含量，可以降低不锈钢对氯离子应力腐蚀破裂的敏感性。采取上述防腐蚀措施后，能较好地解决不锈钢管板裂纹的腐蚀危害，保证了设备的长周期安全运行。

溶剂抽提所用的溶剂三乙二醇醚或二乙二醇醚本身对设备无腐蚀，但与系统中存在的少量空气接触，会逐渐氧化变质，生成醛、酮或酸等有机含氧化合物。溶剂经长期运转，在温度较高和酸性条件下，氧化速度加快。生成的有机酸造成设备腐蚀和堵塞筛孔。腐蚀的部位是气体水与溶剂换热器、汽提塔底重复器、减压塔进料加热器等。原料烯烃含量偏高，它是引起系统溶剂酸化的主要因素。

硫化氢腐蚀发生在碱性溶液，氯离子在这样的环境中不腐蚀。氯离子在酸性溶液中腐蚀，而硫化氢在酸性溶液中不腐蚀。HIC(氢致开裂)大多发生在酸性条件下，在碱性条件下也发生。酸性条件下氯离子对 SS 有腐蚀，碱性条件下氯离子不会对 316 腐蚀。

5 使用效果

2007 年 10 月采用 0Cr18Ni10Ti(321)制造 H309/1.2 两台换热器管束，通过 3 年多使用，

通过检修期间检查没有发现腐蚀迹象，现正继续使用。

6 结论

依照上述分析结论，可以从以下几个方面着手对该管束进行腐蚀控制：

(1) 加强工艺缓蚀剂侧 pH 值的控制，使之控制 pH 在 8～11 范围之内，避免生产介质出现偏酸性。

(2) 提高管束的材质，采用 0Cr18Ni10Ti(321)或更高一级的材质。

(3) 采用碳钢管束，进行 Ni-P 镀防腐涂层，一定要注意防腐层的质量，如果防腐层厚度与针孔率的防腐质量达不到质量要求不要采用。

(4) 如果条件允许可以增加辅助措施，增加抽提原料加氢设施，可以避免烯烃偏高。

(中国石油大庆石化分公司炼油厂 王巍)

26. 重整二段混氢换热器泄漏原因分析与处理

乌鲁木齐石化公司炼油厂芳烃车间重整单元的二段混氢换热器(E-216)为重整二段混氢与四反反应产物换热器，工艺作用十分重要，结构上采用立式结构。在1998年10月该换热器管程入口填料密封发生小量泄漏，由于该换热器操作条件比较苛刻，介质为高温油气加氢气的混合物，泄漏时对安全生产威胁较大，为避免装置停工处理的巨大经济损失，当时采用设计特殊夹具进行外部封堵的方法将漏点消除，并成功地安全运行至1999年4月中旬装置大检修。

在1999年4月的检修中，我们对该换热器的密封填料进行了更换，在开工气密时没发现泄漏，但在1999年5月15日该换热器进油、升温的过程中，填料密封突然失效，油气和氢气的混合物外泄并引发着火。

1 泄漏原因及处理结果评估

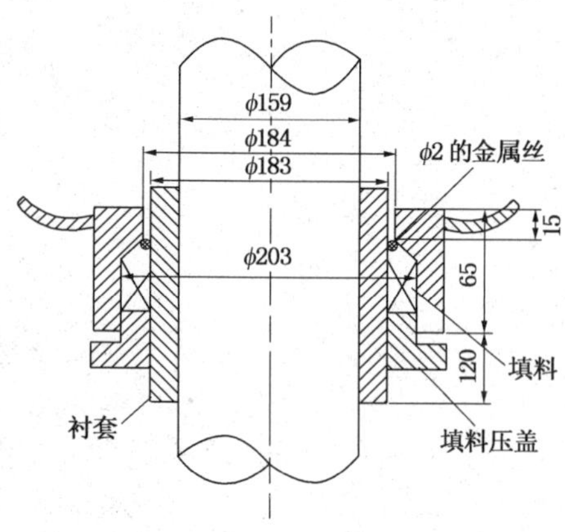

图1 失效前的密封结构局部图

事后在泄漏处理中，由于对该换热器的结构缺乏深入细致的了解，仅认为密封失效的原因系填料没加够或填料压盖没压紧所致。于是，在事后处理时，先从补加填料入手，为了提高填料的密封性能，先往密封控内加了一根ϕ10mm的盘根填料，然后，开始往里面增补柔性石墨填料，加满后上紧压盖并开始气密，发现有漏点，多次紧压填料也无法使漏点消除。为了不耽误开工，决定仍然利用旧夹具，采用外部封堵的方法来解决，可是，在上夹具时，发现旧夹具无法像从前那样顶到位。经仔细观察并分析，才发现是管程入口管套筒下移，相对配合尺寸已发生了很大变化。经查阅管程入口与壳体下封头配合装配图(见图1)，按图1所示填料腔的尺寸来看，其容积约为：

$$V=\pi\times[(203/2)^2-(183/2)^2]\times(65-15)=303010\text{mm}^3$$

而实际我们已经加进去的填料的体积是其十几倍，并且每当用压盖使劲挤压时，又能加进去许多填料，如此多填料去处何在?

从图1密封局部图的结构来看，失效前的密封结构局部图填料腔空间是一个固定的环形槽，上面有一个约1mm左右的通往壳体内的环形缝，环形缝被一根长为$L=581$mm、直径为ϕ2mm的金属丝封堵形成一个相对封闭的空间，填料在此空间内受压变形进行密封。而从处理的情况看只有一种可能，那就是填料腔相对位置发生了大的变化。于是，我们参照图纸进行了实地测量工作，测量后的相关数据如图2所示。

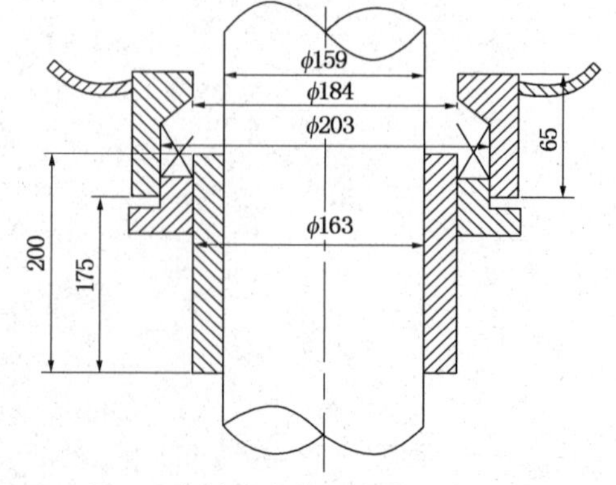

图2 失效后的密封结构局部图

从图2来看，由于管程入口管线下移了

55mm，填料腔就相对上升了55mm，致使填料腔成为一个上有12.5mm的环形缝隙，加进去的大部分填料都顺着这条缝隙跑到换热器壳体内了，密封腔失去了封闭性，填料加得再多也将无济于事，这就是密封泄漏的根本原因。

2　密封失效原因分析

该换热器由于管壳程进出口温度差较大，最高(低)操作温度是：壳程进口/出口为487/178℃，管程进口/出口为88/387.6℃，为了吸收并消除这种高温差应力产生的热位移，在壳程内部，管程入口管段设置了一个波形补偿器。由于管线相对固定，该密封实际是静密封，这从壳程入口距管程入口法兰规定在(780±3)mm可以看出，但在安装时由于管程入口管段管吊距离壳体较远(见图3)，在靠近壳体底部管线没设管托支架，在该处形成自由端，当进油、升温时，该换热器管束沿垂直方向受热膨胀，膨胀量方向向下大小为ΔZ：

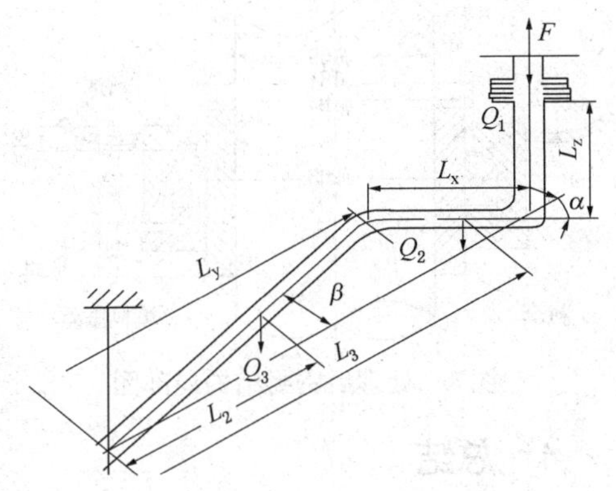

图3　入口管段受力图

$$\Delta Z = L'(e_{t_2} - e_{t_1}) = L''[\alpha t_2(t_2-20) - \alpha t_1(t_1-20)]$$

式中　$L'=12$m，换热器管束总长度，m；

$t_2=(487+178)/2=332$℃，换热器热态平均温度,℃；

$t_1=20$℃，换热器冷态平均温度,℃；

e_{t_2}，e_{t_2}——当温度为t_2或t_1时由20℃温升至t_2或t_1时的单位热膨胀量，cm/m；

$\alpha t_1=10.3\times10^{-4}$cm/m℃，由20℃至$t_1$之间的平均热胀系数，cm/m℃；

$\alpha t_2=12.9\times10^{-4}$cm/m℃，由20℃至$t_2$之间的平均热胀系数，cm/m℃。

则　$\Delta Z=12\times[12.9\times10^{-4}\times(332-20)-10.3\times10^{-4}\times(20-20)]=4.83$cm

这一膨胀量由于底部是自由端，无法使膨胀节吸收，由膨胀节传递给管程入口管段，使该管段下移。另外，从图3来看，膨胀节长期受管程入口管系自重向下的拉力F，该作用力大小为：

$$F=Q_1+(Q_2L_1+Q_3L_2)/L=qL_Z+(qL_xL_1+qL_yL_2)/L$$

式中　Q_1，Q_2，Q_3——分别为Z轴、X轴、Y轴三个方向上的管线总重量，kg；

$q=60$kg/m，每米管线总重量，kg/m；

$L=(L_{y2}+L_{x2})1/2=5.76$m，支点到垂直管线的距离，m；

$L_1=L-L_y/2\cos\alpha=4.82$m，见图3；

$L_2=L_y/2\cos\beta=2.53$m，见图3；

$L_x=2$m，X轴方向管线的长度，m；

$L_y=5.4$m，Y轴方向管线的长度，m；

$L_Z=1.5$m，Z轴方向管线的长度，m。

则 $F=60\times[1.5+(2\times4.82+5.4\times2.53)/5.76]=332.73$kg

这个向下的力长期作用在膨胀节上，使膨胀节受到外加的轴向应力，这个力严重地影响了膨胀节的恢复，也是导致密封失效的一个原因。

3 漏点处理

由上面的分析可以看出，密封失效的主要原因是因为管程入口管段没设管托支架，所以在处理漏点时，我们首先用外力强制提升管程入口管子，使之恢复到原来的位置，然后，在管子底部增设一个管托支架，用来限制管子下沉，恢复后的状态如图4所示。

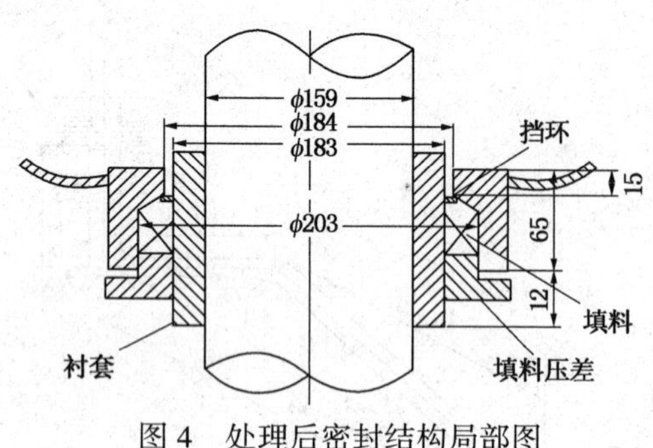

图4 处理后密封结构局部图

接着进行加填填料。为了防止填料跑出去，我们出图加工了一个内径为ϕ184mm，外径为ϕ200mm，厚为2mm的圆环(为了便于安装将圆环加工成两瓣)，将此环先装进密封腔，然后开始压填料，处理完投用后没发现任何泄漏。

4 总结

由于工艺配管在设计时忽视了设备内有一个波形补偿器，在管程入口处没设支点，该处实际为自由端，不但使波形补偿器起不到补偿的作用，而且使密封由静密封变成随温度波动而变化的动密封，改变了密封的性能，降低了密封的效果，最终使密封失效。

（中国石油乌鲁木齐石化分公司炼油厂　时俊杰）

27. 重整装置全焊板式换热器的化学清洗

长岭炼化公司重整装置焊板式换热器 E1201 是从法国阿法拉伐帕奇诺集团公司进口的大型换热设备，利用它可以有效地进行反应产物与原料混合物之间的热交换，从而达到降低反应产物温度及提高原料混合物温度的目的。

经一个周期运行，反应产物经该换热器后出口温度明显偏高，比运行初期偏高约 20℃。根据帕奇诺集团公司所提供的清洗标准，确认该换热器已具备在本次检修中进行化学清洗的条件。

该焊板式换热器(E1201)基本情况：

(1) 主体材质：SA240-321，0Cr18Ni10Ti。

(2) 管束材质：SA240-321。

(3) 管程：介质为氢、油气；操作压力 1MPa；操作温度 520℃。

(4) 壳程：介质为氢、油气；操作压力 1.25MPa；操作温度 50℃。

1　清洗目的、清洗范围及清洗工艺

1.1　清洗目的

本次检修中对重整装置焊板式换热器 E1201 进行化学清洗，是为了清除壳体内板换外侧及板换内部的胺盐、轻质胶状物及少量氧化铁，从而提高换热效率，使该换热器恢复正常运行状态。

1.2　清洗范围

根据帕奇诺集团公司的《检查、测试、维护》手册之规定及设备运行状况，并参照了国内同类型换热器的清洗经验，确定本次化学清洗的范围是：圆柱形壳体、原料换热侧及反应物换热侧。

1.3　清洗回路

第一回路：清洗水箱→清洗泵→循环氢入口→圆柱形壳体→壳体顶部放空口→清洗水箱。

第二回路：清洗水箱→清洗泵→循环氢入口→混合原料出口→反应产物入口反应产物出口→清洗水箱。

在清洗过程中，两个回路是相通的，第一回路相当于第二回路的分支部分，既可分开清洗，也可整体清洗。

1.4　清洗工艺

此次采用循环化学清洗。

清洗步骤：系统水冲洗、壳体及板换外侧除氯、除氧化铁的清洗、混合原料侧除轻质胶状物的清洗、反应产物侧除胺盐的清洗、水冲洗、钝化或烘干的清洗工艺。

特别注意事项：根据帕奇诺集团公司的《检查、测试、维护》手册之规定，在任何情况下，不允许有反压，即壳体压力>板束内压力。清洗液的注入顺序为：先注入壳体，后注入板束。清洗液的排放顺序为：先排空板束，再排空壳体(打开排气口)。

1.5 清洗基本工艺流程图(见图1)

流程说明：

(1)用一台清洗设备对整个系统进行化学清洗，清洗泵流量为50t/h、扬程为60m；

(2)第一、第二回路的临时管线采用钢管焊接方式连接，其中第一回路出口临时管线采用耐压胶管连接进清洗槽；

(3)整个被清洗系统各管线配备有专用清洗接口(见图1)，要求各主管线加装盲板进行隔离；

(4)为了使温度达到清洗要求，为清洗所提供的蒸汽系统应满足以下需要：蒸汽压力0.8~1.0MPa，温度为200~300℃，蒸汽流量约为10t/h。

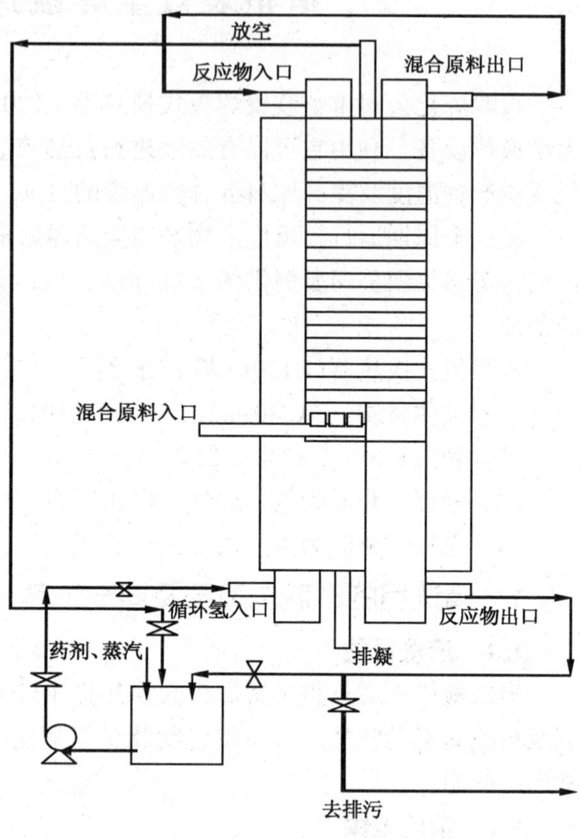

图1 焊板式换热器化学清洗基本流程图

2 小试及清洗钝化配方确定

2.1 小试内容

(1) 打开板换人孔取样；

(2) 样品清洗试验；

(3) 指导配制清洗液、化学分析监督；

(4) 清洗液腐蚀试验，加入合适缓蚀剂。

2.2 验评标准(见表1)

表1 验评标准

检验项目	单位	质量标准		检查方法
		合格	优良	
腐蚀速度	g/m^2·h	≤2.0		挂碳钢试片
腐蚀速度	g/m^2·h	≤0.1		挂不锈钢试片
清洗效果		垢样部分溶解、分散	垢样基本溶解	目测

2.3 小试结果

(1) 清洗前共取垢样两次，一次为换热器壳体底部垢样(垢样1)，垢样特点为：颜色灰黑色，部分已焦质化，较硬；一次为反应产物入口处垢样(垢样2)，垢样特点为：黑色，疏松，含大量锈蚀物及结晶的细小颗粒。

(2) 样品清洗试验见表2。

(3) 根据表2清洗试验情况：清洗效果及腐蚀速率都达到了“优良”的标准，因此将采用清洗配方 1 和清洗配方 2 共同进行本次清洗。清洗配方 1(碱洗)主要组成：1%～2%QX-YX-207+0.5%助剂 A+0.5%QX-YX-205+0.5%QX-YX-208，清洗温度为 60～70℃；清洗配方 2(酸洗)主要组成：3%～5%QX-YX-212+0.5%助剂 B+0.3%缓蚀剂，清洗温度为70～80℃。

表 2　清洗试验

检验项目	单位	清洗配方 1(碱洗)	清洗配方 2(酸洗)	检查方法
		垢样 1	垢样 2	
腐蚀速度	$g/(m^2 \cdot h)$	0.65	0.87	挂碳钢试片
腐蚀速度	$g/(m^2 \cdot h)$	0.05	0.06	挂不锈钢片
清洗效果		垢样基本溶解	垢样基本溶解	目测

(4) 清洗完毕后采用 1.5%的三聚磷酸钠进行钝化，钝化条件：pH=10～11，钝化温度 80～90℃。

3　清洗前的准备

2009 年 5 月 18 日至 19 日，根据清洗基本流程图、清洗施工方案及化学清洗操作规程，进行清洗前的准备工作，具体如下：

(1) 临时管线的连接　系统清洗前，临时管线安装完成，经检查未发现泄漏点，临时管线连接合格，电缆与电机的连接合格。

(2) 无关设备的隔离确认　经车间确认与清洗无关的设备等都已隔离，具备清洗条件。

(3) 安全措施检查　对照清洗方案中的有关安全条款，进行落实，特别是员工清洗前要再次接受安全教育，学习有关安全规定，在施工现场要防止清洗液溅到身上、烫伤、砸伤等现象发生，当有意外发生时，现场要有应急清水冲洗，经确认，现场安全措施都已落实。

(4) 清洗药剂的准备　根据清洗配方的要求，清洗药剂都已运到现场，经检验合格。分析仪器及试剂已准备就绪。

(5) 其他　现场配电设备及机泵等的防护工作均已落实。

4　清洗、钝化操作步骤

(1) 临时管线安装。

(2) 水冲洗。第一次水冲洗仅冲洗第一回路，主要是冲洗板换壳体内沉渣、浮渣、含氯化合物。第二次对整个系统进行水冲洗。关闭第一回路排水(放空)阀门，打开第二回路排水(放空)阀门，使第一、二回路形成一个整体清洗回路。整个系统注满水后，边冲边排。

(3) 水运。加少量活性剂(0.1%油分散剂+0.1%Tx-10)及 0.25%除氧剂。注水、用蒸汽升温。试水运，并进行查漏、消缺。

(4) 碱洗。加清洗配方 1 中药剂。循环水运、加蒸汽升温。每 120min 取样一次，对清洗液中氯离子、氨含量进行分析。当清洗液中氯离子、氨含量变化趋于平稳时，停止碱洗。

(5) 水冲洗。排放碱洗液至指定的含碱污水井，碱洗液排放完毕后系统开始水冲洗。共冲洗两遍，测冲洗液中氯离子含量基本与清水中含量相同、氨含量基本为0时，停止水冲洗。

(6) 酸洗。加清洗配方2中药剂。系统水温70℃。继续开泵循环、加蒸汽升温。每60min取样一次，对清洗液中pH值、腐蚀率、总铁含量进行分析。当总铁含量变化趋于平稳时，停止酸洗。

(7) 水顶酸。用大量清水顶出系统内残留酸，至pH值=4~5，加氨水调pH=10~11，开泵循环水运，加蒸汽升温。

(8) 钝化。当系统温度达到70℃以上，pH值=10.0~11时，加1.5%钝化剂三聚磷酸钠进行钝化。每60min取样一次，对清洗液中pH及总铁含量进行分析。

(9) 排放。钝化液排放排至指定的含碱污水井。

(10) 风吹干。用工业风吹干整个被清洗系统。具体步骤：工业风由上而下吹扫，先吹干壳体，再吹干板换内部。

5 分析结果

5.1 E1201化学清洗记录表(见表3)

表3 E1201化学清洗记录表

设备编号：E1201　　　　阶段：水冲洗

时间	清洗液 Cl^-/(mg/L)	清洗液 NH_2^-/(mg/L)	pH	备注
10：00	250	22.3	7	
14：00	217	16.0	7	
18：00	102	13.6	7	
22：00	80	13.6	7	

5.2 E1201化学清洗记录表(见表4)

表4 E1201化学清洗记录表

设备编号：E1201　　　　阶段：碱洗

时间	清洗液 Cl^-/(mg/L)	清洗液 NH_2^-/(mg/L)	pH	备注
8：00	0	32.3	8	
10：00	51	170	9	
12：00	167	1278	9	
14：00	212	2533	9	
16：00	250	3016	9	
18：00	272	3634	9	
20：00	278	3850	9	
22：00	278	3861	9	

5.3　E1201 化学清洗记录表(见表5)

表5　E1201 化学清洗记录表

设备编号：E1201　　阶段：酸洗

时间	清洗液总 Fe/(mg/L)	清洗液腐蚀率/(g/m²·h)	pH	备注
9：00	170	0.2	3	
10：00	866	0.2	2	
11：00	1435	0.3	3	
12：00	1945	0.3	3	
13：00	1997	0.3	3	
14：00	2008	0.3	3	

5.4　E1201 化学清洗记录表(表6)

表6　E1201 化学清洗记录表

设备编号：E1201　　阶段：钝化

时间	清洗液总 Fe/(mg/L)	pH	备　注
21：00	21	10.0	
22：00	33	10.1	
23：00	32	10.3	

根据分析结果可以得出：

(1) 本次清洗除去了换热器内大量的胺盐、氯离子、轻质胶状物及氧化铁等，清洗配方作用明显；

(2) 本次清洗腐蚀率很低，对换热器无损坏；

(3) 本次清洗各环节控制良好，pH 值控制正常。

6　清洗效果

表7、表8 是重整板换 E1201 开工初期及清洗前后的工艺参数计算。

表7　焊板式换热器 E1201 各阶段对数平均温差计算

时　间	热入/℃	冷出/℃	Δt_1/℃	热出/℃	冷入/℃	Δt_2/℃	Δt_m/℃
2003 年 10 月 18 日(开工初期)综合能力标定数据(重整进料量 62.8t/h)							
03-10-18　22：00	503	459	44	90	71	19	29.8
清洗前(重整进料量 43t/h)							
09-4-18　23：00	446	391	55	101	74	27	37.3
清洗后(重整进料量 50t/h)							
09-7-06　23：00	475	430	45	110	103	7	20.4

表 8 焊板式换热器 E1201 各阶段总传热系数计算

2003 年 10 月 18 日综合能力标定数据总传热系数计算(重整进料量 62.8t/h)			
时　间	质量流速/(kg/s)	比热/(kJ/kg·℃)	介质的进出口温度差/℃
03-10-18　22:00	17.44	X	388
	传热面积/m²	对数平均温差/℃	总传热系数/(W/m²·℃)
	A	29.8	227.07·X/A
清洗前总传热系数计算(重整进料量 43t/h)			
时　间	质量流速/(kg/s)	比热/(kJ/kg·℃)	介质的进出口温度差/℃
09-4-18　23:00	11.94	X	317
	传热面积/m²	对数平均温差/℃	总传热系数/(W/m²·℃)
	A	37.3	101.47·X/A
清洗后总传热系数计算(重整进料量 50t/h)			
时　间	质量流速/(kg/s)	比热/(kJ/kg·℃)	介质的进出口温度差/℃
09-7-06　23:00	13.89	X	327
	传热面积/m²	对数平均温差/℃	总传热系数/(W/m²·℃)
	A	20.4	222.65·X/A

注：① 表七对数平均温差 $Lg\triangle t_m=(Lg\triangle t_1+Lg\triangle t_2)/2$。

②表八假定各阶段介质比热均为 X(kJ/kg℃)。

③表八总传热系数=(质量流速×比热×介质的进出口温度差)/(传热面积×对数平均温差)。

根据表 7、表 8 的数据记录，可以得出：

(1) 清洗后总传热系数是清洗前总传热系数的(222.65·X/A)/(101.47·X/A)= 2.19(倍)。

(2) 清洗后总传热系数是 2003 年 10 月 18 日初期总传热系数的(222.65·X/A)/(227.07·X/A)= 0.98(倍)，达到了运行初期的换热效果。

7　清洗结论

(1) 本次对重整装置焊板式换热器 E1201 的清洗、钝化，实现了石油化工重大进口设备——焊板式换热器的首次国内维护。

(2) 经过水洗、碱洗、酸洗及钝化等步骤，并对比上述各个过程中的分析数据，可以确认本次清洗较好地清除了壳体内、板换外侧及板换内侧的胺盐、轻质胶状物及氧化铁，达到了清洗的目的。

(3) 经过本次清洗，换热器总传热系数比清洗前提高了 2 倍以上，达到了运行初期的换热效果。

(4) 本次清洗的实现，为国内同类设备的维护以及重整装置的节能降耗工作提供了技术支撑。

(岳阳长岭设备研究所有限公司　曾蔚然)

28. 烷基化装置换热设备氢氟酸腐蚀原因分析及防护措施

大连石化公司烷基化装置是原中国石化总公司从国外引进十三套烷基化装置中的一套。烷基化的作用是将催化裂化气体分馏出的丙烷、丙烯和 C_4 组分用以生产 MTBE 和烷基化油，二者均为汽油的高辛烷值组分，与催化汽油以一定比例调和即可生产低铅或无铅车用汽油，有着显著的经济效益和社会效益。

氢氟酸是一种剧毒和有强烈腐蚀性的物质，氢氟酸在烷基化生产中起到催化剂的作用。氢氟酸对金属材料的腐蚀强弱程度随着氢氟酸的浓度、温度、流速、含氧量和含水量的不同发生显著的变化。本文结合典型实例，说明氢氟酸对碳钢和 Monel 合金钢的腐蚀特点，并考察了影响氢氟酸腐蚀的主要因素，为换热设备国产化选材、设计、现场操作以及设备管理提供依据。

1　影响氢氟酸腐蚀的主要因素

1.1　浓度的影响

浓的氢氟酸电离度小，对碳钢和 Monel 合金钢腐蚀极其微弱。当酸浓度下降，水含量增加时，腐蚀才逐渐加速。因此，为了防止设备腐蚀，氢氟酸中水的含量一般控制在 2%～3%以下。

1.2　温度对腐蚀的影响

对化学反应来说，温度是一个关键的条件，温度升高使反应加速。氢氟酸与金属材料接触生成氟化铁。氟化铁膜覆盖致密、连续分布，附在金属表面形成一种保护膜，对设备起到保护作用，可防止氢氟酸对金属的继续腐蚀。当温度升高时，此膜的保护作用逐渐丧失，膜层开始脱落。据报道，温度每升高 10℃，氢氟酸对碳钢的腐蚀速度可增加 1～3 倍。碳钢在无水氢氟酸中使用上限温度为 65℃，Monel 合金的使用上限温度为 150℃。

1.3　含氧量对材料耐蚀性的影响

氢氟酸中溶解有少量的氧也会加快金属的腐蚀。这是由于腐蚀电池的阴极可能同时出现析氢和氧还原两种反应，从而提高了总的还原速度，使金属阳极腐蚀速度加快。氧的存在对 Monel 合金的腐蚀速度影响很大，氧的浓度增加，腐蚀加速，而且温度越高，其影响也越明显。

1.4　介质流速的影响

介质流速对生成的保护膜有一定的影响，介质流速过高，保护膜受到介质冲刷极易脱落，特别是在金属表面存在缺陷之处，加速点蚀的形成。

2　常见的腐蚀形式

烷基化装置中 U 形管换热器中，氢氟酸腐蚀呈现的形式主要有：氢损伤、缝隙腐蚀和孔蚀等。

2.1　氢损伤

氢氟酸介质与碳钢接触生成氟化铁和氢原子，氟化铁是一种致密的锈蚀物，附在金属表面起到保护作用。而生成的另一种产物氢原子则能侵入壳体金属内部晶格，当超过固溶度时，过饱和的氢在晶界、位错、微孔洞或其他缺陷处析出并结合成 H_2，使体积膨胀而山现氢鼓泡现象或产生裂纹。另外，氢原子扩散到金属中也将与其他元素形成氢的化合物，使金属的韧性和强度明显下降，而导致氢脆。在烷基化装置 E-6 检修时，发现内壁有局部氟化铁膜脱落现象。经检查发现脱落的膜约 1mm 厚，而局部脱落处的新生膜则均在 1.5~2mm 之间，这说明氟化铁膜由于暂时温度过高或温度波动较大而引起局部脱落。当温度恢复到正常操作温度时，则又新生成氟化铁膜，从而造成了对设备的进一步腐蚀，但至今还没有发现氢鼓泡现象。

2.2 缝隙腐蚀

在设备焊接处存在的间隙、焊缝裂纹、垫片与密封面之间的间隙、螺母下面的缝隙中，常常存在着一部分静止的氢氟酸液。而且此处的酸液不再积聚，使已形成的保护膜被高浓度的氢氟酸侵蚀，使该处腐蚀加剧。而生成的氟化铁或氟化镍具有膨胀性，在缝隙间膨胀，加速腐蚀与开裂，形成缝隙腐蚀。在开工前试压时，烷基化 E-9 壳体密封面有一微小刻痕没被发现，致使残留于设备中的含酸液体把 E-9 壳体密封面和纯铁垫腐蚀成一条 4mm×2mm×1.5mm 的沟纹，影响了开工生产。

2.3 孔蚀

烷基化 E-2 原管束于 1992 年 11 月发现 1 根管子泄漏，更换了新的备用管束，但新管束仅用 6 个月就发现有一根管泄漏，随后 26 天内新管束有 5 根管相继泄漏。检查中发现管内氟化铁膜普遍脱落，在脱落的部位有不规则形状的蚀坑，蚀坑深浅不一，面积较大的圆形坑点直径为 10mm。这主要是由于操作时超温、超速引起的孔蚀。据生产操作记载，在发生第一根管泄漏前一个月内先后有三段时间超温，超温时数长达上百小时，而且生产操作长期超流量，E-2 设计最大流量为 1677.3kg/h，在实际操作中最大流量达 1875kg/h。由于超温使附着于 Monel 合金表面的保护膜脱落。同时由于金属内部各部分组织的差异，就固溶体组织而言，各部分也并非完全一致，先结晶出来的固溶体含 Ni 较高，后结晶出来的含 Ni 较低，同一晶粒中心部分含 Ni 较高，而表面层较低。显微组织表现山无序弥散的非金属夹杂物，从而引起电极电位的差异，形成富 Ni 相阳极的溶解，导致腐蚀穿孔。超流速又加速了孔蚀的发展。

3 防护措施

3.1 选材方面

Monel 合金在无水氢氟酸中具有良好的耐腐蚀性能，氢氟酸加热器主要构件(如管束、管板等)材料应选用 Monel 合金。

在温度小于 65℃时，碳钢在高浓度氢氟酸中抗腐蚀性能好，但因沸腾钢含气体多，且有重皮和杂渣，质地疏松，氢原子易穿入到基体内部形成氢鼓包和氢脆，所以在烷基化装置中所采用的碳钢应是镇静钢，且含碳量应小于 0.25%，最好使用优质 20 号碳钢。1Cr18Ni9Ti 不锈钢，不抗氢氟酸腐蚀，在氢氟酸烷基化装置上不能使用。

3.2 制造、检修方面

所有换热设备的管束不允许拼接，管子与管板连接形式为胀接且要求贴胀满胀。不允许焊接连接，也不允许胀焊结合。

密封面和垫片在保证要求的不平度之处，还要在垫片上缠绕一层聚四氟乙烯胶带，如果法兰密封面上有机械划痕，则在安装时必须消除。

为了防止应力腐蚀破坏，冷压成型的封头及焊缝应进行热处理，清除残余应力的存在，热处理后的硬度值应控制在布氏硬度值 HB235 以下。

装置停工检修时应将所有涉酸设备内的腐蚀产物清除干净，长期停工的装置应用氮气保压封存。

3.3 工艺方面

应严格控制原料干燥后含水量不大于 10kg/g，严格控制操作温度，禁止超温、超流量运行。在条件允许的情况下，长周期平稳操作对设备防腐是十分有利的。

（中国石油大连石化分公司　项忠维）

29. 柴油加氢装置进口换热器的腐蚀修复及使用要求

大连石化公司40万t/a柴油加氢装置工艺编号为E-1和E-2/A、B、C的四台换热器是由意大利1988年制造，1989年4月投用。1989年8月因工艺等原因停运封存。

其规格尺寸[内径、(基层+复合层)、总长]为：ϕ800×(23+3)×7940；材质为：基层为SA387Gr22.2(相当于2¼Cr1Mo)，复合层为SA240TP347(相当于0Cr18Ni11Nb)；管束为SA213TP321(相当于0Cr18Ni11Ti)。

1997年因装置要重新启用，需对其进行全面检验。经检查发现这四台换热器靠近壳体内壁底部1/3处均有不同程度的蚀坑，最深为3mm；换热管外壁也出现点腐蚀。1998年停检检查时，发现部分蚀坑已连成片，腐蚀明显加重，并发现有微裂纹。从两次打开情况看，E-2/C腐蚀最重，E-2/B、A和E-1依次减轻。

针对上述情况，我们着重从腐蚀的机理、造成设备腐蚀的原因及应采取哪些防腐措施进行了分析。

1 腐蚀机理

从这四台换热器的腐蚀形貌分析，腐蚀只在衬里局部出现，其腐蚀性质属典型的点蚀。据有关资料报道，这种奥氏体不锈钢点蚀随材料与介质不同，其形状也各异。虽然形式多样，但其腐蚀的机理基本是相同的。

1.1 点蚀源的形成

不锈钢的点蚀是由于钢的钝化膜局部受到破坏而发生的腐蚀形态。不锈钢的钝化膜本来具有新陈代谢和自我修补的机能，使钝化膜在溶液中处于不断溶解和修复(再钝化)的平衡状态。若溶液中含有Cl^-，就会破坏平衡。原因是Cl^-能优先有选择地吸附在钝化膜上，把氧原子排挤掉，然后和钝化膜中的阳离子结合成可溶性氯化物，结果在新露出的基体金属的特定点上生成小蚀坑，呈开放式形貌。

形成小蚀坑的位置从理论上讲可在光滑表面上随机分布，但当钝化膜局部有缺陷(金属表面有伤痕等)、表面存在硫化物夹杂等时，将在这些特定点优先形成。

表面硫化物的反应为：$MnS+4H_2O = Mn^{2+}+SO_2{}^{4-}+8H^++8e$，生成的$H^+$(或$H_2S$)对金属产生活化作用，会妨碍小蚀坑的再钝化，使其继续溶解。蚀坑溶解到超过临界尺寸便成为点蚀源。

综上分析，不锈钢表面点蚀源的形成，首要条件是其表面处于含Cl^-的溶液或硫化物等一些夹杂物。这四台换热器衬里恰恰处于含Cl^-的溶液及硫化物的环境中。

1.2 点蚀的扩展

蚀坑内介质相对呈滞流状态，溶解的金属阳离子不易往外扩散，溶解氧亦不易扩散进来。由于坑内金属阳离子浓度的增加，氯离子迁入以维持电中性，这样就使坑内形成氯化物(如$FeCl_2$等)的浓溶液。由于氯化物水解的结果，坑内介质酸度增加，使阳极溶解速度加快，蚀孔便进一步向深处发展。

随着腐蚀的进行，蚀坑中的可溶性盐如$Ca(HCO_3)_2$将转化为$CaCO_3$垢，结果锈层与垢层一起在蚀坑口沉积形成一个闭塞电池。闭塞电池形成后，阳极溶解速度进一步加快，点蚀的高速度深化可把金属断面蚀穿。蚀孔内的强酸环境使孔内壁处于活性态，为阳极；而蚀孔外大片金属表面仍处于钝态，为阴极，构成由小阳极/大阴极组成的活性态——钝态电池体系，它是点蚀向纵深扩展的动力。

2　不锈钢点蚀的主要影响因素

2.1　介质类型及浓度

不锈钢点蚀是在特定的腐蚀介质中发生的，对含有 Cl^- 离子的水溶液尤为敏感。在氯化物溶液中，随溶液中 Cl^- 浓度升高，点蚀电位下降，使点蚀容易产生并加速。这四台换热器位于海边，长期放于海洋大气中，会有含 Cl^- 的海洋大气冷凝浓缩在换热器表面引起点蚀。

硫化物的影响也是很大的，它的存在大大提高了溶液的酸性，阻碍蚀孔的再钝化，促进点蚀源的形成。

2.2　温度的影响

有试验证明随温度升高，18-8 不锈钢点蚀电位呈降低趋势。约在 90℃时出现峰值；温度再高则又回升。温度超过约 200℃时，点蚀电位向正方向移动。这四台换热器壳程的介质温度为 E-1：186～315℃；E-2/A、B、C 分别为：180～270℃、120～180℃、60～120℃。根据上述温度对点蚀的影响趋势分析，可看出为何运行一年后，E-2/C 的腐蚀情况明显加重于其他三台的原因。

2.3　设备表面的污染度、流速的影响

在设备的低位处可能会有一些沉积物堆积，这些沉积物中很可能会夹杂许多促进点蚀扩展的物质。在沉积物堆积处，钢的钝化膜极易破坏，加重点蚀。

这四台换热器在使用 4 个月停用吹扫时，其吹扫顺序是从 E-1→E-2/A→E-2/B→ E-2/C 串联进行的，即 E-2/C 处于吹扫尾端，相应残杂物的沉积要比头端多；而实际运行中，E-2/C 又处于首端，由于流速不大，在折流板的作用下，一些重组分靠自重沉积在容器内壁，这也是 E-2/C 的腐蚀比其他三台重的一个原因。

2.4　据大量统计数据介绍，设备在使用初期发生腐蚀的速率相当高，这与其选材及制造质量等有很大关系

这四台换热器是在投用 4 个月后封存停用的，从使用时间长短看恰处腐蚀速率高峰期。

3　缺陷的修复

2002 年 7 月，根据公司生产需要，欲将此套装置重新启用。在经过上述分析取证工作之后，基本搞清楚换热器腐蚀的原因。经讨论研究制定如下修复措施。

3.1　修复前处理

设备运至修理厂后，打开设备管箱抽出管束，用化学清洗剂清洗壳体内及管箱内的油污，再用高压水清洗壳体内、管箱内及管束，然后立即用压缩空气将水渍吹干。

仔细检查设备的腐蚀情况，并将腐蚀的位置、面积、深度等情况作好详细记录；所有的腐蚀部位清理干净，然后对壳体内所有部位进行着色探伤检查。

3.2　缺陷部位的修复

（1）由于受堆积物浓度影响，四台换热器壳体内壁腐蚀较严重的部位是底部约三分之一部分。许多部位的蚀坑深度已超过复合层厚度。因此对从换热器底部中心位置起，垂直

向上约 270mm（相当于直径的 1/3）处水平弦长对应的圆弧部分，采用机加工方法去除复合层钢板，长度为设备法兰至封头焊缝处。去除复合层后，剩余部分继续做着色探伤检查，未发现有缺陷，故无需进行基层补焊。采用衬条法修理复合层（衬条材质为 316L、厚度 3mm、宽 120mm、长度按修磨尺寸），衬条排列如图 1 所示。

为确保衬条与基材严密结合，采用特制的工装设备，如图 2 所示。

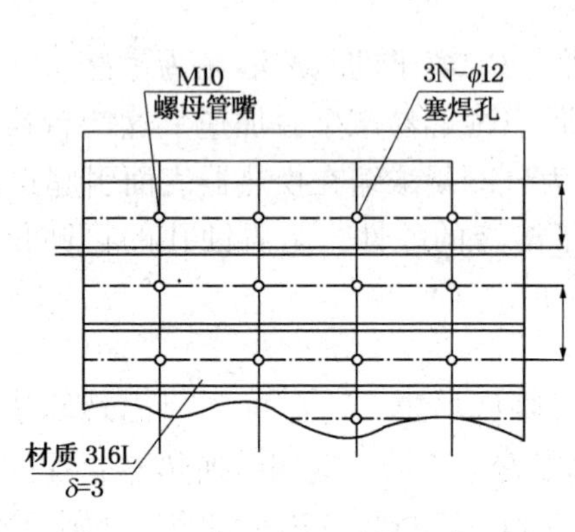

图 1　衬条排列图

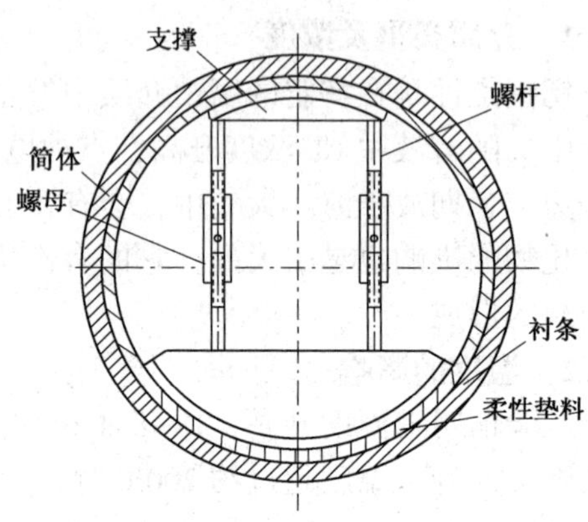

图 2　特制工装设备

在衬条上焊 M10 螺母管嘴，并按图开出塞焊孔 N-ϕ12，再按焊接工艺施焊。每焊完一层都做着色检查，合格后每条衬条焊缝表面磨平，以 0.5MPa 试验压力进行气密试验，不漏为合格。

（2）其他部位的修理，根据检查记录确定的位置，凡单点腐蚀部位采用塞焊法；凡是密集及连片的腐蚀部位采用堆焊法，每焊完一层都做着色检查，焊后表面磨平，再做着色检查。

（3）所有焊接采用跳焊法，并采用尽量小的焊接电流，堆焊部位每焊完一层采用锤击法释放应力。

（4）衬条焊前进行烘干处理，保证不含有水分，避免热处理时产生蒸汽，影响衬条焊接质量。

（5）焊前进行温度在 200~250℃的预热，焊后进行整体热处理，为防止热处理后设备变形，热处理前采取用支座加密支撑，五个支座总重 200kg，壳体内加四个支撑总重 150kg，支板材质 316L。

3.3　修复后的热处理

修复后采取整体热处理的方法。热处理的方式采用消应力退火；加热速度：≤100℃/h；保温温度：600~650℃；保温时间：2h；冷却速度：≤150℃/h；冷却方式及时间：炉冷；出炉温度：≤300℃。

热处理后壳体内表面进行酸洗、钝化处理，经蓝点法检查钝化膜表面，未发现蓝点。

3.4　耐压试验

设备组装后，管程和壳程分别进行水压试验，试验用水中的氯离子含量控制在小于 2.5×10^{-5}。管程水压试验时，其中 E-1 共有 190 根管，有 71 根管漏，已无法使用，提出更新。另外三台管束也有不同程度渗漏，用锥柱封死，按规定可以满足换热效果。壳程、管程试验压力为6.25MPa。水压试验合格后，采用压缩空气和氮气为试验介质，以5.5MPa的试验压力进行气密试验，未发现渗漏等异常现象。

4　使用要求

修复后，依据《辽宁省锅炉压力容器修理改造安全管理与监察规定》，已于2002年9月申报市技术监督局锅炉压力容器处备案登记，并办理了压力容器修理改造监检证书，安全等级定为3级，允许在规定的操作工况下继续使用至下一检验周期。

考虑到这四台设备腐蚀的特殊性，建议使用过程中应从以下几方面引起注意：

(1) 严格控制原料中的水分，降低 Cl^- 含量；

(2) 尽可能地降低硫的含量，避免硫对换热器造成的破坏；

(3) 制定介质定期采样分析制度，及时掌握腐蚀物含量；

(4) 停工吹扫时，采取适当的中和措施，控制 pH 值；

(5) 待本次开工运行停车时，要严格按操作规程升降温，并作好停车记录，以利于检查修复使用效果。

5　结论

(1) 腐蚀为点蚀。起源于停用前吹扫过程中器壁上残留物的处理不彻底，加之过长时间闲置时封存不严密而造成。

(2) 同样条件下放置，打开时四台换热器的腐蚀程度却不同，其原因主要是由于器壁上的沉积物(腐蚀性介质)浓度不同所造成的。此外操作温度(60~120℃)对点蚀的影响也较大。

(3) 四台换热器在目前的操作工况、不存在 Cl^- 的情况下，若将已腐蚀表面加以处理，既使介质中含有硫也不会对设备产生严重腐蚀。

(4) 经采取上述周密的修复措施后，四台进口换热器可以继续使用。但应处于高度的监控状态，下次停检时应打开做严格的复查工作。

(中国石油大连石化分公司　汤建美，孙树江)

30. 硫磺装置固定管板式换热器管子与管板焊缝开裂原因分析及对策

1 装置及设备简介

镇海炼化公司 7 万 t/a 硫磺装置是将石油加工过程中产生的硫化氢，通过反应炉、MCRC 反应器反应回收单质硫，尾气经过焚烧炉焚烧后通过烟囱排放。装置中对过程气冷却的换热器全部采用固定管板式换热器，以防止硫化氢泄漏，引起中毒。本文对固定管板式换热器的典型 E114(焚烧炉废热锅炉换热器)在 7 万 t/a 硫磺装置应用中引起管子与管板焊缝开裂这一情况，分析产生焊缝开裂的各种应力及腐蚀，找到了引起破坏的原因，提出了相应的对策措施。

E114 工艺名称为焚烧炉废热锅炉换热器，其作用为将经过焚烧炉后含有 SO_2、H_2O 及微量的 H_2S 的气体通过 E114 冷却后，再通过烟囱排放至大气中。E114 吸收一定量的热量产生 3.5MPa 蒸汽供装置内、外使用。E114 下部为固定管板式换热器，上部为汽包，中间以连通管的形式相联，壳程的水进口开在汽包上，因此，下部的换热器管束全部浸没在水蒸气中。若 E114 出现管束泄漏等破坏，将引起装置停工。其壳体材质为 16MnR，无膨胀节，但在与其钢性相连的管程出口采用 4 个膨胀节进行补偿，设备靠近膨胀节的一端采用滑动支架支撑，管子材质为 20G，规格为 $\phi51\times5$。具体工艺参数及管束、材质情况见表 1。

2 E114 焊缝开裂情况

焚烧炉废热锅炉 E114 于 1999 年 6 月投用，半年先后发生二次管子与管板的连接角焊缝漏装置被迫停工，通过补焊及堵管、局部热处理等消除漏点，装置开工正常。二次堵漏共计堵管 16 根，且漏管基本上都出现在换热器底部，E114 具体堵管部位见图 1。由于 E114 的壳体没有设置膨胀节，是否是由温差应力引起的破坏，还是有其他原因，本文对此进行了分析与计算，找出了破坏原因，并提出了相应的对策措施。

表 1 焚烧炉废热锅炉 E114 的型号规格及其工艺参数表

工艺位号及名称	焚烧炉废热锅炉 E114
规格型号	*DN*2100mm×50mm×7500mm
固定管板规格	*DN*2200mm/*DN*2100mm×26mm
壳体及管板材质	16MnR
介质(管/壳)	过程气/水蒸气
设计温度(管/壳)	540/280℃
操作温度(管/壳)	486/250℃
设计压力(管/壳)	0.1/4.5 MPa
操作压力(管/壳)	0.003/3.87 MPa
最高操作压力	4.08 MPa
管子材质	20G
管子规格	$\phi51\times5\times5300$，629 根

3　应力分析

3.1　管子轴向拉应力分析计算

E114系固定管板式换热器，由于壳体内压力远大于管束内的压力，因此，管束内的压力忽略不计，其计算简化模型见图2。假设操作压力为 P_s，在操作压力的作用下，管束产生环向压缩，管板边缘产生较大的边界力 V_s 和力矩 M_s(见图2)，根据泊松效应，管束轴向发生伸长，进一步带动管板产生轴向位移。

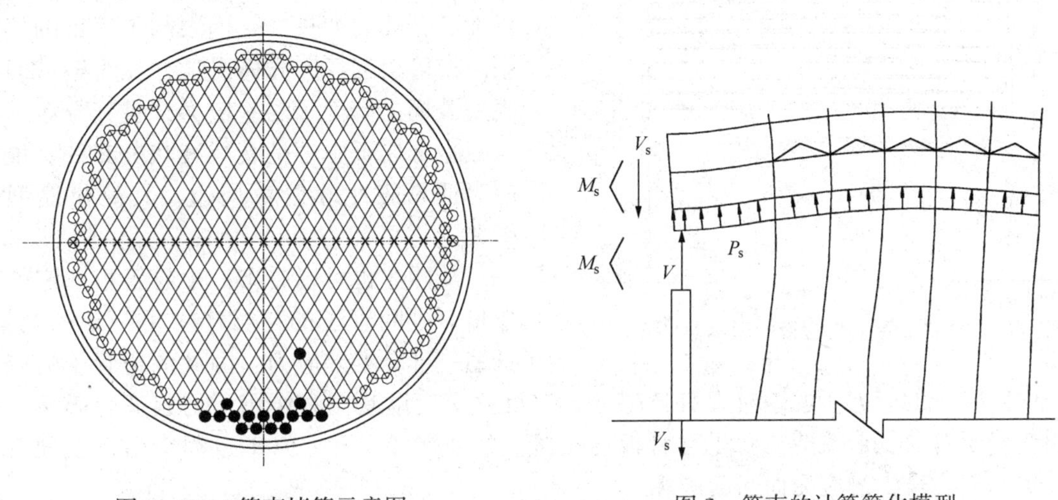

图1　E114管束堵管示意图　　　　图2　管束的计算简化模型

根据弹性基础圆平板理论，在板边缘作用剪力和弯矩的情况下，管板的变形总是自板边缘向板中心呈衰减波状分布的，且随管子加强作用的大小，板挠曲变形的形状可呈一个波至多个波的不同分布情形。因管子的轴向应力直接与管板挠度相联系，由此必然造成管束轴向应力的分布也是极不均匀的。因此可以得出管子的最大应力发生在管束周边，本文计算的管子应力即指此处。

在计算前，先假设管子一端为自由端，其在最高操作压力下的产生轴向应力为 σ_t，则

$$\sigma_t=\frac{A_1 p_s}{n\frac{\pi}{4}(d_o^2-d_i^2)}$$

式中　$A_1=\frac{\pi}{4}D_i^2-n\frac{\pi}{4}d_o^2$；

d_i——管子内径，m；

n——换热管数量；

d_o——管子外径，m；

D_i——壳程内直径，m。

将数值代入公式后，得出 $\sigma_t=14.6$ MPa 。

查钢制压力容器GB 150—1998中表4-3，得20G管子在20℃时的[σ] =137MPa，显然σ_t< [σ]。

以结构分析方法对管子的轴向最终应力进行分析，发现其有两项组成，一项为“自由状

态”时的拉伸应力，即上式得出的σ_t；第二项为如图2所示，管束与管板在变形协调过程中引起的压缩应力。由于管束与管板材质为20G和16MnR，其刚度比相差不大，因此，此压缩应力也不是很大，更不会超过管子在自由状态时的拉伸应力，可以忽略不计。

3.2 管子和管板的温差应力分析计算

在固定管板式换热器中，由于管束与壳体通过管板刚性连接。因此，当管程温度较高的过程气与壳程温度较低的水蒸气进行换热时，管束的壁温高于壳体的壁温，管束的伸长大于壳体的伸长，壳体限制了管束的热膨胀，使管束受压，壳体受拉，在管壁截面和壳壁截面上产生了温差应力，且其分布总是自板边缘向板中心呈衰减波状分布的，最大应力通常发生在管束周边，其简化模型见图3。

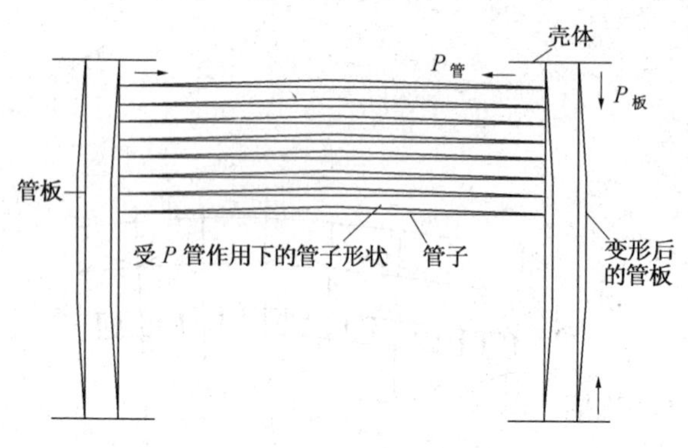

图3 管束与管板变形示意图

从图3也可以看出，中心管板一定的变形量对中间管子的伸长产生了一定的余量，抵消一部分温差应力，因此周边管子的应力大于中间管子的应力。温差应力有自限性，在反复交变温差应力作用下引起疲劳破坏，可能引起管子弯曲变形或造成管子与管板连接接头的泄漏。在开、停工过程中由于温度变化大，更易产生较大的应力而引起破坏。

假设管子与管板均没有挠曲变形，因此作用在每根管子上的应力是相同。下面采用管壁的平均温度与壳壁的平均温度为各个壁的计算温度。

设操作时的管壁温度为t_t℃，壳体温度为t_s℃，则管子和壳体都会因升温而膨胀。若两者皆能自由膨胀，则管子的自由伸长为$\delta_t=\alpha_t(t_t-t_0)L$，壳体的自由伸长为$\delta_s=\alpha_s(t_s-t_0)L$，见图4。

根据虎克定律，得出管子中的压缩和壳体中的拉伸力为：

$$Q=\frac{\alpha_t(t_t-t_0)-\alpha_s(t_s-t_0)}{\dfrac{1}{E_tF_t}+\dfrac{1}{E_sF_s}}$$

式中 α_t，α_s——分别为管子和壳体材料的温度膨胀系数，1/℃；

E_t，E_s——分别为管子和壳体材料的弹性模数，MPa；

F_t，F_s——分别为管子和壳体材料的断面积，m^2；

t_0——安装时的壁温，管子和壳体均取25℃；

t_t，t_s——分别为管子和壳体的平均壁温，℃。

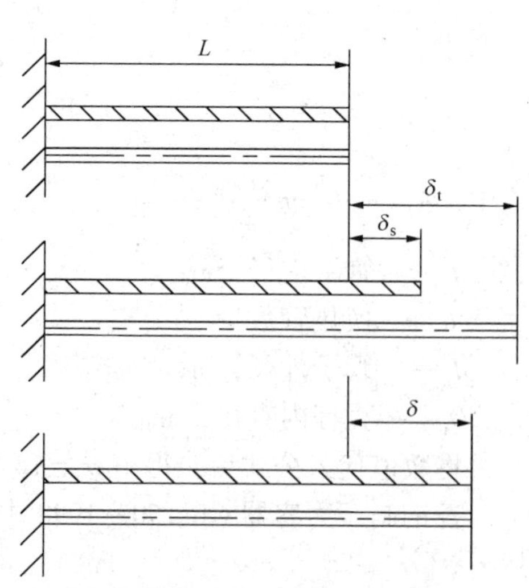

图4 壳体与管子的膨胀与压缩

由GB 150—1998表F6中查得管子材质为20G和壳体材质为16MnR在20℃下的温度膨胀系数$\alpha_t=$

$\alpha_s = 10.94\times10^{-6}\text{m/m}\cdot℃$。

由 GB 150—1998 表 F5 中查得管子材质为 20G 和壳体材质为 16MnR 在 20℃下的弹性模数 $E_t = E_s = 1.92\times10^5$ MPa。

管子的断面积　$F_t = \frac{\pi}{4}(d_o^2 - d_i^2)$

壳体的断面积　$F_s = \frac{\pi}{4}(D_o^2 - D_i^2)$　其中 D_o 为壳程外径。

管子和壳体的平均壁温 t_t、t_s 分别取其对数温差，

$$\Delta t = \frac{(T_1 - t_2) - (T_2 - t_1)}{\ln \frac{T_1 - t_2}{T_2 - t_1}}$$

式中　T_1——热流进口温度；

T_2——热流出口温度；

t_1——冷流进口温度；

t_2——冷流出口温度。

管子和壳体的冷热进口温度见表 2。

表 2　管子和壳体冷热进口温度

	管子	壳体
热流进口温度 T_1	过程气入 E114 温度 486℃	脱氧水进口 温度 104℃
热流出口温度 T_2	E114 出口温度 300℃	产生蒸汽温度 250℃
冷流进口温度 t_1	脱氧水入 E114 温度 104℃	大气温度取 25℃
冷流出口温度 t_2	蒸汽产生温度 250℃	大气温度取 25℃
平均壁温 t	215℃	139.5℃

根据管子所受温差压应力公式 $\sigma_t = \frac{Q}{F_t}$，壳体所受温差拉应力公式 $\sigma_s = \frac{Q}{F_s}$，计算得出管子温差压应力 $\sigma_t = 158.2$ MPa$<1.5[\sigma]$。由结果可知，其温差应力还是比较大的，因此固定管板式换热器在实际应用中要考虑换热管与壳体的热膨胀相匹配这一问题，特别是在壳体和管壁温差较大的场合，采取如壳体增加膨胀节等措施，避免因管子与壳体热膨胀不一致或补偿量不够而引起管子与管板焊缝开裂。现场实际采用了管式补偿，在一定程度上对温差应力具有缓解作用。

3.3　焊接残余应力

由于焊接残余应力在设备中只要有焊接总是存在的，一般通过热处理消除残余应力。E114 通过焊后热处理来消除残余应力。

从上面计算分析可以得出，上述三种应力皆不是引起管子与管板焊缝破坏开裂的主要原因。

4　腐蚀分析

由于 E114 壳程走的是含有大量 SO_2、少量 H_2O 和 O_2 及微量 H_2S 的尾气，若尾气中含

有少量液态 H_2O，将发生如下反应：

$$SO_2+H_2O \longrightarrow H_2SO_3$$

$$SO_2+O_2 \longrightarrow SO_3$$

$$SO_3+H_2O \longrightarrow H_2SO_4$$

$$SO_2+H_2S \longrightarrow H_2O+S$$

$$SO_2+Fe+H_2O \longrightarrow FeSO_3$$

$$SO_3+O_2+H_2O \longrightarrow SnSO_4$$

$$SnSO_4+Fe \longrightarrow FeSO_4+S$$

从以上反应式可以看出，在硫酸和亚硫酸等酸性介质下，对管束和管板将产生较强的腐蚀，并产生硫代硫酸。硫代硫酸与铁发生反应，在管束和管板表面出现渗硫现象，引起材质变脆。

在正常生产中是不允许有液态水存在的。但在非正常情况下，可能因装置酸性气带水或焚烧炉内瓦斯带液而使管束内含水。进入 E114 的过程气温度不是太高，无法将带来的水汽化，而积存于管板端的壳体底部。由于 E114 的管板端的壳体底部与最底排管束有 196mm 的保温浇注料(见图 5)，其对水具有渗透作用。因此，壳体底部经常处于 100℃左右的低温水溶状态下，极易引起低温硫腐蚀。在水的作用下，SO_2 生成亚硫酸、硫酸引起腐蚀。由于底部几排管子与管板的角焊缝处在酸性水中的概率相对较高，在焊接残余应力的作用下，焊缝的薄弱环节最早发生腐蚀破坏。从图 1 可以看出，E114 管子与管板焊缝处开裂皆发生在换热器下部，而换热器下部部分管子恰恰浸在酸性腐蚀溶液中。因此，可以肯定，金属腐蚀破坏可能是引起管子与管板焊缝破坏开裂的主要原因。

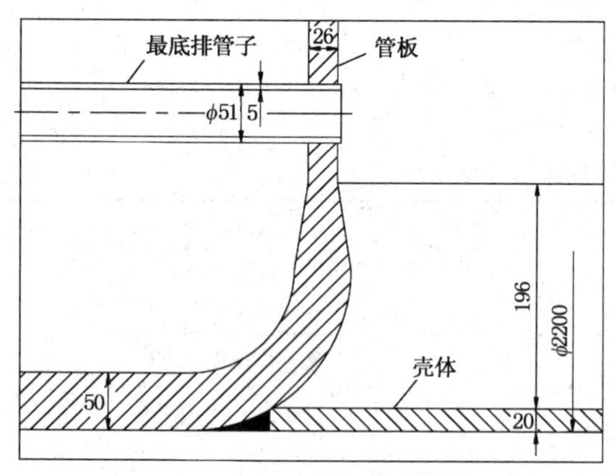

图 5 壳体与最底排管束距离示意图

5 制造质量分析

由于固定管板式换热器 E114 的介质含有腐蚀性，要求厂家在制造过程中对其进行整体热处理，以消除一定的焊接残余应力，因此制造过程中对每一工序的质量重视情况，就显得非常重要。若热处理不到位，焊接残余应力高，那么热处理不充分的部位将首先成为破坏的突破口。

6 结论

通过对应力、腐蚀及制造质量三方面的分析，可以认为引起 E114 管束与管板焊缝泄漏的原因为：在液体(水)的作用下，使管子与管板的角焊缝产生酸性腐蚀，同时在某些原始缺陷的作用下，加速腐蚀的发展，最终引起管子与管板角焊缝的泄漏。

7 对策

(1) 改善工艺条件，减少带液情况。首先工艺操作上要加强对焚烧炉瓦斯的脱液，保证入炉燃烧的瓦斯不带液；其次，对于因酸性气带液引起的操作波动，及时调整，减少对焚烧炉及 E114 的影响。

（2）改变设备结构，消除液体的存在。对于 E114 管束最底端与壳体底部间的浇注料易渗水的问题，采用将浇注料铲除，以消除液体长时间的存在，同时在壳体底部加导淋，采取不定期排液避免积水，消除低温硫腐蚀。另外还可通过观察有无液体，来推断设备是否有腐蚀的可能。

（3）加强对制造单位质量的验收。可以通过订货单位对厂家跟踪验收，做到一道工序合格后再进行下一道工序的制作，以保证设备质量。同时要求施工单位在制造过程中严格把握焊接质量，做到一次焊接无缺陷，并严格按技术要求做好，须保证整体焊后热处理，热处理应做到不留死角，特别是对管束的周边更应做完整，保证设备制造过程的质量，杜绝原始缺陷。

（中国石化镇海炼化分公司机动处　茅翔宇）

31. 加氢装置高压换热器的选型对比分析

加氢装置工艺介质易燃易爆，包括加氢换热器在内的主要设备在高温、高压及有氢气和硫化氢存在的条件下运行，要求设备具有很高的可靠性。加氢换热器一般设计压力为7.0~20MPa、温度为300~500℃，材料为15CrMoR+321或2.25Cr-1Mo+347，是石化行业中设计难度高、制造难度大的换热设备。选择何种密封结构至关重要，直接影响加氢换热器密封可靠性及制造难易程度。因此管板与管箱、壳体的密封结构成为加氢换热器结构设计最重要的环节。目前常用的换热器密封结构形式有金属环垫(八角垫、椭圆垫)密封、螺纹锁紧环、隔膜密封(盖板式密封)、Ω环密封等。

1 螺纹锁紧环换热器简介

螺纹锁紧环换热器主要由管箱、壳体、管束、螺纹锁紧环、盖板分程箱、压环、密封板等零部件组成，如图1所示。其结构比较复杂，机加工件较多。尤其管箱组件及螺纹锁紧环是此种设备制造的关键零部件，螺纹质量的好坏，直接影响到密封的可靠性及产品的安全性。管束与管箱筒体及内件的装配关系也要求制造过程中有很高的加工精度，以提高密封的可靠性及装配过程的顺利进行。

换热器的壳体和管箱锻成或焊为一体，由内压引起的轴向力通过管箱盖和螺纹由壳体本体承受。因此，加给密封垫片的比压小，所需要的螺栓预紧力小。它的特点是没有主法兰及主螺栓，压紧垫片的压力由装在螺纹承压环上的压紧螺栓专门提供，设备内部的压力载荷发生波动时，不影响垫片密封，同时压紧垫片的螺栓受力是压缩方向的，更有利于弥补垫片回弹作用，因此密封可靠。在操作运转过程中，如果发现管程密封处泄漏或管壳程间串漏，利用露在端面的固定螺栓和辅助固定螺栓就能很容易地进行在线紧固作业，消除泄漏，免去了不必要的停工及经济损失。

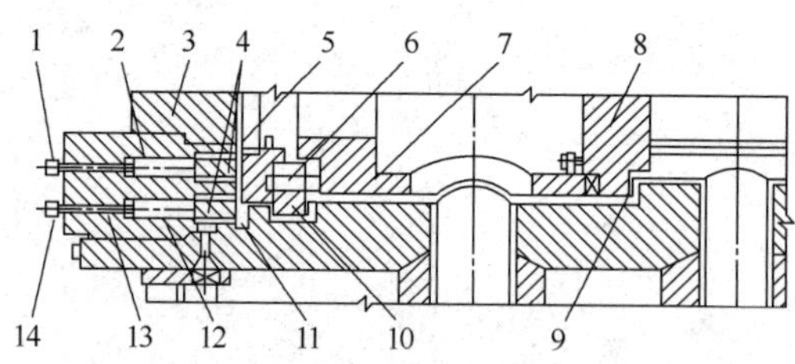

图1 螺纹锁紧环换热器密封结构示意图

1—内压紧螺栓；2—内压杆；3—压盖；4—内外压圈；5—密封盘；6—顶压螺栓；7—管箱内套筒；8—管板；9—内密封垫片；10—卡环；11—外密封垫片；12—外压杆；13—螺纹承压环；14—外压紧螺栓

2 隔膜密封(盖板式密封)换热器简介

在隔膜密封式换热器管箱的端部，是由大螺栓紧固的压盖来承受内压所产生的力，隔膜密封盘与壳体端部进行密封焊来实现密封。

隔膜密封换热器也是由设备端部采用的密封形式而得名。如图2所示，管箱与外界的密封主要依靠隔膜密封盘，隔膜密封盘是一个直径稍大于管箱内直径的金属薄圆盘，它的边缘和中心部分稍厚，中间的一个环形区域很薄，这样的结构使得密封盘具有一定的弹性，在管箱内压发生波动和热膨胀的时候能够产生微量变形而不影响密封。在设备内件全部安装到位之后，密封盘四周与壳体端部焊接，实现操作过程中管程对外零泄漏。密封盘外侧用螺栓与压盖将其顶住，共同承担设备内压。

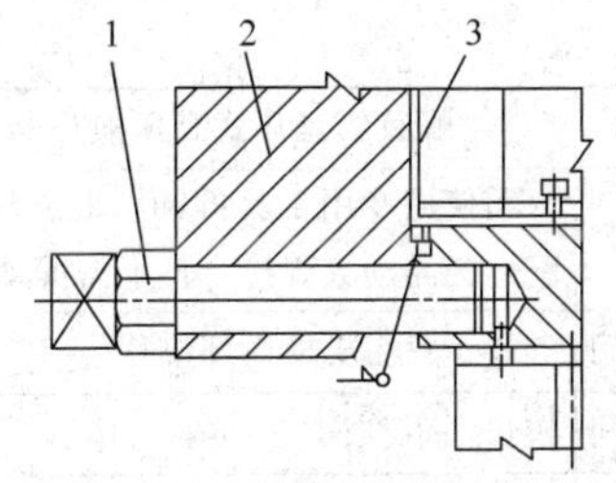

图 2 隔膜密封换热器端部结构示意图

1—螺栓；2—压盖；3—隔膜密封盘

隔膜密封换热器的制造相对简单，其零部件较少，制造加工精度的要求也相对较为宽松。只在个别部位有较高的精度要求，比如隔膜密封盘以及将与之相焊接的筒体端部，以及管板与筒体内部的密封面等。

3 Ω 环换热器简介

Ω 环换热器的管板与管箱法兰、壳体法兰的密封采用 Ω 环密封结构，利用回转壳受压性能好的机理，设计制作 Ω 环密封元件；密封环与法兰、管板以角焊缝的形式连接，介质和环境完全隔绝，有效地解决了其他类型垫片可能出现的密封面失效问题，属于无垫片密封。Ω 环密封结构设备主螺栓具有较小的预紧和操作载荷，减小了设备法兰与主螺栓的尺寸和重量。

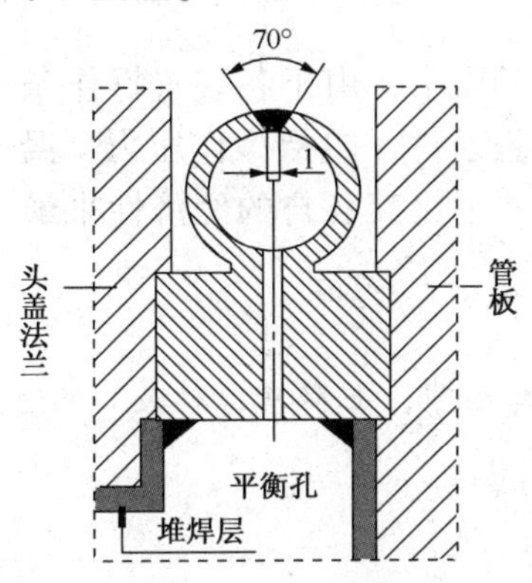

图 3 Ω 环密封结构

如图 3 所示，加工成对称的各半形 Ω 形密封圈，先各自焊在法兰密封面上和管板密封面上，安装时，2 个法兰对中后，用几个螺栓先固定，将 2 个密封圈组对焊成 Ω 形，再用大螺栓压紧法兰。另外在密封圈的周向设几个平衡孔，将介质引入 Ω 环腔内。因此，密封压力部分由 Ω 环腔体的膨胀来消除。这种结构有较大回弹补偿，当主螺栓被拉伸较长时，超出弹性变形而不能补偿时，弧形的 Ω 环可以伸缩，且伸缩值很大，有很大的补偿能力。

Ω 环换热器除密封形式以外，其余结构与普通大法兰式换热器没什么区别，只有管箱法兰、壳体法兰和管板是锻件，加工量较小，制造工艺简单。其拆装难度在于合焊及切割两瓣 Ω 环，其余与普通大法兰式换热器没有区别。在组装 Ω 环时，对其两瓣环中间的拼缝焊接要求高度对中，错边量非常小，尤其是焊接是在两片法兰深处的缝隙中完成，更增加了焊接难度。拆装检修时，先用专用的工具把 Ω 环切割开，再重焊，并需要准确判定反复使用的次数。

4 三种类型的换热器对比分析

三种类型的换热器对比分析见表 1。

表 1 三种类型的换热器对比分析

项 目	螺纹锁紧环式高压换热器	隔膜密封盘式高压换热器	Ω 环密封环式高压换热器
结构	复杂	简单	简单
制造	机加工件多，且要求非常高，制造难度较大	隔膜密封处的机加工要求较高，总体制造难度相对较小	Ω 密封环加工制造及组对焊接要求高，机加工件少，制造相对简单

续表

项　目	螺纹锁紧环式高压换热器	隔膜密封盘式高压换热器	Ω 环密封环式高压换热器
拆装检修	需使用专用工具拆卸，但属机械装配，无需动火焊接，且不需拆动管线	需要切割，焊接隔膜密封板焊缝，但无需拆动管线	需要切割、焊接 Ω 密封环，且需拆动管线
使用时间	长，只需更换内部垫片	长，但可能会更换隔膜垫	长，但可能会更换 Ω 密封环
制造时间	较长	相对较短	相对较短
主要优缺点	结构巧妙，可承受操作压力≥10MPa 工况，内外漏均可带压现场处理。更改内部零部件无需用焊接方法完成。卡环(分隔环)和螺纹的加工难度较大，装卸不便	隔膜密封性好，结构简单，机加工简单，但承载操作压力<10MPa，内漏可能性较大，无积液问题	Ω 密封环性能好，结构简单，机加工简单，但承载操作压力<10MPa。Ω 环材质特殊，加工难度大，Ω 环内存有积液易引起腐蚀，造成外漏，Ω 环只能检修一次

5　总结

通过前面分析可以看出：在压力、温度不是很高，换热器直径较小，操作介质不易结垢的工况下，选择 Ω 环换热器和隔膜密封式换热器较为合理；而当压力、温度高，换热器直径很大时，选择螺纹锁紧环换热器更为有利。

上述只是笼统的划分，仅可作为选型初期的参考。在实际工程中，由于各装置操作条件多种多样，选用哪种换热器更为合适，还需要根据具体的工艺条件，包括操作压力、温度、设备直径、主要受压元件材质等进行较为详细的计算，通过对比其各自的经济性来最终决定。

（中国石油华北石化分公司　宋明谨，王志坤，毛双立，杜昊）

32. 加氢高压换热器 Ω 密封环检修工艺及案例分析

加氢装置工艺介质易燃易爆，包括加氢换热器在内的主要设备在高温、高压及有氢气和硫化氢存在的条件下运行，要求设备具有很高的可靠性。加氢换热器一般设计压力为7.0~20MPa，温度为300~500℃，材料为15CrMoR+321或2.25Cr-1Mo+347，是石化行业中设计难度高、制造难度大的换热设备。选择何种密封结构至关重要，直接影响加氢换热器密封可靠性及制造难易程度。因此管板与管箱、壳体的密封结构成为加氢换热器结构设计最重要的环节。目前常用的换热器密封结构形式有金属环垫(八角垫、椭圆垫)密封、螺纹锁紧环密封、隔膜密封(盖板式密封)、Ω 环密封等。

Ω 环换热器的管板与管箱法兰、壳体法兰的密封采用 Ω 环密封结构，如图1所示，利用回转壳受压性能好的机理，设计制作 Ω 环密封元件；密封环与法兰、管板以角焊缝的形式连接，介质和环境完全隔绝，有效地解决了其他类型垫片可能出现的密封面失效问题，属于无垫片静密封。Ω 环密封结构设备主螺栓具有较小的预紧和操作载荷，减小了设备法兰与主螺栓的尺寸和重量。同钢垫圈密封结构(八角垫、椭圆垫)和螺纹锁紧环密封结构相比，Ω 环密封结构兼有两者的优点，具有拆卸检修方便、密封绝对可靠等特点，同时具有制造简单、重量轻、造价低、占地面积小以及直径、压力、温度适用范围广的优势，特别适合在石化企业的加氢装置、重整装置以及化肥装置中推广使用。可减小设备检修强度、提高设备的可靠性，节省设备的一次性投资，具有较高的经济效益和社会效益，有着广阔的应用前景。该结构换热器国内自1996年研发至今，已在很多加氢装置上推广使用。

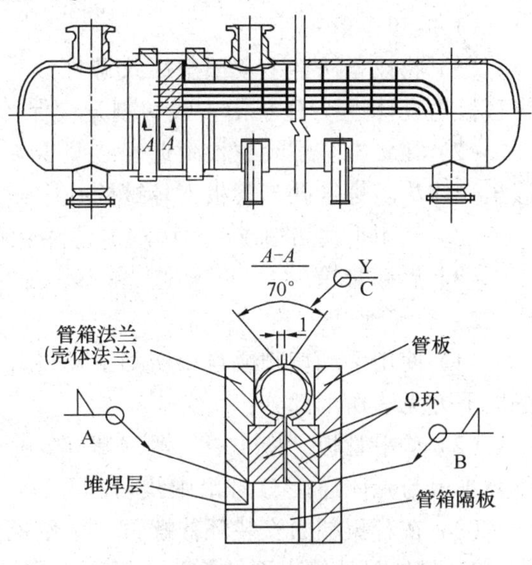

图1 Ω 密封环换热器结构简图

1 Ω 环换热器的检修技术要求

由于 Ω 环换热器的管板与管箱法兰、壳体法兰的密封采用 Ω 环密封结构，Ω 环换热器的拆装难度在于合焊及切割两瓣 Ω 环，其余与普通大法兰式换热器没有区别。如图2所示，在组装 Ω 环时，两瓣环的拼缝焊接时要求高度对中，错边量非常小，焊接时在两片法兰之间的缝隙中完成，增加了焊接难度。拆装检修时，先用专用的工具把 Ω 环切割开，拆装检修完毕后再重新组焊，需要准确判定拆装的次数。检修的质量将直接影响 Ω 环的密封质量，因此必须严格按照检修规程进行施工。

装置停工后，须将设备从系统中隔离，排净残存介质，并对设备进行氮气置换。由于加氢装置换热器在检修期间存在连多硫酸腐蚀的情况，可按照美国 NACE-RP-01-75《炼厂停工期间使用中和溶液防止奥氏体不锈钢产生应力腐蚀开裂》的要求和步骤进行，自加氢反应器出口至加氢反应产物流程进行碱洗中和，在该流程的内表面保留碱膜。

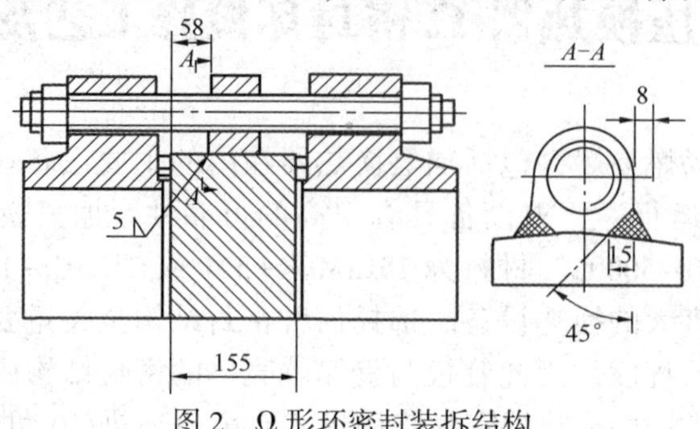

图 2 Ω 形环密封装拆结构

1.1 Ω 密封环拆卸规程

1）拆卸管箱

（1）将设备法兰上 4 根全螺纹螺柱以外的主螺柱卸掉，使用手动切割或自动切割工具将管板与壳体连接 Ω 环沿中线切割开，保留全螺纹螺柱下方无法切割部分；

（2）在 4 根全螺纹螺柱附近安装至少 4 根主螺柱夹紧管板，再将 4 根全螺纹螺柱卸掉，移至壳体法兰螺栓孔与管板支耳螺栓孔中，使壳体与管板维持连接；

（3）使用手动切割或自动切割工具将全螺纹螺柱下方管板与管箱连接 Ω 环沿中线切割开；

（4）拆卸管箱。

2）拆卸管束

（1）使用手动切割或自动切割工具将管板与壳体连接 Ω 环沿中线切割开，保留全螺纹螺柱下方无法切割部分；

（2）垫平管板，将 4 根全螺纹螺柱卸掉，使用手动切割或自动切割工具将全螺纹螺柱下方管板与壳体连接 Ω 环沿中线切割开；

（3）在管板端面安装环首螺钉，缓慢抽拉管束，不得碰伤 Ω 环。

3）如果只抽管束不卸管箱，即管束与管箱一起拆卸

（1）将设备法兰上 4 根全螺纹螺柱以外的主螺柱卸掉，使用手动切割或自动切割工具将管板与壳体连接 Ω 环沿中线切割开，保留全螺纹螺柱下方无法切割部分；

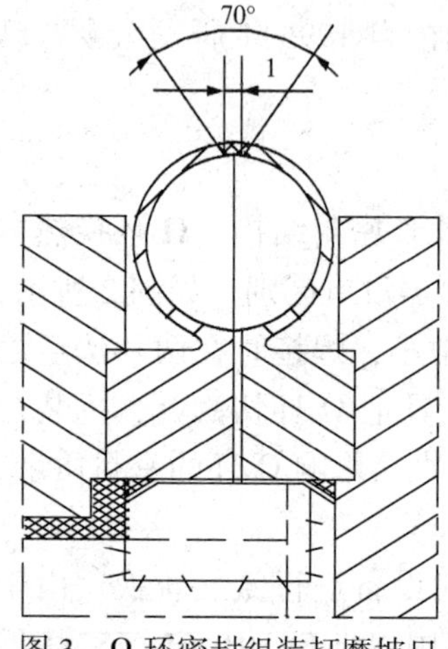

图 3 Ω 环密封组装打磨坡口

（2）在 4 根全螺纹螺柱附近安装至少 4 根主螺柱夹紧管板，再将 4 根全螺纹螺柱卸掉，移至管箱法兰螺栓孔与管板支耳螺栓孔，使壳体与管板维持连接，使用手动切割或自动切割工具将全螺纹螺柱下方管板与壳体连接 Ω 环沿中线切割开；

（3）将管束连带管箱一起抽出。

1.2 Ω 密封环组装规程

组装前按图 3 打磨 Ω 环之间坡口。

组装过程可参照拆卸过程；要求密封环之间焊接接头组对错边量不得大于 0.5mm；采用钨极氩弧焊至少分二层施焊。每层施焊完成后对焊接接头按 JB/T 4730.5—2005 进行 100% 渗透检测，Ⅰ级合格。不同材质的 Ω 环焊接材料按表 1 选取。

表 1 不同材料 Ω 环焊接材料选取表

Ω 环材质	第一层焊接材料	第二层焊接材料
06Cr18Ni11Ti	H347L φ1.6	H347L φ2.5
06Cr18Ni11Nb	H347L φ1.6	H347L φ2.5
INCONEL600	ERNiCr-3 φ1.6	ERNiCr-3 φ2.4
INCOLOY800	ERNiCr-3 φ1.6	ERNiCr-3 φ2.4
INCONEL625	ERNiCrMo-3 φ1.6	ERNiCrMo-3 φ2.4
INCOLOY825	ERNiCrMo-3 φ1.6	ERNiCrMo-3 φ2.4

1.3 Ω 密封环拆装注意事项

(1) 为了组装方便，拆卸前对 Ω 环作标记；

(2) Ω 环组装时，应保证 Ω 环与设备法兰或管板的同心度及垂直度；

(3) 在 Ω 环组焊时，在 Ω 环最低部预留一段 5~10mm 左右不焊，待 Ω 环其余部分全部焊完后，停留一段时间，使 Ω 环腔内空气冷却至常温后再补焊预留段，Ω 环组装完毕后应再次进行碱洗；

(4) 在气密性试验前或开车前，用蒸汽加热 Ω 环底部，使 Ω 环温度在 100℃以上，直至气密结束或装置正常运行后。

1.4 Ω 密封环更换程序

在 Ω 环换热器检修过程中，每次拆卸时应对 Ω 环的内、外表面进行仔细检查，以便及时发现有害缺陷，对存在缺陷的 Ω 环可进行修复或者更换。更换步骤如下：

(1) 将 Ω 环与设备法兰或管板的焊缝打磨干净，按 JB/T 4730.5—2005 进行 100%渗透检测，Ⅰ级合格；

(2) 组装 Ω 环，保证 Ω 环与设备法兰或管板的同心度，偏差不大于 0.5mm；

(3) 将 Ω 环与设备法兰或管板进行焊接，至少分二遍施焊，且焊脚高度≥6mm；

(4) 施焊完成后焊接接头按 JB/T 4730.5—2005 进行 100%渗透检测，Ⅰ级合格。

2 问题和讨论

Ω 环的使用寿命主要取决于两个 Ω 形半环间对接焊缝的质量，试验表明通过对装、拆焊接工艺进行严格的控制，Ω 环可重复装、拆4~6次。

该类型换热器在加氢装置应用以来，个别换热器也出现过泄漏故障。

案例 1：上海炼油厂 100 万 t/a 汽柴油加氢精制装置中 7 台临氢高压换热器均采用 Ω 环密封结构，2000 年第一次检修后，发现在装置开工升温后 Ω 环底部焊缝热影响区处出现泄漏，为穿透性裂纹。在泄漏处用铁胶泥与特制压块堵住，用蒸汽保护后装置继续运行了 2 年多，裂纹没有扩展。2002 年第 2 次拆卸，对换热器原管箱与管板连接的 Ω 环进行了更换，开工升温后，在 Ω 环下部焊缝热影响区出现 1 条 3~4mm 的穿透裂纹。经事后分析该缺陷是由于在加氢装置的长期运行中，高温 H_2+H_2S 介质与钢生成 FeS，在停工检修打开设备时与空气中的氧气和水接触反应生成连多硫酸，从而造成腐蚀开裂。

案例 2：华北石化 120 万 t/a 柴油加氢装置有 6 台临氢高压换热器均采用 Ω 环密封结构，在 2011 年对换热器进行了检修，在检修后在装置氮气置换过程中发现其中一台 Ω 环顶部焊缝存在局部气孔，检查发现是由于在该换热器 Ω 环恢复过程中，换热器法兰螺栓长度较长，位置受限于换热器的接管法兰，无法全部退出，只能漏出部分 Ω 环的焊接位置，施工单位采用了手电焊代替钨极氩弧焊，出现了焊接气孔。修复后在装置进一步升温升压的过程中又在另外的换热器发现两处 Ω 环下部泄漏。后经返厂维修，初步判断为由连多硫酸腐蚀引起。

通过对以上 Ω 环维修中及维修后的故障情况分析，运行中 Ω 环出现故障的可能较小，绝大部分故障出现在检修过程中及设备检修后投入运行初期，采取规定的拆卸、组装工艺和防范措施，是可以避免停工再开工后 Ω 环泄漏现象的发生。

在 Ω 环换热器的设计、使用和检修过程中特别需要注意以下几点。

2.1 设计方面

(1) 改进换热器结构，减小由于管箱重力和管线推力施加在 Ω 环上的应力。

(2) 对于存在连多硫酸腐蚀的情况，升级 Ω 环的材质。更换材质奥氏体不锈钢 18Cr-8Ni(304)长期在高温 H_2+H_2S 环境下，停工时会形成连多硫酸应力腐蚀。18Cr-8Ni-Ti(321)短期使用一般不会产生连多硫酸应力腐蚀，而长时间使用以 18Cr-8Ni-Nb(347L)为宜。对含稳定化元素 Ti、Nb 的奥氏体不锈钢，经固溶处理，可极大地降低产生晶间腐蚀的倾向。因此，Ω 环须进行固溶处理。

2.2 检修过程

(1) 装置停工后，可按照 NACE-RP-01-75《炼厂停工期间使用中和溶液防止奥氏体不锈钢产生应力腐蚀开裂》的要求和步骤，自加氢反应器出口至加氢反应产物流程进行碱洗中和。另外，对 Ω 环进行拆卸检查，组装完成后应再次进行碱洗。

(2) 在制造及维修的装拆过程中，首先要进行良好的定位。减小两个 Ω 形半环焊接接头的错边量；其次应避免 Ω 环承受管箱或管板的重力，防止产生剪切破坏。设计结构是在设备上设置 4 只装拆螺栓，装拆螺栓全长要加工螺纹，管板上焊有带螺纹的支耳，并要求在检修过程中严格按照程序进行施工。

(3) Ω 环的焊接关键是要防止过大的焊接变形。为此，要严格按照焊接工艺要求，为避免出现夹渣、气孔等缺陷，保证密封的质量，施焊时每条焊缝至少焊两道，每道焊完均应进行 100%渗透检测，以确认无任何缺陷。每次 Ω 环刨开后，要对 Ω 环的内、外表面进行仔细的检查，焊接前应认真清理焊接表面，对于焊接后发现的缺陷，必须全部消除后才允许补焊。

(4) 由于现场条件限制，Ω 环壁厚薄(3~3.5mm)，焊接位置固定，对焊接工人的技术要求较高，应尽量聘请有经验的专业单位完成。使用 Ω 环密封结构换热器的安装，还需要注意螺拴的预紧问题。由于 Ω 环厚度小，不能承受过大的载荷，因此在螺栓预紧时，应对螺栓施加一定的预紧力，并且通过测量法兰与管板间的间隙，使其均匀，保证操作状态下的螺栓受力。

(5) 长期使用的加氢 Ω 环换热器内部堆焊层存在氢损伤，如果更换 Ω 环必须进行消氢处理。

2.3 使用维护

(1) 在工艺上采用热态开工，系统先升温后升压。在设备上可防止加氢反应器在升压过程中发生脆性破坏；在工艺上可有效防止在开工过程中发生连多硫酸应力腐蚀。反应器中催化剂是硫化态(在催化剂表面形成金属硫化物)，在氢气状况下，可能还原生成硫化氢，另在催化剂床层中吸附着在开工中形成的硫化物，催化剂中吸附水分，如采用冷态开工，随气体循环流出反应器的硫化物，在遇到低于其露点温度的工况时，会发生露点积液，在不锈钢表面可能发生应力腐蚀，如采用热态开工，使整个反应系统在较短的时间内升到较高的温度(高于硫化物露点温度)，从而避免发生露点应力腐蚀开裂。

(2) 开车或停车时，操作压力及操作温度应缓慢上升或下降，避免造成过大的压差和热冲击。

(3) 设备严禁在超过设备铭牌规定的条件下运行；对于按压差设计的设备，无论是开车、停车或操作工况，均应严格控制管壳程的压差不超过设备铭牌的规定，请用户特别注意，严格遵守。

(4) 装置停工后，须将设备从系统中隔离，排净残存介质，并对设备进行氮气保护。

(5) 应结合巡检，经常对管壳程介质的温度及压降进行检测记录，分析换热器的泄漏和结垢情况，并应经常监视管束的振动情况。

(中国石油炼化分公司　李信伟；中国石油华北分公司　王志坤)

33. 乙烯装置线性急冷换热器的运行与维护

武汉 80×10^4t 乙烯工程(以下简称武汉乙烯)，裂解装置共 8 台裂解炉，每台裂解炉配有 6 台线性急冷换热器，共 48 台线性急冷换热器，其中 H-002 ~H-003 及 H-006 ~H-008 为德国波尔西格(Borsig)生产的进口急冷换热器共 30 台，H-001/H-004/H-005 的 18 台急冷换热器为哈尔滨电力设备总厂和茂名重力生产。

1 急冷换热器的工作原理

武汉 80×10^4t 乙烯装置采用双套管式线性急冷换热器(以下简称急冷换热器)。利用超高压给水对高温裂解气进行急冷降温，裂解气走换热管，来自汽包的超高压给水走换热管外面的套管，每根换热管对应一个套管，两种介质间接接触。裂解气和超高压给水都从急冷换热器下面进入，利用导热原理传热，将裂解气急冷降温，被加热的超高压给水汽化成超高压蒸汽，利用热虹吸原理实现急冷换热器和汽包中冷却介质自循环，产生的超高压蒸汽去超高压蒸汽管网。

2 线性急冷换热器的实际应用

急冷换热器是利用生产过程中的高温物流作为热源来生产蒸汽的换热器，它既是工艺流程中高温物流的冷却器，又是利用余热提供蒸汽的动力装置。

2.1 降低裂解气温度

裂解气从裂解炉辐射段出来直接进入急冷换热器，急冷换热器入口温度为裂解炉出口温度(COT)799~852℃(不同的炉型对应的出口温度不同，以下所给参数为范围值皆为此因)，被 326℃的超高压锅炉给水急冷降温，急冷后的裂解温度为 403~502℃。

2.2 回收裂解气高位热能生产超高压蒸汽

裂解气的高位热能通过导热原理将热量传递给超高压锅炉给水，使 326℃、13.1MPa 的超高压给水在急冷换热器壳程内完成潜热的吸收并汽化成超高压蒸汽，从而利用蒸汽与水的密度差产生了热虹吸现象，实现了急冷换热器与汽包间急冷介质的自循环。急冷换热器产生的超高压蒸汽经裂解炉对流段进行过热，在过热过程中通过减温增湿器将超高压蒸汽温度控制在 520℃，压力控制在 12.1MPa，从而保证了驱动大功率汽轮机能直接拖动大型机械，例如为大型压缩机组、发电机、大型的泵、风机等提供动能。部分通过减温减压器后的蒸汽为加热设备提供热能。

2.3 防止裂解气发生二次反应，保证运行周期及烯烃收率

裂解气经裂解炉对流段被预热到合适温度，在裂解炉辐射段经热辐射传热在最佳的时间内被加热到最佳的裂解反应温度，得到最佳的裂解深度，此时如果不及时对裂解气进行降温，裂解气极易进一步发生裂解反应，即二次反应，裂解反应原理图如图 1 所示(以裂解乙烷为例)。

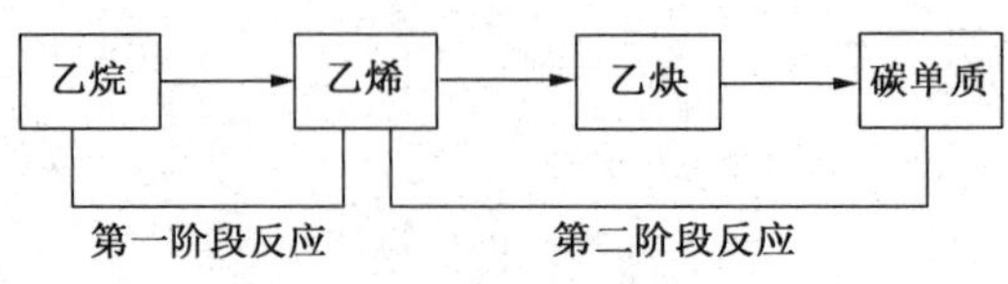

图 1 裂解反应原理图

从上面的裂解反应原理图我们可以看出，我们需要的是第一阶段的裂解反应，第二阶段的裂解反应是二次反应，二次反应不但会降低烯烃收率同时还会生成单质碳，单质碳的聚结会产生结焦，造成设备的堵塞及裂解炉炉管的局部高温，严重时会减少炉管的寿命，缩短裂解炉及下游设备的运行周期。

3　设备的结构组成及材质

3.1　线性急冷换热器与传统急冷换热器结构性能对比

传统急冷换热器：裂解气进入到急冷换热器前要进行合流并管进入到大口径入口锥体后，由于传统急冷换热器为保证热交换负荷有多个管程，因此对裂解气要进行分流，这时就很容易使裂解气因分配不均造成偏流，因换热不均导致裂解气易结焦，很难满足化工装置的长周期稳定运行。

线性急冷换热器：采用一对一模式，即一个裂解炉管出口连接一个急冷换热管入口，从而消除了裂解气因偏流造成介质在管内换热不均而导致内管的结焦，增加了裂解炉的操作弹性，延长了生产周期。

3.2　特殊金属材质的力学性能

在急冷换热器上运行环境最苛刻，对材质、力学性能要求最高的就是入口带叉锥体和超高压锅炉给水入口处的材料了，Incoloy800HT Ⅳ 是一种含碳、铝、钛、硅、锰并提高了(Al+Ti)含量的固溶态高强度奥氏体镍-铁-铬合金，在经过特殊的固溶处理(晶粒尺寸≥90μm/ASTM No.4)后得到 TiC 沉淀析出相，使合金 800HT 在 700℃以上时具有最高的抗拉强度。该合金具有以下特性：

(1) 在 700℃以上时具有优秀的屈服强度，若是材料经常性地应用于温度低于 700℃的环境或部分材料长期处于 700℃以下的工况时，推荐使用合金 800H；

(2) 具有很好的耐还原、氧化、氮化介质腐蚀以及耐氧化还原交替变化介质腐蚀的性能；

(3) 在高温长期应用中具有较高的冶金稳定性。

4　急冷换热器在化工装置节能降耗中的应用

武汉乙烯生产的超高压蒸汽来源主要为热电装置和裂解装置，其中热电联产的 3 台产汽锅炉单台生产超高压蒸汽能力分别为：锅炉 A/B 各为 330t/h、锅炉 C 为 347.2t/h，总产能为 1007.2t/h。裂解装置 8 台裂解炉共 48 台线性急冷换热器，其中气体炉 H-001 急冷换热器产汽量 36.553t/h，轻油炉 H-002～H-003 及 H-006～H-008 单台炉产汽量为 57.742t/h，重油炉 H-004～H-005 单台炉产汽量为 54.633t/h，武汉乙烯 8 台裂解炉运行按照 7 开 1 备(H-002/H-003 其中一台为备用炉)，42 台急冷换热器利用回收裂解气高位热能产生超高压蒸汽其总产汽量保守估计约为 358.6t/h，占全厂蒸汽管网总产汽量的 26.26%，一吨蒸汽价格在 170～240 元不等，按最低标准 170 元核算，358.6t/h 的蒸汽一天的产值就为 146.3088 万元。

综上所述，急冷换热器不论从工艺、能耗还是经济等方面对整个化工装置都起到了举足轻重的作用，为现代化化工企业实现节能降耗有着重要意义。

5　急冷换热器安装及运行维护的注意事项

5.1　锅炉给水的压力温度对急冷换热器的影响

对于高温余热的利用，趋向于把过去的低压锅炉(锅炉为老式沿用的叫法，现一般都称为急冷换热器）尽可能地提高压力，改为高压过热蒸汽的动力锅炉，高压废热锅炉的蒸汽工作压力一般在10MPa以上，通常选取在10.55MPa，或者选取接近这一压力的工作压力。由于水的沸腾临界热负荷在这一工作压力数值最大，因此能够承受工艺气操作温度的较大的波动，也不易使工作热负荷超过临界值，以致形成膜状沸腾而烧坏炉管，一般工艺气温度波动较大的废热锅炉又多以工艺气为热源，所以水的临界热负荷对废热锅炉很有意义。此外，急冷换热器选在这一压力工作，其工作热负荷数值也可选得大一些，因而在同样传热量的情况下，换热面积也可选得小一些，可节约一定成本。

蒸汽的压力过高不但会加大设备材质及强度的要求，增加了成本，还可能导致工艺气冷却不够，使得裂解气的出口温度升高，容易发生二次反应，降低了烯烃收率及堵塞换热管等。所以选择适当的锅炉给水的压力及温度即可。

5.2 裂解气急冷后的温度对急冷换热器的影响

硫铁矿沸腾焙烧炉炉气冷却器——废热锅炉，过去曾经采取$(7\sim12)\times10^5$Pa表压工作的低压蒸汽锅炉，导致炉气出口段的炉管受到严重腐蚀，因为在这种工作压力范围内的锅炉水温为169.6~190.7℃，大大低于该炉气中水分与SO_3形成的硫酸的露点温度（270~330℃），于是容易使炉气的水分与SO_3反应生成硫酸在换热管出口端管壁旁达到露点而凝结在管壁上，产生腐蚀作用。所以对于露点较高的工艺气，为了使急冷换热器内管壁的温度不致降到裂解气温度以下，以避免管壁产生焦油结焦或者遭受腐蚀，所以要提高急冷换热器的蒸汽压力以提高管壁温度。

5.3 急冷换热器安装注意事项

在施工准备阶段急冷换热器在安装时要注意安装是否存在应力，不允许强力组对及应力安装，如存在该隐患在急冷换热器投用后容易因设备受热膨胀产生较大的应力集中，发生应力腐蚀，并导致设备焊缝及设备本体发生裂纹和断裂。

5.4 急冷换热器投用时需要注意的问题

（1）化学清洗在开车前要对急冷换热器及相应管线进行化学清洗以清除该设备在制造、运输和安装过程中沉积在内表面的杂质（如沉积物、碎片、油脂等）。

（2）裂解炉烘炉时要注意对裂解炉区设备进行热把紧，2011年6月某化工2#乙烯裂解装置在裂解炉升温时没有对该裂解炉全部急冷换热器的高强度螺栓进行热把紧，导致在裂解炉投石脑油后急冷换热器发生泄漏着火，将急冷换热器的入口锥体烧毁。

在烘炉过程中，当炉出口温度达到350℃时应对所有法兰、人孔的连接螺栓进行第一次热把紧；当炉出口温度达到600℃时应对所有法兰、人孔的连接螺栓进行第二次热把紧。

5.5 氧含量对急冷换热器的影响

在急冷换热器运行时其高温高压的环境会强化锅炉给水和超高压蒸汽中夹带的氧气对急冷换热器金属表面作用生成三氧化二铁，腐蚀后进一步生成四氧化三铁，使金属组织疏松，强度降低，同时也会使管壁产生麻面及裂纹，对长周期安全生产造成威胁。鉴于以上危害，控制裂解炉锅炉给水的氧含量尤为重要，主要方法就是通过除氧器内的热力除氧和通过P-811注除氧剂的化学除氧严格控制锅炉给水的含氧量$\leqslant0.007\times10^{-6}$。

5.6 电导率对急冷换热器的影响

炉水上下翻腾，炉水起泡沫，波动冲击剧烈，蒸汽夹带的水量较多，管道内发生水击等，这种现象称为气水共腾。这是由于排污不当，使炉水含盐量偏高即电导率高所造成的。

处理方法就是通过连续排污（以下简称连排）、间断排污（以下简称间排）严格控制电导率≤0.2μs/cm，水质在技术要求范围内，则汽水共腾即可消失。

5.7　连续排污与间断排污在控制汽包水质中的作用

汽包给水中盐含量的高低直接决定了汽包给水中电导率的高低即水质的高低，虽然连排、间排都是控制汽包给水中盐的含量，但两者的作用、意义及在设备排放的位置都不尽相同。

1）间断排污

间断排污又称底部排污，其目的是为了将锅炉内部的沉淀物、水渣和腐蚀产物排除掉，避免二次水垢形成和管路堵塞。排污点是在汽包水系统的最低部位。间排的特点是时间短、流量大以便沉淀物被高速流动的炉水带出。排污时间间隔与炉水加药量、炉水浑浊程度和给水的品质有关，给水澄清，可一日或隔日定期排一次，否则一日一次或三次。排污量一般为连续排污量的0.5%~1%。

排污工作应在裂解炉低负荷时进行，因为此时沉淀物最容易沉积在间排出口。间断排污用的阀门要设置两个串联的快速排污阀，其中一个作为调节使用，另一个是为了保证设备安全不发生渗漏。

2）连续排污

连续排污也叫表面排污，其目的是将汽包中污物浓缩倍率最高的一部分炉水连续不断地排出，使炉水指标保持在规定范围内。

从实践知道，炉水中污物浓度最大的地方在汽包给水液面下80~100mm处，因为此处的炉水蒸发面较大，污物容易浮集。

控制好间排、连排是保证汽包水质、控制电导率直接有效的手段。

5.8　pH对急冷换热器的影响

调节给水和炉水的pH值，其目的在于防止给水系统和急冷换热器的腐蚀。

1）给水pH值的调节

提高给水的pH值，是防止给水管道中的氢去极化腐蚀和金属表面保护膜被破坏。给水pH值过低，说明给水中的氢离子浓度过大，而给水中氢离子浓度大的原因主要是由于含有大量游离二氧化碳的缘故。实践证明，当给水的pH值达到8以上时，可避免氢去极化腐蚀和金属保护膜的破坏。

2）炉水pH值调节

在炉水的pH值低于10的情况下，当炉水中有溶解氧存在时，较易发生氧腐蚀。但在炉水的pH值高于12时，易使炉水的相对碱度大于0.2，此时就容易发生苛性脆化现象。

降低炉水的相对碱度以防苛性脆化的方法，不外乎对给水除碱或增加炉水的含盐量，在炉水中加入化学药剂或补充处理，即是增加炉水的含盐量而降低其相对碱度。

根据实际经验，当pH值在10~11时，就能使锅炉的氧腐蚀减缓或避免。维持和调节炉水的pH值可采用在炉水中加药（碳酸钠、氢氧化钠、亚硫酸钠及磷酸盐）的方法来达到。笔者所在的乙烯装置主要是通过P-813注碱保证25℃时pH值在9.5~10.5。

5.9　汽包水位对急冷换热器的影响

1）汽包满水

汽包的满水现象是指汽包水位超过最高水位线，蒸汽中携带水分，严重时可使气机械停车，造成事故。满水一般是由于操作人员疏忽大意，不注意检查液位造成的。当负荷变化时，上水量超过蒸发量，使炉水量越来越多。这时可通过开启排污、调节给水流量来降低液位。

2）汽包缺水

汽包给水液面低于最低水位线时，叫做炉内缺水，这是急冷换热器运行中比较常见的事故，而且最易造成大的损失。根据缺水的程度可分为一般缺水、严重缺水和汽包干锅这三种情况。缺水应立即摸清水位实际情况，采取相应的紧急措施。

（1）一般缺水　可通过增加汽包给水来解决。

（2）严重缺水　减小排污、增大汽包给水量，此时液位依然无法恢复时，要迅速查明原因和摸清实际水位，否则应立即停车、停炉。

（3）汽包干锅　如果汽包内已无水位，工艺气出口温度猛升，此时可判断炉内受热管中已无水或烧干，应紧急停炉、停车，此时不能向汽包内加水，否则进水后会产生大量蒸汽，压力猛涨，容易发生爆炸事故，同时急冷换热管由于激冷而发生变形破裂。

5.10　急冷换热器日常维护其他注意事项

（1）急冷换热器投用时严禁从急冷换热器超高压锅炉给水入口导淋处进行排液，以防止因无法产生自循环而导致急冷换热器因超温而烧毁损坏。

（2）必须待急冷换热器的入口锥体冷却到室温时才能进行水力清焦。

（3）急冷换热器入口锥体的寿命为 3 年，需及早准备备件。

6　结语

线性急冷换热器作为乙烯龙头装置在降耗节能上发挥着不可磨灭的作用，其特殊的线性设计能够更好地满足现在大乙烯、长周期、高负的苛刻要求，与此同时日常运行维护中严格控制好各项指标是急冷换热器长周期稳定运行的关键。

（中国石化武汉分公司乙烯烯烃分部　许玉良）

34. 乙烯装置甲烷化反应器进料换热器断裂原因分析及国产化应用

大庆石化公司化工一厂 30×10^4t/a 乙烯装置(老区)，采用美国石伟公司(SW)专利技术，由日本日挥公司设计，1980年6月投产。其中甲烷化进料换热器 EH-417 是由日本日挥公司设计、日本广富机械公司制造的高压 U 形管氢气加热器。该设备1986年投用，1992年6月20日突然发生断裂，断口在壳体法兰与筒体焊接的热影响区处；2007年2月发生换热器泄漏情况，经堵管维持运行。之后对此换热器进行了国产化更新，经过计算考证，在满足原换热量需求和操作条件基础上，把原本的翅片管设计改为国产光管设计，改造后，该换热器运行平稳，工艺参数稳定可靠。

1　甲烷化反应器进料换热器断裂原因分析

1.1　加热器设计及操作条件

EH-417 加热器设计及操作条件见表1。

表1　EH-417 设计及操作条件

项　目	壳　程		管　程	
位　置	入口	出口	入口	出口
介　质	氢气	氢气	S_{100}蒸汽	S_{10}蒸汽
设计压力/MPa	4.29		11	
设计温度/℃	275		508	
操作压力/MPa	3.16		9.6	
操作温度/℃	8.9	260	495	307

EH-417 的工艺流程如图1所示，氢气从 EH-416 来，进入 EH-417 壳程，被495℃、10MPa 蒸汽加热后，经过 TV 1445 温控调节阀将温度调节到260℃进入甲烷化反应器 ER-418。检查 EH-417 的工艺流程发现，日挥提供的设备工艺数据表中壳程操作温度为260℃，与实际的操作温度相差较大。温控调节阀 TV 1445 的控制温度为260℃，而实际操作记录所记录的就是 TE 1445 的温度，其操作范围是(260±2)℃。但这个温度不是 EH-417 壳程的操作温度，它是温度调节阀 TV 1445 冷流调节后进入 ER-418 的温度，冷流调节即通过阀的开度调节，调整进入的低温介质的流量，从而控制温度。而 EH-417 实际的操作温度高于260℃，在运行过程中，用接触式表面温度计实测其外壁温度达到308℃，壳程内介质温度肯定更高，从而证明设备处于超温状态下运行。

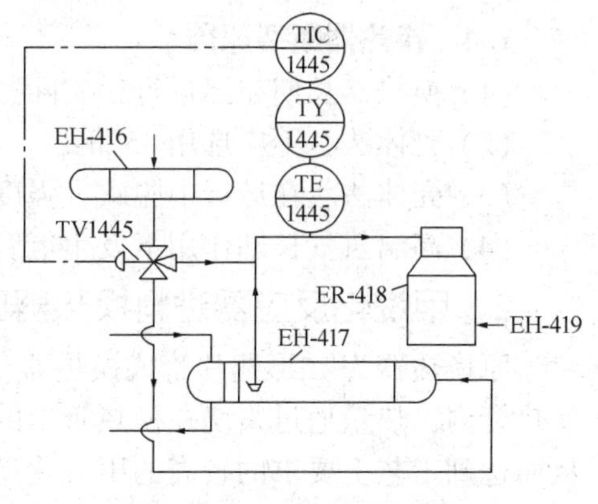

图1　EH-417 工艺流程图

1.2 光谱和化学分析

对断裂的壳体法兰进行光谱和化学分析，并核查了硬度，结果证实该材料确为碳钢，见表2和表3。但其含碳量低于原设计法兰45号钢的含碳量，说明材料已脱碳。

表2 化学成分分析结果

元素	C	S	P	Mn	Si
含量/%	0.29	0.01	0.02	0.73	0.36

表3 硬度检查结果

部位	法兰外圆	法兰径部	断口处
硬度值	148~152HB	148HB	112~124HB

1.3 断口宏观检查

加热器断裂位置在壳体法兰与筒体连接焊接热影响区处，如图2所示。

断口特征：断口沿圆周方向断裂整齐，近似灰口铸铁，断口表面氧化，如图3所示。法兰断口表层局部有少量的撕裂状，其他为微裂纹引起的脆性断裂。

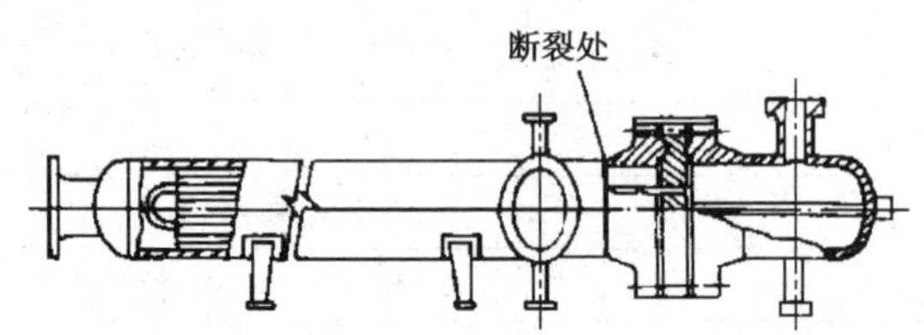

图2 EH-417外形图及断裂位置

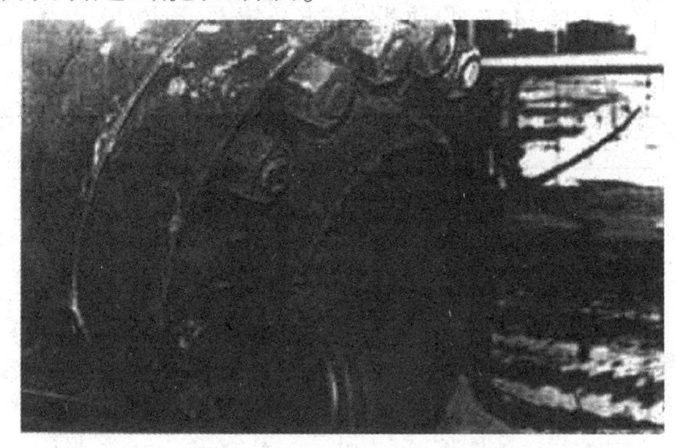

图3 法兰断口形貌

1.4 换热器断裂原因

(1) 换热器长期超温运行，实际操作温度超过设计温度；

(2) 壳体法兰不应选用45#钢；

(3) 壳体法兰在运行中脱碳，强度降低；

(4) 高温氢气长期作用下发生氢腐蚀。

2 甲烷化反应器进料换热器国产化更新

原换热器为U形翅片管式换热器，传热性能良好、稳定，壳程通过阻力小，蒸气流经换热管内，热量通过紧绕在换热管上的翅片传给经过翅片间的氢气，达到加热氢气的作用，从而达到工艺上要求的较高的甲烷化反应器进料温度。

为保证换热器更新后能够在性能上达到原换热器的效果，考虑目前国内制造水平的限制，况且在同类装置中，该设备基本上都为进口设备，所以起初决定进口该设备。然而，公司的2007年大检修在7月份进行，该设备从订货、制造、运输到设备安装，至少要7~8个月时间。所以考虑到公司检修周期的要求，不能够采用进口设备。

该换热器的制造难点为换热管形式，原换热器的换热管为翅片管，而国内的制造水平要求只能采用光管设计，再加上装置内的安装空间也已经很小，所以要求新设备在体积上也不能过大，这就更增大了设计难度。翅片管的传热效率一般为光管的 7~8 倍。若采用光管设计，必须考虑换热面积和换热量能否达到原换热器的性能。

2.1　传热量的计算

一般的传热过程总是通过两种不进行混合的流体来进行，这两种流体被一层固体壁面隔开，如图 4 所示。

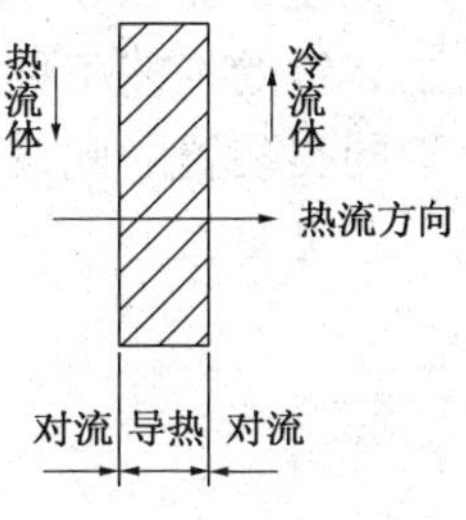

图 4　间壁传热图

在化工生产中，生产往往是连续进行的。进行热量传递的两种流体的温度一般不随时间改变。因此，对于这样的传热过程来说，可以不考虑具体的传热方式，将所传热量用以下数学式表示：

$$Q=KA(t_2-t_1)$$

式中　Q——单位时间内的传热量，W；

K——传热系数，$W/m^2 \cdot ℃$；

A——传热面积，m^2；

t_1——冷流体的平均温度，℃；

t_2——热流体的平均温度，℃。

2.2　有效平均温差

按逆流计算：

$$\Delta t_n=\frac{\Delta t_1-\Delta t_2}{\ln\dfrac{\Delta t_1}{\Delta t_2}}$$

2.3　换热器型式的选取

先假设传热系数为 K，则传热面积为：

$$F'=\frac{Q}{K\Delta t_m}$$

按 $F=(1.15\times1.25)F'$ 选型，根据《换热器设计手册》选 BEU 型换热器。

2.4　校核传热系数 *K*

通过理论计算得出管程 S_{100} 蒸汽的传热系数 α_i 和壳程氢气传热系数 α_o；由相关附录查取管程 S_{100} 蒸汽的污垢热阻 r_i 及壳程氢气的污垢热阻 r_o，则由下式计算出传热系数 K_0：

$$\frac{1}{K_0}=\frac{1}{\alpha_o}+r_o+\frac{\delta_w}{\lambda_w}\frac{d_o}{d_m}+r_i\frac{d_o}{d_i}+\frac{1}{\alpha_i}\frac{d_o}{d_i}$$

若 $\dfrac{|K_0-K|}{K}\times100\%$ 的值在 10%以内，则 K 符合条件，否则返回上一步。

校核传热面积：

$$F''=\frac{Q}{K\Delta t'_m}$$

若 $\dfrac{F-F''}{F''}$ 在 10%~20%之间，则符合要求。

经过现场实地考察论证后，结论为可以在现有安装空间允许的情况下，设计该换热器，改变换热管的形式后，可以满足工艺要求。

重新设计的换热器 EH-417 采用 BEU 型，规格为 ID400-L3000，换热管为光管，换热面积为 $26m^2$，壳体、管束材质为 15CrMo。

3 结论

此设备在 2007 年 8 月大庆石化公司化工一厂老区裂解装置开工以来，运行良好，能够满足装置的工艺条件，达到了设计要求和原换热器的性能。这次设备的技术改造是成功的。由于同类装置的此设备基本上为进口设备，所以此次设备改造成功，实现了该设备的国产化，意义重大。

（中国石油大庆石化公司化工一厂　姜道民）

35. 丙烯换热器 E601 腐蚀泄漏原因分析

2008 年 5 月 13 日，大连石化公司有机合成厂化一车间丙烯换热器 E601 发生腐蚀泄漏，壳程丙烯尾气泄入管程循环水管线，车间及时停用换热器，检修公司紧急抢修换热器：拆卸泄漏管束，更换新管束，清洗、试压、安装，换热器重新投入使用。

E601 换热器于 2002 年 5 月安装投用，换热器规格 ϕ800×7240。管束规格 ϕ19×2.0，数量 696 根，材料 20[#]钢，换热器管程介质循环水，温度 50℃，压力 0.7MPa；壳程介质为含有少量水的丙烯尾气，工作温度 40℃，压力 2.0MPa，管束与管板之间的连接方法采用焊接+胀接加工工艺。

一般说来，与海水换热器相比较，循环水换热器有较高的使用寿命，但 E601 换热器却在投用后不久却多次发生腐蚀泄漏：2004 年 3 月，新更换管束后的换热器仅使用一年多，即在 2005 年 10 月发生首次腐蚀泄漏；2008 年 1 月，换热器再次发生腐蚀泄漏；2008 年 5 月，换热器发生第 3 次腐蚀泄漏。

由于 E601 换热器在短期内如此异常频繁腐蚀泄漏，且丙烯气易燃、泄入管程循环水管线会危及安全生产，因此针对换热器腐蚀泄漏的原因进行了检验、分析并提出了改进措施。

1　宏观检验

打开换热器，宏观检验管束表面的腐蚀状况，管束表面的腐蚀状况如图 1 ~ 图 5 所示。

图 1

图 2

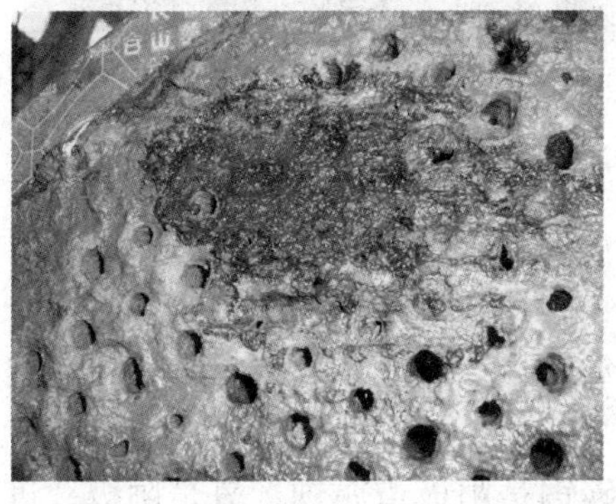

图 3

图 4

由图1、图3、图4可见，管板表面沉积较厚的棕黄色泥沙垢。清除表层泥沙垢后可见，泥沙厚度约3~5mm(见图3)，管板底层表面为黑色腐蚀产物。沉积泥沙较厚表明，管板表面存在垢下腐蚀；由管程介质和管板表面腐蚀产物的颜色判断，管程金属表面的基本腐蚀类型是由循环水引起的氧腐蚀。

壳程内较清洁，无明显泥沙沉积，管束表面呈棕红腐蚀色，清除表层腐蚀物，可见底层的黑色腐蚀产物，管束表面金属腐蚀轻微，检验表面无较深的点腐蚀坑(见图4)。由腐蚀产物的颜色判断，管束表面的基本腐蚀类型也是水引起的氧腐蚀；表面金属腐蚀轻微、检验表面无较深的点腐蚀坑证明，管束的腐蚀泄漏不是由壳程管束表面的点腐蚀引起的。

图5

检查管板表面可见：腐蚀泄漏位于管板边缘原有的、已用车制“堵头”堵塞的管口周围的焊缝处，泄漏呈条缝状沿焊缝延伸，泄漏部位腐蚀产物颜色与壳程内管束表面腐蚀产物颜色相同，也呈棕红腐蚀色(见图5)。泄漏部位呈条缝状，表明泄漏部位存在缝隙腐蚀；泄漏部位腐蚀产物颜色与壳程内管束表面腐蚀产物颜色相同，表明缝隙腐蚀是由壳程内的腐蚀介质引起的。

清除管板表面泥沙，检查管束与管板之间的角焊缝高度可见，其焊缝表面几乎与管板表面高度相同(见图3、图6)，与一般管束与管板之间的焊缝高度(见图7)相比较，明显较小。焊缝高度小，有效截面小，腐蚀寿命降低。

在换热器的大小帽头内均未安装镁阳极。帽头内不安装镁阳极，管壳程内金属的腐蚀速度高。

图6

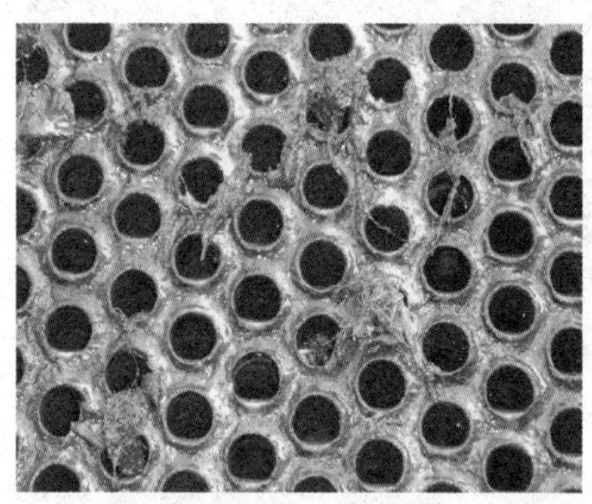

图7

2 腐蚀泄漏原因分析

2.1 循环水氧腐蚀

E601换热器管程和壳程的金属均为碳钢，管程内介质为循环水，壳程内介质为含有少量水的丙烯尾气，这两种水中都会含有少量的溶解氧，溶解氧可导致管程和壳程的碳钢产生基本腐蚀——溶解氧腐蚀。

由于碳钢的电极电位比氧的电极电位低，其中碳钢是阳极遭腐蚀，氧是阴极，进行氧化还原反应，反应式如下：

阳极过程：M $\longrightarrow M^{2+}+2e$

阴极过程：$1/2O_2+H_2O \longrightarrow OH^-$

在碳钢和氧的氧化还原反应中，可形成棕色的 Fe_2O_3 和黑色 Fe_3O_4。因此在宏观检验中观察到的管程和壳程的金属表面呈现的棕色和黑色腐蚀产物即是换热器存在氧腐蚀的有力证明。

2.2 垢下腐蚀

由宏观检验可知，换热器管板表面沉积较厚的泥沙，较厚的泥沙会使金属表面产生泥沙垢下快速腐蚀，其机理为：当金属表面在循环水中产生基本腐蚀——氧腐蚀时，如金属表面有较厚的泥垢时，有垢金属表面溶解氧少，不能消耗大量电子，剩余电子多，成为阳极；无垢金属表面溶解氧多，呈饱和状态，能消耗大量电子，剩余电子少，成为阴极；因此产生垢下氧浓差腐蚀。

由于垢下氧浓差腐蚀速度大大高于氧腐蚀，因此其对换热器的腐蚀泄漏作用大于氧腐蚀。

2.3 缝隙腐蚀

由宏观检验可见，泄漏部位呈细条缝状，表明泄漏部位存在缝隙腐蚀，其腐蚀机理为：腐蚀开始时，腐蚀介质中的金属表面和缝隙内表面都产生阴、阳极腐蚀反应：

阳极：Me $\longrightarrow Me^+ +e$

阴极：$O_2+2H_2O+4e \longrightarrow 4OH^-$

由于缝隙内介质静止滞留，阴极腐蚀反应消耗介质中的 O_2 等不到补充而大大减少，至零时阴极腐蚀反应停止。而缝隙外表面氧补充多，缝隙内、外形成氧浓差电池：缝隙内$O_2+2H_2O+4e \longrightarrow 4OH^-$反应不充分，电子过剩，电位低，成为阳极，而缝隙外表面氧补充多，$O_2+2H_2O+4e \longrightarrow 4OH^-$反应充分，电子少，电位高，成为阴极，产生氧浓差腐蚀。

另一方面，缝隙内外面积相差大，又形成大阴极、小阳极宏观电池，产生强烈腐蚀。

同时，缝隙内阳极腐蚀反应继续，缝隙内积存大量 Me^+，为了平衡正电子，缝隙外带负电的 Cl^-向缝隙内移动，以保持缝隙内电位中性，并与金属离子反应形成金属氯化物 M^+Cl^-。金属氯化物 M^+Cl^- 被水解形成氢氧化物和游离酸，局部酸化 pH 值达 1.3～1.5，$M^+Cl^-+H_2O \longrightarrow MOH^+H^+Cl^-$。对有钝化膜金属而言，局部酸化结果：水解游离酸 Cl^-使已破裂钝化膜不断破裂，不能修复，腐蚀持续进行。

与垢下腐蚀一样，缝隙腐蚀的速度也大大高于氧腐蚀，因此其对换热器的腐蚀泄漏作用大于氧腐蚀。

总而言之，正是由于上述多种类型腐蚀因素的综合作用，才使换热器产生了快速腐蚀泄露。

2.4 其他腐蚀因素

应该指出，除上述腐蚀因素外，尚有以下因数也可促进换热器腐蚀泄漏。

2.4.1 丙烯泄漏的影响

任何腐蚀泄漏都是逐渐形成的。当换热器出现少量泄漏后，丙烯物料进入循环水系统中，由于丙烯为不饱和烃类，极易与循环水场药剂中的氧化性杀菌剂进行反应，消耗了循环水中起到杀菌作用的氧化性杀菌剂，使系统中有机物含量增高，同时杀菌剂失效，造成微生物繁殖，系统生物黏泥量增大，进而造成垢下腐蚀。从宏观检验中观察到的管板表面沉积较厚的细微泥沙判断，其产生可能是与换热器物料的泄漏影响分不开的。

2.4.2 缓蚀剂浓度

一般说来，在循环水系统中均含有一定浓度的防腐蚀缓蚀剂，如我公司循环水系统中就含有一定量的Zn离子和D189C缓蚀剂。如果循环水系统中缓蚀剂因各种原因降低，循环水的腐蚀性就会加大，从图7可以看出管板与换热管焊缝焊肉浅，腐蚀较重，使焊缝出现裂纹，出现泄漏。

至于上述因数是否促进了换热器的腐蚀，需进行水质检验才能确定。

2.5 垫片把偏

内浮头封头与管束管板垫片把偏造成泄漏是本次最大原因，从图1、图2、图5可以看出。

图8

2008年1月25日该换热器出现泄漏，泄漏的部位是换热管与管板焊接处出现裂纹共有4处，用车制钢塞堵死，壳体及管束均按要求做耐压试验，合格后，运回现场安装，投入使用后运行正常。5月12日，为配合20万tPP装置不凝气线改造项目施工，该丙烯冷凝器停工泄压，5月13日8：30日该换热器再投用时，出现明显泄漏(内漏)。正是因为垫片把偏了，才出现这种情况；正常使用时反映不出来，如果有温差应力时(如压力、温度变化时，当时正好停车泄压)，就会出现严重泄漏(内漏)，其现象如图8所示。

单纯的管板与换热管焊缝泄漏是不会出现管束外表皮腐蚀、泥沙淤积等情况的。

3 预防措施及整改方法

3.1 保持换热器管板与管束之间的合理间隙

由宏观检验和腐蚀过程分析可知，E601换热器管板与管束之间经焊接+胀接加工工艺后存在缝隙，致使壳程产生了缝隙腐蚀，并且缝隙腐蚀穿透厚厚的管板，造成了腐蚀泄漏。因此，换热器管板与管束之间经焊接+胀接加工工艺后，其缝隙间隙小于产生缝隙腐蚀的最小间隙0.025mm，是避免其发生缝隙腐蚀泄漏的重要措施。

3.2 保持良好水质

图6是E601换热器管板2008年1月清洗后的表面状况，比较图1和图6可见，清洗后的换热器管板仅使用4个月后，其表面即沉积了3~5mm厚的泥沙，正是这些泥沙使换热器管板表面形成了垢下腐蚀，因此避免或减少循环水中的泥沙并保持水系统中有适量的缓蚀剂是减轻换热器腐蚀泄漏的必要措施。

3.3 胀接间隙合理

由图6、图7比较可见，E601换热器管板与管束的角焊缝高度明显小于常规角焊缝高度，角焊缝高度小，有效壁厚减小，腐蚀寿命降低，易引起早期腐蚀泄漏。因此，适当增加换热器管板与管束的角焊缝高度也是提高其使用寿命的有效措施。

3.4 增加角焊缝高度

E601换热器是循环水换热器，我公司已于2006年7月下达了循环水冷却器设备防腐管理规定，其中对换热器安装镁阳极保护、管束内循环水流速、管板进行涂料防腐处理等项目均有规定。E601换热器未安装镁阳极保护，因此建议E601换热器安装镁阳极并执行循环水冷却器设备防腐管理的相关规定，以减缓其腐蚀。

3.5　加强设备检维修质量确保设备本质安全

设备检修人员要按照设备检修规程，仔细地检修设备，设备在安装时，对各个部位的密封垫片要严把安装质量关，尤其内浮头换热器的内部垫片更应注意。

3.6　生产使用部门要正确地使用设备

在设备使用过程中，特别是在开、停车过程中，升压、泄压，升温、降温的过程应缓慢进行，应避免因骤升骤降而使设备在温差应力作用下受到损坏。

综上所述，为防止腐蚀开裂的发生，应根据工艺条件，从避免腐蚀环境、控制水质、提高流速、优化选材等方面多管齐下，结合费用经济指标综合考虑。

（中国石油大连石化分公司有机合成厂　谭永魁，冷传军）

第三章 空气预热器维护检修案例

36. LYCS-B 板式空气预热器在加热炉上的应用

锦西石化公司北蒸馏装置始建于 1962 年，原设计能力为 50×10^4t/a，后经多次扩能改造，处理能力达到 300×10^4t/a。2000 年本装置由锦西炼油化工总厂设计院与石油大学、天津大学共同设计，为润滑油型常减压蒸馏装置。原设计常压炉、减压炉各一座，热负荷分别为 27.86MW 和 11.6MW，2009 年 4 月装置进行单开常压系统改造，改造后装置最大加工能力300×10^4t/a。

北蒸馏装置加热炉所使用的热管式空气预热器，应用以来一直存在热管易失效和运行周期短的问题，预热器已经过多次检修清垢及更换热管。一般在检修更换热管后不到一个月即开始出现热风温度下降，加热炉排烟温度显著上升的状况。另外，由于装置燃料为油气联合，烟气中的灰分很容易黏结在热管翅片上而降低传热效果。目前北蒸馏装置预热后热空气温度只有 112℃，常压炉排烟温度达到 210℃以上，严重影响了加热炉效率。频繁更换热管也使操作费用大幅增加并影响装置安全生产。

1 板式空气预热器

在我国常减压蒸馏装置综合技术水平不断提高的情况下，提高装置热效率是非常困难的。热效率的提高意味着减少热损失，加热炉的热损失包含排烟损失、不完全燃烧损失和炉体散热损失。炉体散热损失约占加热炉总供热量的 1.5%~2.5%，并且只随环境温度和环境风速发生微小的变化，在实际生产中不予控制。

一般来说，使用性能好的空气预热器是提高加热炉热效率的简捷有效措施。空气预热器是利用加热炉烟气预热空气，空气预热器有多种型式，板壳式空气预热器传热性能高，为国内外共识，欧美国家普遍使用。20 世纪 80 年代末，我国燕山石化乙烯裂解炉改造由国外引进板式空气预热器后，1990 年起有零星应用，洛阳石化工程公司 1990 年在辽化公司 2 台 $2.5\times10^4m^3/h$ 制氢转化炉设计中，也曾应用板式空气预热器回收烟气余热；另外在茂名石化公司$6\times10^4m^3/h$制氢转化炉设计及燕山石化公司 $2\times10^4m^3/h$ 制氢转化炉设计中也采用了板式空气预热器，均取得了良好的效果。

我国加热炉燃料相对较差，硫等可产生酸性气体含量偏高。加热炉排出的高温烟气在 185℃以下时，气体介质中的酸性气体分子就会发生液化，凝结在管壁和设备的内壁上造成露点腐蚀，大大影响了空气预热器的稳定使用寿命。新型板式空气预热器由多片平行设置的金属传热板相连接构成，由一片传热板向下或向上直接折边的连接面与另一片传热板向上或向下直角折边的连接面对合连接一体构成一个通道单元，多个通道单元构成一组通道单元，多组通道单元构成板壳式空气预热器。

板式空气预热器具有减缓露点腐蚀性能，能满足长周期、稳定、免维护运行的要求，并且显现出优良的性能：传热性能好（单侧膜传热系数是管束式管内侧膜传热系数的1.56倍），阻力降小（阻力只有同样流通长度管束式空气预热器的0.4~0.6），可以采用模块化单体根据传热量自由组合或调解，既适用于气体燃料和较清洁的液体燃料产生的烟气，又适用于一些渣油燃料产生的黏性烟气。

2　板式空气预热器运行状况

北蒸馏装置使用洛阳森德石化工程有限公司的LYCS-B板式空气预热器已运行一年多，优良的工况表明我国石化企业常减压蒸馏装置首套采用减缓露点腐蚀的板式空气预热器应用成功。板式空气预热器的应用效果见表1。

表1　板式空气预热器的应用效果

项　目	改造前	改造后
原油处理量/$t \cdot h^{-1}$	232	230
入炉油品流量/$t \cdot h^{-1}$	221	219
油品入加热炉温度/℃	301	298
油品出加热炉温度/℃	373	372
排烟温度/℃	210	175~142
鼓风机入口/℃	环境温度20	环境温度25
鼓风机出口温度/℃	210	240~260
引风机入口温度/℃	305	308
引风机出口温度/℃	208	140~170
烟气组成（体积分数）/%		
O_2	5.8	3.3~2.1

从表1中可以看出：

（1）排烟温度降低约60℃，烟气带走的热量损失减少，提高加热率热效率约3%。

（2）空气预热温度使用时240℃，现仍然保持240℃，说明空气预热器具有减缓露点腐蚀和积灰结垢的性能。

（3）初步做到了免维护、长周期、稳定优质运行。

3　经济效益计算

LYCS-B板式空气预热器一年来保持排烟温度150℃左右稳定运行。一般来说，加热炉排烟温度每下降17~20℃热效率提高1%，使用前排烟温度210℃，降低排烟温度约60℃，提高加热炉热效率约3%。加热炉热效率提高1%，燃料油单耗下降约4.05MJ/t，折合成标准燃料油约0.1kg/t，300×10^4t/a常减压蒸馏装置热效率提高1%节省燃料：

$$300\times10^4\times0.1\times10^{-3}=300\text{ 吨标油/年}$$

300×10^4t/a常减压蒸馏装置热效率提高3%节省燃料：

$$300\times10^4\times0.3\times10^{-3}=900\text{ 吨标油/年}$$

每吨标准燃料油按4000元计算，每年节省燃料量折合人民币约360万元。

4　结论

常减压北蒸馏装置LYCS-B板式空气预热器是我国首台具有减缓露点腐蚀性能的空气预热器，一年多的运行表明：突破了我国石化行业加热炉板式预热器应用禁区，良好的运行状况预示了石化行业大规模应用板式空气预热器的良好前景。

（洛阳森德石化工程有限公司　许栋五）

37. 组合式水热媒空气预热器在加热炉余热回收系统中的应用

用烟气加热空气是加热炉回收烟气余热、提高热效率的主要方法，也是最常用的方法，目前加热炉余热回收系统通常采用管式空气预热器和热管空气预热器，然而这两种空气预热器均存在一些致命缺陷：

(1) 管式空气预热器比较突出的问题是低温段的堵、腐、漏。烟气在低温下对管壁的酸露点腐蚀能使换热器管壁穿透，产生漏风；堵灰将导致加热炉排烟不畅，炉膛正压，增加风机功耗和排烟热损失，降低加热炉热效率，甚至影响加热炉出力和运行安全。

(2) 热管式空气预热器比较突出的问题是使用寿命短，无论何种热管内部均存在析氢反应，导致热管逐渐失效。热管使用寿命短的不到半年，寿命长的不超过二年，一半以上的热管已失效。主要原因除了热管本身产品制造质量原因外，热管“相容性”技术未得到根本解决，随运行时间，热管内壁的钝化膜逐渐被破坏，导致热管逐渐失效，热风出口温度逐渐降低，排烟温度逐渐升高。

(3) 管式空气预热器和热管空气预热器均无法适应燃料的变化。当燃料含硫量增加，烟气的露点温度也随着提高，这两种空气预热器低温段管壁温度均无法调整，就有可能低于露点温度，导致露点腐蚀发生。

(4) 管式空气预热器和热管式空气预热器均无法适应加热炉负荷的变化。尤其当加热炉负荷偏低时，进入空气预热器的烟气温度和流量均低于设计值，导致空气预热器排烟温度偏低，容易导致露点腐蚀发生。

鉴于以上原因，石化厂检修时经常需要更换管式空气预热器低温段或更换大量热管备件。如何确保加热炉空气预热器的长周期、高效率、低成本运行始终是石化厂难以解决的难题。

1 组合式水热媒空气预热器系统

组合式水热媒空气预热器由扰流子空气预热器(高温段)和水热媒空气预热器构成，在高温段，扰流子空气预热器使用寿命长，性能稳定，传热效果好，不存在低温露点腐蚀；而低温段，水热媒空气预热器调节灵活，适应性好，可以避免露点腐蚀，二者组合确保加热炉空气预热器长周期、高效、安全运行。

1.1 扰流子空气预热器

扰流子空气预热器是在普通管式空气预热器的基础上加以改进发展起来的新型空气预热器。主要是在换热管内增设了扰流片，增加管内流动扰动，提高管内换热系数。

扰流子空气预热器管内走空气，管内布置扰流子，提高空气侧换热系数。壳侧走烟气，便于清灰。高温段采用扰流子空气预热器可以彻底解决热管式空气预热器超温失效、爆管等缺陷，确保空气预热器安全、长周期运行，又可降低空气预热器造价。

1.2 水热媒空气预热器工艺流程

水热媒空气预热器主要由烟气换热器、空气换热器、二台热水循环泵(一开一备)及相应的循环水管道等组成，利用装置现有带压除氧水(1.0~2.5MPa)作为热媒-中间热载体，建立一个闭式循环系统，吸收高温烟气中的余热，加热助燃空气。

带压的热媒水(1.0~2.5MPa)经热水循环泵加压后进入烟气换热器，在烟气换热器吸收烟气的高温余热，温升至160℃左右后进入空气换热器，加热助燃空气，换热后的热媒水返回热水循环泵入口。如此循环，源源不断将烟气中的热量传给助燃空气。期间除氧水循环利用，并不消耗。为了防止烟气换热器发生低温酸露点腐蚀，在空气换热器热媒水设置了一套自动(或手动)旁通调节，控制空气换热器换热量，保证进烟气换热器热媒水温度高于露点温度，即烟气换热器的最低壁温高于酸露点(设计点为130℃，可根据燃料变化调整)，其工艺流程如图1所示。

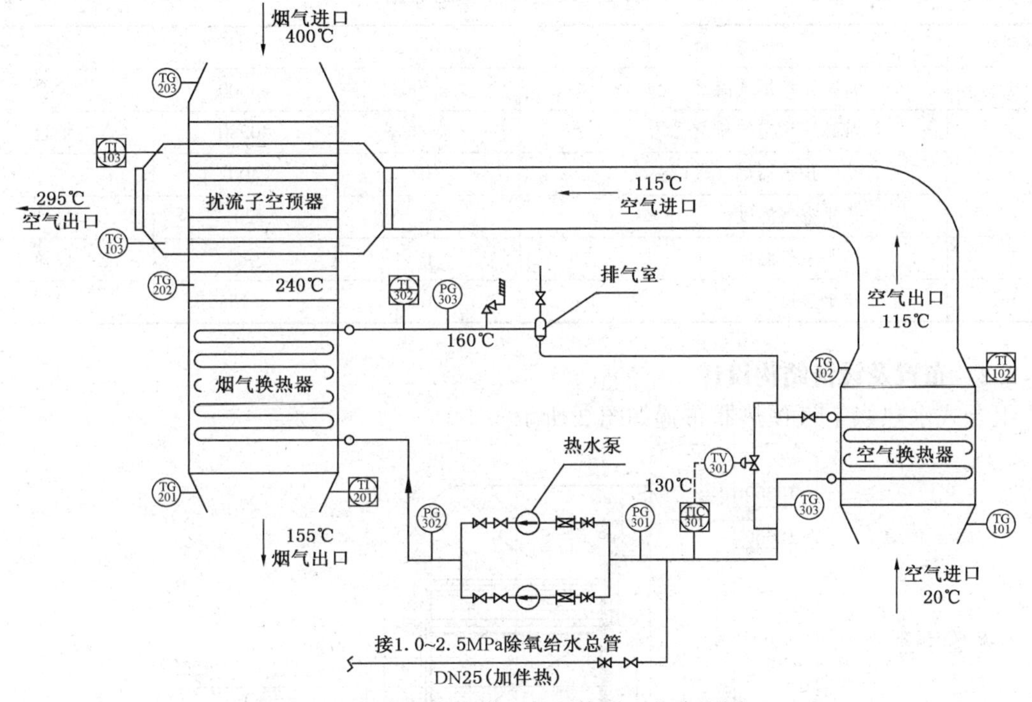

图1 组合式水热媒空气预热器工艺流程图

水热媒空气预热器器与热管式空气预热器比较，具有下列优点：

(1) 水热媒空气预热器将烟气和空气分开，热量通过热媒水管道(*DN*80~*DN*150)来传递，布置特别灵活方便，特别适合于改造项目的实施。

(2) 由于水热媒空气预热器可灵活调节烟气换热器的壁温，因而可以适应燃料的变化。即使燃料的含硫量较高，也可以通过旁路调节系统，将烟气换热器的最低管壁温度控制在露点温度以上，防止低温腐蚀。

(3) 可以适应加热炉负荷变化和短时间温度异常情况。水热媒系统的水温是可调的，因此排烟温度和热风温度可以灵活地加以控制，再加上管系中设置了安全阀，可以完全避免因加热炉操作异常而发生低温腐蚀或类似热管高温爆管、失效现象。

(4) 长久的使用寿命。水热媒空气预热器采用高压锅炉管为换热元件，全部对接焊缝100%拍片，可以保证8年以上的使用寿命而无需更换换热元件。

(5) 水热媒空气预热器的烟气换热器、空气换热器均为箱式模块结构，全部焊接、拍片和水压试验均在制造厂完成，实现工厂化制造，现场组装，有利于保证产品质量、缩短现场安装工期。

2 应用实例

某炼油厂200万t/a常减压装置有常压炉和减压炉两台加热炉，共用一套余热回收系统，原采用热管式空气预热器，利用常压炉和减压炉的对流室出口高温烟气余热预热两台加热炉的助燃空气。由于常、减压炉对流室出口烟气温度高达400℃，热管空气预热器很快失效，运行不到三个月，排烟温度超过300℃，严重影响加热炉效率。为解决这一难题，该炼油厂经多方调研，决定采用"组合式水热媒空气预热器"对空气预热器系统进行综合节能改造。

2.1　改造设计基础数据(见表1)

表1　改造设计基础数据

序号	项　目	单位	数值	备注
1	常减压炉烟气流量	kg/h	43600	二炉合一
2	常减压炉空气流量	kg/h	40980	二炉合一
3	空气预热器烟气进口温度	℃	400	
4	正常空气温度	℃	20	设计
5	冬季空气温度	℃	-5	校核
6	排烟温度	℃	≤155	设定

2.2　布置及设备结构设计

组合式水热媒空气预热器布置如图2所示。

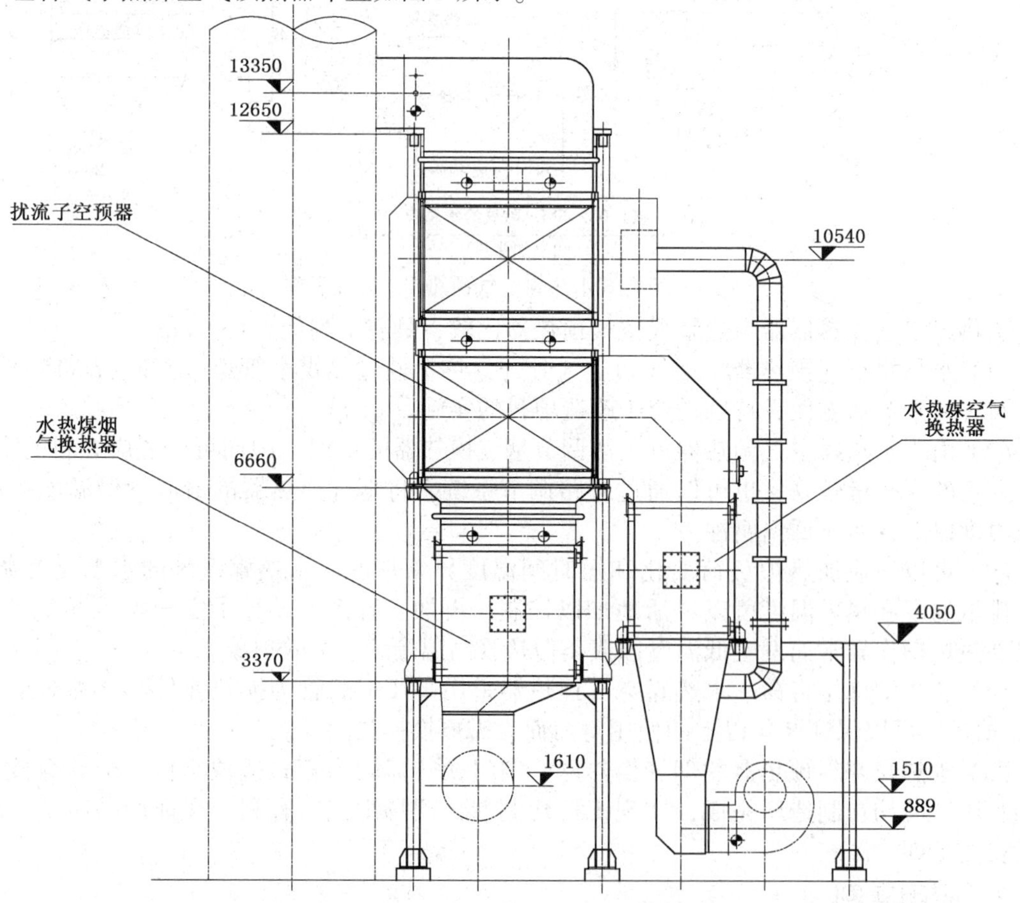

图2　组合式水热媒空气预热器布置图

扰流子空气预热器采用 $\phi 32\times 2$ 光管为换热元件，烟气走壳侧，便于清灰，空气走管内，内放扰流子，以强化管内换热。为了消除热应力，在空气进口管板与构架之间设置了不锈钢膨胀圈。扰流子空气预热器采用内保温。

烟气换热器和空气换热器均采用蛇形翅片管为换热元件，顺列布置。为了保证设备质量，便于现场安装，烟气换热器和空气换热器均设计为一整体箱式结构，所有承压元件焊接、固定、组装均在制造厂内完成，对接焊缝100%射线探伤。烟气换热器和空气换热器采用外保温，承压部件的所有焊缝均安排在夹层内，检查、维修时只需打开由外护板组成的检修门即可，十分方便。

2.3　性能参数(见表2、表3)

表2　扰流子空气预热器性能参数

名　称	单　位	数　值	备　注
烟气流量	kg/h	43600	
烟气入口温度	℃	400	
烟气出口温度	℃	240	
空气流量	kg/h	40980	
空气入口温度	℃	115	
空气出口温度	℃	295	
换热面积	m^2	900	
烟气阻力降	Pa	<550	
空气阻力降	Pa	<500	
换热量	kW	2145	

表3　水热媒烟气换热器和空气换热器性能参数

名　称	单　位	烟气换热器	空气换热器
烟气(空气)流量	kg/h	43600	40980
烟气(空气)入口温度	℃	240	20
烟气(空气)出口温度	℃	155	115
热媒水流量	t/h	32.6	
热媒水入口温度	℃	130	160
热媒水出口温度	℃	160	130
换热面积	m^2	~1100	~970
烟气(空气)阻力降	Pa	<250	<200
换热量	kW	1105	

2.4　水热媒系统操作控制

1）循环水系统的操作与控制

热媒水经热水循环泵升压后，进入烟气换热器取热，水温由130℃上升至160℃。然后进入空气换热器加热空气，换热后的热媒水与旁路热媒水混合后(130℃)返回循环水泵入口，如此循环运行。

为提高水热媒循环的可靠性，水热媒系统中布置二台热水循环水泵，一开一备。

2）烟气换热器的保护

为防止烟气换热器发生低温露点腐蚀，在空气换热器进、出口热媒水之间设置一套旁通调节复线，通过控制进入空气换热器的热媒水流量，来控制空气换热器的换热量，进而控制进入烟气换热器的热媒水温度，使烟气换热器最低壁温高于酸露点温度（暂定 130℃，可修改设定）。

当热水循环泵热媒水入口温度（即烟气换热器进口水温）低于 130℃时，打开空气换热器旁通调节阀，部分热水将不经过空气换热器直接进入热水循环泵入口，以提高烟气换热器入口水温。反之则关小空气换热器旁通调节阀，降低烟气换热器进口水温，提高换热效率。

另外，烟气换热器的出口热媒水管路上还设一安全阀，当热媒水压力高于设定值时，安全阀自动起跳，以确保在加热炉异常工况下设备的安全。

2.5 投用效果

加热炉空气预热器改造于 2006 年 6 月份实施，目前已运行近三年，效果十分理想，组合式水热媒空气预热器运行参数如表 4 所示。

表 4 组合式水热媒空气预热器运行参数

名 称	项 目	单 位	数 值	备 注
1	空气预热器进口烟气温度	℃	402	DCS 数据
2	排烟温度	℃	152	DCS 数据
3	热风出口温度	℃	298	DCS 数据
4	空气换热器出口风温	℃	113	DCS 数据
5	热媒水进烟气换热器温度	℃	132	DCS 数据

从实际运行数据可以看出，本次加热炉空气预热器节能改造十分成功。通过本次改造，常减压加热炉排烟温度从改造前的 300℃以上，降低至 152℃左右，加热炉热效率提高 6%以上；同时还由于采用了水热媒技术，提高了扰流子空气预热器进口风温和烟气换热器进口水温，避免了露点腐蚀，确保空气预热器长周期高效运行。

3 结论

组合式水热媒空气空气预热器利用其独特的换热原理，彻底解决了困扰炼油厂加热炉多年的空气预热器低温腐蚀和高温失效问题，在实际应用中取得了很好的效果，给同类加热炉余热回收系统的改造（或新建）提供了成功的经验。已先后在金陵石化 60 万 t/aPX 装置、克拉玛依 150 万 t/a 焦化装置、扬子石化 140 万 t/a 连续重整装置等二十多套加热炉烟气余热回收系统中应用，均取得良好使用效果，具有良好的市场推广价值。

（上海宁松热能环境工程有限公司 敖建军，屈武第，沃开宇）

38. 组合式空气预热器在延迟焦化加热炉上的应用

空气预热器对于管式加热炉来讲，是一项回收烟气余热首选的主要措施，在加热炉行业中得到了普遍的应用。它是利用加热炉排放的烟气余热加热助燃空气和气体燃料，以此来提高燃料的燃烧温度、加快升温速度，并显著地节省燃料，是加热炉提高热效率、降低生产成本不可缺少的节能设备。空预器的安稳运行对于企业的节能工作显得尤为重要。

在国内，装置设计规模为 100×10^4t/a 及以上的延迟焦化加热炉有明显特点，即经过对流取热后烟气温度仍较高，约在350℃左右，给空预器的选型及运行带来了很大的困难。据了解，目前国内这种类型的加热炉，空预器的运行情况都不是很理想，排烟温度均在200℃以上，热效率均较低。因此，如何选择设计出适应 100×10^4t/a 及以上延迟焦化加热炉运行工况的余热回收系统、合理控制排烟温度、最大限度地实现加热炉的降本增效和经济运行，将是我们面临的棘手问题。

1　几种空预器介绍

1.1　钢管空预器

近40年来，国内外对钢管换热器进行了大量的强化传热研究，取得了丰硕的成果。目前已有的强化传热管技术不下百种，主要是在管内使流体产生旋转运动，靠壁面的流体速度增加，提高 R_e 数，使整个流动结构发生变化，主要措施有：①管内插入物或刻槽，如扰流子、螺旋槽管和螺旋内肋管，以提高内膜传热系数；②改变管子外形如扁管和椭圆管或在管外加翅片，即通过管子形状和表面特性的改变来强化外膜传热。但这种钢管空预器抗露点腐蚀能力差，冷风端管壁金属温度低，存在典型的三角形区域腐蚀。

1.2　搪瓷管空预器

这类空预器在结构型式上和钢管空气预热器基本相同，是钢管空预器的替代产品，是在钢管式空预器受到严重的烟气露点腐蚀后，人们开发出的对抗露点腐蚀的空预器，它是在低温段钢管外表面烧镀搪瓷来防止低温露点的腐蚀，且搪瓷表面光滑，不易结垢和积灰，又耐磨损。近年来发展迅速，尤其是在大型加热炉上有其独到的应用，但存在一次性投资过大、占地面积大、不宜在中小型加热炉上推广应用等问题。

1.3　热载体预热器

热载体预热器是利用一种介质(一般是水或油)，先吸收烟气热量使排烟温度降低，吸热后的介质(即热载体)再通过另一组换热器，将炉用燃烧空气的温度升高，在加热与冷却过程中，热载体介质是以闭路循环方式运行的。热载体预热器近年来取得了不错的使用效果，但钢材用量较多，消耗动力，存在热载体的补充和更换等损耗。

1.4　板式换热器

板式换热器是液-液、液-气进行热交换的理想设备。换热器的流程是由许多板片按一定工艺及要求组装而成的。这种换热器利用板片波纹表面的特殊作用，使流体沿着狭窄弯曲的通道流动，不断改变速度的大小和方向，激起强烈喘动，强化传热过程；且具有结构紧凑、金属耗量低、操作灵活性大、热损失小、安装、检查拆洗方便、耐腐性强、使用寿命长等突出优点。但板式换热器对烟气洁净度要求过高，使其在加热炉上应用受到限制。

1.5 热管空预器

热管空预器是20世纪60年代出现的一种传热装置，是利用相变-潜热原理进行逆流传热，由若干根热管组装的而成的换热器。热管在烟气侧吸热，工质蒸发，到空气侧放热，工质冷凝，回到烟气侧继续吸热蒸发，如此循环将烟气热量不断传热给空气。由于烟气侧是负压(微真空)，空气侧是正压(微正压)，所以隔板与热管之间的密封必须十分严密，否则空气会大量漏入烟气，使实际热效率大大降低。石化行业中常用的热管为常温热管，换热效果强，但工作温度一般为0~250℃，在高于300℃的烟气中应用效果较差，易出现爆管和产生不凝气。

表1是美国休斯飞机公司对各种换热器的综合性能的考评结果。表1中括号内的数字是考评结果。最佳为5分，最差为0分。

表1 各种换热器性能的比较

换热器型式	流动阻力	传热系数	维护费	造价	辅助动力	相互污染	单位体积传热面积	总分
回转式	中 (3)	高 (4)	高 (2)	高 (2)	有 (0)	有 (0)	高 (4)	(15)
中间载热体式	低 (4)	低 (2)	高 (2)	高 (2)	有 (0)	无 (5)	中 (3)	(18)
管壳式	高 (2)	高 (4)	中 (3)	中 (3)	无 (5)	无 (5)	低 (2)	(24)
板翅式	低 (4)	中 (3)	中 (3)	高 (2)	无 (5)	无 (5)	很高 (5)	(27)
热管式	低 (4)	高 (4)	很低 (5)	中 (3)	无 (5)	无 (5)	高 (4)	(30)

从对各种空预器的比较看，热管空预器以其具有传热效率高、维护费用低、造价适中，以其总分30列于榜首。钢管式空预器虽然单位体积的传热面积低，但经过内外侧传热强化后，传热系数较高，造价适中也得到较好的评价。板式空预器由于易堵塞，对烟气洁净度要求过高，在加热炉行业应用不多。能够看出，热管式空预器及钢管式空预器(在加热炉应用中经过改进)是加热炉行业中的主要空预器，尤其是热管空预器更加得到国内的普遍应用。

长期的实践表明：钢管式空预器设备结构和制造简单，但抗露点腐蚀差，存在严重的三角形区域腐蚀，后来演变的搪瓷管空预器虽解决了腐蚀问题，但造价高，在中小型加热炉上性价比不高。热管空预器在特定的温度范围内换热效果显著，具有许多优点，但在300℃以上的温度区超过了它的工作能力，引起类似多米诺效应的爆管及失效，年失效率大于5%以上，运行周期明显过短。

2 Ⅱ焦化加热炉空预器存在的问题和对策措施

2.1 存在的问题

公司加热炉的余热回收系统主要以热管空预器和钢管空预器为主，从应用情况来看，热管空预器易出现失效、使用寿命短等问题，钢管空预器除了在低温段已采用必要的防露点腐蚀措施外，易发生腐蚀而导致排烟氧含量升高、热效率降低。

在 2005 年 4 月建成投产的 100×10^4t/a Ⅱ焦化装置中，焦化炉 F1101 炉设计热负荷为 26.74MW，为附墙火焰式结构，其余热回收系统采用热管式空气预热器，由中船重工 711 研究所设计制造，设计排烟温度为 150℃。但自开工后，排烟温度一直偏高，未达到设计要求，且呈逐月升高趋势，达到 230℃左右。其后虽然于 2006 年 1 月对热管部分更新、部分修复和传热面积增加调整，但空预器运行一个多月之后，排烟温度出现与改造前类似的变化趋势，最高达到 250℃，不但没有达到 150℃的设计排烟温度，也不符合集团公司要求的排烟温度≤170℃的经济运行指标。

焦化加热炉有其明显特点，即经过对流取热后烟气温度仍较高，在 350℃左右，给空预器的选型及运行带来了很大的困难。另外，随着Ⅱ焦化装置处理量的加大，F1101 炉已处于超负荷运行，热烟进空预器温度和流量等参数已超原热管空预器技术参数的设计条件，即该炉热管空预器已不能满足使用要求，严重影响到了加热炉的高效节能运行。

2.2　原因分析

2.2.1　热管失效

2006 年 1 月，由于排烟温度已逐渐升高至 230℃左右，Ⅱ焦化空预器切出停工检修。在对拆下的 518 根水热管进行抽检时，发现大多水热管等温性严重退化，选取高温段部分热管割开，发现有钢管与介质高温反应现象，生成大量不凝气致使部分热管失效。后继续挑选其余各排热管割开，发现大部分热管均有高温反应现象，完好的热管极少。此次经过部分热管更新、部分热管修复之后，当月平均排烟温度为 160℃，但不久排烟温度又逐渐升高，直至最高达到 250℃。由此可见，热管失效是Ⅱ焦化加热炉排烟温度高的主要原因。

至于热管为何失效，分析原因为：①热管内水经常年蒸发和冷凝，会产生如 H_2 等不凝气。当这些不凝气积累多了会使管子不能传热，造成热管的温度趋向于烟气的温度而爆管；②Ⅱ焦化加热炉负荷波动较大，当出现负荷较大幅度增加时（即便是短时间增加），接受高温烟气的热管会因为管内钝化膜破坏而失效，并且这种失效是立即和连续的，当第一排失效后，立即引起第二排的失效，之后引发连锁失效；③虽然Ⅱ焦化 F1101 炉热管空预器对高温段烟气已采用了吡咯烷酮管中温热管取热，但由于这些中温热管的启动温度和启动灵敏性的原因，在实际应用中效果并不好，一旦中温热管不启动，将会使水热管因超过使用范围而失效，排烟温度上升。

其实对于热管，若温度合适，则它的寿命是很高的，问题是要如何提供热管所需的范围。规定热管的使用温度和燃料条件，如加热炉要烧气、进入热管空预器的烟气温度要在 300℃左右，最好在 280℃。当然，对热管低温等其他方面也应进行控制，给热管一个合适的工作环境，安全使用热管，提高热管寿命。

2.2.2　漏风影响

焦化加热炉每个燃烧器都配有长明灯，为保证长明灯安全燃烧，其空气补给方式为自吸式，由于加热炉燃烧器较多（96 台），而长明灯燃烧用空气均不经过空预器，因此当加热炉正常操作，空气过剩系数控制在 1.15~1.2 之间时，在空气预热器中参与换热的烟气量和空气量并不匹配，实际空气量少于空气预热器设计工况，即用于取热的冷源相对不足，因此排烟温度始终较高。

燃烧器众多，看火孔也相应较多，漏风相对也较大，从国内其他焦化炉看，排烟温度高是一个普遍现象。

2.2.3　操作负荷提高

由于Ⅱ焦化炉负荷一直较高，热烟进空气预热器温度最高已达370℃，同时流量也高于原设计值，加剧了热管的损坏，原空气预热器已经不能满足使用要求，因此，Ⅱ焦化F1101炉空预器结构需要选型改进。

2.3　对策措施

针对Ⅱ焦化F1101炉热管空预器因屡次热管失效导致排烟温度持续走高、热效率偏低问题，我们通过对目前加热炉常用的各类空气预热器(如钢管空预器、热管空预器、板式换热器等)的特点和适用场合等方面进行比较，提出了将钢管空预器与热管空预器进行有机整合的新思路，即将两种不同工作原理、不同传热方式的空气预热器有机整合，以适应焦化加热炉热烟温度高、流量大、负荷波动大的运行特点，降低排烟温度，最大限度地实现加热炉的降本增效和经济运行。这种组合式空预器不是热管和钢管空预器的简单叠加，而是通过对热管和钢管预热器的传热性能优化、投资优化而形成的一项新技术，在低温段用热管回收低品质的烟气热量，保证了热管的工作环境，充分发挥热管的换热能力，提高热管寿命；在高温段用钢管回收高温烟气热量，提高了管壁温度，避免了冷风端三角形区域腐蚀，并大大减少了管束表面的积灰。这项技术主要集成了钢管式空预器和热管式空预器的优点，开发出适合炼油加热炉行业特点的复合空气预热器，其换热效率大于钢管式空预器，使用周期大于热管式空预器，投资介于钢管式空预器和热管式空预器之间。因此这种新型的组合式空预器具有较强的换热效果、抗腐蚀和使用寿命延长的特点。

图1　螺旋槽管

在这项技术的应用中，我们将钢管式空预器管束形式采用新型的螺旋槽管荆棘扰流子结构形式，即在螺旋槽管内设置荆棘(见图1)。它是一种优良的换热元件，流体在管内流动时受螺旋槽的引导，可使近壁处流体发生旋转加强了径向扰动，螺旋形的凸肋使流体产生周期性的扰动，这样可使流体边界层减薄，并加剧流体的扰动，起到双边强化传热作用，可提高换热效率40%~70%。这种螺旋槽管荆棘扰流子空预器具有重量轻、投资少的优点。另外，这项技术可以确保加热炉在排烟温度低于露点温度的条件下运行，只要在设计时根据烟气露点温度、加热炉烟风道的抽力及空间位置合理地确定受保护的热管排数即可。当热管腐蚀后，被腐蚀穿孔的热管失效，但不影响整体使用，也不会造成冷空气漏入烟气中。

这种组合式空预器按烟气流动方向自上而下依次布置扰流子空预器、热管空预器，采用逆流换热以达到最佳的换热效果。工作过程为：高温烟气→螺旋槽管荆棘扰流子空预器→热管空预器→冷烟排至烟囱排出；冷空气→热管空预器→螺旋槽管荆棘扰流子空预器→热空气出口至加热炉助燃。

2.4　实施过程

根据Ⅱ焦化F1101炉运行工况、露点温度和加热炉烟风道的抽力及空间位置，最大限度地降低排烟温度，通过核算，F1101炉采用组合式空预器排烟温度可设计为130℃。同时根据烟气温度场的变化，对组合式空预器热管段和扰流子段取热进行了优化计算。在保证发挥热管高强度的换热效果的同时，合理分布热管及扰流子管束，降低组合式空预器成本，以低投入获得高产出。

为了减少投资，我们对Ⅱ焦化 F1101 炉空预器结构选型通过新增扰流子段和利旧热管段进行改进，作为高温段的扰流子空预器为 2 管程，烟气走壳程、空气走管程，与热管空预器串联且位于其上方，烟气出扰流子段设计温度取 260℃，热管段全部采用水热管，且根据原有热管空预器，将原 518 根水热管修复利旧，原 215 根吡咯烷酮中温管更换为水工质热管，排烟终温稳定控制在 130℃。组合式空预器技术参数见表 2。

表 2　组合式空预器技术参数

参数名称		烟气侧	空气侧
流量/(kg/h)		57750	46600
扰流子段	进口温度/℃	360	300
	出口温度/℃	260	—
热管段	进口温度/℃	260	20
	出口温度/℃	130	—
总阻力降/Pa		≤9800	≤9800
回收热量/kW		3875	

Ⅱ焦化 F1101 炉组合式空预器于 2007 年 3 月利用装置原油劣质化改造停工消缺完成了安装施工，获得了预期理想效果。该组合式空预器投运后，排烟温度在 130℃左右，平均热效率在 92.4%以上(氧含量为辐射顶氧化锆值)，彻底解决了该炉因屡次热管失效导致排烟温度持续走高、热效率偏低问题。

3　经济效益和推广应用前景

3.1　经济效益

Ⅱ焦化 F1101 炉采用组合式空预器对余热回收系统进行了改进，获得了理想效果，不但彻底解决了一直困扰的排烟温度超标、热效率低的难题，而且可节约燃料 1100t/a，产生年经济效益 330 万元。另外，达到同样要求时，采用的螺旋槽管荆棘扰流子空预器投资 18.8 万元，而常规扰流子空预器需要 90.50 万元，节省 71.7 万元。

Ⅱ焦化 F1101 炉采用组合式空预器改进项目总投资 73.1 万元，当年就能收回投资。

3.2　推广应用前景

组合式空预器技术在Ⅱ焦化 F1101 炉上获得了成功应用，公司在新建的Ⅱ焦化加热炉 F1102 上的余热回收系统也采用了组合式空预器，并获得了理想应用效果。据悉，这种技术应用于加热炉余热回收系统在国内尚属首例，为今后对于热烟温度高、热管空预器受限应用的加热炉空预器选型开创了一项新的技术，也为目前国内焦化加热炉排烟温度普遍高问题找到了解决途径。因此，组合式空预器具有很好的推广应用价值。

(中国石化镇海炼化分公司机动处　高琳萍)

39. 加热炉空气预热器失效分析与处理

热管式空气预热器具有体积小、重量轻、气体阻力小、传热系数高、无相对运动部件、结构简单及维修方便等优点。近几年来，在大型电站和石化企业工业锅炉烟气回收热能系统中大量使用，但使用寿命受到各种不利因素的制约。

1 装置空气预热器运行状况

1.1 生产状况分析

从 2008 年 9 月开始，高桥石化公司 800×10^4t 常减压蒸馏装置为了降本增效，加热炉开始大规模烧燃料油(及渣油)，造成空气预热器热管大量积灰导致传热系数下降，压降最高达到 1500Pa，使得加热炉排烟温度上升，加热炉热效率逐渐下降，甚至低于 90%，热管清灰、修理间隔在 6~12 个月一次，拆装、修理、更换部分热管等费用较高。目前加热炉停连锁前，热效率为 90.5%，排烟温度为 145℃。

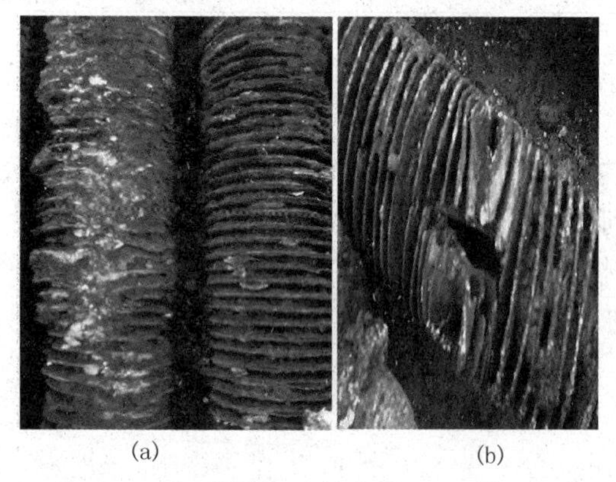

(a) (b)

图 1 空气预热器热管积灰、腐蚀形貌

1.2 设备状况分析

从常减压蒸馏装置加热炉空气预热器历次热管抽出来看，情况基本相同。低温和中温段后端主要表现为积灰、腐蚀相当严重，烟气流通截面减小，烟气流阻增加，风机电耗增加，翅片间少则堵塞，严重的腐蚀殆尽，热管穿孔，失去应有的作用，如图 1 所示。高温和中温前段积灰、腐蚀相对较轻，失效主要表现为钢-水热管中钢与水的不相容性，使得热管在运行过程中产生不凝气，不凝气的不断产生与积聚，使热管的传热性能下降乃至失效。

2 积灰分析

2.1 炉管及空气预热器上黏附的灰垢来源

燃料油中的金属杂质如钒和钠，它们在燃料油燃烧时生成氧化物，这些金属氧化物不但本身熔点较低，而且它们之间相互作用可能生成熔点更低的化合物。如 Na_2O 的熔点为 800℃左右，V_2O_5 的熔点为 680℃左右，它们相互作用形成 $NaVO_3$ 的化合物，熔点仅为 530℃左右；Na_2O 与 SO_3 反应生成 Na_2SO_3，其熔点为 885℃，Na_2SO_3 进一步三氧化硫生成焦硫酸钠，焦硫酸钠与氧化铁反应生成硫酸铁钠复盐，熔点只有 625℃。这些低熔点化合物在加热炉内呈熔融态，黏度极高，在随烟气流动过程中，随机黏附在炉管外壁上，形成垢源点。燃料油、气中各种杂质、未燃烧炭灰和空气中的灰尘等将黏附在管壁上，所以不论烧油或烧瓦斯都会积灰，只是程度不同。如果有露点腐蚀存在或虽无腐蚀，但露点存在，灰垢将很厚，吹灰器也难以奏效。

2.2 热管积灰主要影响因素

根据观察分析，影响热管换热器低温积灰的主要因素是燃料及烟灰的物理化学特性、烟气流速、受热面的结构及布置形式以及加热炉的运行状况等。

1）烟灰的结构和组成的影响

细灰颗粒易于沉积到受热面上，粗颗粒的动能较大，不能沉积到受热面上，反而对积灰层具有一定的破坏作用。因此，细粒多时积灰较快，粗粒多时积灰较慢。对于松散性积灰，飞灰浓度基本不会影响积灰层的强度和积灰量，只影响初始积灰速度，单对于黏结性积灰，飞灰浓度增加，积灰量增多。

在烟气中，CaO 对对受热面的沾污作用具有双重性。一方面，CaO 具有吸收 H_2SO_4 的作用，使烟气中 SO_3 的浓度降低，烟气露点温度下降，减少液体在受热面上的凝结；另一方面，如果受热面上发生 CaO 沉积，将出现不溶于水的石膏，随着积灰时间的延长，积灰层硬结，很难清除。

矿物质中碱金属（Na，K）的氯化物和氧化物在燃烧过程中受限升华，往往沉积在细颗粒飞灰上，和凝结下来的 H_2SO_4 发生化学反应，生成低熔点的硫酸盐，具有很强的腐蚀性，使积灰层和管壁牢牢地黏附在一起。

2）烟气成分和金属壁温的影响

理论上管壁温度高于露点温度，不会出现低温黏结性积灰。若管壁温度低于露点湿度，随管壁温度的降低，大量液体的冷凝将引起严重的低温黏结性积灰。

烟气中 SO_3 和 H_2O 含量增加，露点温度也将升高，更容易发生低温黏结性积灰。此外液体凝结量加大，使得毛细管力捕捉大量飞灰。

烟气中未燃尽的炭黑与碳粒对低温积灰具有不良影响，尤其是燃烧燃料油时，燃烧不完全，将产生大量的炭黑和颗粒，在其与液体作用后就产生一种很黏的物质，不但能捕捉大量飞灰，而且使积灰层更为牢固。

3）过剩空气系数的影响

较高的过剩空气系数和高温受热面的沾污都会使 SO_2 转化成 SO_3，加剧低温黏结性积灰。

4）热管螺旋肋片间距的影响

具有一定螺旋角的螺旋肋片可使烟气流旋转，改善背风面尾流区气流流动状况，对“自清灰”有利。适当加大烟气侧的肋间距，螺旋角加大，烟气流通面积也加大，因而增强这种“自清灰”能力，能减缓堵灰的发生，但是同时也会增加气流横向脉动外其他沉积机理的作用，并受到强化传热的限制。

5）热管分布的影响

对于高温段比较松散性积灰，采用错排布置的管束，因气流更加逼近管壁，尾气区缩小，颗粒撞击作用增强，能达到减轻积灰的目的。但对于低温黏结性积灰，由于颗粒的撞击作用很难克服毛细管力对飞灰的捕捉作用，此时采用错列布置往往造成堵灰，此外管间距对积灰系数也有一定的影响，根据烟气流速选择合适的管间距和排列方式是必要的。

3 不凝气的产生

热管不凝气的失效，从外表上是看不出来的，它不像烟气露点腐蚀直观，容易忽略，但通过检验还是可以识别的对于那些热管基管及翅片腐蚀较少而又因为大量管内积聚不凝气的热管，则可通过修复的方法使热管再生，并重复利用，这样既可满足热管的使用性能的要求，又能节约热管钢材购置成本。对于那些腐蚀失效的热管则只能更换以保证预热器的使用效果。

3.1 化学反应腐蚀

热管长时间在较高温度下工作，钢-水会发生化学反应，管内产生变化，其主要的化学反应过程如下：

$$Fe+H_2O=\!=\!=FeO+H_2$$

$$2Fe+3H_2O=\!=\!=Fe_2O_3+3H_2$$

$$3Fe+4H_2O=\!=\!=Fe_3O_4+4H_2$$

反应的结果使管壁发生腐蚀，产生 FeO、Fe_2O_3 和 Fe_3O_4，同时产生一定量的不凝气体氢气(H_2)。上述氧化膜除 Fe_3O_4 外，其余两种氧化层不能阻止水的侵入，仍要与铁继续反应生成氢气。

3.2 电化学反应

在钢-水热管内，铁、杂质和水构成一种原电池。其中，铁为阳极，杂质为阴极。杂质一般为 FeC_3、石墨等，为碳钢与水中所含。水的电离度虽小，但仍有少量的 OH^- 和 H^+ 离子生成。管内主要的电化学反应过程如下：

$$H^++2e=\!=\!=H_2$$

$$Fe-2e=\!=\!=Fe^{2+}$$

$$Fe^{2+}+OH^-=\!=\!=Fe(OH)_2$$

$$3Fe(OH)_2=\!=\!=Fe_3O_4+2H_2O+H_2$$

(在高温和有水存在的状态下)

可见 H^+ 得到二个电子的产物是 H_2，$Fe(OH)_2$ 分解后得到的也有 H_2。在高温有水的条件下这种反应进行得很快，所以普遍认为这是导致碳钢与水不相容的主要原因。

3.3 解决不凝气技术

目前采用的工质改进及管内表面钝化处理，对减缓不凝气的产生有一定的效果，但不能从根本上解决不凝气的产生及对热管使用的影响。岳阳长岭设备研究所有限公司通过多年的研究，在上述工质与管内表面处理的基础上，研制了一种热管运行过程中不凝气在线消除专有技术，该技术已获国家发明专利，并通过了中国石化集团公司的技术鉴定。

这种技术的原理是：在热管管内冷端添装一种不凝气消除剂，将热管运行过程中产生的不凝气在线反应生成与热管工质相似的物质，避免热管运行过程中不凝气的积聚，从而实现钢-水热管的高效长周期运行。

图 2 为普通钢-水热管与长效钢-水热管使用寿命对比图，从图中可以看出，由于采用了不凝气在线去除技术，一方面避免了热管初期及稳定运行阶段少量不凝气的集聚，确保了热管高效运行；另一方面，由于不凝气去除剂的作用，大大延长了热管性能恶化的时间，从而延长了热管的使用寿命。

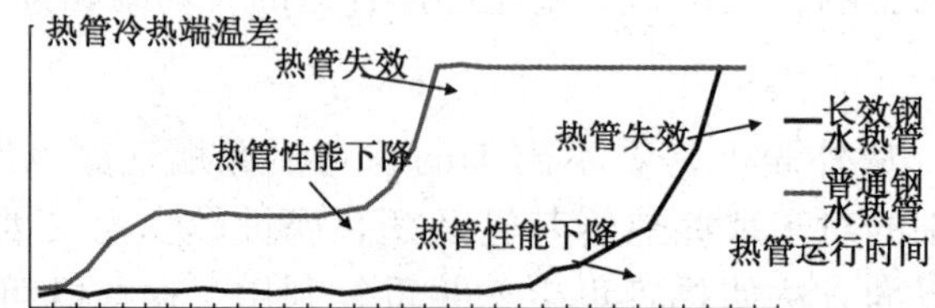

图 2 长效钢-水热管与普通钢-水热管使用寿命对比图

总之，新型长效热管与普通热管对比具有如下优点：延长热管的使用寿命(除氢剂的作用时间+热管原寿命时间)；高效，由于避免了不凝气的积聚，使热管在设计周期内高效运行。

4 热管的修复

4.1 热管的检查检验

热管从预热器内抽出后，先目测检验，对于低温和中温段后端烟气段翅片及基管腐蚀严重的热管不能修复只有报废，但可切割利用空气段热管。余下的热管采用下述方法进行检验：

重力听声法：对于钢-水热管，在工地现场即可实施。先将热管倾斜，再上下窜动，如能听到当当响声，表明热管尚有较好的真空度，可继续使用。

加热法：条件允许时可在现场实施，即预先焊制水槽，在水槽内加水，并通入蒸汽，使水温保持60℃以上，将热管热段放入水中，通过检测热管启动速度、冷段温度及冷热段温差，可判别热管好坏。

4.2 热管的修复

热管的修复与新热管的生产工艺过程基本一样的，包括下述工艺：清洗热管外表面——→切割两端堵头、打磨——→热管内表面的清洗——→管内表面的钝化——→端头焊接——→抽真空，注工质——→封头——→检验。

热管修复的要求：

(1) 热管的修复检验按 Q/SH CL. 01. 4. 410—2005《钢-水热管》执行；

(2) 传热元件两端的对接焊缝采用氩弧焊打底全焊透结构；

(3) 采用热管不凝气在线去除技术修复热管。

5 改进措施

5.1 加强加热炉的运行管理

燃料的不完全燃烧将会产生大量油灰粘附在管壁上；过剩空气系数促使 SO_2 转化为 SO_3，与水结合形成硫酸，形成露点腐蚀、积灰，难以清除。因此，加强加热炉的运行管理十分必要。具体措施有：

(1) 提高燃料油温度至 140℃，调节燃料油和雾化蒸汽阀后压力至 0. 15MPa 左右，使燃料油充分雾化，尽可能完全燃烧。

(2) 通过“三门一板”控制氧含量在 3. 8%以下，减少炉体漏风，降低过剩空气系数。

5.2 根据露点温度调节排烟温度

由于受燃料的影响，尤其是受燃料含硫量的影响，使得烟气露点温度上升，限制了加热炉排烟温度，一般排烟温度应高于露点温度15℃。按中国石化防腐要求燃料气含硫量应小于 100mg/m^3，燃料油含硫量(质量分数)应不大于 0. 5%标准，实际为 0. 65%。

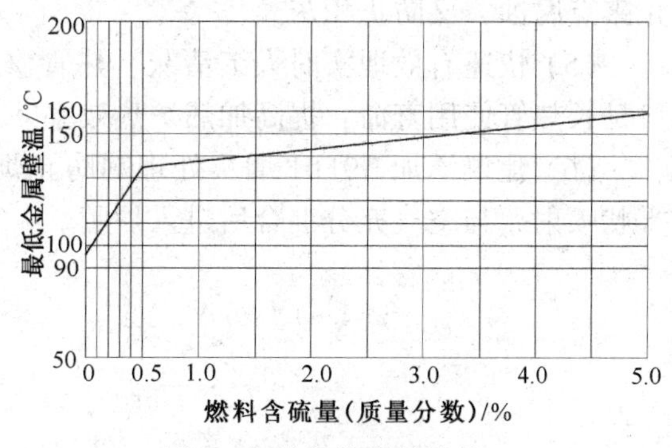

图 3 加热炉烧燃料油的低温露点温度判别图

根据图 3 可明显看出排烟温度应控制在135℃以上，从燃料气组分算出露点温度为108℃，考虑部分瓦斯燃料气因素排烟温度实际应控制在 130℃以上，过低的排烟温度将加剧热管的积灰和硫酸露点腐蚀。

热管清洗、修理完后投用，初期换热效果较好，排烟温度较低，可达到120℃以下，很容易形成露点腐蚀，需及时调整，一但热管表面形成了腐蚀结垢，就很难自动清除。

5.3 预热器结构改进

加热炉空气预热器热管为 $\phi48\times7000$，材质选用为20+08Al的翅片管，针对燃料油、气杂质含量高及积灰严重的情况，对肋间距加以调整，如图4所示，同根热管上端(3m)与空气换热，肋间距保持在4mm，下端与烟气换热，肋间距调大到6mm，低温段肋间距调大到8mm，从而增大螺旋角，提高“自清灰”能力。

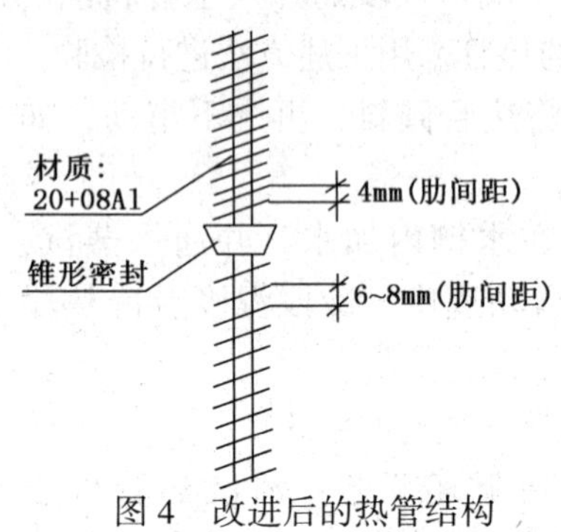

图4 改进后的热管结构

对烟气室与空气室密封结构进行改进，密封面由平面垫片密封改进为锥形密封，如图4所示，改善密封效果的同时也便于热管拆装，大大节约了维修时间和维修费用。

在鼓风机出口安装副线，跨过空气预热器，以便实时调节排烟温度。

5.4 完善自动清灰系统

3#蒸馏空气预热器共有6台SM-40型声波吹灰器，声波器内同样存在腐蚀积灰现象，吹灰效果差。本次修理高温段和中温段共4台，同时根据运行不同时期、燃料情况调整吹灰时间，初期调整为12h一次。检修改造时将计划更新为SP20激波吹灰器，以改善吹灰效果。

6 结论与建议

(1) 炼油企业加热炉不论燃油、燃气还是油气混烧，炉管和热管或多或少都会产生积灰垢，既影响加热炉热效率又腐蚀设备，严重影响了加热炉的正常运行。

(2) 声波、激波、蒸汽或者混合型吹灰器能机械地除掉部分灰垢，但效果不理想，且产生的振动波对设备有一定的影响。

(3) 加强加热炉运行管理，提高燃料质量，改善操作条件，实时调节排烟温度，可有效减少烟灰、结垢和设备的腐蚀。

(4) 热管的分布结构和材质有待改进，建议中温段热管分布间距进一步加大，翅片肋距进一步加大至8mm，相对换热面积减少，可考虑低温烟气段采用搪瓷光管，这样既可防止露点腐蚀，又防止积灰。

(5) 快速有效地实时人工清灰、热管修理也是必要的，采用热管不凝气在线去除技术可延长热管使用寿命，提高加热炉热效率。

(6) 建议添加N9F01烟灰处理剂防止烟灰产生和结垢，设计从鼓风机出口自动加药，雾状喷射，与空气充分混合后进入炉膛。

(中国石化上海高桥分公司 解光奎)

40. 加热炉空气预热器积灰在线水洗除灰效果分析

天津石化公司 200kt/a 聚酯工程精对苯二甲酸(PTA)装置，经两次扩能生产能力达 344kt/a PTA，年运行时间 8000h，操作弹性 70%~110%。该装置采用日本三井化学株式会社(简称 MCI)的专利技术，基础工程设计为日本三井造船株式会社(简称 MES)，详细工程设计为石化北京工程公司(简称 BPEC)。PTA 加热炉为装置关键设备，辐射室为立式顶烧，对流段为卧室钉头管，2008 年将原蓄热旋转式空气预热器改造为翅片热管式空气预热器，换热效果得到了明显的改善。增加烟气侧旁通烟道后，彻底解决了由于烟气中的灰分堵塞翅片管导致炉膛正压的安全隐患。

1 加热炉基本参数及存在问题

1.1 加热炉基本参数

PTA 加热炉由 MES 设计，原烟气蓄热式旋转空气预热器存在空气侧往烟气漏风的严重问题，同时由于蓄热片为波纹状通道很小，烟灰极易堵塞，形成了制约加热炉满负荷运行的瓶颈，为解决漏风和堵塞问题，更换了新型的高效钢水翅片热管。加热炉负荷为 17MW，改造后热效率为 92%，于 2009 年 3 月投用(见表 1)。

表 1 加热炉基本参数

被加热氢化三联苯入炉流量	652.38t/h	对流室出口烟气温度	380℃
被加热介质入炉温度	285℃	被加热氢化三联苯出炉温度	313℃
燃料油热值	10980kcal/kg	燃料油黏度(100℃)	31.8mm²/s
炉膛温度	800℃	炉膛负压	-20~-40Pa
正常氧含量	3%~5%	炉体表面温度	60℃
烟气流量	14000m³/h	炉体外壁散热损失	2.0%
烟气进预热器温度	376℃	出预热器(排烟)温度	142℃
空气进预热器温度	常温	空气出预热器温度	260℃
辐射室出口烟气温度	762℃	设计热效率	92%

1.2 存在问题

该加热炉为顶烧负压炉，于 2009 年 3 月 6 日投入运行，由于在空气预热器翅片上积灰较严重，从 4 月 27 日开始炉膛已经成为了正压在 100Pa 左右。新型的空气预热器在设计时就考虑了燃料油品质较差所含灰分较多的问题，在预热器顶部设计有一排水冲洗管，根据预热器烟气侧进出口前后的压差确定水洗翅片管上的积灰。但是燃料油所含灰分较高超出了预想，预热器只运行了一个多月就使翅片堵塞严重，空气预热器烟气进出压差从 3 月 10 日的 0.1kPa 到 4 月 28 日升高到 3kPa，排烟困难，加热炉不仅不能正常燃烧，还形成了一大安全隐患。虽然设计有在线水洗排管，但不停炉水洗的热水在引风机运行的状况下，会损坏烟道浇筑料衬里以及引风机，无法实现水洗除灰。

2 解决措施

2.1 临时措施

2.1.1 接导烟临时管道

空预器烟气侧翅片管积灰越来越严重，进出口压差越来越大，从 3 月 10 日的 0.1kPa 到 4 月 28 日仅仅 40 多天时间就涨到了 3kPa，炉膛已经形成了正压 100Pa 以上，非常危险，几乎无法运行。由于翅片管间距较小，判断是燃料油中的灰分将翅片管堵塞，烟气通过量减少，形成了正常的燃烧负荷烟气无法排除的梗阻。如烟气无法排出，一是停车查找原因，抽出热管查找原因或停炉进行水洗除灰；二是采取措施将烟气导出，维持加热炉低负荷运行。由于当时正值“五一”长假，经分析利用对流段的两个 *DN*100 的观察孔直接接到预热器后排出约 1000m^3/h，减缓预热器烟气排不出而使炉膛形成的正压。接完导烟管后，炉膛的压力从 120Pa 降到了 100Pa，有效果但不明显，没有解决根本问题。

2.1.2 打开对流段炉底排灰孔

随着预热器翅片管堵塞的加剧、预热器排烟量的减少、炉膛正压的升高，导烟管排出的烟气量毕竟很小，其作用已经不明显，在全面分析的基础上又将对流段底部的排灰孔(800mm×800mm)打开形成了减压孔，炉膛内的压力从 100Pa 降到了 50Pa，加热炉能够维持装置 80%的负荷，还是正压操作，不安全的风险仍然存在。

2.1.3 预热器本体开孔找堵源

针对预热器排烟不畅，确认是由于燃料中的灰分堵塞翅片，还是由于新更换衬里残存的渣料堵塞翅片，成为决定下一步采取措施的关键。首先在预热器烟气侧的顶部开了一个 600mm×600mm 的方形人孔，发现高温段翅片管表面很干净，并未发现堵塞的现象。随后又在预热器烟气侧的低温段开了一个 ϕ150mm 的观察孔，发现堵塞非常严重，证明分析判断是正确的。

2.1.4 吹灰器问题

1）进行吹灰试验

通过观察发现固定旋转式吹灰器进气阀是压开的，无法保证在每个角度的进气量，存在死角。我们通过将进气阀固定强开，用手阀控制的方法进行吹灰试验，有一定效果，但不理想。

2）调整吹灰器的吹灰次序

原吹灰程序是吹灰每 8h 一次，现改变吹灰次序，并试着两个或三个一起吹灰或六个吹灰器一起进汽，只能短时间维持，效果不理想。

3）调整吹灰频次

由每天吹灰 3 次改为 6 次并逐渐增加到 24 次，效果不理想。

4）改善吹灰蒸汽品质

吹灰蒸汽使用 2.5MPa、温度是 225℃的过饱和蒸汽，可能带水影响吹灰效果，怀疑积灰吹不掉还会粘连。改善蒸汽品质，将温度提到 280℃成为过热蒸汽后进行吹灰，仍然不见效果。

5）改用氮气吹灰

既然用蒸汽吹灰存在粘连的问题，尝试改用 0.7MPa 氮气吹灰，预热器烟气侧的进出压差仍然没有变化，证明还是没有效果。

6）反吹试验

在采用多种方法仍然不见效果的情况下，又进行了在预热器下部用0.6MPa压缩空气进行反吹，仍未见效果。

2.1.5　停炉在线冲洗

在堵塞的部位找到后，经过多次试验热管翅片的积灰不仅未消除，还在恶化，怎么清除积灰成为了首要问题。首先进行取灰样，做水溶试验；然后在确定了灰分能够水溶的基础上，先打开预热器下部两个*DN*100排放口，在*DN*150观察口进100℃脱盐水进行水洗，初期排除大量的灰垢，炉膛压力立即恢复正常。水洗进行1h，预热器压差、炉膛压力都恢复正常。

2.2　长久措施

根据前面采取的各种措施和效果，水洗是唯一较好解决问题的方法。增加烟气旁通烟道(见图1中虚线内部分)，较好地解决了不停炉、装置不降负荷就可在线除灰的问题。加热炉正常运行时，1#和2#挡板阀全开，3#、4#、5#三块挡板阀全部关闭。当预热器热管翅片发生堵塞，烟气进出口形成较大压差，炉膛内不能维持负压时，逐渐关闭1#和2#挡板阀，隔开空气预热器(燃烧器暂时采用冷风进行助燃)，同时对应开启3#、4#、5#挡板阀，以排烟温度140℃为控制关闭和开启挡板阀的基准。加热炉正常操作的排烟气量为14000m³/h，引风机最大可到25000m³/h，在切断预热器走旁路时，严格控制5#挡板阀的开度，防止引风机超载停机。

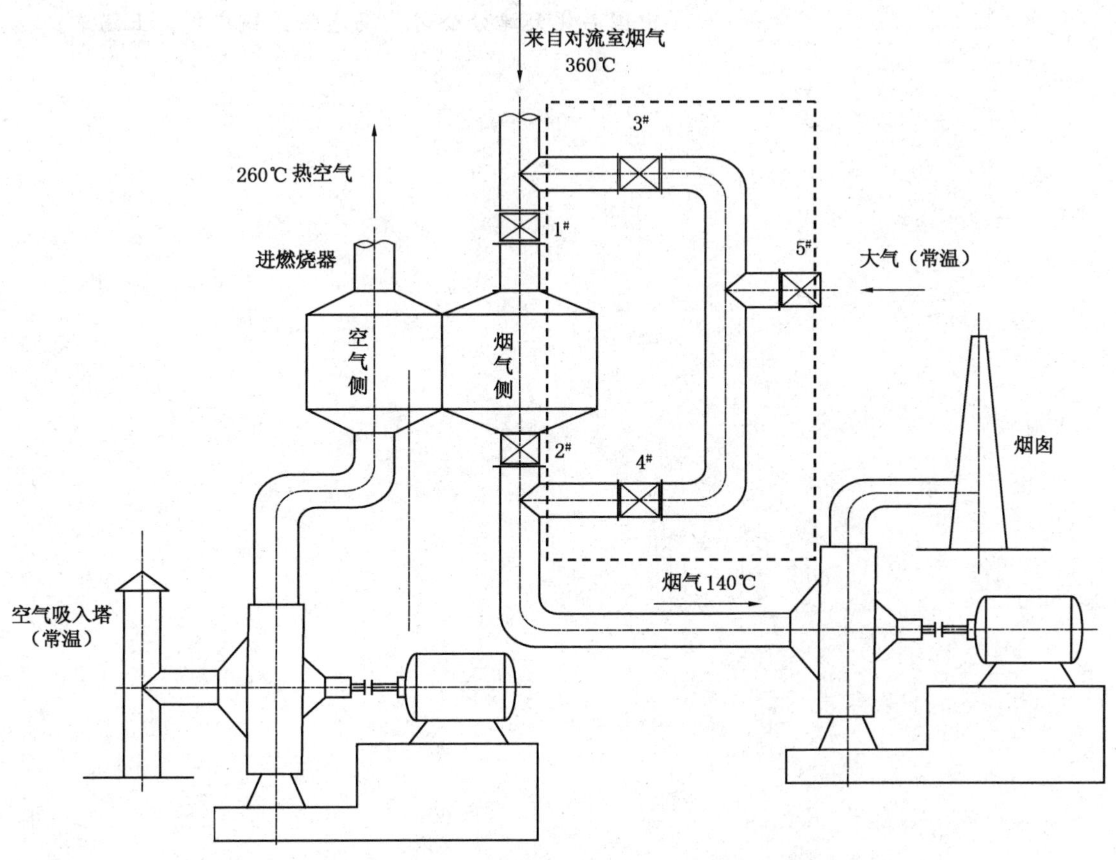

图1　增加烟道旁路示意图

在 2009 年 10 月对该旁通烟道进行了第一次投用，按照投用操作法，5 块挡板阀严格控制开度，当完全关闭 1#和 2#挡板阀时，3#和 4#挡板阀全开，炉膛负压维持在-30Pa，5#挡板阀开度在 60%，鼓风机正常运行，排烟温度为 190℃（引风机的最高使用温度为 220℃）。然后用 100℃脱盐水对积灰的翅片进行水洗 3h 后，洗出了大量的灰分。恢复投用预热器后，预热器压差、炉膛压力都恢复正常，与停炉水洗时的效果相同，试用取得了成功。

3 效益分析及建议

3.1 效益分析

增加烟道旁路实现在线水洗除灰，可避免装置每三个月停炉一次的 PTA 产量的损失，按一次停 10h 计算，全年将停 4 次即 40h，一小时可产 42tPTA，每吨利润按 600 元计算，则：600×40×42＝1008000 元＝100.8 万元

通过计算可看出，减去增加烟气旁路费用 20 万元，每年可创效达 80 多万元。

增加烟道旁路实现在线水洗除灰的方案具有独创性，适用于炼化企业同类型的加热炉燃油品质差积灰严重的热管翅片除灰，确保加热炉安全正常运行。

3.2 建议

虽然增加烟道旁路实现在线水洗除灰取得了成功，但其原因主要是燃油品质差所致，需要改进提高燃油品质，可减少积灰的可能性。

（中国石化天津分公司　冯志强，钱广华，王锡章）

41. 铸铁式空气预热器的工业应用

空气预热器是通过高温烟气将燃烧用空气加热的传热设备，利用空气预热器回收加热炉烟气余热，是提高加热炉效率的主要措施之一。然而烟气中的酸性气体遇冷结露腐蚀空气预热器，特别是腐蚀预热器的低温段，在燃用高含硫燃料时，这一问题更加突出。为了延缓或防止这种腐蚀，世界各国进行了大量工作，取得了一系列成果，但离完全解决却仍有相当的距离。

目前，炼油厂火焰加热炉的国内外标准 API 560、ISO 13705 和 SH/T 3036 的加热炉数据表中，提供了三种空气预热器供选择，顺序依次是：铸铁式、板式和热管式。其中的铸铁式，有管子材质、厚度等数据要求，还提供了是否有玻璃管选项。板式有板厚、空气通道宽度、烟气通道宽度、空气侧肋距、烟气侧肋距等数据要求。这两种空气预热器均提供了是否水冲洗选项。第三种形式是热管式，有管数、管外径、壁厚、材质、管心距等数据要求。

上述三种空气预热器中，处于第三选择的热管式空气预热器在我国的炼油厂火焰加热炉中广泛应用。由于良莠不齐，使用寿命大多在 1~2 年，超过 3 年的很少；次选的板式空气预热器，近几年来，在制氢、合成氨、甲醇等装置也普遍采用，寿命在合成氨装置中一般较长，在制氢装置中长短不一，有的开工不到一年，不锈钢板就腐蚀穿孔了；首选的铸铁式空气预热器我们却很陌生，还鲜有涉及，目前刚刚起步，与国外差距很大，与国内其他行业的差距也很大。因此，了解、掌握、应用铸铁式空气预热器技术，对缩小国内外差距，进一步促进石化行业的节能减排，具有重要的现实意义。

1　铸铁耐露点腐蚀机理

低温露点腐蚀主要是由于燃料中含硫等腐蚀性成分，燃烧后产生 SO_3气体和蒸汽混合形成硫酸蒸气。当设备表面温度低于酸露点时，硫酸蒸气在壁面冷凝，从而对设备表面产生腐蚀。

铸铁是含碳量在 2%以上的铁碳合金。工业用铸铁一般含碳量为 2%~4%。碳在铸铁中多以石墨形态存在。除碳外，铸铁中还含有 1%~3%的硅，以及锰、磷、硫等元素。

据沈阳铸造研究所的申泽骥等 2002 年发表的文献介绍，在浓硫酸中，铸铁处于钝化态，在铸铁表面形成不溶的硫酸铁薄膜，这种腐蚀产物和铸铁中的石墨结合在一起，形成了附着在铸铁表面的钝化保护膜，保护了下层基体，减缓腐蚀向铸铁纵深发展，从而提高了铸铁的耐腐蚀能力。

铸铁腐蚀与普通碳钢腐蚀的主要区别在于发生露点腐蚀后，铸铁表面产生钝化是铸铁耐硫酸露点腐蚀的根本原因。

另外，铸造表面的耐蚀性优于加工表面，也是铸铁比普通碳钢耐露点腐蚀的另一个原因。因为在高温下铸件表面与型砂相互作用，使铸件表面形成一层硅酸盐保护膜，提高了铸造表面的耐蚀性。

2　铸铁管式空气预热器

铸铁管式空气预热器在锅炉、钢铁行业应用广泛，且形式多样。

2.1 肋片-齿形铸铁管空气预热器

据林彦钊 1990 年发表的文献介绍：河南洛阳热电厂的 TII-170-1 型锅炉，系苏制煤粉炉，1957 年年底投产，其烟气余热回收系统最后一段空气预热器为肋片-齿形铸铁管预热器，空气走管内，烟气走管外。1988 年改造前，锅炉排烟温度在 168℃左右。由于运行 30 年之久，大部分腐蚀磨损穿孔，造成空气短路，影响锅炉正常运行。1984 年之后，热电厂就着手于修复该预热器工作，经多方联系，制造厂家均反映该预热器管铸造工艺复杂，难度较大，成品率低，因而造价很高。1988 年年底，该预热器改为碳钢管式空气预热器。

上述肋片-齿形铸铁管式空气预热器的寿命非常长，在出口烟气温度 170℃左右情况下可以工作 25~30 年之久，这是目前文献记载的使用最久的空气预热器。肋片-齿形铸铁管的结构如图 1 所示。

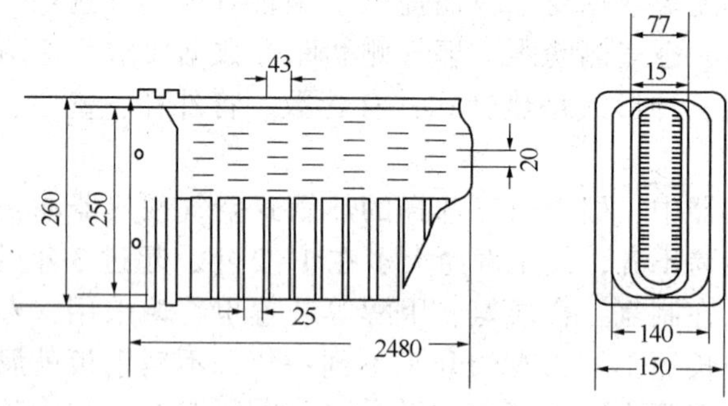

图 1 肋片-齿形铸铁管

肋片-齿形铸铁管管外有肋片、管内有齿形扩面结构强化传热，管的外形尺寸：长×宽×高=2480mm×260mm×140mm。这么长的、内外带肋片-齿形的铸铁管，即使现在铸造难度也很大。

此铸铁管类似于钢铁行业所称的“片状管”，但与片状管不同的是，在轧钢加热炉中，烟气进入片状管换热器的温度常常在 850~900℃以上；而在 TII-170-1 型锅炉中，烟气进入肋片-齿形铸铁管空气预热器的温度在 250℃左右。有关肋片-齿形铸铁管空气预热器的内容可参考几十年前的苏联文献，也可以参考片状管换热器的文献。

20 世纪 50 年代，金属片状管换热器开始在苏联、日本广泛应用。国外的多年实践证明，金属片状管换热器具有结构紧凑、气密性好、经济耐用、适应性强等一系列优点。为此，这种形式的换热器普遍用于钢厂加热炉并取得了良好的效果。而且，为了互相更换，几乎所有各国生产的片状管都统一和标准化了。

据北京钢铁设计研究总院的刘启香 1986 年发表的文献介绍：在消化从日本引进的片状管换热器技术的基础上，结合我国国情，北京钢铁设计研究总院设计出了定型的片状管，并在国内定点生产。1979~1983 年，仅扬州、海城两个换热器生产厂就为国内 90 多家钢厂提供了 123 套金属片状管换热器，大多运转良好。

片状管结构如图 2 所示，与片状管相似的还有“针状管”(见图 3)，片状管空气预热器如图 4 所示。

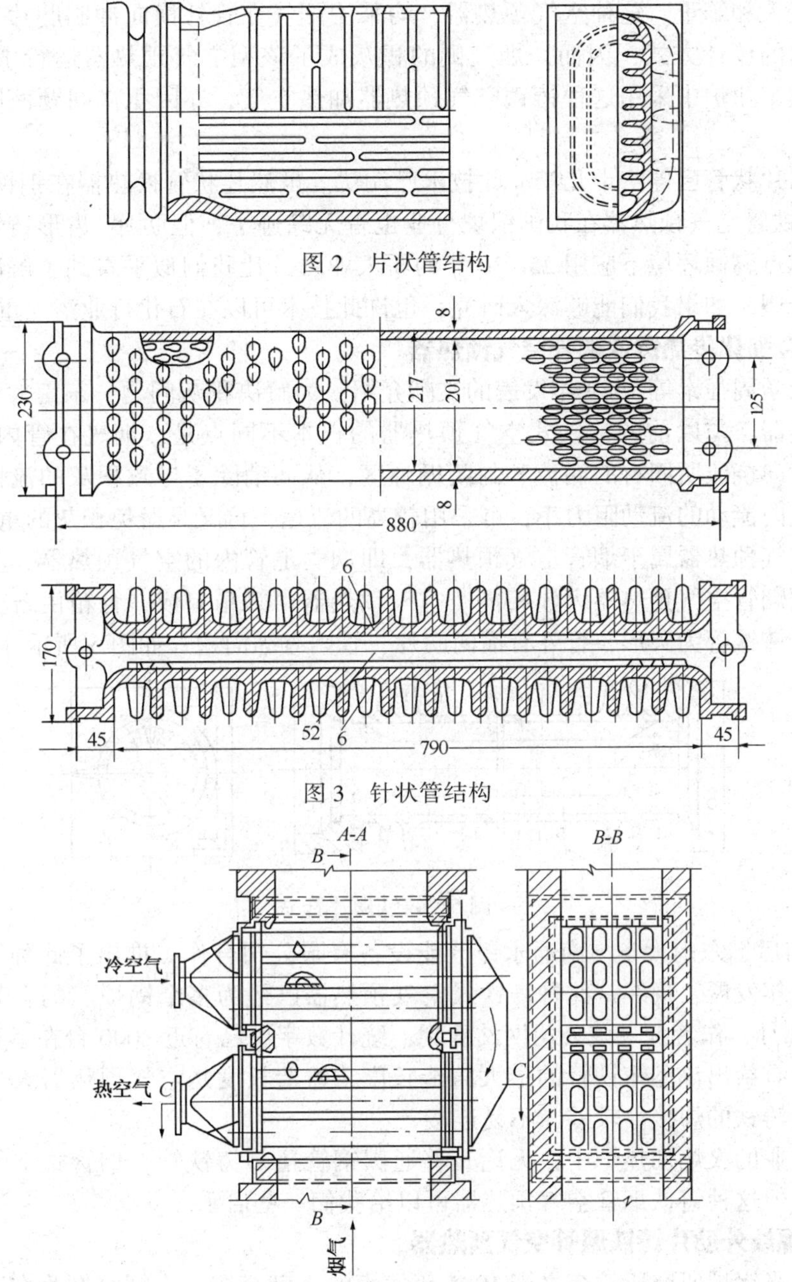

图 2　片状管结构

图 3　针状管结构

图 4　片状管空气预热器

但针状管、片状管换热器在推广中出现了问题。据江苏省冶金设计院的陈重立 1993 年发表的文献介绍，国内金属换热器主要存在两个问题，一是生产厂家太多太滥，企业素质不高，产品粗制滥造，损害了金属换热器应有的形象；二是由于种种原因用户的使用质量不高，综合效益并不令人满意。

东南大学的周强泰等 1989 年发表的文献分析了上述铸铁空气预热器的优缺点：铸铁式空气预热器的特点是耐腐蚀、耐磨损，可解决钢制空气预热器容易遭受腐蚀的问题。这种空气预热器一般需在换热面的两侧进行传热强化。因为铸件较厚，若不采用强化传热技术，设备会过于庞大和笨重。这种空气预热器，均采用烟气在管外横向冲刷肋片管束，空气在管内纵向流动的设计方式，因而，烟气侧的积灰成了该型空气预热器运行中的主要问题。国内某些钢铁工业炉中采用这种铸铁空气预热器加热空气，亦因积灰问题而影响了其长期使用。

目前金属片状管已停产十几年，此技术已淘汰。虽然片状管换热器在钢铁行业淘汰了，肋片-齿形铸铁管空气预热器在我国锅炉行业也杳无踪迹了，但肋片-齿形铸铁管空气预热器，在烟气露点腐蚀环境下应用25~30年的骄人业绩，让我们似乎看到了解决空气预热器露点腐蚀的希望，如果我们能够深入研究，也许此技术可以在石化行业浴火重生。

2.2 复合强化传热铸铁烟管空气预热器

据东南大学周强泰等1989年发表的文献介绍：为解决积灰问题，东南大学设计了一种铸铁空气预热器，与以前的铸铁式空气预热器的根本不同点是，烟气在管内作纵向流动。由于不存在横向绕流所固有的涡流和封闭循环区，从而消除了导致积灰的流体动力学的根源。此外，纵向流动的流动阻力小，可采用较高的流速，这又是避免积灰的重要措施。

此铸铁空气预热器属于烟管空气预热器，即烟气走管内的空气预热器，其外观和工作原理与钢管式烟管空气预热器大体相同。空气预热器由管箱组成，管箱由若干根铸铁管连成一个整体。铸铁管为圆形，管外有横向肋片，管内有纵向翅片如图5所示。

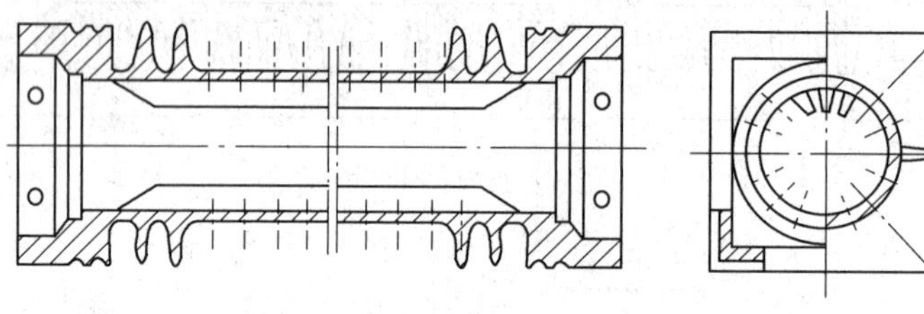

图5 铸铁翅片管

1992年前后，东南大学与南通永锋节能设备有限公司合作，推出了此种铸铁式空气预热器。经过多年发展，现在，此种铸铁式空气预热器已经为多个锅炉厂的多款定型锅炉配套。2010年9月，作者登录该公司网站看到，统计数字中已有近2000台在运行了。

文献中没有给出该型铸铁管的最大铸造长度，铸造长度是空气预热器大型化的限制条件之一，因为铸铁的焊接性较差，不易连接。

在石化行业的火焰加热炉中，无论是普通碳钢管还是铸铁管，烟管式空气预热器还没有应用先例，但这种铸铁烟管空气预热器可以给我们一些启示。

2.3 内螺纹外肋片铸铁烟管空气预热器

据北京之光锅炉研究所的李之光1995年发表的文献介绍：内螺纹烟管在我国工业锅炉上已有十余年的应用经验，仅2~3mm高的螺纹即可使传热系数高达普通光烟管的1.7~1.8倍。铸铁的抗磨损能力大于碳钢，而且铸铁件较厚，故允许在较高烟速下工作，此外，还有以下突出优点。

（1）耐腐蚀寿命长。即使在露点以下工作，其寿命不仅明显高于钢管空气预热器，也高于热管空气预热器，可与锅炉寿命平齐，不存在更换问题。

（2）不积灰不堵灰。外肋片间隙流过的是洁净空气，不存在积灰问题。内部由于烟速允许较高，亦不存在积灰问题，即使在露点以下工作，高烟速（约7m/s以上）也可将湿灰冲刷掉，故不存在堵灰问题。

内螺纹外肋片铸铁管结构如图 6 所示。据相关文献介绍，这种内螺纹外肋片铸铁空气预热器在 1~40t/h 工业锅炉和 65t/h、80t/h 发电锅炉上都有应用。

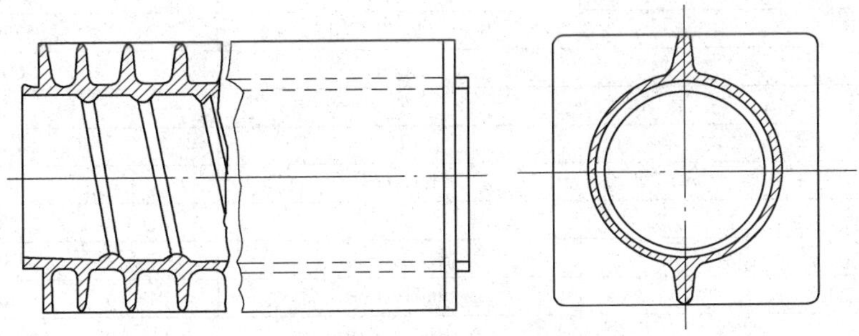

图 6 内螺纹外肋片铸铁管

据南通市崇川宏盛机械厂的陆骏 2004 年发表的文献介绍：截至 2004 年，内螺纹外肋片铸铁管式空气预热器已有近 300 台在运行中，有些已运行 10 年以上。2010 年 9 月，作者登录该厂网站看到，统计数字已变成近 1000 台在运行了。

同前例铸铁烟管空气预热器一样，文献也没有给出该型铸铁管的最大铸造长度。

上述介绍的两例铸铁烟管空气预热器在锅炉和热风炉行业中已有近 3000 台的使用业绩，最早的已有近 20 年的使用寿命。这样的业绩是非常振奋人心的，深入研究铸铁烟管空气预热器在锅炉、热风炉中的应用环境，对比炼油厂火焰加热炉空气预热器的使用条件，求同存异，扬长避短，也许铸铁烟管空气预热器也可以在石化行业找到用武之地。

3 铸铁板式空气预热器

铸铁板式空气预热器具有传热系数高、体积小、不易积灰、压降小等特点。我国在 20 世纪 80 年代曾有过开发并在石化装置上应用的先例。近几年来，为解决低温露点腐蚀问题，设计部门重新开始尝试采用铸铁板式空气预热器，并与制造厂合作，开发出了新型铸铁板式空气预热器。

3.1 铸铁双翅片管空气预热器

石油一厂的胡庆珍 1983 年发表的文献介绍：石油一厂热裂化装置 1982 年 4 月投运了一台铸铁双翅片空气预热器，该铸铁双翅片管空气预热器内部排列铸铁双翅片管 10 排，每排 25 根，总计装双翅片管 250 根（即 500 片）。每片铸铁双翅片管的外型尺寸为：长×宽×高 = 1832mm×525mm×75mm，结构详图如图 7 所示。1982 年 6 月，对该空气预热器系统进行了工艺标定，标定数据见表 1。

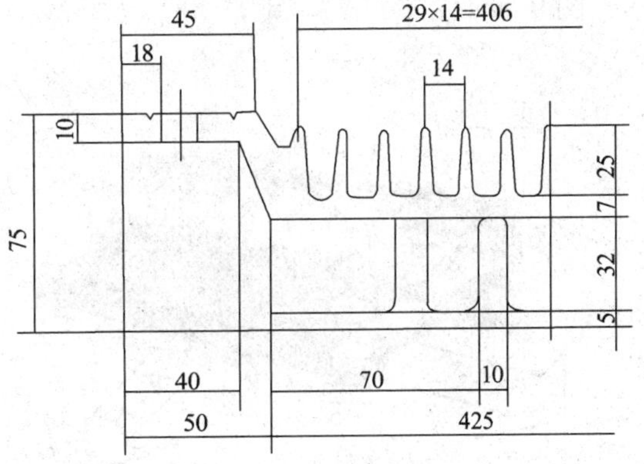

图 7 铸铁双翅片管单片局部

这种铸铁双翅片管，由于采用两个铸造单片相扣组成一个铸铁管，相比前面介绍的铸造管，铸造难度降低很多。

表 1 铸铁双翅片管空气预热器标定数据

项 目	单 位	数 据
空气预热器负荷	MW	2.407
空气量	kg/h	52790
烟气量	kg/h	56035
烟气入预热器温度	℃	328
烟气出预热器温度	℃	136
烟气侧总压降	mmH_2O 柱	36
空气入预热器温度	℃	28
空气出预热器温度	℃	185
空气侧压降	mmH_2O 柱	36
总传热系数	$W/m^2 \cdot K$	10.34

由于这种铸铁管内外侧都带有翅片，具有表面积大的特点，如烟气侧的表面积达 $5.44m^2/m^2$光管，因此，铸铁双翅片管传热系数大。从标定数据来看，以翅片面积计的传热系数在 $10.34W/m^2 \cdot K$，以光管面积计的传热系数大约 $51.75W/m^2 \cdot K$。这是一般管式空气预热器无法比拟的。另外，铸铁双翅片管空气侧与烟气侧的实际压力降均为 36mm 水柱左右，非常小。优点很多，可惜的是此装置后来停产拆掉了，也没有文献后续报道了。

此铸铁双翅片管的结构已非常接近 BY-CAST 公司的目前结构了。限于种种原因，铸铁双翅片管空气预热器没有在石化行业推广开来，非常可惜。

3.2 抚顺洗化厂引进的铸铁式空气预热器

据中国石油集团工程设计有限责任公司抚顺分公司的胡小平 2009 年发表的文献介绍：抚顺洗化厂 1989 年建成投产的 2 台热油加热炉 H-501/H-502，其引进的空气预热器由三组铸铁翅片换热器和一组玻璃管换热器组成。2009 年左右加热炉改造时，原空气预热器没有更换，依然留用，说明还没有损坏，而此时，该空气预热器已大约运行了 20 年，这样的寿命，在石化行业是凤毛麟角的。虽然文章没有说明改造前加热炉排烟温度，但根据文章前后内容，作者推测，改造前加热炉排烟温度应在 150℃左右。非常遗憾的是文献没有介绍该铸铁空气预热器的结构。

3.3 BY-CAST 的铸铁板翅管

比利时的 BY-CAST 公司的铸铁式空气预热器基本单元为铸铁板翅管，结构示意如图 8、图 9 所示。

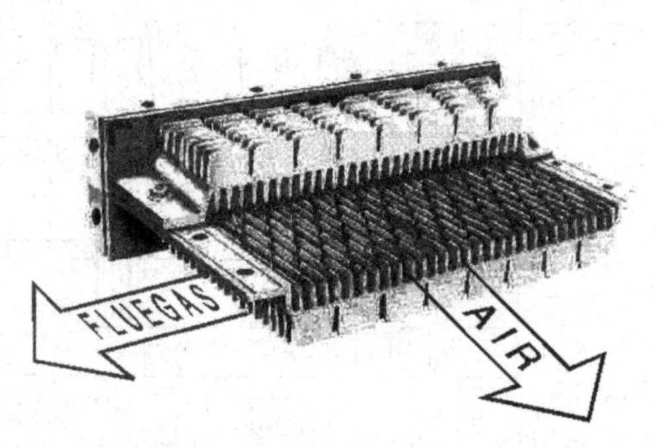

图 8 BY-CAST 铸铁板翅管示意图

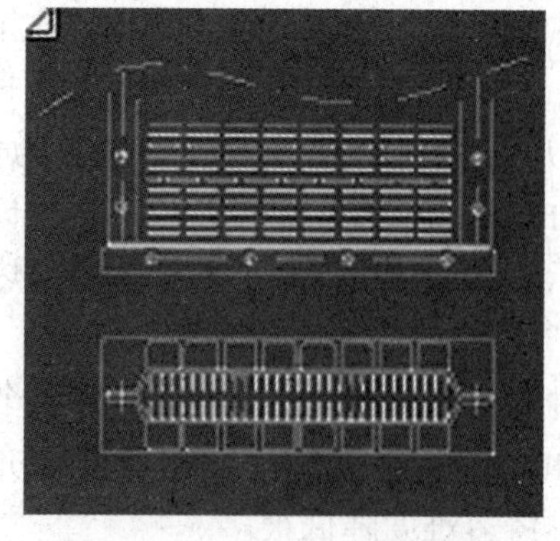

图 9 BY-CAST 的一种铸铁板翅管

BY-CAST 的铸铁板翅式空气预热器的布置形式如图 10 所示，铸铁板翅管多组叠置，烟气自上而下通过预热器。在预热器下部烟气出口段，有时为了用于燃料含硫较高的情况，还会采用一部分玻璃管。

BY-CAST 的铸铁板翅式空气预热器的布置形式有一个最大的优点：清灰容易。采用水冲洗技术，从上而下冲洗，水的流向与烟气流向相同，无死角、无阻挡，值得我们借鉴。

2006 年，在阿尔及利亚凝析油项目的加热炉设计中，洛阳石化工程公司首次采用铸铁板式空气预热器，由 BY-CAST 公司提供产品，该装置已于 2009 年建成投产。

阿尔及利亚凝析油项目采用的空气预热器为大型铸铁板式空气预热器。整个预热器长×宽×高＝2900mm×4800mm×7400mm，总重 145t。此次设计，开创了国内工程公司在火焰加热炉设计中，采用大型铸铁板式空气预热器的先例。

3.4　KABLITZ 的铸铁翅片板式换热器

德国的 KABLITZ 公司的铸铁翅片板式换热器结构示意如图 11 所示。

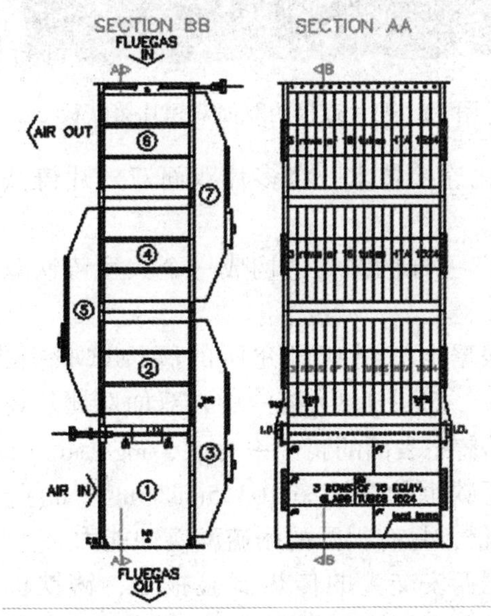

图 10　BY-CAST 铸铁空气预热器布置

图 11　KABLITZ 铸铁翅片板式换热器示意图

2009 年 4 月 18 日建成投产的中海油惠州炼油分公司 420 万 t/a 焦化装置，引进美国 FW 公司的工艺包，采用“两炉四塔”的工艺路线，由 SEI 负责 E+Ps。焦化炉全部从国外进口，烟气余热回收系统采用 KABLITZ 公司提供的铸铁翅片板式换热器。

这是目前国内投入运行的负荷最大的铸铁板式空气预热器。它的引进，开启了我国石化行业空气预热器进入大型铸铁板式的新时代。

3.5　大型铸铁双面双翅片板式空气预热器

大型铸铁板式空气预热器，顾名思义，就是采用大型铸铁薄板制成的大型空气预热器。

什么是大型铸铁薄板，目前没有确切的定义。铸造行话有“铸工怕铸板”的说法，可见，铸板是很困难的。这是因为，板类铸件最容易变形而偏离设计尺寸，而薄板尺寸越大，变形越大、偏离设计尺寸越大、越容易厚薄不均，如果再加上双面双翅片，铸造难度就更大了。根据文献搜索，作者认为，长、宽超过 1m、厚度小于 10mm 的铸铁薄板，属于大型铸铁薄板。大型铸铁板式空气预热器在传热、密封等方面有明显优势。

2006年初，中国石化洛阳石化工程公司开始铸铁板式空气预热器的CFD研究(见图12)，取得重要成果。在确认铸铁板式空气预热器在传热、流动阻力等方面的优势之后，与溧阳市恒祥特钢合作研制大型铸铁双面双翅片板式样机，在取得初步成果的基础上，在中国石化科技开发部立项攻关，以解决大型双面双翅片铸铁薄板的铸造难题，经过多次开模放大试制之后，终于开发成功。双面双翅片铸铁薄板一次整体铸造成型，平板厚度非常薄，而且翅片成型非常完美，如图13所示。

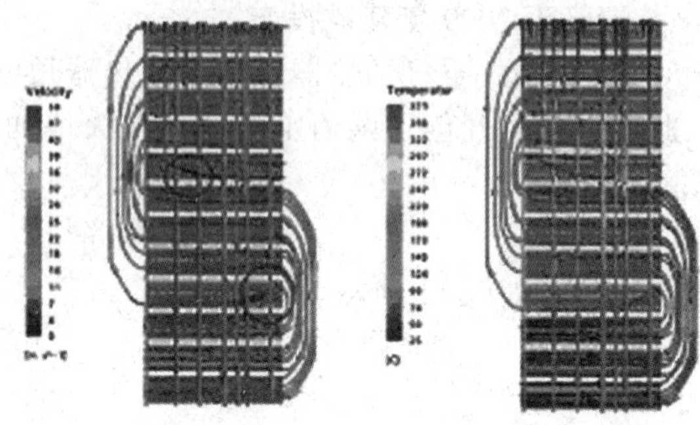

图12 铸铁板式板空气预热器的CFD研究

图13 两片连接的双面双翅片铸铁板

大型铸铁双面双翅片板式空气预热器采用模块化连接技术，将多片双面双翅片铸铁板密封连接起来形成一个立体模块，如图14所示。

多个这样的立体模块密封连接起来，形成“魔方”一样的结构，构成一个大型铸铁双面双翅片板式空气预热器。

图14 铸铁双面双翅片板式空气预热器模块

根据上海材料研究所的腐蚀试验报告，在70℃、50%H_2SO_4溶液中，双面双翅片铸铁板原始铸态表面的腐蚀率为5.57mg/(m^2·h)，比普通碳钢的腐蚀率103.5mg/(m^2·h)降低了18倍，具有很强的耐硫酸腐蚀能力。

据西安交大的传热试验报告，铸铁板翅式空气预热器中烟气流速在3~10m/s之间变化时，烟气侧以光板面积计算的换热系数在21.6~55.0W/(m^2·K)之间变化，传热系数非常大。

大型铸铁双面双翅片板式空气预热器具有以下优点：耐腐蚀、耐磨损；传热性能高；结构紧凑；压降小；安装方便。

2010年4月，武汉石化2号常减压装置投用了首台国产大型铸铁双面双翅片板式空气预热器，加热炉热效率从90%提高到92%，目前运转良好。

现在，越来越多石化企业的新建装置，如长岭炼化、九江石化、抚顺石化、四川石化等，采用了铸铁式空气预热器；越来越多的石化企业在加热炉改造中采用了铸铁式空气预热器。铸铁式空气预热器的耐腐蚀、长寿命已被越来越多的企业所接受。

4　总结

空气预热器的低温露点腐蚀是工业炉行业的共性问题，也是世界性难题，如何彻底解决这个问题，全世界都在探索，虽然有大量的耐露点腐蚀钢，如 S-TEN1 钢、Corten 钢、ND 钢等问世，但目前的共识基本上还是采用铸铁材料，随着铸造技术的进步，大家对铸铁式空气预热器的关注，相信会有越来越多的火焰加热炉采用铸铁式空气预热器。

引进及国产的大型铸铁板式空气预热器成功跻身我国石化行业，其耐腐蚀、耐磨损、长寿命的优点必将引发空气预热器的一场革命，从而将石化行业的节能减排推向一个新的高度。

（中国石化洛阳石化工程公司　王德瑞）

42. 焦化装置加热炉空气预热器振动原因分析及解决措施

焦化装置加热炉因工艺原因，对流出口温度较高，一般为350～380℃，如采用单一的热管空气预热器往往会因烟气温度较高而使热管传热元件失效。为了克服热管传热元件高温容易失效的问题，并利用热管传热元件低温运行的某些优良特性，在某160万t/a的焦化装置加热炉的余热回收系统空气预热器的设计中，我们采用了扰流子+热管组合式空气预热器模式，对焦化加热炉烟气中的余热进行回收，并确保加热炉能高效、长周期安全运行。

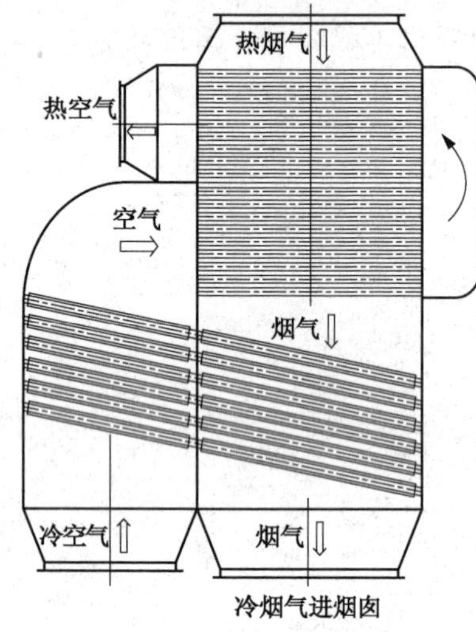

图1　预热器烟、空气流程示意图

该预热器烟气高温部分(400～265℃段)设计为扰流子空气预热器，空气走管内、烟气走管外，由于温降较大，扰流子预热器采用双程，低温部分(265～113℃)设计为热管空气预热器，见图1所示。该预热器在竣工后试车时发现预热器存在强振故障，为此，对该预热器产生强振的原因进行分析，并采用了相应的措施进行处理，最终消除了强振，恢复了预热器的正常运行。

1　预热器振动原因分析及处理

1.1　预热器振动原因分析

在预热器的试运行过程中，我们先后开启鼓风机和引烟机，调整通过空气预热器烟气侧的风量在较小水平(余热回收系统中挡板蝶阀全部全开，引烟机的转速在43%以下)，此时无异常振动和噪声产生。逐渐加大鼓风机风量直至接近极限，并无明显振动和噪声产生，因此，认为振动原因主要在烟气侧。

然后再调整引烟机，当引烟机转速超过44%的时候，空预器开始共振，而且风机转速越高振动越大。当引烟机转速达到55%时，振动变成间歇式，发喘。为防止共振损害设备，遂停止试车。该振动从扰流子预热器处产生，往下传。此处所产生振动为低频振动，声音较大，发闷，听起来人心发慌。试车中，在空预器烟气出口后硬连接的烟道上取一振动较大位置作为振动测量点，振动烈度最大达12.3mm/s。

因此，通过现场观察分析认为，该振动产生的原因为，在管式空气预热器中，当气流横向绕流管束时，卡门涡流的交替脱落会引起风声响效应，因为卡门涡流的交替脱落会引起空气预热器中气柱的振动。当漩涡的脱落频率(f_K)与管箱的声学驻波振动频率(或称气室固有频率f_K)接近或一致时，会诱发强烈的管箱声学驻波振动，造成空气预热器管箱的共振，同时伴有较大的噪声。

卡门涡流频率：

$$f_K = S_t V/D \tag{1}$$

式中　S_t——斯特罗哈数(反映管子排列方式、管子结构的特性参数)；

V——空气进入空预器速度，m/s；

D——管子的直径，m。

气室固有频率：

$$f_n = nC/(2L) \tag{2}$$

式中　n——谐波的阶次（$n=1$，2，3，……）；

L——气室宽度，m；

C——声速，m/s。

因燃料的成分、燃烧特性和漏风系数直接影响声速的计算，所以无法精确计算烟气中的声速，对于一般的工程计算用下面的经验公式求解。

$$C=(386T)^{0.5} \tag{3}$$

式中　T——气流平均温度，K。

漩涡脱离的频率和管箱中存在的某阶驻波频率相差不大，则可能激发该阶驻波，一般以下式作为能否激起某阶驻波的判据。

$$0.8f_{K2}<f_n<1.2f_{K1} \tag{4}$$

管式空气预热器的声学共振过程是：加热炉升负荷时，卡门涡流频率逐渐接近于气室固有频率，首先在加热炉低负荷时可能重合，由于激发能还不足以产生强烈的振动，随着加热炉负荷的增加，使空气预热器产生强烈的振动，并发出噪声，导致于设备疲劳破坏和加热炉被迫降负荷运行。由于气流振动是多阶次的，卡门涡流频率和气室固有频率可能在一次阶波上重合，也可能在较高阶波上重合。表1为空气预热器的性能参数：

表1　空气预热器性能参数

	烟气入口温度/℃	烟气出口温度/℃	烟气入口速度/(m/s)	烟气出口速度/(m/s)	管子直径/m	气室宽度/m
高温部分	365	265	11.15	9.37	0.045	3.404
低温部分	265	113	7.21	5.17	0.078	3.395

高温入口处：$f_2=145.8$Hz；$f_{K1}=123.9$Hz；

高温出口处：$f_2=133.9$Hz；$f_{K2}=104.1$Hz；

低温入口处：$f_1=67.1$Hz；$f_{K1}=46.2$Hz；

低温出口处：$f_1=56.9$Hz；$f_{K1}=33.1$Hz。

可以看出，高温部分（扰流子预热器）卡门涡流频率和气室固有频率在二次阶波上重合，所以产生强振动，低温部分卡门涡流频率和气室固有频率相差较大，不会发生振动，因此，高温预热器扰流子管的卡门涡流是预热器产生强振的主要原因。

1.2　改造措施实施及效果

根据前面对振动产生原因的分析，管式空气预热器的声学共振的消除方法一般有以下三种：

（1）圆管改为流线型或螺旋肋片式管子，消除卡门涡流效应。

（2）改变管子节距，使 S_t 系数增或减，从而改变卡门涡流频率。

（3）提高气室固有频率，加装消振隔板将气室分成几个空腔，提高振风量，避免声学共振。

以上三种方法，在预热器已经安装完毕情况下，方法一和方法二都无法实施。第三种方法，只需顺着烟气流的方向增加纵向隔板，施工起来相对简单。

后按方法三对该空预器进行了避振改造。改造措施如下：在扰流子预热器内将纵向两列扰流管拆除，然后在空间内设置消振两组隔板，沿换热管方向将扰流子预热器从上至下贯通均等分成3个气室(相当于减小气室宽度)。此措施目的为提高气室固有频率，提高振风量，避免声学共振。在空预器烟气入口的天圆地方内设置导流板三块，以使进入空预器的风速更加均匀，降低局部风速(见表2)。

表2 加装隔板后空气预热器性能参数

烟气入口温度/℃	烟气出口温度/℃	烟气入口速度/(m/s)	烟气出口速度/(m/s)	管子直径/m	气室宽度/m
365	265	11.15	9.37	0.045	3.404/3

高温入口处：$f_1=218.7\text{Hz}$；$f_{K1}=123.9\text{Hz}$；

高温出口处：$f_1=200.8\text{Hz}$；$f_{K2}=104.1\text{Hz}$。

可以看出，改造后理论上卡门涡流频率和气室固有频率不会重合。

避振改造后的空预器冷空气试车具体情况如下：控制炉内负压在20Pa左右。烟道上的两手动挡板及自动蝶阀全开。当引烟机转速达到43%的时候，空预器出现共振，烟气出口壁板振动明显加大。但振动和噪声与改造前试车相比有了明显改善，估计只有改造前的1/3。当引烟机转速达到53%的时候，空预器共振声音开始减小，当引烟机转速达到57%，共振声音及振动显著减小，恢复到烟机低速运行时的良好情况。引烟机转速上升至100%，空预器均正常。在同振动测量点上测量，振动烈度最大为6mm/s。

前面两次试车采用的都是冷空气，而热烟气与冷空气的成分和声学性能有所不同，从本空预器产生共振的机理上来分析，热烟气更有利于避开共振。后该装置开工后，随加热炉负荷的增加，预热器曾出现了3s左右短暂的共振现象，振动和噪声较小，共振时振动烈度不超过为4mm/s。

2 结论

扰流管外存在的卡门涡流所引发的共振，是本预热器产生强振的主要原因。要避免预热器产生共振，必须改变传热管的卡门涡流频率，使之与气室固有频率不会重合。该预热器通过现场的改造处理，消除了强振现象，恢复了正常的运行。

在余热回收预热器的设计中越来越多地采用这类组合式空气预热器，因此，在预热器的设计中要密切关注传热管外卡门涡流所引发预热器共振的影响，通过改变传热管的结构、尺寸或预热器空腔的结构或尺寸来改变传热管或空腔的固有频率，从而避免或消除卡门涡流引发共振对预热器运行的影响，确保炼化加热炉高效、长周期安全稳定运行。

(岳阳长岭设备研究所有限公司 颜祥富，侯杰，龙运国)

43. 加氢裂化装置加热炉空气预热器结垢的处理方法

随着节能工作的不断发展，要求管式炉的排烟温度越来越低，但是往往在空气预热器、余热锅炉等余热回收设备的换热面上会产生强烈的低温露点腐蚀，甚至在不到一年的运转时间内，换热面就严重腐蚀穿孔，使管式炉不能正常运行。可以说，低温露点腐蚀已成为降低管式炉排烟温度、提高热效率的主要障碍。

大庆石化公司炼油厂2004年4月投入运行的加氢装置，加工能力为1.5×10^5t/a。2005年11月以来，该装置加氢炉空气预热器烟道出口温度和炉膛负压出现偏低情况，出口温度一般在100℃左右，最后由于烟气阻力变大不得不停该台加热炉的空气预热器进行处理。

1　预热器使用情况

该台空气预热器为立式型号为KY-3101，有650根ϕ30×1的真空翅片管，靠近烟气出口处的两排翅片管的材质为ND钢，其余为碳钢。预热器的基本工艺如图1所示。

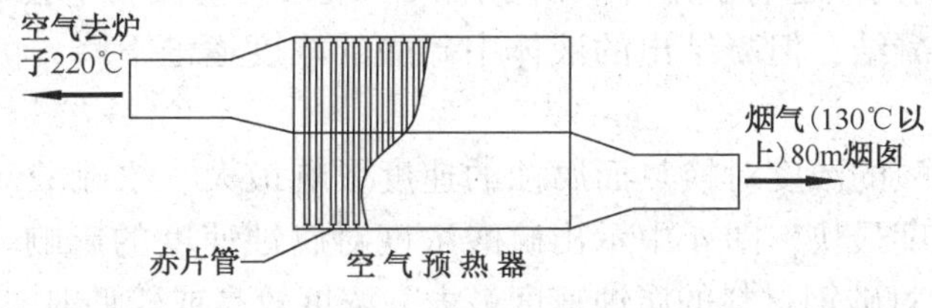

图1　预热器工艺图

在使用1年多后发现该预热器靠近烟气侧阻力大，烟气出口温度降低在100℃左右，同时换热效果差，起不到节能效果，已经不能使用，最后停下来进行检修。设备打开后发现翅片管外表面结有相当多的结垢物，结垢物已经把翅片外表面堵死。同时换热管出现大量的腐蚀现象，如图2、图3所示。

图2　烟气出口中下部

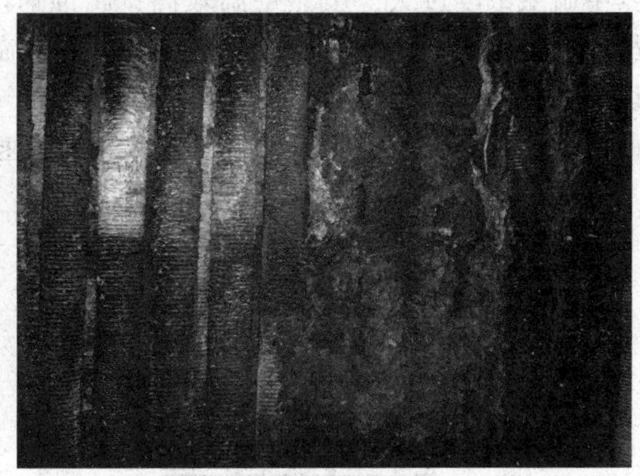

图3　烟气出口中上部

结垢物大部分为灰白色、灰黄色并且硬如石头，用人工及高压水射流技术无法清除，进行人工抽管也没有效果，只能采用化学清洗的方法去除结垢物。

从翅片管腐蚀情况看，碳钢换热管腐蚀比ND钢换热管腐蚀要厉害得多。

2 腐蚀及结垢原因分析

2.1 低温露点腐蚀的机理

一般燃料油或燃料气中均含有少量的硫，硫燃烧后全部变成SO_2，由于燃烧室中有过量的氧气存在，所以又有少量的SO_2进一步与氧结合生成SO_3。在通常的过剩空气条件下，全部SO_2中约有1%~3%转化成SO_3。在高温烟气中的SO_3气体不腐蚀金属，但当烟气温度降到400℃以下，SO_3将与水蒸气化合生成硫酸蒸气，其反应式如下：

$$SO_3+H_2O \xlongequal{} H_2SO_4$$

当硫酸蒸汽凝结到炉子尾部受热面上时就会发生低温硫酸露点腐蚀。与此同时，这些凝结在低温受热面上的硫酸液体，还会黏附烟气中的灰尘形成不易清除的黏灰，使烟气通道不畅甚至堵塞。

2.2 腐蚀速度与壁温的关系

烟气中的硫酸蒸气和水蒸气在遇到冷面时就会开始冷凝，并且冷凝液中的硫酸浓度很大。由于部分蒸气冷凝，使烟气中硫酸和水蒸气的浓度有所降低(但前者降低较多，后者降低较少)，因此烟气的露点也有所下降。由于烟气在继续向前流动中会遇到更低的冷面，烟气中的蒸汽还会继续凝结，但凝结出的液体中硫酸的浓度逐渐下降，因此烟气中的硫酸的浓度是逐渐降低的。

烟气凝结液中硫酸的浓度对换热面腐蚀的速度影响最大。浓硫酸对钢材的腐蚀速度很慢，而稀硫酸腐蚀速度最快。图4中示出硫酸浓度对腐蚀速度的影响。从图中可看出，浓度为50%左右的硫酸对碳钢材料的腐蚀速度最大。浓度较高或较低时，腐蚀速度均会下降。

上述仅为硫酸浓度对腐蚀速度的影响。但在运转中，实际腐蚀速度还与钢材的温度有关。温度高时，化学反应速度较快，腐蚀的速度(对同一浓度的硫酸来说)也较快。在尾部受热面上实际的腐蚀情况当然既与结露的浓度有关，又与壁温有关。因此实际上换热面的腐蚀速度如图5所示。在壁温较高而未结露时，腐蚀速度很低；开始结露时，由于结出的露中硫酸浓度过大，虽然壁温较高，腐蚀速度也还不是很高；对温度再低一些的换热面，虽然壁温有所降低，但结露中硫酸的浓度变稀，腐蚀速度加快，在某处达到一极大值(一般认为在低于露点温度10~40℃)；此后，由于硫酸浓度较低，温度也较低，腐蚀速度下降。最后由于壁温很低，水蒸气大量凝结，腐蚀速度又比较强烈。

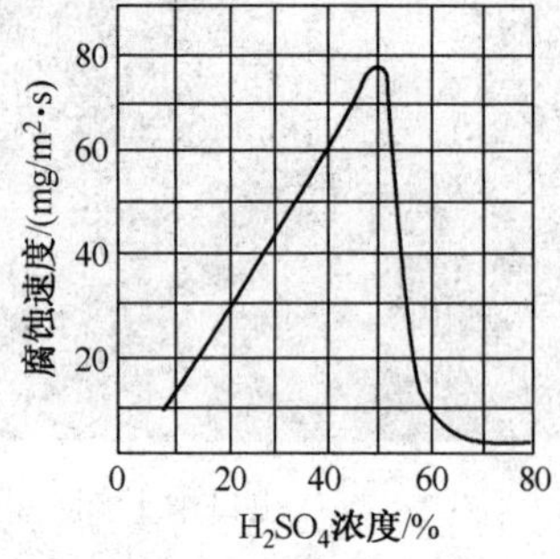

图4 硫酸浓度对碳钢腐蚀速度的影响

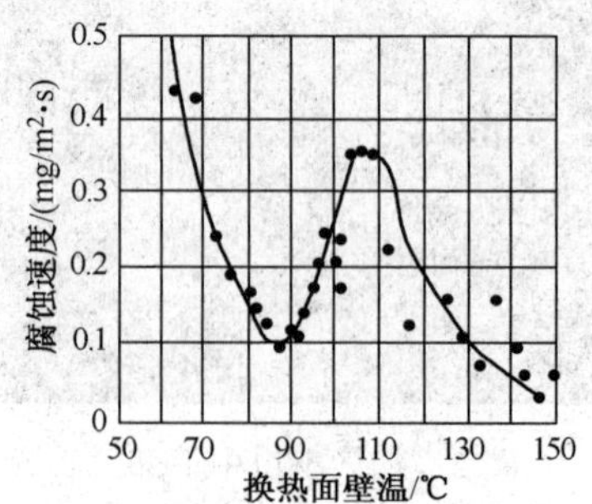

图5 腐蚀速度与壁温的关系

2.3 结垢原因分析

分析原因主要有以下几个：①预热器结构设计不合理，下部存在凹槽，容易积液和杂质，最后导致物质间化学反应结垢；②没有吹灰装置，翅片上的积灰不能及时清理，积灰与水气混合形成固体状，导致翅片管局部堵塞；③预热器入口风温度偏低，原设计温度为20℃，而冬季环境温度为零下-26℃，风与烟气热交换量大，预热器末端温度过低，出现低温容易产生水气与烟道衬里粉化物一起积聚在翅片间，最终导致预热器堵塞和炉负压偏低；④炉顶至预热器烟道约40m长、150m^{2}面积的100mm厚重质浇注料衬里导热系数高，散热损失大，冬季零下26℃可使衬里内表面低温结露而粉化，其产物随烟气流带入预热器，加剧了预热器积灰；⑤预热器保温效果不好，靠近器壁处的温度容易低于120℃导致低温腐蚀和凝液。

由于以上几个原因最后使预热器管束结有大量的结垢物。烟气的结构较为复杂，但是主要为硫酸盐成分。其热导率比金属低很多，一般相对热导率为0.5~2，金属钢管的相对热导率为40~50。金属相对热导率比硫酸盐水垢的相对热导率大20倍以上。也就是说硫酸盐水垢的热阻是较大的，使换热管热阻增加最后导致无法使用。

3　化学清洗

3.1　药剂筛选

水垢的结构和颜色随着生成条件不同而异，一般来说高温下垢坚硬，附着力强，难以清除；低温下垢疏松易清除。在烟气通道中设备表面上形成的水垢以硫酸盐为主，因为在烟气中其主要成分为SO_2、SO_3。在0℃时硫酸钙溶解度为1800mg/L，可以大量溶于水，容易被水溶解清洗掉。现场的结垢物用水溶解有较好的溶解速度说明了这一点。

通过对结垢物的分析及清洗剂的筛选，采用氢氧化钠、碳酸钠、磷酸三钠及表面活性剂等进行清洗。碱洗的目的是除去设备内的以硫酸盐为主的结垢物。NaOH对$CaSO_4$有皂化作用并且使垢物迅速溶解，同时NaOH对烟气中产生的H_2SO_4有中和作用；Na_2CO_3使油脂乳化分散，控制pH值，起缓冲作用；磷酸钠对清洗液中钙镁离子起络合作用；表面活性剂对油脂与焦油起分散与乳化作用，促进清洗液对垢层润湿与浸透。

3.2　化学清洗过程

在2006年4月，对该台预热器管束进行了化学清洗。按照清洗方案的具体要求组织施工，首先对预热器底部采用浸泡循环的方法；底部清洗完后，对松动的换热管进行抽管；然后在抽出管的孔隙位置进行从上至下的喷淋清洗，待全部管活动后进行抽管；对抽出的管进行浸泡清洗。

清洗采用循环和浸泡的清洗工艺进行，温度控制在70℃，并加正反洗阀组，化学清洗时严格按照清洗方案进行施工，除垢率要求>95%以上。

1）清洗工艺参数

清洗剂：10%Na_3PO_4、3%Na_2CO_3、3%NHOH、2%水玻璃、3%LX-003油脂除垢剂、0.5%缓蚀剂。温度在70℃下进行，时间为3~5天，流速为0.05~0.5m/s。

2）清洗范围及清洗系统

(1) 清洗范围　空气预热器下部约600mm高度的箱体；

(2) 清洗容积　清洗系统水容积约为2.5m^3；

(3) 清洗系统　由清洗泵、清洗箱、临时管道、空气预热器系统等组成；

(4) 清洗流程　清洗箱—清洗泵—空气预热器入口—空气预热器出口—清洗箱；

(5) 清洗设备　清洗泵30t/h、扬程30m、清洗箱2m^3。

3）清洗前的准备与措施

（1）检查空气预热器管束及箱体无渗漏、堵塞；

（2）把空气预热器人孔拆掉，连接清洗管线；

（3）按照清洗流程的要求把清洗泵、清洗箱放置在被清洗设备的零米处，连接清洗流程；

（4）清洗剂及废液处理药品运至清洗现场；

（5）设立临时化验点，化验分析药品和仪器准备齐全；

（6）参加化学清洗的人员应熟悉化学清洗流程，化验员熟练掌握化验分析方法；

（7）清洗操作工艺条件及监测频率见表1。

4）清洗操作程序

（1）碱洗：系统充满水建立循环，以水代替碱模拟运行30min，检查系统的严密性，直至缺陷消除后，控制液面高度不超过管箱接口处，防止液体浸泡到衬里。首先加入缓蚀剂，经溶解循环均匀后，逐步加入碱，一次性加入250kg，同时挂入监测试片。控制总碱浓度在10%以下范围内，清洗过程中要测定总碱浓度、pH值、温度等项目。加药前清洗箱液位应保持在1/4处，缓慢加入药剂。

表1 清洗操作工艺条件及监测频率

过程	药剂浓度	温度/℃	时间	监测项目	检测时间
水冲洗		常温	约1h	冲洗至无机械杂质，目测出水透明	30min
挂片	国家标准		全过程	碳钢挂片在配碱前挂入清洗箱内，结束后取出，清洗过程中随时观察试片的腐蚀情况	全过程
碱洗	10%Na_3PO_4 3%Na_2CO_3 3%NaOH 2%水玻璃 3%油脂除垢剂 0.5%缓蚀剂	50~60	3~5天	总碱浓度保持在10%以下，目测所结垢物质全部溶解为碱洗结束	1h
水冲洗	目测水透明			pH值在6~7之间	60

（2）因为垢溶解后，液体已经变成黏液状态而不能继续使用，应将废液排除后进行水洗，然后继续加水，加温加药继续清洗，并且重复以上作业程序12次直至全部结垢物溶解为止，每次排出量4m^3。

（3）空气预热器箱体下部有放空管因堵死不能使用，用人工和清洗的方法将其疏通，然后连接泵入口，从低点将药液打入进行循环，同时可以将箱体底部残渣排除。

（4）控制条件：换药液时间6~7h，加药量控制pH值9~11，分析控制pH值、总碱度。

（5）废液处理：每次清洗更换的废液都拉出厂外处理。

（6）清洗后的检查、评定及验收：腐蚀速度小于6g/m^2·h、总腐蚀量小于20g/m^2。清洗结束后，直接检查被清洗表面，无垢、无杂质，达到能抽出排管的目的。

最后对预热器底部采用浸泡循环的方法清洗后，然后对真空翅片管进行抽管，待全部管抽出后，对这些管放入清洗槽进行化学浸泡清洗。清洗药剂及操作条件同上。

4 清洗效果

静态验收指标：清洗后从被清洗的预热器管束看，管壁干净无残留污物，可见金属本体；挂片检查腐蚀速率小于 $4g/m^2h$，腐蚀量小于 $12g/m^2$。

动态验收：除垢率均大于100%。

2006年4月25日清洗结束投入使用，从提供的运行数据效果看，达到了清洗的目的。具体情况见表2。

表2　预热器清洗前后工艺参数

	烟气出口温度/℃	空气入口温度/℃	空气出口温度/℃
设计工艺参数	130	20	220
清洗前工艺参数	100以下	20	不能使用
清洗后工艺参数	130以上	15	220以上

5　结论

采用化学的清洗方法可以简单快速地解决加热炉空气预热器预热管束外壁结垢问题，提高了设备的换热效果。同时由于结垢物的清除，避免了设备的垢下腐蚀，延长了设备使用寿命。该台设备造价为52万元，清洗费用为6万元，按提高设备使用寿命一倍计，可以节约设备费用46万元。

（中国石油大庆石化分公司炼油厂　王巍）

44. 长效钢水热管在石化行业的工业应用

1 普通钢水热管目前现状

随着能源的日趋紧张，节能显得尤为重要。热管预热器作为一种高效节能设备，因其具有体积小、换热能力大、阻力小、可靠性高、维护简单、拆装方便等一系列优点，受到用户的普遍关注。然而，由钢-水化学不相容性导致热管的工作寿命不够长、传热性能不够稳定的现象仍然存在。尽管在生产工艺流程及工质的配方研究对此有所考虑，但在实际的应用中仍显得不足，相当多的钢-水热管的工作寿命在两年左右，远不能满足现有生产周期的要求。

岳阳长岭设备研究所公司在2003年自主开发研究出热管在线氧化除氢技术后，用该技术对中国石化近十家企业的20余台炉子的热管进行了更新或修复，取得了很好的节能效果，且使用寿命大幅延长。近几年，从我们从需要修复热管的检查情况看，因管外腐蚀穿孔造成热管失效的仅占热管总量的5%左右，大部分的都是由于管内腐蚀产生不凝气体引起的失效。这些失效的热管，在进行切割时，不凝气体均会产生燃烧，个别台位的热管甚至产生爆燃，燃烧时间可持续1min左右，说明管内存在有大量的不凝气体。切割时不凝气体燃烧情况如图1、图2所示。

图1 某烯烃厂热管切割时氢气开始燃烧时的火焰情况

图2 某石化厂2#芳烃制氢炉热管切割时氢气爆燃的火焰情况

另外，管内流出的工质颜色一般均呈黑色，静置一段时间后水为清亮，但容器底部有大量黑色沉淀物，即为管内腐蚀产物。还也有少量的热管，管内腐蚀严重，金属表面非常粗糙，管内工质呈水煤浆状。这种热管的工质状况可见图3。总之，目前热管管内失效应是热管失效的主要原因。

2 钢-水化学不相容导致热管失效的机理及对策

2.1 腐蚀机理

由于管材与工质的化学不相容性，使得钢-水热管内部发生化学反应，产生不凝气体氢气。氢气越多，换热效果越不好，积聚到一定程度可以使热管完全失效，丧失传热功能。热管中管壁发生腐蚀产生氢气的原因有以下两方面：

1）化学反应腐蚀

热管长时间在较高温度下工作，钢-水会发生化学反应，其主要的化学反应过程如下：

$$Fe + H_2O \xlongequal{} FeO + H_2\uparrow$$

$$2Fe + 3H_2O \xlongequal{} Fe_2O_3 + 3H_2\uparrow$$

$$3Fe + 4H_2O \xlongequal{} Fe_3O_4 + 4H_2\uparrow$$

反应的结果使管壁发生腐蚀，产生 FeO、Fe_2O_3 和 Fe_3O_4，同时产生一定量的不凝气体氢气（H_2）。上述氧化膜除 Fe_3O_4 外，其余两种氧化层不能阻止水的侵入，仍要与铁继续反应，生成氢气。

图 3　某石化厂 2#芳烃制氢炉热管切割时工质流出的情况

2）电化学反应

在钢-水热管内，铁、杂质和水构成一种原电池。其中，铁为阳极，杂质为阴极。杂质一般为 FeC_3、石墨等，为碳钢与水中所含。水的电离度虽小，但仍有少量的 OH^- 和 H^+ 生成。管内主要的电化学反应过程如下：

$$H^+ + 2e \xlongequal{} H_2\uparrow$$

$$Fe - 2e \xlongequal{} Fe^{2+}$$

$$Fe^{2+} + 2OH^- \xlongequal{} Fe(OH)_2\downarrow$$

$$3Fe(OH)_2 \xlongequal{} Fe_3O_4 + 2H_2O + H_2\uparrow$$

（在高温和有水存在的状态下）

可见 H^+ 得到二个电子的产物是 H_2，$Fe(OH)_2$ 分解后得到的也有 H_2。在高温有水的条件下这种反应进行得很快，所以，普遍认为这是导致碳钢与水不相容的主要原因。

2.2　采取的对策

知道了水对碳钢的腐蚀机理，能帮助我们找到相应的解决办法，尽可能地延长热管的使用寿命。目前主要的方法有以下几种。

1）碳钢管材的高温蒸汽表面钝化

采用该办法的目的是使管壁净化且生成致密的兰色的 Fe_3O_4 氧化膜钝化层，这是一种稳定性极好的保护膜。具体的做法是将净化后的碳钢管加热至 500～600℃后，冲以水蒸气加以表面钝化，此时碳钢管内表面会生成致密而均匀的 Fe_3O_4 氧化层。

2）碳钢管材的化学液钝化

该方法也是使管壁生成 Fe_3O_4 氧化膜钝化层，所不同的采用的是氧化性化学试剂的方法。目前钝化液配方主要采用的试剂是重铬酸钾，具体做法是将酸洗净化后的碳钢管放入钝化槽内，在一定温度下浸泡一定的时间，让管壁内生成一层致密的 Fe_3O_4 氧化膜。

3）工质内添加缓蚀剂

缓蚀剂在工质中添加是为了使管壁表面产生更为均匀与密集的 Fe_3O_4 钝化层。缓蚀剂与化学钝化一般是联合使用，由于制造工艺过程不可避免地对局部钝化膜的破坏，这时缓蚀剂就可以起到修补的作用。缓蚀剂品种很多，一般采用阳极型缓蚀剂，其管壁缓蚀效果较好。具体做法是在工质内添加 1%～3%的重铬酸钾，就可取得一定效果。

4）排放法和渗透法

在热管冷凝端部装上排气阀，必要时打开阀将积累的氢气排放出去；后者则是在热管冷凝端部装上钯管，让所产生的氢气随时渗透出去。

5）氧化除氢法

根据化学理论可知，标准电极电位为正值的元素的氧化物都拿被氢还原出来。常见的有铜、镍、锌、钴等元素的氧化物都能与氢进行氧化还原反应，只是要求的反应的温度不同，反应的速度不一样。氧化除氢技术20世纪90年代初就开始了推广应用，但要求的反应温度一般都在160℃以上，在工业中的应用受到一定的限制。目前，我公司开发的这种新型高效复合配方的氧化除氢技术，在常温下就可快速地进行除氢反应，现已成功地进行了工业应用，这一技术的推广应用，将极大地提高热管的使用寿命。

针对化学钝化膜不稳定、排放法和渗透法不易操作、高温蒸汽钝化所需场地设备及投资较大，我们认为最好的热管延寿方法应为化学钝化、缓蚀剂及氧化除氢技术的配合使用。

3　长效钢水热管与普通热管试验对比情况

我公司生产的长效钢水热管，在管内采用了自主开发的氧化除氢专利技术、化学钝化专有技术和高效缓蚀技术，因此，所生产的热管具有更好的传热性能和较长的使用寿命。为了考察长效钢-水热管与普通热管传热性能及使用寿命，我们将两种热管同时进行热态强化对比试验，试验结果见图4~图6。从红外热像图看，新型长效热管等温性能极好，整过试验过程均无不凝气聚积区，而普通热管有明显的低温区，即不凝气聚积区，两种热管等温性能相差明显；再从趋势图来看，试验启动时，热管始末点温差二者相差不大，随着试验时间的延长，普通热管始末端两点温差逐渐加大，运行约70h后，达到最大值51℃，其后基本趋于稳定；而长效热管在整过试验过程，温差在8~10℃范围内波动，无明显变化，说明氧化除氢剂在线去除不凝气的效果明显。普通热管内不凝气的积聚大部分是在启动初期形成的，积聚量达到一定程度后与温度有一定的关系，但与时间无关。

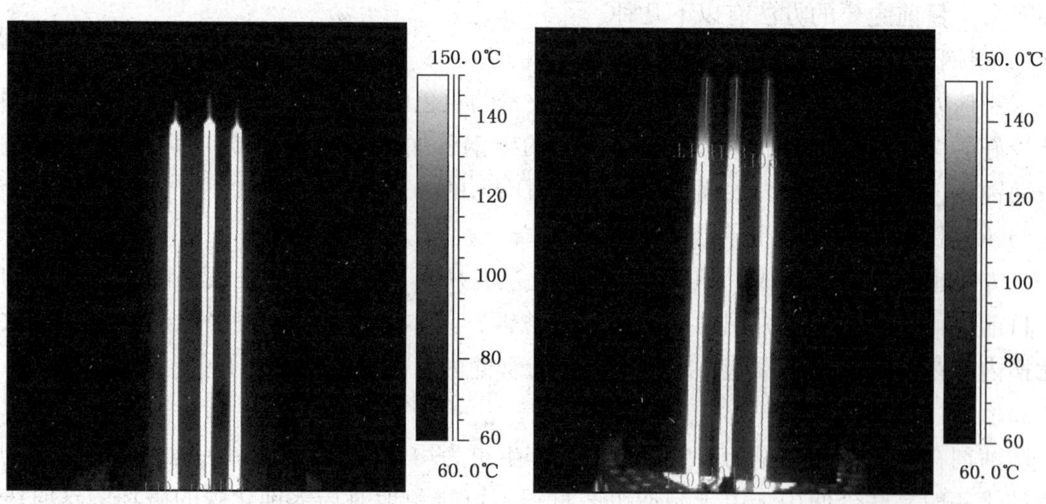

图4　长效热管红外热像图　　图5　普通热管红外热像图

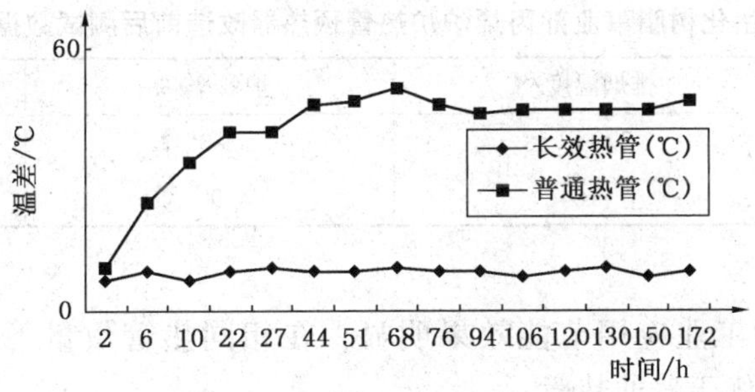

图 6 热管低温试验始末端温差趋势图

4 部分应用情况介绍

4.1 长岭特化公司 1# 联合热管空气预热器

该台位共有热管 1034 支，其中萘热管 318，钢水热管 716 支，在 2003 年 5 月，新更换萘热管 120 支，钢水热管 300 支，修复钢水热管 207 支。投用三年，经测试热管运行很好，热风出口温度一直维持在 280℃以上，与前一周期使用的普通热管比，热风温度提高 26℃以上，相当于节省燃料费用为 103.05 万元。

本周期检修时检查，2003 年用氧化除氢技术更新及修复的 507 支热管，不能使用的热管 34 支，其中因热管失效 25 支，另 9 支热管真空度很好，但因翅片严重腐蚀减薄或脱落，不能继续使用，热管失效率仅为 4.93%。这是该台位自使用热管以来，一个运行周期内预热器传热效果保持稳定，热管失效率如此之低，这是前所未有的。

4.2 铂重整炉 701 应用情况

炉 701 在 2003 年大检修时，热管全部更新，共计 100 支。从运行测试数据看，运行效果很好，在热管支数比前一周期少 10%的情况下，热风温度较前一周期高出 20℃以上，取得了很好的节能效果，仅此每年可节省标油 77.9t，约节省费用为 23.57 万元。

4.3 巴陵石化公司烯烃厂炉 1002 的应用情况

岳化烯烃厂 373 支修复热管于 2006 年 5 月份安装，5 月中旬已开始投用。从烯烃厂给我们反馈的信息，使用效果非常好。在烟气入口温度降低 30℃的情况下，热风出口温度仍能保持原来的温度，传热性能优于普通热管。

4.4 克拉玛依石化公司焦化炉上的应用情况

2006 年 5 月初，为克拉玛依焦化装置设计制作的两台预热器现已进行投用。用户调查反馈表明，经重新设计制作的热管预热器，在外型尺寸没变的情况下，排烟温度降低近 40℃，节能效果相当明显。

4.5 南京扬子石化公司炼油厂加热炉上的应用

去年 10 月为扬子石化炼油厂常减压、焦化装置修复热管约 1700 支，投用至今，使用效果很好。

4.6 岳阳化工厂树脂事业部丙烯炉上的应用

丙烯炉在近几年的加热炉测试中，排烟温度一般在 270℃以上，尽管对排烟氧含量进行在线优化，但炉子效率一般也只能在 85%左右，造成高温余热的浪费。为此，我们对该炉子进行节能改造，增设长效热管空气预热器。项目投用后，年节省燃料费 50 万元以上，投资回收期限不到半年。改造前后设计数据见表 1。

表 1 岳化树脂事业部丙烯炉炉热管预热器改造前后测试数据对比

	排烟温度/℃	炉效率/%	热风温度/℃
改造前	270 以上	~85	—
改造后	164	90	178

5 结论

（1）长效钢水热管工业应用节能效果明显，在相同热管数量下，热风平均温度提高20℃以上，其效果明显优于普通热管；

（2）热管使用寿命及性能较普通热管明显提高。

（3）该技术用于热管修复也收到很好效果，但成本相对于新购热管可降低 40%~60%左右。

（岳阳长岭设备研究所有限公司　周丽纯）

45. 热管空气预热器应用存在问题分析

乌鲁木齐石化公司炼油二套常减压装置的加热炉总热负荷为31.5MW，于1995年7月建成投产，通过烟道将烟气引至地面与入炉空气在热管式空气预热器中进行热交换的方式，回收高温烟气余热，设计排烟温度为180℃，热效率为88%。热管式空预热器是国内炼油厂目前普遍采用的一种新型高效传热设备，它具有重量轻、传热系数大、易检修等优点。由于加热炉是常减压装置耗能的主要设备，用能占装置能耗的75%以上，其中空气预热器运行的好坏，关系到加热炉的排烟温度和预热空气温度。因此提高热管式空气预热器的运行效率，对节能降耗、装置能耗达标具有十分重要的意义。本文就二套常减压装置加热炉热管空气预热器在运行中暴露出的一些问题进行分析探讨。

1　空气预热器的结构及原理

1.1　热管的结构及原理

热管是空气预热器的核心元件，其性能的好坏与空气预热器整体运行状况优劣密切相关。装置加热炉空气预热器所用的为重力式气-气热管换热器，工作介质为水，其结构和工作原理见图1所示，由管壳和工质两部分组成，以相变潜热传热和同相显热传热相结合的方式进行工作，具有传热效率高、结构简单、检修方便的特点。

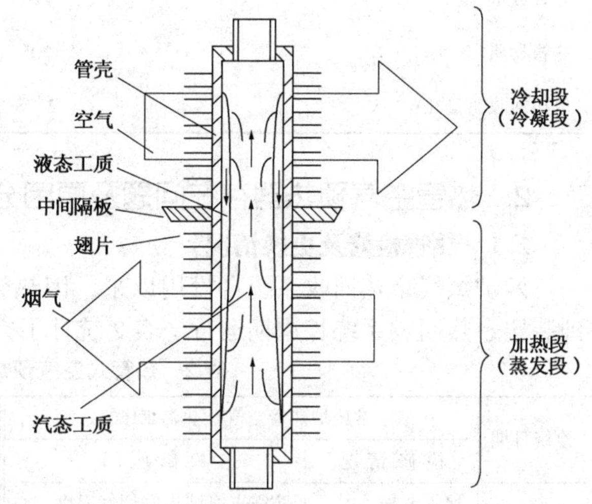

图1　热管结构及工作原理图

1.2　空气预热器结构组成

装置常压炉和减压炉烟气余热回收系统中均采用的热管式空气预热器，主要由翅片式热管束、上箱体、下箱体、中隔板、顶盖和壳体绝热保温层组成，上盖、上箱体、中隔板、下箱体之间均采用石棉绳密封，下箱体走高温烟气，上箱体走冷空气，烟气和空气由引风机和鼓风机强制在各自的流通空间逆向流动，每支热管都是一个独立的传热元件。为了定时清除沉积在热管翅片表面的积灰，采用固定式蒸汽吹灰器。装置热管式空气预热器设计参数见表1。

表1　热管空气预热器设计参数

设计参数	常压炉空气预热器设计值	减压炉空气预热器设计值
外形尺寸(长×宽×高)/mm	5654×2286×4612	4300×1680×3445
热管(长×外径×壁厚)/mm	4093×32×3	3110×32×3
热管烟气侧长度/mm	2027	1599
热管空气侧长度/mm	1976	1350

续表

设 计 参 数	常压炉空气预热器设计值	减压炉空气预热器设计值
烟气侧翅片间距/mm	10	10
空气侧翅片间距/mm	8	8
翅片高度/mm	13	13
烟气侧翅片厚度/mm	1	1
空气侧翅片厚度/mm	1	1
热管排列形式	顺列	顺列
水压试验保压 15min 不漏	9.6MPa	10.0MPa
每根热管工质/kg	0.603	0.450
热管数量/根	720	419
热管材质	20#	20#
单根回收热量/kW	2.78	2.03

2 热管空气预热器存在问题及原因分析

2.1 热管检修及更换情况

两炉烟气余热回收系统自投用以来，因热管结垢、腐蚀问题使用周期一直较短，影响到装置余热回收系统长周期运行。表 2 统计了空气预热历年检修情况。

表 2 热管式空气预热器历年检修情况

检修日期	常压炉热管空气预热器 E160		检修日期	减压炉热管空气预热器 E161	
	检 修 情 况	检 修 原 因		检 修 情 况	检 修 原 因
1997.3	堵管 8 根	防露点腐蚀提高烟气温度	1997.3	更换热管 0 根	—
	清垢 520 根	积灰结垢		清垢 419 根	积灰结垢
1999.4	更换热管 30 根	热管腐蚀泄漏	1999.4	更换热管 23 根	翅片脱落
	清垢 682 根	积灰结垢		清垢 396 根	积灰结垢
2000.7	更换热管 20 根	翅片脱落、泄漏	2000.7	更换热管 15 根	翅片脱落、泄漏
	清垢 692 根	积灰结垢		清垢 404 根	积灰结垢
2002.3	更换热管 0 根	部分翅片脱落继续使用	2002.3	更换热管 150 根	翅片脱落、泄漏
	清垢 712 根	积灰结垢		清垢 269 根	积灰结垢
2003.5	更换热管 190 根	翅片脱落、泄漏	2003.5	—	—
	清垢 522 根	严重积灰结垢		—	—

2.2 热管空气预热器运行工艺状况

热管式空气预热器经检修清洗或更换的新热管，运行时间超过半年后，换热效率明显下降，排烟温度上升，预热空气温度大幅度下降，影响加热炉余热回收系统的正常运行，无法适应装置长周期运行需要。空气预热器运行半年前后参数对比见表 3。

表3 空气预热器运行参数对比

项目	热管检修投用初期		运行六个月以后	
	常压炉预热器	减压炉预热器	常压炉预热器	减压炉预热器
入口烟气温度/℃	291	298	312	321
出口烟气温度/℃	164	172	208	201
入口空气温度/℃	常温	常温	常温	常温
出口空气温度/℃	135	141	76	68
空气量/(km^3/h)	22	13	23	13
热效率/%	88.3	88.1	86.4	86.7

3 热管空气预热器运行失效原因分析

根据对检修时拆下的热管现场鉴定，两炉空气预热器热管运行失效，主要是由腐蚀泄漏或翅片脱落、爆管、结垢和工质发生变化几个方面原因造成的。

3.1 腐蚀泄漏或翅片脱落原因分析

(1) 为了防止烟气露点腐蚀，设计烟气出口为180℃，而装置在检修后开工初期，由于热管运行效率高，烟气排烟温度较低，使烟气出口侧的几排热管产生严重腐蚀，导致翅片脱落，有的热管壳体腐蚀穿孔。腐蚀机理如下：

烟气中 SO_2 与过剩氧反应：

$$SO_2+O_2 \longrightarrow SO_3$$
$$SO_3+H_2O \longrightarrow H_2SO_3$$
$$H_2SO_3+O_2 \longrightarrow H_2SO_4$$
$$SO_4^{2-}+Fe \longrightarrow FeSO_4$$

(2) 空气预热器为了清除积灰采用固定式蒸汽吹灰器，在预热器下箱体中间安装两排蒸汽喷射管，管子四周钻有小孔，吹灰时打开外部1.0MPa蒸汽阀，蒸汽通过小孔直接喷射在热管翅片上，距离喷射孔越远的翅片间积灰越厚，由于吹灰蒸汽常常达不到要求温度，甚至带水，与烟气中 SO_3 形成高浓度的酸液腐蚀热管，与烟尘混和呈泥状，粘附在翅片上形成垢层，影响热管传热。

(3) 对于气-气热管换热器，蒸发段在操作过程中外热内冷，翅片较管子膨胀多，翅片极易与管子脱开，而在冷凝段则与此相反。

3.2 积灰结垢原因分析

(1) 吹灰后带有一定湿度的灰垢与腐蚀产物结合，形成沉积物，沉积在蒸汽喷射不到的热管翅片上。

(2) 装置加热炉使用炉管清灰剂，其主要成分为：硝酸盐、铵盐和铜盐，未燃烧完全或燃烧后产物随烟气进入空气预热器在热管上形成坚硬的盐垢，尤其在预热器死角部位更为突出。

(3) 固定式吹灰器间断使用(一周一次)，蒸汽线内锈皮堵塞蒸汽喷射孔，部分热管翅片吹不到，加剧了灰尘积集。

3.3 爆管及工质发生变化原因分析

(1) 该地区冬季气温最低可达-30℃，对于水工质热管冬季停用不采取相应防冻措施，很容易造成冻裂损坏。

(2) 因预热器中隔板堵孔腐蚀脱落操作异常，2003 年 2 月 16 日燃料气因引烟机作用被吸入空气预热器，在空气预热器内形成剧烈燃烧，温度高达 830℃，工质水 100%完全汽化，热管部分产生爆裂。

(3) 水热管内壁虽进行了钝化处理，一旦干烧或超温钝化层立即被破坏，在管内产生不凝气体——氢气，从而在热管上部形成导热死区，影响传热效果。

4 改进措施

(1) 为了避免蒸汽吹灰带来的吹灰不彻底、结垢和腐蚀问题，应用声波吹灰技术。

(2) 为了保证翅片和管子在高温操作条件下紧密接触，在烟气段采用高频焊接，空气段紧贴管壁缠绕，翅片端头点焊固定。

(3) 为消除导热死区，防止工质低温冻结和高温超压，可采用工质由多种无机活性金属及其化合物混合而成的温压比较小的超导热管。

(4) 根据预热器的实际需要，定制热管时选择合适的翅化比，以调整出口烟气温度，避免减少热管根数后造成中隔板堵孔。

(5) 减少燃料气中的硫含量，加热炉控制好“三门一板”，过剩空气系数控制在 1.02~1.10 之间，控制 SO_2 转化成 SO_3 的量，降低露点腐蚀。

(6) 采用烟道挡板与鼓风机、引烟机的自动连锁控制，鼓风机或引烟机停用自动打开烟道挡板，防止热管干烧损坏或焖炉。

(7) 加强空气预热器操作管理，冬季引烟机停用，立即停用鼓风机，防止低温空气冻结热管工质，长时间停用引烟机对热管要采取防冻措施；鼓风机停用同时立即停止引烟机，防止热管干烧；加热炉投用炉管清灰剂时，打开烟道挡板烟气直排。

（中国石油乌鲁木齐石化分公司炼油厂　马岩军）

46. 热管空气预热器的失效及修复

1　装置简介

上海高桥石化公司炼油事业部是中国石化集团公司所属的大型燃料-润滑油型炼油基地，为了提高润滑油基础油产品质量，新建一套30万t/a润滑油加氢装置，引进美国雪佛龙公司最新异构脱蜡专利技术、工艺包和催化剂，由中国石化工程建设公司承担设计，中国石化第十建设公司施工安装，通过加氢裂化、异构脱蜡/加氢后精制及常减压分馏生产API Ⅱ类和API Ⅲ类高档润滑油基础油。设计以大庆原油和卡宾达原油的减三线、减四线和轻脱沥青油为原料，以切换进料的方式进入装置。润滑油加氢装置为连续生产装置，介质性质为易燃、易爆、易凝、易腐蚀，工艺过程属高温、高压、临氢、长流程，最高温度可达430℃，最高压力可达18.0MPa。

2　加热炉系统介绍

润滑油加氢装置共有5台加热炉及一套烟气余热回收系统。由于装置为生产高档润滑油型的高压加氢装置，对油品品质要求较高，同时根据工艺条件，加热炉操作要满足开工初期和操作末期及多种原料的切换条件，各种工况操作条件相差很大，因此要求在加热过程中不但要避免局部过热影响油品品质，而且要求加热炉操作弹性大，同时为充分利用材质较高的炉管（不锈钢TP347、TP321），两台反应炉F101、F201和两台分馏炉F102、F202设计成单管双面辐射方箱炉，并配用底烧附墙扁平焰瓦斯燃烧器。减压炉F203设计为卧管单面辐射方箱炉，配用底烧瓦斯燃烧器。余热回收系统采用七一一所设计制造的RH1100W型热管空气预热器回收烟气余热，并设有空气鼓风机和烟气引风机。来自5台加热炉对流室的热烟气经集合热烟道进入热管空气预热器与空气换热后由烟气引风机排入冷烟道，经60m钢烟囱排入大气。冷空气由空气鼓风机送入热管空气预热器与烟气换热后经热风道供炉底燃烧器燃烧使用。加热炉安装了热管空气预热器余热回收系统后，不仅使烟气中部分余热得到利用，而且由于热风助燃改善了燃烧条件，两者的综合效果使加热炉的热效率有较大提高。

3　RH1100W型热管空气预热器

3.1　热管元件的结构及工作原理

采用热管作为传热元件是热管空气预热器的主要特点，其性能好坏与空气预热器整体性能的优劣密切相关。本预热器采用重力式热管元件，其结构及工作原理如图1所示，主要技术性能见表1。它由简单的密闭金属管体、密封结构、工质三部分组成。在管内真空状态下，热管蒸发段吸收烟气释放的热量，使液态工质蒸发成蒸汽，蒸汽向压力较低的冷凝段移动。到了冷凝段蒸汽向管外空气释放热量，同时凝结成液体。冷凝后的液体在重力的作用下重新返回蒸发段。如此往复循环，热管以相变传热的方式

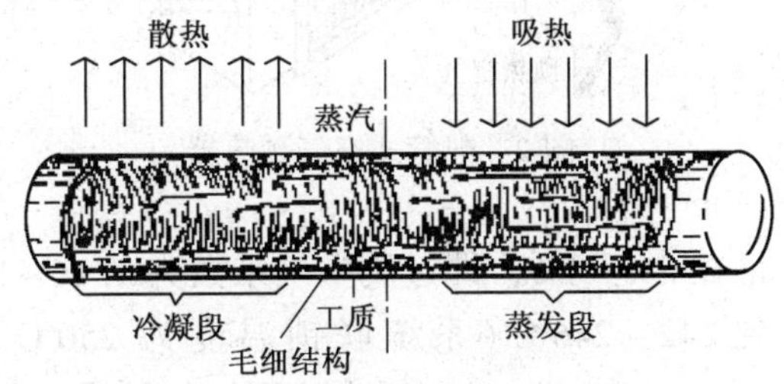

图1　热管的结构及工作原理

进行工作，因此传热效率高。为了强化管外放热，蒸发段和冷凝段(即烟气侧和空气侧)两侧都装设了翅片以增大传热面积。热管中间固定了一个锥形中接头，与中隔板的直孔配合形成线密封。

表 1　预热器及热管的主要技术性能

热管总数	518 支	基管规格	20#钢管 ϕ38mm×3.5mm×4500mm
热管全长/mm	4702	翅片规格	ST12，外径 ϕ74mm
蒸发段长/mm	2600	蒸发段翅片厚度/mm	1.2
冷凝段长/mm	1800	冷凝段翅片厚度/mm	1.0
传热系数/[(W/m²)/℃]	20	预热器总重/kg	42680

3.2　热管空气预热器的结构及工作原理

润滑油加氢装置热管空气预热器为卧式整体结构，其基本结构由箱体、中隔板、穿过中隔板的翅片热管等组成，其结构如图 2 所示，主要技术性能见表 2。本空气预热器箱体前面有开启方便的人孔门。左右有可以装拆的盖，卸去左右盖每支热管可以单独装拆。箱体的四周均敷保温层，以减少散热损失。

表 2　空气预热器数据

热管特性	空气侧			烟气侧		
	设计	8 月份	修复后	设计	8 月份	修复后
进口温度/℃	20	35	32	412	362	356
出口温度/℃	295	107	226	173	247	185
进出口温差/℃	275	72	194	239	115	171
压力降(计算)/kPa	0.47	0.21	0.22	0.42	0.22	0.22

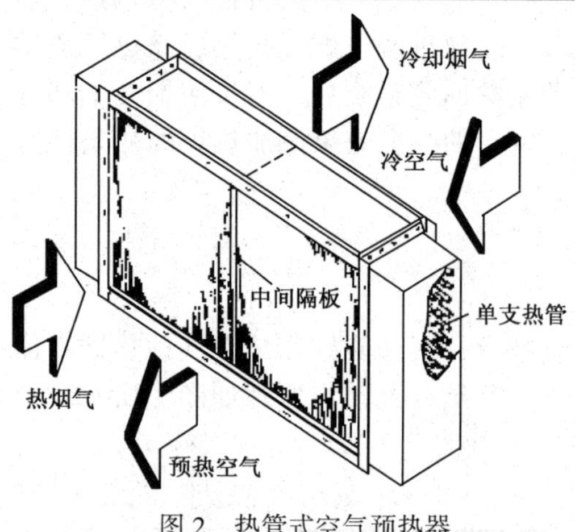

图 2　热管式空气预热器

热管空气预热器左侧流通空气，右侧流通烟气，空气与烟气逆向流动。烟气流经右侧时将热量释放给热管蒸发段，蒸发段将热量以热传导的形式传送到热管冷凝段，冷凝段再将热量释放给流经左侧的空气，空气吸热后温度升高进入加热炉参与燃烧。由于进入空气预热器的烟气温度较高，因此在预热器烟气进入的前半部分采用 14 排高温用碳钢-萘热管；后 14 排采用在较低温度时具有最佳传热性能、价格低廉的碳钢-水热管，将其布置在预热器的中部。

4　热管空气预热器的失效检测

从 2006 年 2 月起，发现加热炉烟道气氧含量在 3%~4%，即过剩空气系数为 1.16~1.22 时，预热器烟气进口温度 362℃，排烟温度达到 242~246℃(系统联锁温度为 250℃)，使用反平衡法算得：加热炉相应热效率为 84.95%~85.30%，远未达到加热炉设计的热效率 88%。加热炉系统运行到 8 月，在预热器排烟温度高达 247℃时，空气加热后热风温度才仅仅 107℃。将加热炉系统的 8 月份数据与设计数据相比较，发现空气预热器的参数变化较大。从表 2 中空气预热器设计数据和 8 月份的数据，可以看出预热器空气、烟气进出口实际温差小于设计温差很多，而现场查看热烟道并没有热点，由此初步断定预热器热管元件存在失效的问题，致使预热器换热效果差。

碳钢-水热管失效的原因是：在高温下，碳钢会和水发生反应，生成氢气，使热管真空度下降，从而使热管传热效果下降。反应方程式为：

$$2Fe + 3H_2O \longrightarrow 3H_2 \uparrow + Fe_2O_3$$

碳钢-萘热管失效的原因是：长期在高温下，特别是超过 400℃，热管中的工质萘会分解产生不凝气，使热管真空度下降，从而使热管传热效果下降。

咨询制造厂家后，决定对预热器热管进行工业检测。将加热炉烟气走旁路，改自然通风，在预热器烟气进出口加好盲板，打开预热器左右盖，用起吊设备将翅片热管自预热器中吊出，检测热管。

对热管采用以下两种工业监测方法：

（1）听声实验法　本法适用于水热管。将抽出的碳钢-水热管迅速地来回震击一次，发现 259 根热管几乎都无响亮的撞击声，说明水热管已经失效或部分失效。因为效果好的热管有很高的真空度，在常温下水工质的饱和蒸汽压很低，震击时工质受到的阻力很小，而运动速度又很大，因此与管壳撞击时会发出响亮的金属撞击声音。

（2）加热实验法　加热实验法又称等温性测试，将翅片热管蒸发段垂直插入管式电阻加热炉中，通电加热至正常沸点附近，碳钢-水热管为近 100℃，碳钢-萘热管为 218℃左右。用点温仪测量中接头与基管交界处、冷凝段上端部第一、二翅片之间温度。合格温差标准为：

碳钢-水热管：$\Delta t \leqslant 3$℃；

碳钢-萘热管：$\Delta t \leqslant 13$℃。

实验结果：碳钢-水热管、碳钢-萘热管温差都已超标，最严重的热管温差已达 80℃。

上述两种实验结果，证明空气预热器热管都已经失效或部分失效。

5　热管空气预热器的修复

为适应较高的烟气入口温度，将前 14 排碳钢-萘热管调整为 18 排共 333 支，后 10 排为碳钢-水热管共 185 支。对全部 518 支热管元件按制造企业标准（Q/711-J101-2001）进行外部清理及工质更换修复。修复后热管进行等温性测试（标准 Q/711-J101-2001），全部合格。修复完成后的热管元件质保期为 3 年，3 年内热管元件的总失效率不超过 15%。修复后热管空气预热器的性能指标及操作要求为：在烟气进热管空气预热器的温度 420℃下，烟气出热管空气预热器的排烟温度为 185～190℃。在超过该进口温度时，应适量旁通部分烟气以防再次引起热管元件的快速失效。烟气进口温度最高限度为 450℃，在此温度下允许工作 4h。热管修复好，安装完成后投用空气预热器。修复后的数据见表 2，可以看出最终排烟温度为 185℃，热风温度为 226℃，基本满足要求。修复后加热炉烟道气氧含量在 3%～4%时，炉子热效率为 87.87%～88.24%，比修复前上升 3%。

6　结论

加热炉用燃料一般占炼厂燃料消耗的 35%左右，所以，提高炼厂加热炉的热效率，可大量节约燃料用量，对减少能源消耗是十分必要的。加热炉安装热管空气预热器余热回收系统，对提高加热炉的热效率十分有效。润滑油加氢热管空气预热器修复后加热炉的热效率提高3%，瓦斯单耗下降3.916kg/t就是证明。因此热管空气预热器要使用和维护好，失效后要及时修复。

（中国石化上海高桥分公司　阎喜庆）

47. 重整装置加热炉空气预热器热管的腐蚀与防护

随着节能工作的不断发展，要求管式炉的排烟温度越来越低。但是往往在空气预热器、余热锅炉等余热回收设备的换热面上产生强烈的低温露点腐蚀，甚至在不到一年的运转时间内，换热面就严重腐蚀穿孔，使管式炉不能正常运行。可以说，低温露点腐蚀已成为降低管式炉排烟温度、提高热效率的主要障碍。

大庆石化公司特油厂重整装置 2002 年 1 月投入运行的四合一加热炉，设计热负荷为 14616. 2MW。该加热炉空气预热器烟道出口温度和炉膛负压出现偏低情况，出口温度一般在 120℃左右，最后由于烟气阻力变大不得不停该台加热炉的空气预热器进行处理。

1　预热器使用情况

该台空气预热器为立式型号为 4500×3460×5050，有 650 根 ϕ30×1 的真空翅片管，材质碳钢。热管空气预热器出入口的烟气，设计温度为 160℃/300℃，实际使用出入口温度为 120℃/300℃左右。由于烟气中含有大量的二氧化硫气体，对热管腐蚀、表面结垢比较厉害。相比腐蚀较严重的部位是烟气出口部位，温度一般在 120℃左右，使用不到一年热管表面的翅片有的已经腐蚀掉。同时热管表面结有大量的结垢物，增加了热阻，降低热管的换热效率，如图 1、图 2 所示。

图 1　预热器烟气出口换热管结垢情况

图 2　预热器烟气出口换热管腐蚀情况

2　腐蚀、结垢原因分析

热管管子及翅片均为碳钢。烟气中含有 N_2、O_2、H_2S、HCl、CO_2。根据对腐蚀垢物分析，其中含 Fe46. 75%、Al16. 13%、S15. 79%、Si15. 63%、Ca4. 04%等物质，且该结垢物 pH 值 1~2(属强酸物质)及具有易溶于水的特点，所以对碳钢的金属表面容易发生露点腐蚀。

2. 1　腐蚀介质产生

烟气露点腐蚀是指加热炉的燃油或燃气中含有硫，当含硫燃料燃烧时，硫的化合物发生分解，生成气态硫或二氧化硫，反应式如下：

$$H_2S+3/2O_2 \longrightarrow SO_2+H_2O$$

$$3H_2S+3/2O_2 \longrightarrow 3/2S_2+3H_2O$$

由于燃烧室中有过剩的氧气存在，所以又有少量的二氧化硫再与氧化和成三氧化硫，见下式：

$$2SO_2+O_2 \longrightarrow 2SO_3$$

在高温烟气中的三氧化硫气体不腐蚀金属，但当烟气温度降到400℃以下，三氧化硫将与水蒸气化合成稀硫酸，反应如下：

$$SO_3+H_2O \longrightarrow H_2SO_4$$

当稀硫酸凝结到金属表面时就会发生低温硫酸腐蚀。与此同时，凝结在低温受热面上的硫酸液体，还会与气态硫和黏附烟气中的灰尘形成不易清除的糊状垢物，增加了热阻，使壳体表面温度更低，进一步促使冷凝液的形成，如此循环，垢物越积越多，便构成了电化学的垢下腐蚀。

2.2 金属表面腐蚀

由于烟气中产生大量的酸性物质，对金属表面是“酸的再生循环”作用。碳钢在含有二氧化硫的湿气(烟气)中生锈被认为是“酸的再生循环”作用。按照这个概念，二氧化硫首先被吸附在金属表面上，由二氧化硫、铁和氧形成硫酸亚铁。然后，硫酸亚铁水解形成氧化物和游离的硫酸。硫酸又加速腐蚀铁，所得的新鲜硫酸亚铁再水解生成游离酸，如此反复循环。反应过程如下：

$$Fe+SO_2+O_2 \longrightarrow FeSO_4$$

$$4FeSO_4+O_2+6H_2O \longrightarrow 4FeOOH+4H_2SO_4$$

$$4H_2SO_4+4Fe+2O_2 \longrightarrow 4FeSO_4+4H_2O$$

当有二氧化硫存在时对碳钢腐蚀比较快。

2.3 结垢原因分析

通过分析原因主要有以下几个：

(1) 没有吹灰装置，翅片上的积灰不能及时清理，积灰与水气混合形成固体状，导致翅片管局部堵塞。

(2) 预热器入口风温度偏低，原设计温度20℃，而冬季环境温度为-26℃，风与烟气热交换量大，预热器末端温度过低，低温容易产生水气与烟道衬里粉化物一起积聚在翅片间，最终导致预热器堵塞。

(3) 炉顶至预热器烟道采用的是重质浇注料衬里，导热系数高散热损失大，冬季-26℃可使衬里内表面低温结露而粉化，其产物随烟气流带入预热器，加剧了预热器积灰。

(4) 预热器保温效果不好，靠近器壁处的温度容易低于120℃导致低温腐蚀和凝液。

由于以上几个原因最后使预热器热管管束结有大量的结垢物。烟气的成分较为复杂，但是主要为硫酸盐成分。其热导率比金属低很多，一般相对热导率为0.5~2，金属钢管的相对热导率为40~50。金属相对热导率比硫酸盐水垢的相对热导率大20倍以上。也就是说硫酸盐水垢的热阻是较大的，使换热管热阻增加最后无法使用。

3 防护措施选择

3.1 防腐材料的筛选

针对空气预热器热管表面的操作条件选择合适的涂料是比较困难的。因为选择热管表面涂料首先要能耐200℃左右温度使用，同时又能耐烟气的腐蚀。能同时具备这两个条件的涂料是比较少的。

通过对几种防腐材料的筛选，选用了钛纳米聚合物耐高温涂料。其涂料是以钛纳米聚合物、酚醛环氧乙烯基酯树脂、固化剂、促进剂、助剂及少量溶剂组成的双组分涂料。

因其中主要成分之一的酚醛环氧乙烯基酯树脂是采用高环氧值、多官能的酚醛环氧树脂与甲基丙烯酸反应而成。经研究乙烯基酯树脂的酯基仅仅出现在主链的末端，这大大增强了乙烯基酯树脂同比环氧树脂的耐水性、耐热性和耐腐蚀性。这样与钛纳米聚合物进行反应，制成的钛纳米高温聚合物涂料其使用温度和耐腐蚀性能有较大的提高。

3.2　采用钛纳米高温聚合物涂料的依据

钛纳米聚合物就是将钛超细化达到纳米级，使其表面活性大大提高。同时将有机物双键打开，形成游离键，两者复合到一起形成化学吸附和化学键合生成钛纳米聚合物。有如下特点：

（1）抗渗透性强　①钛纳米聚合物和树脂形成了化学键合和化学吸附，堵塞了填料与树脂间的渗透通道。②微小的钛纳米聚合物粒子填充到分子空穴中，由于水、氧和其他离子不能透过钛纳米聚合物颗粒本身，只能绕道渗透，这样就延长了渗透路线，起到迷宫效应。③钛纳米聚合物有包覆有机物层，所以具有抗润湿性，减少了毛细管作用对极性介质和离子通过涂膜的阻碍。

（2）抗腐蚀性高　①抗渗透性好，可阻止水、氧和离子的通过，使涂料具有屏蔽能力。②钛纳米聚合物涂料固化时体积收缩率小，而且游离键和钛的结合状态使分子链柔软便于旋转，可消除内应力，所以钛纳米聚合物涂料的应力很低，涂层内部没有微裂纹，抗开裂、剥离能力强。以上两条提高了防止物理破坏的能力。③钛填料本身耐蚀性好。④化学键合与化学吸附作用形成稳定的结构，阻止水、氧及其他腐蚀介质的取代作用，使其不易发生腐蚀反应，提高了防止化学腐蚀破坏的能力。所以这四点决定了钛纳米聚合物涂料具有很好的耐腐蚀性能。

（3）抗垢性好　①对于粗糙的表面，能增加液体流动的阻力减少流速速，增加近壁流层的厚度，造成更多的结构核心，有利于污垢的沉积长大。而钛纳米聚合物涂层由于微小纳米粒子的填充作用表面光洁度很高，近壁流层薄不利于结构。②钛纳米聚合物具有特殊的磁性，能对污垢粒子整形使其排列整齐，不形成垢分子交错穿插的硬垢。因为水经过磁化后不会形成硬垢。③钛纳米聚合物特殊的化学结构形成亲油憎水表面，排斥污垢粒子，使其不能黏附到涂层表面上，达到防垢的功能。

（4）耐温性好　钛纳米聚合物涂层，当温度达到树脂玻璃转化温度时，树脂链接运动由于受钛纳米粒子的化学键合和填充的束缚作用，其自由体积空穴不能增大，仍有良好抗渗透性，使极性介质和离子不易透过。其耐温性能比同基树脂涂料高50℃以上。例如酚醛环氧乙烯基酯树脂的耐温性一般是150℃，而酚醛环氧乙烯基酯树脂基钛纳米聚合物涂料的耐温性达到200℃。

（5）耐水性好　钛纳米聚合物涂料的羟基、醚基及氨基等亲水基，与钛纳米聚合物发生化学键合或化学吸附，其极性大幅度下将，此外链接上的钛纳米聚合物有疏水性，这样涂料的整体耐水性大大提高。另外，固化后玻璃化温度的提高、涂层良好的抗渗性赋予涂层优秀耐水性。

所以该材料可以用于存在溶剂、氧化性介质和高温烟等环境，涂料在高温条件下树脂具有高的强度保留率。

4　结构层的选择与施工

4.1　防腐层的选择

防腐结构层见表1。

表1　结构层的选择

防腐等级	涂料名称	采用道数	涂层厚度/μm		备注
加强型	底涂层 XK-009	底 2	底 80	总 215	XK-009 为同一产品设计涂层为底面合一
	中涂层 XK-009	中 1	中 45		
	面涂层 XK-009	面 2	面 90		

4.2　施工

（1）底面处理　对于热管进行机械喷砂处理。处理后的金属表面达到国家标准《涂装前钢材表面锈蚀等级和除锈等级》GB 8923—88 中 Sa2.5 级(二级)，即："钢材表面应无可见的油脂、污垢、氧化皮、铁锈和油漆涂层附着物，表面应显示均匀的金属光泽，并用吸尘器、干燥洁净的压缩空气或刷子清除粉尘。表面无任何残留物，同时表面有 40μm 左右的粗糙度。"

（2）涂料配制　该涂料由三个组分组成，其中 A 组分为主剂、B 组分为固化剂、C 组分为促进剂。混合比为 A：B：C＝1：0.03：0.03。首先按比例把 A、C 组分混合好，然后加入固化剂，搅拌均匀，配置黏度为涂 4#杯 35s 即可施工。

（3）涂刷两道底漆　在涂刷前首先用吸尘器把金属表面的灰尘处理掉。表面保持干燥。然后涂刷两道钛钠米聚合物高温涂料，每道漆固化不小于 12h。

（4）中间漆一道　涂刷一道钛钠米聚合物高温涂料。

（5）面漆两道　涂刷两道钛钠米聚合物高温涂料面漆。

以上每道漆固化时间间隔为 12h，涂层施工完后固化 7 天可以投入使用。具体如图 3、图 4所示。

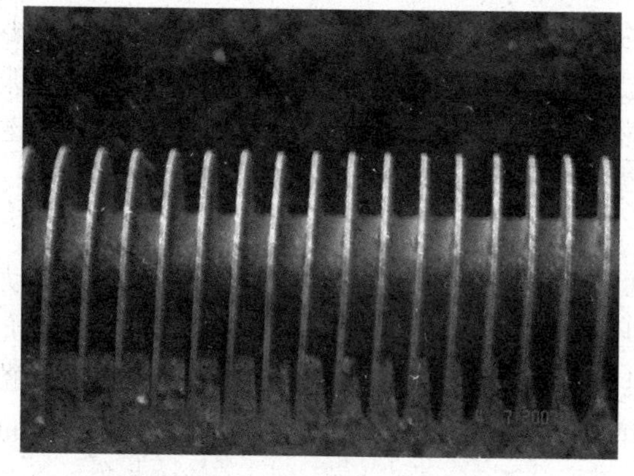

图 3　热管机械喷砂后的金属表面

图 4　热管涂料涂装后的表面

5　使用效果与经济分析

5.1　使用效果

2007 年 8 月使用有防腐涂层的热管，到 2010 年 7 月已使用 3 年多，检修打开检查，防腐涂层整体性完好，涂层表面有光泽，无起皮、起泡、龟裂、脱落等现象。防腐涂层表面附着较少的结垢层，如图 5、图 6 所示。从图 5 中可以看出没有防腐的热管结有较多的垢层，翅片几乎被结垢层堵死。增加了热阻，热管的换热效果有较大的下降。

图5　热管没清洗前状况

图6　热管清洗后状况

5.2　经济分析

固体含量高：钛纳米聚合物高温涂料的固含量在75%以上，而普通的涂料固含量为35%左右。所以涂覆同等干膜厚度时是普通涂料的1/2左右。

密度轻：钛纳米聚合物涂料涂层的密度为1.17~1.20g/cm^3，其他重防腐涂料涂层密度在1.50g/cm^{3}以上。因此在干膜厚度相同时，涂覆相同面积的材料所消耗本涂料比其他涂料节省20%~30%。

涂层的干膜厚度：相同的干膜厚度该涂层寿命比普通高两倍以上，也就是说，在要求使用寿命相同的情况下，该材料的干膜厚度可以做到普通涂料的干膜厚度的2/3时防腐性能绝不低于普通涂料。

6　结论

采用钛纳米聚合物高温防腐涂料做防腐层具有以下优点：

抗渗透性强：比一般特种防腐涂料抗渗能力强。

抗腐蚀性高：在该条件下使用比一般的防腐层耐腐蚀。热管外表面光洁度高，从而减少了管外垢层的沉积，抗锈垢性能好。使用3年多管内外无腐蚀，目前仍在继续使用。

耐温性好：耐温性能比同基树脂涂料高50℃以上。

耐烟气好：长期使用防腐涂层不会反黏、变脆。

导热性好：它具有吸热和导热双重功能，其导热系数位于金属范围。从传热系数对比和温度看出，钛纳米热管比不防腐的热管，热效率高，是一种节能的热管。

由于纳米钛的高活性和高扩散性，可实现涂层无漏涂针孔，这是其他任何涂料所不具备的。

施工性好：涂料施工成型好，比常规涂料表干时间（24h）缩短一倍（12h）。

所以说该防腐涂层在含有硫化物等多种介质的烟气中，解决了金属表面腐蚀常规特种防腐涂料耐腐蚀不耐温度和耐温不耐腐蚀的难题，为加热炉烟器预热器的热管防腐蚀找到了一种新方法。

（中国石油大庆石化公司炼油厂　王巍）

第四章 空气冷却器维护检修案例

48. 板式空冷器的应用及特点

天津石化公司20万t/a聚酯工程精对苯二甲酸(PTA)装置是从日本引进的，利用三井化学株式会社(MCI)的专利技术，由日本三井造船株式会社(MES)承担基础设计。该装置设计年产25万t，为增加PTA装置的产量，提升装置的竞争力，进一步对装置的瓶颈部位进行了改造，装置生产能力已经提高到了34.4万t。

PTA装置在二期改造时新增板式空冷器两台(TE-501E/F)，位于溶剂回收单元，作用是冷却共沸洗涤塔蒸出的水蒸气、NBA混合物，目的是满足装置扩产改造的需要，提高冷却能力，增加冷却效果，节能降耗。

1 板式空冷器的应用

1.1 选型

PTA装置原有两台法国GEA公司制造的空冷器，结构型式为普通翅片管+风机，使用效果较好，但随着装置的产能的不断扩大，空冷器的能力已经不能满足装置的需要。由于在原有装置上增加空冷器，改造的空间和投资均为重点考虑的问题，经过性价比后，选用板式空冷器，板片+风机+强制喷淋的结构不仅换热效率高、占地小，而且由于改变了流道形式(T形通道)清洗方便。

由于原PTA装置TA单元按照日本三井化学3GT的样板工厂进行设计的，装置顶部未留出足够的扩产改造的空间，开始考虑按翅片式空冷器进行设计，在侧面重新做一钢结构的框架(框架高28m，宽12m，长16m)，这样就可以解决放置空冷器的问题。一是打桩等项工作不可能在装置正常生产运行时进行，如果等到装置停车大修势必会影响改造扩产的整体进度；二是建造新框架投资将大大增加，从整体改造扩容的投资、施工周期和将来产出效益三方面考虑，选择翅片式空冷器不合理。因此，本次改造新增设备选型为板式空冷器。

1.2 性能参数比较

1.2.1 翅片式空冷器的参数(TE-501ABCD)

翅片式空冷器的参数见表1。

表1 翅片式空冷器参数

序 号	名 称	单 位	参 数
1	冷却介质	—	水、NBA
2	介质温度	℃	90.2
3	设计压力	MPa	0.18

续表

序　　号	名　　称	单　　位	参　　数
4	换热面积	m^2	600
5	风机功率	kW	
6	材质	—	316L
7	长×宽×高	mm	
8	设备投资	万元	390.6
9	设备重量	kg	11535

1.2.2　板式空冷器的参数（TE-501EF）

板式空冷器的参数见表2。

表2　板式空冷器参数

序　　号	名　　称	单　　位	参　　数
1	冷却介质	—	水、NBA
2	介质温度	℃	90.2
3	设计压力	MPa	0.8
4	换热面积	m^2	808
5	风机功率	kW	27.5
6	材质	—	316L
7	长×宽×高	mm	3700×3023×5355
8	设备投资	万元	140.7
9	设备重量	kg	17507

2　板式空冷器与翅片管式空冷器的比较

2.1　板式空冷器的优缺点

翅片管式空冷器与板式空冷器比较后，发现有以下优点：

（1）占地面积小，仅为翅片式空冷器的20%~30%。

（2）结构紧凑，体积小，板式空冷气传热面积比翅片式空冷器高十倍，安装较方便。

（3）板式空冷器比翅片式空冷器的传热效率高1倍左右。

（4）板式空冷器比翅片式空冷器的压降低30%以上。

（5）由于采用板片作为传热元件，结构形式为全焊接，使用寿命板式空冷器比翅片式空冷器提高50%以上。

（6）由于板片被压为T形通道，强化了传热效果，更重要的是克服了以往通道不能清理（或难于清理）的弊病，较好地解决了浆料堵通道的问题。一般清洗采用高压水即可。

（7）板式空冷气比翅片管式空冷气强度提高了20%以上，由于提高了材质等级，防腐性能有较大提高；同时压力使用范围又有较大提高。由于结构紧凑，体积较小，密封面相对小，减少了泄露的几率。板式空冷器比翅片管式空冷器可以承受更高的温度；迎风面积小，可以防止冬季介质过冷。

板式空冷气也不是完美无缺的，它存在着强力喷水冷却易污染、单体价格相对高等缺点。

2.2 板式空冷器使用条件及使用范围

（1）目前板式空冷器的使用温度小于等于300℃；

（2）目前板式空冷器的使用压力小于等于4.0MPa，板式空冷器比翅片式空冷器的使用的压力范围大大提高；

（3）板式空冷器适合压降比较小的场合，适用于塔顶冷凝冷却，适用于乏气冷凝，特别适用于负压操作的场合，比翅片式空冷器的使用范围更宽。

3 板式空冷气的结构组成

板式空冷器是通过轴流风机和喷淋装置来实现冷却降温的，空冷器自身带有一台风机和两台喷淋水泵(一开一备)，以及喷淋和回收系统。板式采用焊接，且通道为该进行的T通道，易于检修清晰，而且强度较高。

4 使用情况

目前设备运转比较平稳，正常投用时，风机电流为25A，喷淋水泵电流为9.5A，喷淋水流量为12.5m³/h。我们使用的喷淋水为DIW，利用设备本身的水槽进行回收，当水槽液位低于设定值时补水阀就会自动打开进行补充，实现了自动控制。

图1为TT-501溶剂回收系统简图。

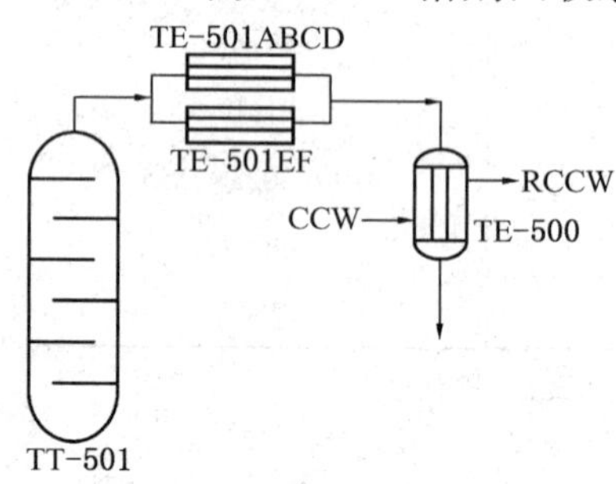

图1 工艺流程简图

从工艺使用情况看，新增空冷器是与原空冷器并联使用，处理TT-501塔蒸出来的混合蒸汽，通过调节入口阀开度来控制新老空冷器的处理量。在投用富氧以前，TT-501塔的进料量为19t/h，塔顶蒸汽总量大约为9500m³/h，蒸汽温度为82.5℃，由原空冷器(四台)冷却处理，TE-500换热器流出口温度为40.5℃，循环水流量表FI3358用量为480t/h。投用富氧以后，TT-501塔的进料量增加到21t/h，塔顶蒸汽总量大约为10500m³/h，蒸汽温度为82.5℃，由两套空冷器共同处理(新增空冷器进气量大约为6500m³/h，原空冷器进气量大约为4000m³/h)，TE-500换热器流出口温度为36.4℃，循环水流量表FI3358用量为320t/h。从冷却效果看，大大降低了流出口的温度，满足了工艺要求；从节能降耗角度看，节省了TE-500换热器循环水的用量(每小时大约160t)；从处理能力的角度看，满足了TT-501塔的高负荷运转，同时新增板式空冷器的单台处理能力也明显高于原空冷器。

5 结论

自2005年6月板式空冷器投用以来，设备运行平稳，冷却效果满足设计要求。可以说，本次增加板空冷器保证了改造取得圆满成功。通过新增板式空冷器，提高了蒸汽的处理能力，节省了循环水的用量，同时也降低了装置的物耗、能耗，为PTA装置创造直接经济效益30万元/年，间接经济效益50万元/年。

（中国石化天津分公司芳烃部　钱广华，高海山，杨超）

49. 常减压顶钛材板式空冷器碳钢回弯管腐蚀原因分析及防护措施

某炼油厂一套新建常减压装置在开工运行20天后，常压塔顶石脑油板式干空冷器回弯管出现减薄穿孔。空冷器板束为钛材，管箱和回弯管为碳钢。本文对腐蚀原因进行了分析，并从工艺防腐及设备选材等方面提出了相应的防护措施。

1　腐蚀情况

该常减压装置原设计加工沙轻原油和俄罗斯原油，实际加工大庆原油和俄罗斯原油的混合原油。混合原油的硫含量(质量分数)小于0.20%，酸值(KOH)小于0.10mg/g。装置进油调试正常，开工运行第20天后，发现常压塔顶石脑油板式干空冷器E-1022A-G回弯管出现减薄穿孔现象。通过加大注水量后，腐蚀得到一定程度抑制。打开空冷器检查，发现回弯管腐蚀区域进一步扩大，测厚数据显示，腐蚀速率为0.6~0.8mm/a，腐蚀速率较高，而且在钛材板束与碳钢管箱连接处发现存在电偶腐蚀。腐蚀形貌如图1、图2所示。

图1　E-1022A-G回弯管腐蚀位置

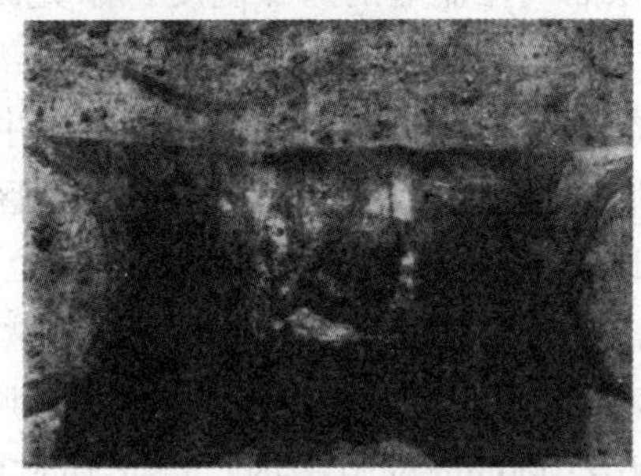

图2　E-1022A-G回弯管局部腐蚀穿孔

2　现场操作情况

常压塔顶操作温度为120~140℃(设计温度为120℃)，操作压力为0.05~0.16MPa(设计压力为0.06MPa)。空冷器E-1022A-G入口油气流量为1.80~200t/h(设计流量为170t/h)。塔顶注水量为8~12t/h(设计注水量为18t/h)。常压塔底吹汽量为6~10t/h(设计吹汽量为11t/h)。

装置开工第8天，电脱盐装置开始投用。第10天，开始注油溶性破乳剂，注入量为15×10^{-6}。第14天，电脱盐装置开始注水，注入量为10t/h。第16天，发现闪蒸塔顶压力高，停电脱盐注水。第18天，电脱盐重新注水，注水量为37t/h，占原油比例3%。第25天，提至正常注水量，即原油加工量的5%。第18天和第19天的脱后原油含盐数据分别为40.36mg/L和20.16mg/L，其余均无分析数据。

装置开工第10天，常压塔顶开始注缓蚀剂，使用JCF97中和缓蚀剂，注入量$(20\sim30)\times10^{-6}$，20天后换用KS-102型缓蚀剂，注入量$(20\sim30)\times10^{-6}$。第28天，开始加大塔顶注水量，先提到15t/h，1天后提至18t/h。因发现新鲜水可能从排水线排走，装置配临时注水线，全注新鲜水，注入量基本按塔顶油气负荷的10%左右控制，大约保持在18t/h。

3 腐蚀原因分析

3.1 电脱盐运行不正常导致脱后原油含盐高

溶解在原油中的氯化镁、氯化钙等盐类在常减压条件下水解产生氯化氢，在塔顶系统中，温度低于其露点时，这种溶解度极高的氯化氢气体便会溶解于水中生成盐酸。此时由于水量极少，形成腐蚀性十分强烈的“稀盐酸腐蚀环境”。通常认为，当脱盐后原油中含盐量超过3.5mg/L时就会在塔顶初凝区形成这种腐蚀环境。若有H_2S(来自原油中的硫化氢和硫化物分解)存在，可加速对该部位的腐蚀，构成“$HCl-H_2S-H_2O$”型腐蚀环境，从而产生剧烈的腐蚀。由此可见，脱盐后原油中含盐高是塔顶腐蚀的根源，应尽可能降低脱后原油含盐量。

根据现场了解的情况，该装置自开工以来，原油电脱盐处于调试阶段，开得不正常，从开工后20天内仅有的两组分析数据(分别为20.16mg/L和40.36mg/L)来看，脱后原油含盐量很高。电脱盐的非正常操作造成塔顶冷凝冷却系统的腐蚀性介质浓度升高，是E-1022A-G回弯管出现减薄穿孔的主要原因。

3.2 塔顶注水量小导致初凝区位于E-1022A-G回弯管附近

塔顶油气在盐酸的露点温度，水先冷凝下来，由于氯化氢极易溶于水且在水中的溶解度很大，大量氯化氢溶于水中，形成局部区域pH值很低，根据氯化氢含量的不同，pH值在1~3的范围内，随后不断有水冷凝，并且注入的有机胺也冷凝进入水相，使得pH值不断升高，腐蚀性减小，因此有效抑制初凝区的腐蚀成为塔顶腐蚀控制的关键。根据设计经验，设计塔顶注水量一般为5%，初凝区的位置大致位于空冷器入口300~600mm的范围内，因此在空冷器入口安装钛保护套以减少初凝区对碳钢设备的腐蚀。

从对板式干空冷器设计及制造厂家调研获悉，E-1022A-G初凝区应位于上部钛材板束入口600~1000mm的范围内，由于钛材的耐蚀性能好，能有效地减缓初凝区腐蚀。但是，在塔顶不注水或注水量很少的情况下，酸性冷凝液没有得到稀释，就会流到管箱并通过回弯管流到下台钛材板束的入口，从而造成这些碳钢件的严重腐蚀，如图3所示。

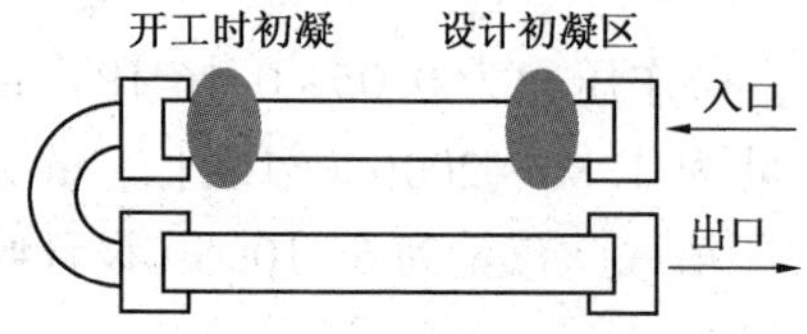

图3 E-1022A-G初凝区示意图

在装置开工初期，常顶注水量只有4%~6%，由于注水量不足导致初凝区的酸液很浓，流到E-1022A-G上层钛材板束出口附近(见图4)。通过定点测厚发现，回弯管内里侧减薄严重，其余部位减薄量小。从图4的断面图上可以明显看出弯头上部腐蚀轻微，而下部减薄严重，这是因为回弯管内介质处于气液两相区，气相腐蚀轻微而液相腐蚀严重。冷凝的液体顺着弯头流下，造成弯头内侧减薄严重，另外有部分冷凝液回流到管箱内，造成管箱内靠弯头侧出现较大的蚀坑。由于初凝区位于E-1022A-G上台的钛板束中，较低pH值的盐酸冷凝液通过回弯管，再加上回弯管内流体的流向改变，由于管内是两相流，油气加凝液，造成了复杂的流态，在回弯管内的里侧应是凝液流，外侧则是气相流，尽管对于回弯管来说，回弯半径越大，流速越大，但外侧是油气，不腐蚀，而内侧是酸凝液，当流至回弯管中部时，正好流速最大，有如瀑布一样，直泻而下，从而加速了此部位的腐蚀，造成回弯管内里侧减薄穿孔，如图5所示。

图 4　E-1022A-G 回弯管上部断面

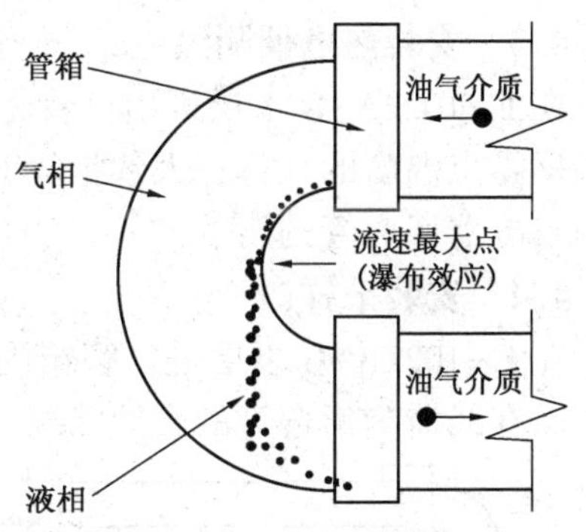

图 5　E-1022A-G 腐蚀分析示意图

将常压塔顶注水量调节到 11%后，由于注水量加大，大量水的稀释作用以及中和剂的中和作用，流经 E-1022A-G 回弯管的冷凝液 pH 值已升高，腐蚀性大大降低，再加上电脱盐正常操作，腐蚀性离子浓度减少，使得 E-1022A-G 回弯管的腐蚀得到有效抑制。

3.3　中和剂注量不足

根据现场调研的情况，在开工初期，中和剂注量不足，冷凝水的 pH 值只有 5.0 左右。由于中和剂注量不足，造成塔顶的酸性腐蚀液难以完全中和，加重了 E-1022A-G 回弯管的腐蚀。

3.4　电偶腐蚀起加速作用

对于钛和碳钢的电偶腐蚀，由于钛极易钝化，形成钝化膜，电位较正，在电偶腐蚀中为阴极，而碳钢的电位较负，在电偶腐蚀中为阳极，由于电偶腐蚀的存在加速了碳钢的腐蚀。E-1022A-G钛板束与碳钢管箱连接螺栓耦接，从而加剧了碳钢部件的腐蚀。

3.5　E-1022A-G 回弯管腐蚀影响因素的主次关系

从上述分析可以看出，导致 E-1022A-G 回弯管腐蚀穿孔的主要因素包括以下四方面：

(1) 注水量小，初凝区位于 E-1022A-G 回弯管附近；

(2) 电脱盐开得不正常，造成脱后原油含盐量高；

(3) 中和剂注量不足；

(4) 电偶腐蚀起加速作用。

其中注水量小，初凝区位于 E-1022A-G 回弯管附近是导致腐蚀穿孔的直接原因，电脱盐开得不正常，造成脱后原油含盐量高是导致空冷器回弯管腐蚀穿孔的根源，中和剂注量不足和电偶腐蚀这两个因素起到促进作用。

4　防护措施

4.1　稳定电脱盐操作，提高电脱盐达标率

脱盐后原油含盐是塔顶腐蚀的根源，应进行电脱盐系统结构和工艺条件的优化，提高达标率，使脱后原油含盐量严格控制在 3mg/L 以下，减缓冷凝冷却系统的腐蚀。

4.2　加强塔顶注中和缓蚀剂和注水的管理

塔顶注中和缓蚀剂和注水是工艺防腐的重要组成部分，对减缓塔顶腐蚀起着重要的作用。注水量的多少主要参考 pH 值是否在合适的范围内。建议增设 pH 在线分析仪及在线腐蚀监测仪。

4.3 安装热电偶测温

在E-1022A-G上层进出口管箱内安装热电偶探头(如图6所示)，在线监测温度变化，并根据露点温度的计算，大致推算初凝区位置，控制初凝区位于设计初凝区前后，以有效抑制空冷器回弯管的腐蚀。

4.4 安装采样口

在E-1022A-G下层进口管箱内安装采样口(如图7所示)，定期分析pH值和铁离子含量，以在线监测回弯管的腐蚀状况，并大致推测初凝区的位置。

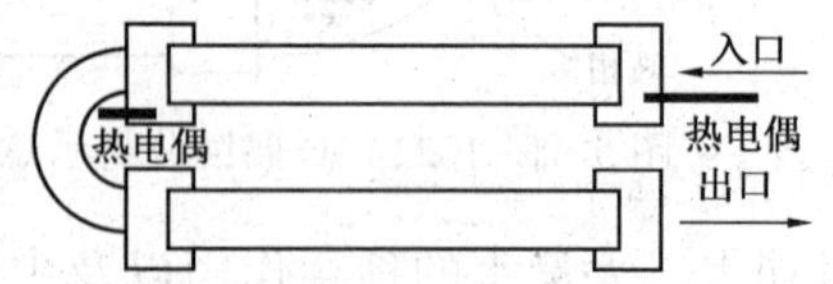

图6 E-1022A-G热电偶安装位置示意图

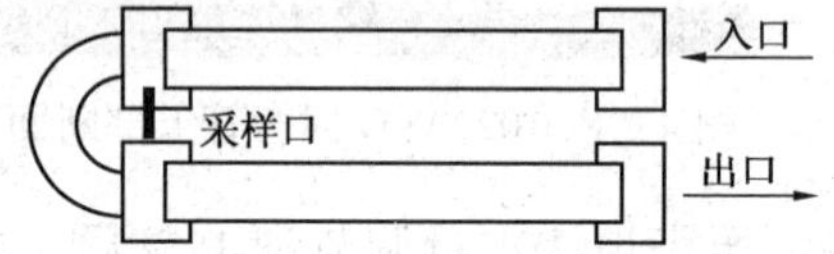

图7 E-1022A-G采样口安装位置示意图

4.5 绝缘钛板束与碳钢管箱，消除电偶腐蚀

建议绝缘钛板束与碳钢管箱，以彻底消除电偶腐蚀，可在钛板束与碳钢管箱的连接螺栓外加聚四氟乙烯套管，并采用聚四氟乙烯垫片将钛板束与碳钢管箱绝缘。考虑到检查和维修的方便，建议回弯管上下端与管箱连接处采用法兰连接。为159mm的法兰短接斜插45°，将天窗板原位置焊接进行电脉冲施工，如图8、图9所示。

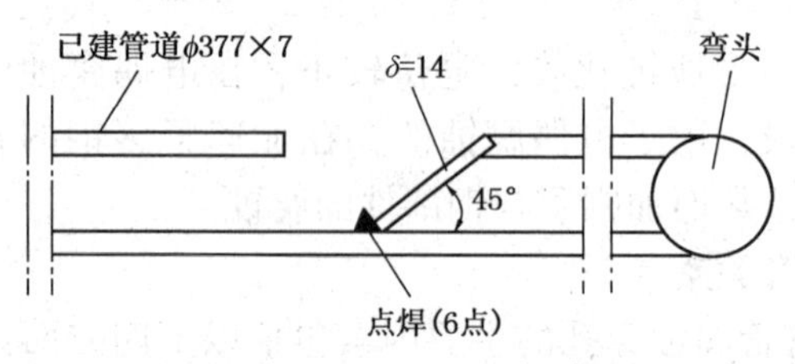

图8 盲板安装位置示意图

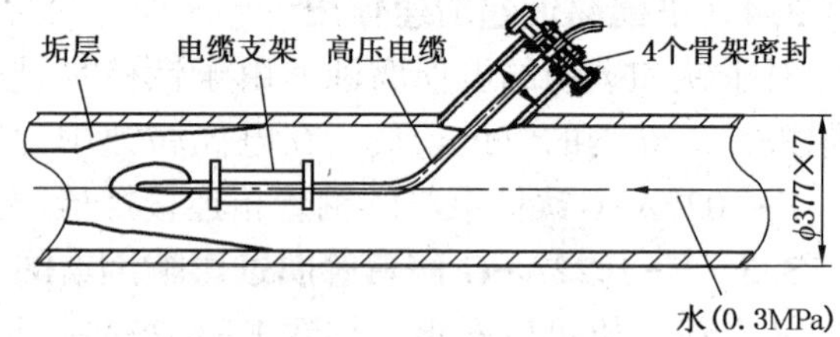

图9 电脉冲施工示意图

电脉冲设备安装完毕后开始进行清洗，水泵正常运行，清洗下的积垢随介质水流排出。

弯头处挖一个(底部2.5m×2.5m)作业坑，在坑外8m处挖(底部4m×4m)积水坑排水，排水采用两台ϕ100mm潜水泵，直接排入下水道内，防止环境污染。

5 总结

(1) 电脉冲、空穴射流清洗技术直接作用于垢层，能够有针对性地分段逐级处理垢层。

(2) 管道解堵技术，其工艺机理是物理过程，不会给管道造成二次损害。

(3) 采用该技术对管道进行除垢作业，只需做简单准备即可施工，施工时间短、投资少、见效快、工艺简单、施工方便。

(中国石化青岛安全工程研究院 谢守明，刘小辉；
中国石油大连石化分公司 任志菁，左洪波，李卫东，晏永权)

50. 高压加氢裂化装置高压空冷器的腐蚀分析与防护

中海石油惠州炼油项目高压加氢装置采用 ShellGlobalSolution 开发的加氢裂化技术，催化剂采用 Criterion Catalysts & Technologies 的催化剂，主要加工减二线蜡油、减三线蜡油和焦化蜡油，其混合比例为 49.08∶30.92∶20，处理量为 400 万 t/a，生产出加氢尾油、柴油、航煤和轻重石脑油等高附加值产品，是惠州炼油项目核心装置之一。

高压加氢裂化装置长期处于高压、高温状态，内部介质含有氢、硫化氢等易燃、易爆、剧毒成分，一旦发生事故后果十分严重，因此其安全稳定长周期运行对于惠州炼油项目至关重要。高压加氢裂化装置的稳定长周期运行，与其腐蚀问题密切相关。加氢裂化装置存在多种腐蚀类型，如氢损伤、高温氢和硫化氢腐蚀、堆焊层氢致裂纹、连多硫酸应力腐蚀开裂、铬钼钢的回火脆性、堆焊层剥离、低温 H_2S-H_2O、氯化物应力腐蚀开裂、硫氢化铵的腐蚀、氯化铵的腐蚀、高温环烷酸的腐蚀等，腐蚀部位遍及装置的各个部位，从国内加氢装置的运行经验看，90%以上的腐蚀破坏主要集中在高压空冷器单元，因此本文针对惠州高压加氢裂化装置的高压空冷器单元，从其工艺出发，结合内部介质的性质以及设备、管道的选材，分析可能出现的腐蚀以及采取的防护措施。

1 高压空冷器单元的工艺及选材

高压加氢裂化装置两个系列反应产物分别与原料油、混合氢换热后，混合一并进入热高压分离器进行气、液分离，液体降压后去热低压分离器，热高分气体分别与混合氢和冷低分油换热，经过空冷器冷却后进入冷高压分离器进行汽、液、水分离。为了充分考虑影响因素的完整性，把热高压分离器 106-D103、循环氢与热高分气换热器 106-E-106、冷低分油与热高分气换热器 106-E-107、热高分气与注水混合器 106-M-101、高压空冷器 106-A-101 以及冷高压分离器 106-D-105 等设备划入高压空冷器单元，其工艺流程如图 1 所示。

根据工艺介质和操作条件，设计选材如下：

(1) 热高压分离器 106-D-103：壳体为 2.25Cr1Mo+309L+316L，内件为 316L。

(2) 循环氢与热高分气换热器 106-E-106：壳程为 2.25Cr1Mo+309L+316L，管程为 2.25Cr1Mo+309L+347L，管束为 TP321。

(3) 冷低分油与热高分气换热器 106-E-107：壳程为 SA516-65，管程为 2.25Cr1Mo+309L+316L，管束为 825 合金。

(4) 热高分气与注水混合器 106-M-101：壳体为 C.S+825，内件为 825 合金。

(5) 高压空冷器 106-A-101：入口管箱为 825，其余管箱为 16MnR(HIC)，第一排管束为合金 825，第一排换热管出口与管板堆焊为 625 合金。

(6) 冷高压分离器 106-D-105：壳体为 16MnR(HIC)，内件为 S.S/C.S。

(7) 反应流出物管道：TP321。

(8) 热高压分离器至高压空冷器管道：TP321。

(9) 高压空冷器至冷高压分离器管道：AST MA106 Gr.B。

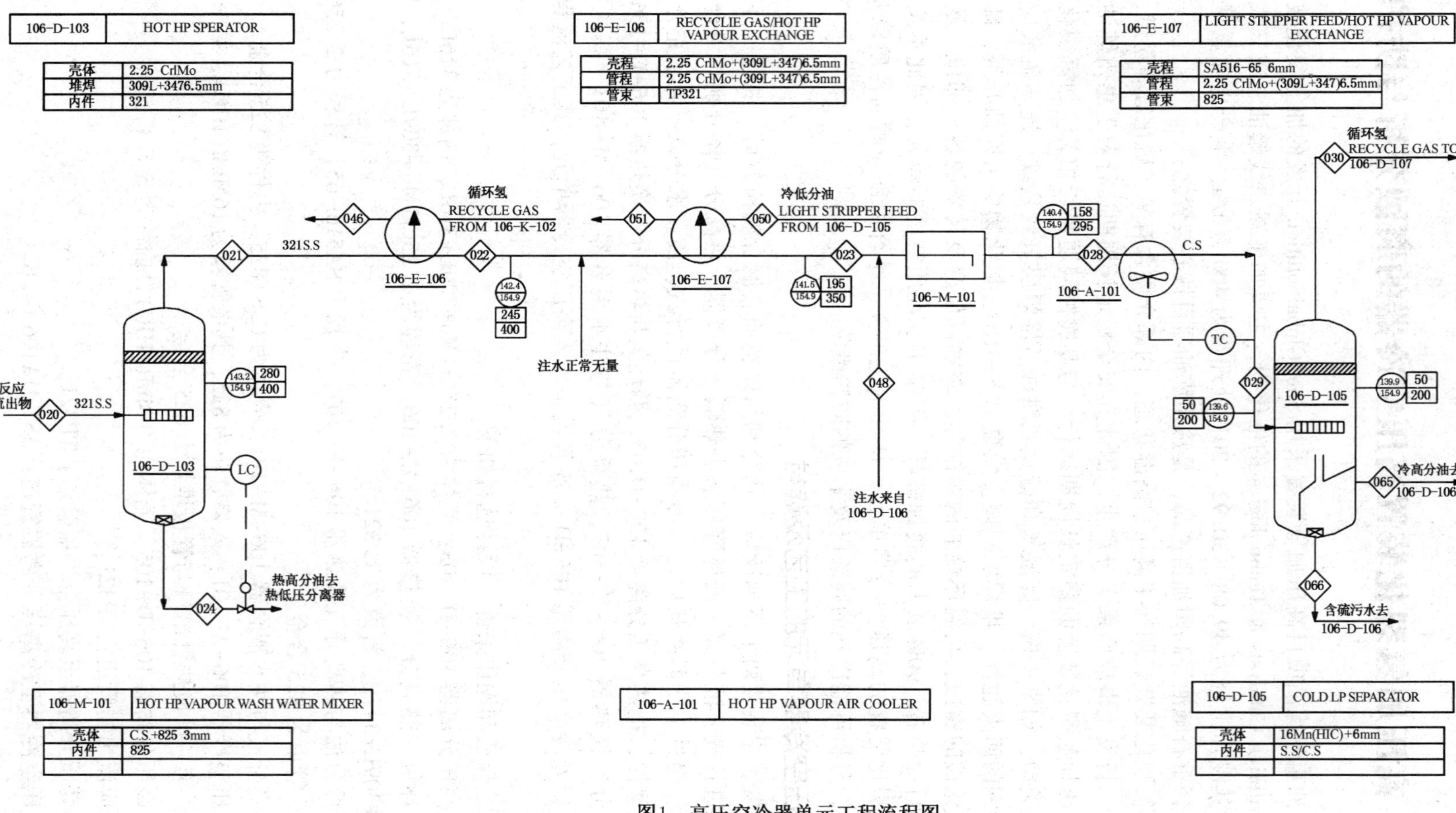

图1 高压空冷器单元工程流程图

分析数据表明：反应流出物在热高压分离器内进行汽液分离后，97%以上的硫化氢、氨以及水均随热高分气进入高压空冷器单元，随着高分气冷却，可见高压空冷器单元应是加氢裂化装置受到腐蚀威胁最大的单元。

2　高压空冷器单元的腐蚀分析

2.1　热高压分离器的腐蚀分析

高压加氢裂化装置两个系列反应产物，分别与原料油、混合氢换热后，混合进入热高压分离器 106-D-103，操作温度为 280℃，介质含有氢气、硫化氢、氨、水以及气态烃和液态烃等。

根据分析数据，水的摩尔分数为 0.0044，水蒸气分压为：

$$0.0044 \times 143.2 \times 0.1 = 0.063\text{MPa}$$

参看图 2 水蒸气饱和蒸汽压与温度的关系，280℃时水的饱和蒸汽压约为 6.5MPa，没有液态水存在，不存在水相腐蚀。

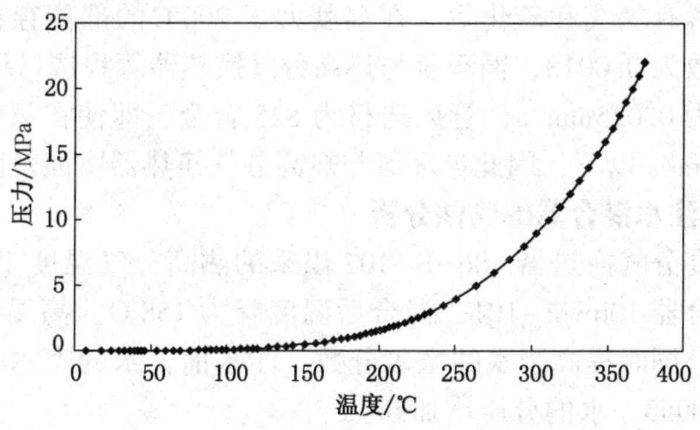

图 2　水蒸气温度与饱和蒸汽压的关系

由于含有氢气和硫化氢，存在高温氢与硫化氢腐蚀。硫化氢的摩尔分数为 0.0018，热高压分离器内件与壳体选材均为 300 系列不锈钢，280℃腐蚀速率约为 0.025mm/a，因此热高压分离器腐蚀轻微。

2.2　循环氢与热高分气换热器的腐蚀分析

循环氢与热高分气换热器 106-E-106 壳程走循环氢，进口温度 75℃，出口温度 206℃，管程走热高分气，进口温度 280℃，出口温度 248℃。由于循环氢温度较低，不存在液相，腐蚀性相对较弱，这里主要考虑热高分气的腐蚀。

虽然在热高压分离器 106-D-103 分离出一部分液相，但是总摩尔数下降很少，仅为 3.5%左右，相应水蒸气分压也约为 0.063MPa，参看图 2 水蒸气饱和蒸汽压与温度的关系，248℃时水的饱和蒸汽压约为 3.96MPa，此时依然没有液态水存在，不存在水相腐蚀。

热高压分离器分离出的液相主要是较重的烷烃，氢气和硫化氢基本都随热高分气进入循环氢与热高分气换热器，此部位和热高压分离器一样存在高温氢与硫化氢腐蚀。硫化氢的摩尔分数为 0.00185，循环氢与热高分气换热器壳程、管程以及管束选材均为 300 系列不锈钢，此温度下腐蚀速率约为 0.025mm/a，循环氢与热高分气换热器腐蚀轻微。

2.3　冷低分油与热高分气换热器的腐蚀分析

冷低分油与热高分气换热器 106-E-107 壳程走冷低分油，进口温度 54℃，出口温度

190℃，管程走热高分气，进口温度 248℃，出口温度 195℃。由于冷低分油温度较低，腐蚀性物质含量很少，腐蚀性相对较弱，因此主要考虑热高分气的腐蚀。

正常情况下，水的摩尔分数和热高压分离器中相近，约 0.063MPa，而 195℃时水的饱和蒸汽压约为 3.96MPa，此时依然没有液态水存在，不存在水相腐蚀。如果原料中含有氯元素，氯元素加氢反应后生成氯化氢，氯化氢和氨反应生成氯化铵，氯化铵为无色立方晶体或白色结晶，相对密度 1.527，加热至 340℃升华，沸点 520℃，水溶液呈弱酸性，加热时酸性增强，对黑色金属和其他金属有腐蚀性，特别对铜腐蚀更大。氯化铵的存在可导致换热器管束结垢，具体结垢温度由氯化铵浓度决定，结垢温度可达 340℃。API 571 报道氯化铵结垢温度大于 149℃，国内炼油厂操作经验氯化铵一般在 200℃左右结垢。氯化铵结垢不但堵塞管道，而且导致严重的垢下腐蚀。基于上述原因在冷低分油与热高分气换热器前设置了注水线，正常情况下不注水，如果出现氯化铵结垢堵塞，注水进行清洗，保证生产的正常运行。

由于热高分气中含有氢气和硫化氢，在温度大于 200℃的部位存在高温氢与硫化氢腐蚀。硫化氢的摩尔分数为 0.0018，循环氢与热高分气换热器管程选材均为 300 系列不锈钢，此温度下腐蚀速率约为 0.025mm/a，管束选材为 825 合金，即使在氯化铵严重结垢情况下腐蚀速率也在 0.025mm/a 以下，因此循环氢与热高分气换热器腐蚀轻微。

2.4 热高分气与注水混合器的腐蚀分析

从冷低分油与热高分气换热器 106-E-107 出来的热高分气温度 195℃，在注入水后进入热高分气与注水混合器 106-M-101，混合后温度降为 158℃，高温腐蚀减弱。但由于注水，大大降低了温度，同时提高了水的摩尔分数，注水前，水的摩尔分数为 0.0044，注水后水的摩尔分数为 0.0953，水的分压增加到：

$0.0953\times141.4\times0.1=1.35\text{MPa}$

参看图 2，158℃时水的饱和蒸汽压约为 0.6MPa，存在大量的液态水，同时由于温度较高，所以介质的腐蚀性很强。由于热高分气与注水混合器壳体与内件均选用 825 合金，腐蚀速率可以控制在 0.025mm/a 以下。

2.5 高压空冷器的腐蚀分析

热高分气与水混合物从热高分气与注水混合器 106-M-101 出来，温度为 158℃，进入高压空冷器 106-A-101，经空气冷却后，温度降为 50℃。此时的腐蚀主要由水中溶解的氢硫化铵(NH_4HS)引起，影响因素主要是水的 NH_4HS 浓度和流速，次要因素是 pH 值、水中的氰化物和氧含量。

依据表 1、表 2 数据，高压空冷器内部介质中 H_2S 的摩尔分数为 0.17%，氨的摩尔分数为 0.28%，核算的 $K_p=0.17\times0.28=0.0476$。

高压空冷器 106-A-101 采用 16 片+16 片设计，对称型集合管布置。前 16 片个高压空冷规格为：GP13×2.5-5-221-160S-21.3/DR-Ⅲt，后 16 片个高压空冷规格为：GP10.5×3-5-200-160S-21.3/DR-Ⅲt。管束为 3 管程 5 管排，第 1 管程为单管排，第 2、第 3 管程为 2 管排。管箱为分体式，介质入口管箱及第 1 管排材料为合金 825，其余管箱材料为 16MnR(HIC)或 16Mn(HIC)，第 2、第 3、第 4、第 5 管排换热管材料为 10 号，第 1 排换热管出口与管板相焊要求管板堆焊 6.56mm。管束为非标设计，换热管的布置为等边三角形，管间距为 67mm，前 16 片管束每排管 35 根换热管，后 16 片管束每排管 39 根换热管。第 2、第3管程的所有换热管入口衬300mm 316L管，规格为CGϕ24×0.8-300-316L。其结构示意图如图3所示。

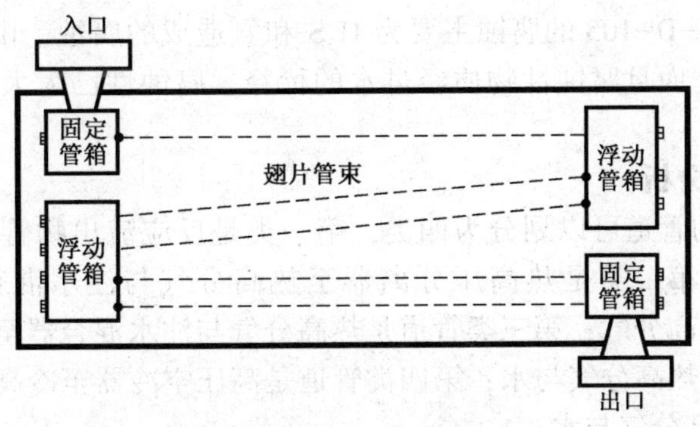

图3　高压空冷器结构示意图

高压空冷器106-A101入口处体积流量为10126.9m^3/h，前16片高压空冷器第1管程入口总流通面积为0.3254m^2，第2、第3、第4、第5管排总流通面积为0.5498m^2，核算第1管排流速为8.645m/s，第2、第3管程流速为5.116m/s；后前16片高压空冷器第1管程入口总流通面积为0.3626m^2，第2、第3管程总流通面积为0.6126m^2，核算第1管程流速为7.758m/s，第2、第3管程流速为4.592m/s。

对于高压空冷器选择碳钢管束，一般符合以下条件：

(1) 硫化氢和氨的浓度以K_p值表示[(H_2S)分子%×(NH_3)分子%]。当$K_p \leq 0.07$时根本无腐蚀，当K_p值增加时为了得到长的管子寿命，介质流速的允许范围变窄，当K_p值很低时，能允许较高的流速而不会出现严重腐蚀。

(2) 当K_p值在0.2~0.3范围的，管内最适宜的流速范围是4.6~6.09m/s。一般≤6m/s表明具有可靠的性能。如速度太慢时可能会发生氨盐沉积导致管束堵塞。

(3) 介质中无氰化物和氧或微量存在。

只要上述因素控制得当，碳钢管束可以获得满意的效果。若超出上述限制宜选用3RE60(Cr18Ni5Mo3Si2)双相钢或Monel(Ni70Cu30)或Incolloy800，即使流速高于7.6m/s或低于3.05m/s在耐蚀方面是令人满意的。

根据上述核算结果，高压空冷器第1管程流速超出限制条件，实际用材为825合金，不会出现严重腐蚀；第2、第3管程流速以及K_p值均符合选用碳钢的限制条件，控制介质中无氰化物和氧的含量，应能获得很好的耐蚀性能。

氢硫化铵(NH_4HS)为无色棱形、针状或片状晶体，在120℃升华。氯化铵浓度的高低，决定氢硫化铵结垢的温度，如果氢硫化铵含量非常多，其最高积垢温度可超过120℃。API 571报道氯化铵结垢温度区间在49~66℃范围内，国内炼油厂操作经验氢硫化铵一般在高压空冷器管束结垢。高压空冷器106-A-101前16片空冷器出口温度为78℃，后16片空冷器进口温度78℃，出口温度50℃，所以在后16片空冷器形成氢硫化铵垢层可能性大很。

氢硫化铵结垢不但堵塞管道，而且导致垢下腐蚀，因此在高压空冷器前注水，防止氢硫化铵结垢，保证生产的安全稳定运行。

2.6　冷高压分离器的腐蚀分析

热高分气经过高压空冷器冷却之后，温度降为50℃，进入冷高压分离器106-D-105，循环氢由上部去循环氢压缩机，含硫污水由底部排出，冷高分油去冷低压分离器106-D-106。

冷高压分离器 106-D-105 的腐蚀主要为 H_2S 和氨造成的腐蚀，由于温度已降至 50℃，不存在相变温度区间，而且腐蚀性物质经过水的稀释，腐蚀性已大大降低，使用一般碳钢可以满足操作要求。

2.7 管道的腐蚀分析

高压空冷器单元的管道可以划分为四类，第一类是反应流出物管道，介质是反应流出物，操作温度 280℃；第二类是热高压分离器至热高分气与注水混合器管道，操作温度 280~195℃，介质是热高分气；第三类管道是热高分气与注水混合器至高压空冷器管道，操作温度 158℃，介质是热高分气与水；第四类管道是高压空冷器至冷高压分离器管道，操作温度 50℃，介质是热高分气与水。

第一类管道腐蚀和热高压分离器相同，主要是氢气和硫化氢腐蚀，管道选材均为 TP321，280℃腐蚀速率约为 0.025mm/a，腐蚀轻微。

第二类管道腐蚀与循环氢与热高分气换热器和冷低分油与热高分气换热器相似，主要是氢气和硫化氢腐蚀，管道选材均为 TP321，腐蚀速率约为 0.025mm/a，腐蚀轻微。

第三类管道腐蚀与热高分气与注水混合器相同，主要为高温水相硫化氢腐蚀，管道选材为 TP321，腐蚀轻微。

第四类管道腐蚀与冷高压分离器相同，主要为 H_2S 和氨造成的腐蚀，但是由于温度已降至 50℃，不存在相变温度区间，而且腐蚀性物质经过水的稀释，侵蚀性已大大降低，所以使用一般碳钢可以满足操作要求。

3 腐蚀防护措施

合理的选材只是做好防腐工作的一方面，仍然需要根据日常腐蚀监测结果，调整相应的防腐蚀措施，才能保证装置的安全稳定运行。

3.1 原料油的性质分析

原料油性质对于腐蚀影响巨大，装置设计依据加工蓬莱 19-3 原油数据为基础，蓬莱 19-3原油属于高酸低硫原油，因此根据设计数据核算的 K_p 值仅为 0.0476，一旦原料油性质发生变化，特别是硫含量上升，必将导致 K_p 值增加，因此在实际生产中应依据高压空冷器管束选用碳钢的限制条件，结合原料性质，核算 K_p 值，并针对不同的情况，采取相应的防腐措施，保障生产的安全稳定运行。

原料油中氯含量的变化对于整个加氢装置都有至关重要的影响，但对高压空冷器单元来讲，原料油中氯含量的升高，导致氯化铵浓度增加，从而导致热高分气与冷低分油换热器氯化铵结垢概率大大增加，同时由于氯含量的增加，大大增加了奥氏体不锈钢应力腐蚀开裂的概率，特别是热高分气与注水混合器至高压空冷器管道，其采用了 TP321 不锈钢，操作温度 158℃，介质中存在大量的液态水，更容易导致应力腐蚀开裂。

原料油分析数据的不断积累，配合其他监测数据，可以形成完整的操作经验，对于日后检修和材质更换均能提供技术参考。

综上所述，对于原料油性质的跟踪，及时对可能发生的腐蚀进行预测，并制定相应的防腐蚀预案，对于保障生产的安全稳定运行具有十分重要的意义。表 1 是建议原料油的分析项目及分析方法。

表 1　原料油的分析项目及分析方法

项目名称	测定方法	项目名称	测定方法
S 含量/%	硫含量 GB/T 17040	N 含量/(μg/g)	氮含量 GB/T 17674
酸含量/(mgKOH/g)	酸值 GB 26483	Cl 含量/(μg/g)	GB/T 18612—2001
铁离子含量/(μg/g)	等离子		

3.2　排出水化学分析

排出水化学分析是重要的腐蚀监测手段之一，水中铁离子含量直接反映腐蚀的程度，硫化氢以及氨含量可以核算水中氢硫化铵的浓度，根据核算结果不但可以判定腐蚀介质的腐蚀性，而且指导注水，控制腐蚀。

Piehl 提出，污水中氢硫化铵的浓度不超过 2%，腐蚀轻微；氢硫化铵的浓度超过 2%，碳钢腐蚀加重；氢硫化铵的浓度超过 3%~4%，将产生严重腐蚀。因此根据排出水的化学分析结果，调整注水量，控制氢硫化铵的浓度不超过 3%~4%，可以有效地控制高压空冷器单元的腐蚀。

表 2 是建议排出水分析项目及分析方法。

表 2　排出水分析项目及分析方法

项目名称	测定方法	项目名称	测定方法
pH 值	pH 计法		硫化物含量/(mg/L)
铁离子含量/(mg/L)	原子吸收光谱法	Cl^- 含量/(mg/L)	
氨含量/(mg/L)	GB 6532—1986	CN^- 含量/(mg/L)	

3.3　其他防护措施

对于管道采用重点部位定点测厚和检修期间普查测厚方法进行腐蚀监测，结合排出水的化学分析，综合判断管道的运行状况，确保管道的安全运行。如果水相化学分析氯离子含量较高，对于热高分气与注水混合器至高压空冷器管道应加强监控，避免氯离子应力腐蚀开裂造成重大危害。

为防止高压高温系统设备如高压换热器、热高分的氢致开裂、氢腐蚀、堆焊层鼓泡剥离和开裂，须严格控制工艺操作参数，控制升降温和升降压速度，停工过程须进行恒温解氢。对有奥氏体不锈钢堆焊层的设备，停工时必须进行隔离保护或进行中和清洗；必须对现有管束进行严格的检验和安全评估以确保其长周期运行。

4　总结

高压加氢裂化装置是炼油厂重要的二次加工装置，长期处于高压、高温状态，内部介质含有氢、硫化氢等易燃、易爆、剧毒成分，一旦发生事故后果十分严重。高压空冷器单元是高压加氢装置受到腐蚀威胁最严重的单元，97%以上的腐蚀性物质在该单元冷却分离，因此依据中海石油惠州炼油项目高压加氢装置设计工艺流程，结合设备选材，对高压加氢裂化装置高压空冷器单元中各个设备以及管道中的腐蚀物质及其存在状况进行了核算，对其可能发生的腐蚀和程度进行分析，针对可能出现的情况以及实际生产过程中可能暴露的问题提出相应的防腐蚀措施，对于保障高压空冷器单元的安全稳定运行，以及整个高压加氢裂化装置的安全稳定运行都具有十分重要的意义。

（中海石油惠州炼油分公司　郑明光，黄梓友，孙亮）

51. 硫磺回收装置空冷器腐蚀泄漏分析及处理

扬子石化公司炼油厂7×10[4]t/a硫磺回收装置2004年12月建成投产，急冷水系统设有3台表面蒸发空冷器A61201ABC，运行不到一年的时间出现了泄漏，经过分析空冷器管束现场泄漏状况，找出了管束泄漏的原因，并提出了相应的预防措施。

1 设备概况

急冷水空冷器型号为ZP9×3-21-780-2.5S-Ⅶa/YP9×3-3-113-2.5S-16.4/DR-Ⅰa。该设备是一种将水冷与空冷、传热与传质过程融为一体的新型换热设备，在水平放置的光管管束上方向下喷淋冷却水，使光管外面形成水膜，同时空气从管束下方向上横掠管束，依靠管外水膜的迅速蒸发来强化管外的传热，结构示意如图1所示。

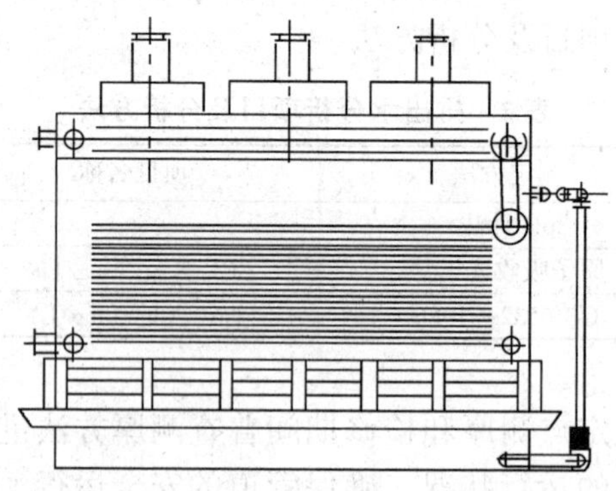

图1 急冷水空冷器结构示意图

1.1 泄漏情况

在检修检查过程中，发现三台设备共计有9根管束泄漏，从腐蚀泄漏部位看，主要集中在管束与管箱板连接焊缝及热影响区，多处管子胀口部分出现裂纹，裂纹从内表面向外发展，裂纹发生部位未见明显塑性变形，裂纹宽度较窄，少量管束有蚀坑穿孔ϕ2mm左右。空冷管束及两端管箱有大量硫粉堵塞。

2 泄漏原因分析

急冷水成分非常复杂，影响因素很多，主要有：在线炉燃烧交叉限位控制运行状况，加氢反应器入口尾气SO_2浓度变化，反应器温度控制差异，在线炉配氢量等，当控制状况不良时，在反应器中没有还原的S_8、SO_2及H_2S，到急冷塔后，在塔顶急冷水的作用下，会形成单质硫粉、水溶性的聚硫化物和连多硫酸盐，同时H_2S、SO_2溶于水形成复杂的酸性环境。

因此在急冷水的腐蚀环境中，空冷器管束极易遭到破坏，腐蚀机理是非常复杂的，根据现场管束腐蚀泄漏情况，查阅相关资料，主要原因有以下3个方面。

2.1 SO_2-H_2O腐蚀

在水存在的条件下，$SO_2+H_2O \longrightarrow H_2SO_3$，$H_2SO_3+Fe \longrightarrow FeSO_3+H_2$。

腐蚀的程度主要取决于SO_2的浓度，浓度越高，腐蚀性越强。同时在有氧的情况下，

SO_2、O_2及 Fe 生成 $FeSO_4$，然后 $FeSO_4$水解形成氧化物和游离酸，游离酸又加速铁的腐蚀，生成新 $FeSO_4$，如此反复循环，加速对空冷管束及管箱的腐蚀。

由于急冷水中 SO_2含量较低，因此SO_2-H_2O腐蚀不是管束腐蚀泄漏的主要原因，但是一旦管束管壁遭到外界损伤，产生蚀坑等微小缺陷，这种腐蚀加速了破坏作用。

2.2　H_2S 腐蚀

2.2.1　H_2S-H_2O 腐蚀

H_2S 在没有液态水时对设备腐蚀很轻，或基本无腐蚀，但在遇水时，极易分解，在水中发生的电离式为：

$$H_2S \longrightarrow H^+ + HS^-$$

$$HS^- \longrightarrow H^+ + S^{2-}$$

在 H_2S-H_2O 腐蚀体系中，H^+、HS^-、S^{2-}和 H_2S 对金属腐蚀为氢去极化作用。

同时 H_2S 浓度对钢铁的腐蚀有很大的影响，如图 2 所示，根据化验分析数据，急冷水中H_2S含量接近 200ppm，因此在这种环境中，必然对管束产生腐蚀。碳钢在较高 pH 值情况下，在 H_2S 流体中的腐蚀速率，通常随着时间的增长而逐渐下降，金属表面会形成具有良好保护性能的腐蚀产物膜，平衡后的腐蚀速率均处于低值，只有当外界的异常变化，打破了这种平衡，才会导致钢铁的迅速腐蚀。因此当管束中由于硫粉堵塞，出现滞流，同时由于 pH 值较低，接近于 6 或低于 6，致使局部环境进一步恶化，从而使管束穿孔泄漏。

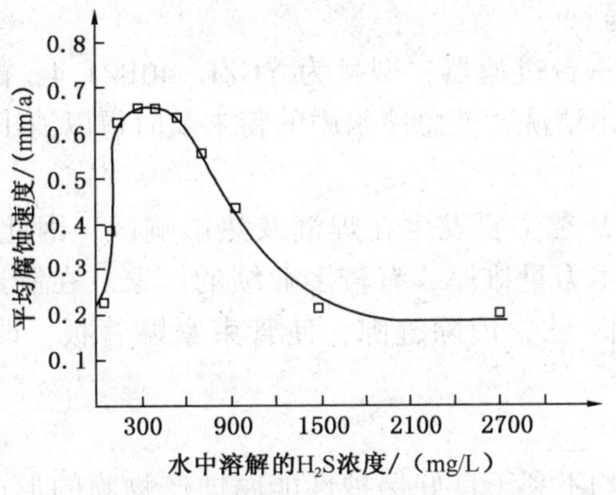

图 2　软钢的腐蚀率与 H_2S 浓度之间的关系

从空冷器现场泄漏情况看，这种腐蚀穿孔泄漏管子有 3 根，占 30%左右。

2.2.2　硫化物应力腐蚀

H_2S 产生的 H 原子渗透到钢的内部，溶解于晶格中导致脆性，在外加拉应力或残余应力作用下形成开裂，硫化物应力开裂通常发生在焊缝与热影响区的高硬度区。H_2S 应力开

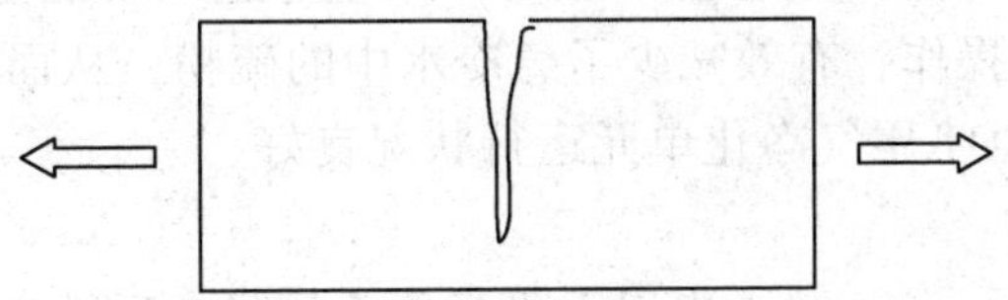

图 3　H_2S 应力开裂形态示意图

裂形态示意如图 3 所示。应力腐蚀开裂时，大部分表面实际并未遭受腐蚀，只是在局部出

现一些由表及里的细裂纹，在应力腐蚀后期，当材料截面积减少到使应力值达到或超过材料的强度极限时，金属即迅速发生机械断裂。

考察空冷器使用条件及管束破坏状况，多数具有这种特征，这种腐蚀破坏占70%，有一根管束甚至完全开裂而与管板脱开，是造成空冷管束腐蚀泄漏的主要原因，进一步分析可知，正是由于急冷水中大量携带硫磺粉末，在空冷两端管箱处淤积，为硫化物应力腐蚀提供了必要的条件，在淤积区域，H_2S 浓度随着积累而升高，酸性环境更加明显，局部温度偏低接近室温断裂敏感温度，最终导致硫化物应力腐蚀开裂。因此严格控制加氢反应过程，避免急冷塔中产生大量硫磺粉末带入急冷水，是避免空冷器管束腐蚀泄漏的根本措施。

3 预防措施

3.1 确保交叉限位的系统正常运行

在线炉采用一个扩展双比率交叉限位控制方案，使燃烧点高于一个设定的低配比和低于一个设定的高配比，从而达到理想的配比，以保证反应器出口氢含量多出3%~5%(体积分数)，保证加氢还原的程度，避免大量 SO_2 因来不及反应而穿透床层。如果交叉限位系统不能正常运行，则有可能较多S、SO_2 进入急冷塔。

3.2 合理注氨

急冷水的pH值高低，直接影响到 H_2S-H_2O 腐蚀、硫化物应力腐蚀的腐蚀速率，因此必须根据化验分析结果，定期向塔底急冷水中补 NH_3，确保pH值在6~8之间。

3.3 定期清理过滤器

在急冷水泵出口设有一台过滤器，型号为YGZL-40B/1.4，能有效滤除急冷水中微小硫磺粉末。每天都进行切出清洗，使急冷水中的粉末及时得以清出，消除产生腐蚀的条件。

3.4 焊接应力控制

由于硫化物应力腐蚀开裂主要发生在焊缝及热影响区，因此必须确保设备制造质量。定购选择设备时，考虑技术力量雄厚，有较多业绩的厂家。在制造工艺上，管束与管板的连接宜采用“强度焊+贴胀”法，消除缝隙，使管束紧贴管板，改善传热，消除焊接残余应力。

3.5 控制介质流速

较低和较高的流速，均不利于良好保护性能腐蚀产物膜的形成，因此要适当控制急冷水在管路中的流速，根据实际情况，合理投用设备，防止因流量小而产生偏流。通过一年多的实践摸索，发现采用2开1备的模式是较为合理的。

4 结论

硫化物应力腐蚀和 H_2S-H_2O 腐蚀是导致空冷器管束腐蚀泄漏的主要原因，应严格控制急冷水中硫磺粉末含量，防止在空冷器中积留，产生并进一步加重腐蚀条件。目前装置严格按照上述预防措施进行操作，有效减少了急冷水中的硫粉，从而有效降低了 H_2S-H_2O 腐蚀和硫化物应力腐蚀，SCOT尾气净化单元运行状况良好。

（中国石化扬子石油化工有限公司炼油厂　魏广军）

52. TCS 清洗在石油化工空冷器翅片上的应用

以空气为介质的各种空冷器是非常理想的冷却、冷凝设备。它不仅可以节约大量用水，防止环境污染，而且维护费用低，运转安全可靠，与水冷比较，还具有更长的使用寿命。

炼油厂重油催化装置的空冷器长期使用，翅片管外表面聚集了灰垢和污垢，响了换热效果。由于换热效果下降，换热温度达不到工艺指标的要求，影响下一工艺的完成。另外由于翅片表面的灰垢和污垢的存在，金属表面出现了腐蚀。特别是，灰垢和污垢聚集较多较厚的地方比较严重。主要表现为铝翅片与碳钢管之间出现较多的锈垢，铝翅片表面出现白色的锈垢，表面粗糙。从空冷器表面看，大部分不透光，说明翅片结的灰垢和污垢比较多。

1　空冷器的使用情况

1.1　基本情况

炼油厂重油催化装置共有空冷器 18 台，翅片管为碳钢，翅片为 KL 型缠绕的铝翅片。采用空冷风机进行风冷，具体结构如图 1、图 2 所示，空冷器基本参数见表 1。

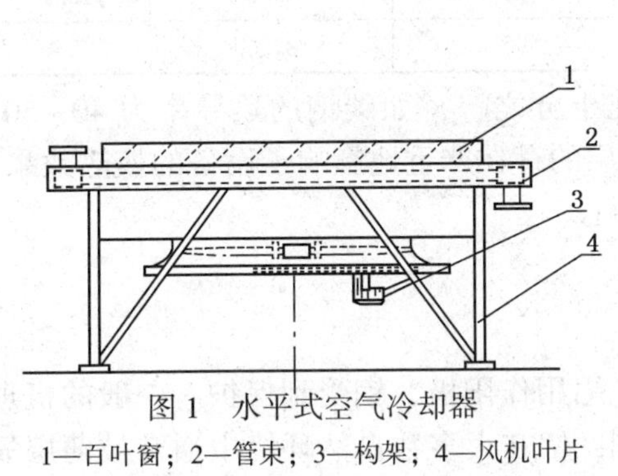

图 1　水平式空气冷却器

1—百叶窗；2—管束；3—构架；4—风机叶片

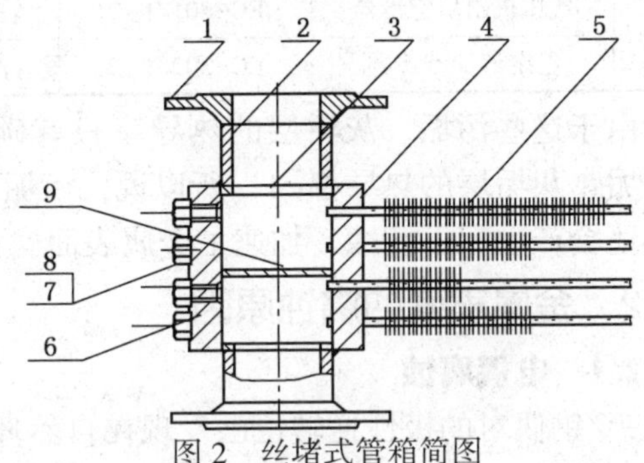

图 2　丝堵式管箱简图

1—法兰；2—接管；3—上盖板；4—管板；5—管束板；6—丝堵板；7—丝堵；8—垫圈；9—隔板

1.2　工艺流程

分馏塔顶油气流程，分馏塔顶压力为0.18~0.20MPa，温度为 103~120℃。油气自分馏塔馏出，送至 E203/1~5，用采暖水冷却到 95℃，进入空冷(EC201/1~10)冷却至 60℃后进入分馏塔顶后冷器(209/1~5)冷至 40~60℃后进入油气分离器分离。

(1) 轻柴油流程　轻柴油由轻柴油汽提塔(C-202)，用蒸汽汽提后，用泵(P206/1、2)抽出，送到采暖水换热器(E206/1、2)与采暖水换热 95℃后再经空冷器(EC202/1、2)冷却至 60℃，作为产品送出装置。

表 1　空冷器基本参数

序号	设备名称	工艺号	型　号	台数	换热面积/m^2
1	分馏塔顶空冷器	EC-201/1~10	P9×3-6-196-16S-23.4/KLM-Ⅰa	10	4586.4
2	轻柴油空冷器	EC-202/1~2	P9×3-4-129-25S-23.4/KLM-Ⅰa	2	3018.6
3	贫吸收油空冷器	EC-203/1~2	P9×3-4-129-25S-23.4/KLM-Ⅰa	2	3018.6
4	气压机出口空冷器	EC-301/1~2	P9×3-4-129-25S-23.4/KLM-Ⅰa	2	3018.6
5	稳定汽油空冷器	EC-302/1~2	P9×3-6-196-16S-23.4/KLM-Ⅰa	2	4586.4

（2）贫吸油流程　贫吸油从塔（C201）第20层由贫吸油泵抽出，首先进入脱吸塔底再沸器E302/2作热源，然后进入换热器（E204/1、2）与富吸油换热95℃，然后进入贫吸油空冷器（EC203/1、2）冷却到60℃，再进入贫吸油冷却器冷却至40℃后伴有再吸收剂送至吸收塔顶。

另外，气压机出口空冷器、稳定汽油空冷器接受上一流程过来的热介质到空冷器入口温度为95℃。

1.3 使用情况

由于长期使用的空冷器翅片表面结有灰垢和污垢使空冷器换热效果下降，使用效果见表2。从表中可以看出空冷器的换热效果没有达到工艺要求的60℃。

表2　空冷器的使用情况见表

序号	设备名称	工艺号	管内介质	介质入口温度/℃	介质出口温度/℃	温差/℃
1	分馏塔顶空冷器	EC-201/1~5	油气	95	80.5	14.5
2	分馏塔顶空冷器	EC-201/6~10	油气	95	85.2	9.8
3	轻柴油空冷器	EC-202/1~2	轻柴油	95	84.8	11.2
4	贫吸收油空冷器	EC-203/1~2	贫吸收油	95	86.8	8.2
5	气压机出口空冷器	EC-301/1~2	富气	95	84.6	10.4
6	稳定汽油空冷器	EC-302/1~2	汽油	95	87.6	7.4

由于这些污垢、灰垢层的热导率只有碳钢的几十分之一，如碳钢的热导率为40~50，而污垢、灰垢层的热导率<1。所以说，污垢、灰垢层的存在严重地影响了设备的换热效果。同时还会产生垢下腐蚀，加速了金属表面腐蚀的进行。

2　金属表面的腐蚀原因

2.1 电偶腐蚀

铝/钢偶对的极性逆转也已发现在自然环境中，铝用作阳极，钢受到保护。一般的机理类似与发生在锌/钢偶对中的机理。然而，跟锌不同，铝在大多数自然环境中通常被薄层氧化膜钝化。铝的电位取决于钝化的程度，后者对环境中的离子种类敏感。例如，碳酸盐和碳酸氢盐离子促进钝化，因而产生更正的电位值，而氯化物这样的离子有相反的效应。极性逆转的后果是严重的。在铝/钢偶对中，铝作为牺牲阳极保护钢。极性逆转导致钢失去阴极保护，引起钢的腐蚀，缩短了钢结构的使用寿命。从现场可以看出碳钢换热管与铝翅片的偶对在局部就发生了换热管的腐蚀，表现为换热管出现较多的黄锈。

2.2 垢下腐蚀

污垢产物层形成经常在与水接触的金属表面发生，随后形成充气差异电池，垢下区域溶解氧的输送受到限制，其周围能得到自由输送的氧的部分成为阴极区，它们构成腐蚀电池，在电偶作用下遭受局部腐蚀。从现场可以看出垢下的金属表面出现较多的锈蚀产物。

2.3 化工大气腐蚀

金属表面的水分来自雨水、结露、潮湿的空气，在金属表面凝结成肉眼看不见的水膜，这些水对腐蚀过程非常重要。大气中的SO_2和一部分SO_3主要来自加热炉燃烧的含硫的燃料，它们形成H_2SO_4并与金属反应生成硫酸亚盐，部分硫酸亚盐被氧化成硫酸盐。硫酸亚盐在水中会水解重新生成H_2SO_4继续与金属反应，这种循环加速了腐蚀。化工大气中的盐分会显著提高大气的腐蚀速率。除了通过吸水性盐如 NaCl 和 $MgCl_2$ 增强表面电解质溶液的形成外，氯离子也直接参与了电化学的腐蚀。大气中存在 H_2S、HCl 和 Cl_2 时会加重大气的腐蚀破坏。

因此，为了防止产生垢下腐蚀，要避免金属表面形成沉积物。根据空冷器的腐蚀、结垢情况，在其运行一定时间后及时进行除垢清洗，既可以达到提高换热效果，又能达到延长设备使用寿命的目的。

3　清洗方法的选择

空冷器操作简单，使用方便，但是由于冷却温度取决于空气的干球温度，其接近温差(热流体出口温度-冷流体入口温度)高于 15~20℃才经济，所以不能把管内热流冷却到环境温度。由于空冷器的表面积大，清洗起来较困难，另外方案选择不好会增加清洗的费用。

3.1　空冷器铝翅片酸洗

炼油厂焦化装置的空冷器、碳钢管内走烃、管外铝翅片通过风机鼓风散热。经长期运行，铝翅片上沉积尘垢油腻，影响冷却效果，需清洗除垢，曾采用 5%HCl+Lan826+表面活性剂进行了喷淋清洗，虽基本去除了表面尘垢油污，但铝翅片并不光亮，仔细观察铝翅片已出现腐蚀。另外采用化学清洗的方法成本过高，达到 18 元/m^2。

3.2　高压水清洗

采用常规高压水清洗喷头出口压力达到 10MPa，会损坏翅片。

3.3　TCS 清洗

通过筛选采用英国专业清洗公司 TCS 公司的清洗技术较好。该公司提供的化学清洗方法可在空冷器运行过程中对翅片侧进行清洗，可降低整个装置的温度，增加处理量和收率。清洗后翅片空冷器平均提高换热效率在 30%以上，翅片侧平均空气流速提高 40%以上，并且对翅片没有损伤。所采用的是专用清洗剂，是散热器翅片专用清洗剂，其主要特点是：强力去污；具有高效乳化、渗透和剥离作用，能迅速渗透进入污垢内部，使污垢快速分散并脱离金属表面；有效清除油污、灰尘和碳渍污垢，恢复散热器原有性能；不伤金属；清洗剂不损伤翅片及管材，不影响散热器使用寿命，节能显著；清洗后大幅提高散热器冷热交换效率，有效降低耗电量和运行成本。另外，如果国产的清洗剂能达到上述要求也可以使用。

4　空冷器的清洗

4.1　施工步骤及技术要求

清洗设备运至现场→设备连接及清洗管线就位→测试清洗前空冷器各项运行参数→关闭预清洗空冷器的一台风扇电机→用钢丝绳固定风扇→风扇上方搭跳板→所清洗空冷器下方所有电机、电源需用塑料布绝缘→从空冷器上方用清水清洗翅片 1 次→从空冷器上方用清洗剂清洗翅片 1 次→从空冷器上方用清水清洗翅片 1 次，→从空冷器下方清洗上方翅片流下的污物→撤除跳板、钢丝绳，调平风扇叶片→开启清洗完毕的部分的风扇电机→关闭预清洗空冷器的另一台风扇电机→用钢丝绳固定风扇→风扇上方搭跳板→所清洗空冷器下方所有电机、电源需用塑料布绝缘→从空冷器上方用清水清洗翅片 1 次→从空冷器上方用清洗剂清洗翅片 1 次→从空冷器上方用清水清洗翅片 1 次→从空冷器下方清洗上方翅片流下的污物→撤除跳板、钢丝绳，调平风扇叶片→确定清洗合格→测试清洗后空冷器各项运行数据→现场清理→提供清洗后换热提高效率报告→施工完毕。冲洗与药剂清洗压力为4.5~5MPa。进入下一台空冷器清洗。

4.2 技术难点

(1) 空冷器下方清洗时，操作空间狭小，且上方流下大量污物，不易操作。

(2) 清洗时，既不能冲倒翅片又要清洗干净，冲洗与药剂清洗压力为4.5~5MPa，水量的调节控制是本次清洗施工中的重点，必须有相应的保障措施。

4.3 技术保证措施

(1) 专用打压泵运至现场，连接完毕后，应试运转5min，防止意外情况发生或泵压力过高。

(2) 预清洗空冷器下方的所有电机、电源必须用塑料布包好、绝缘，避免漏电、联电。

(3) 为保证空冷器在清洗期间的最大换热量，先对空冷器的一台风机停用，进行该风机上方空冷器的清洗，该部分清洗完毕后启动已清洗完毕的风机，然后进行另外一台风机上方空冷器部分的清洗。

(4) 清洗剂严格按配比(1%重量比)工艺进行混合配置，以达到最佳清洗效果。

(5) 空冷器下方冲洗污物时，必须穿戴好防护面具、手套、雨靴，风扇上的跳板必须固定、绑牢，喷枪内压力要平稳调高，避免突然生压。

(6) 在水压、水量调试合格后，不要擅自调整压力阀，避免压力升高损坏翅片。

(7) 跳板从风扇上撤除后，用数字水平仪对风扇水平度进行调整，达到正常工作状态。

(8) 用空气测速仪和测温仪测定清洗前后空冷器的运行参数，作为换热效率换算的依据。

4.4 质量保证措施

(1) 建立质量保证体系。施工现场建立质量保证体系，明确工程负责人、专业技术负责人、质量检查员，对承担的工程质量负责。

(2) 各专业在施工前，技术人员进行质量交底，质量交底内容包括：

① 结合现场实际情况交清施工方案、技术措施；

② 交清工程设立的质量控制点及质量控制要求，明确施工执行的标准规范；

③ 交清保证质量的措施及其他技术措施，并制定出预防措施。

(3) 材料检验。设备及材料必须经质检员的检查，主要内容为：设备及材料必须具有出厂合格证或质量证明文件；核对设备及材料的内容并做检查标识；对于代用材料必须具有经有关部门批准的书面文件；进入现场的材料摆放整齐，标识清晰。

(4) 原材料控制：

① 原材料采购应编制采购文件、采购计划。采购文件中应注明材料的品名、型号、规格、材质、数量等，并有较详细的技术要求。

② 器材入库前应进行质量验收，材料质保工程师负责审查材料质量证明书，按规定认真进行材料的检查、复验，确保合格率100%，否则应拒收。

③ 质量证明书审核后，相应的责任人员应签字确认。

④ 特殊材料的保管存放，由材料责任工程师提出具体要求，保管员按要求执行。

⑤ 材料入库后应按规定做好标识，以保证物资存放和在施工中不混不乱。

(5) 过程控制：

① 施工机具、施工设备、工艺装备、检验、测量、试验设备的性能必须能满足施工要求。

② 施工所用的材料、器材、设备不符合规范、标准及合同规定要求的不得进入现场。

③ 施工过程由施工员监督，检查操作人员执行工艺文件规范、标准、规程的情况。

④ 工艺文件不得擅自修改，必须修改时应编写补充工艺或技术文件，并按原工艺文件审批程序进行审批。

4.5　施工后期质量控制

(1) 工程完工后，对单位工程及时组织质量评定，并办理好建设单位、质量监督部门的确认手续。

(2) 组织有关人员做好质量回访和保运服务工作

4.6　安全保证措施

(1) 格按 HSE 体系对本次施工进行安全控制。

(2) 进入现场施工人员必须按规定劳保着装，戴好防护设施，高空作业系好安全带。

(3) 高处作业工具、材料等物体要绑牢，各层之间加隔离带，防止掉落伤人。

(4) 现场清洗空冷器下方的电源、电机必须进行绝缘防护措施。

5　效果

2007 年 9 月对这 18 台空冷器进行了清洗，清洗面积为 18228.6m^2。清洗后表观检查灰垢和污垢已全部清除，翅片表面恢复原来的程度，表面光亮，翅片上下透光很好。达到了工艺要求，减缓了下游的工艺压力。滑洗后的具体情况见表 3。

5.1　效率计算

采用空气测速仪测量 3 风机清洗前后的风速，用测温仪对清洗后的空冷器出口进行了测试，空气流速见表 4，清洗前后介质出口温度见表 5。

表 3　清洗后的效果

序号	设备名称	工艺号	介质入口温度/℃	介质出口温度/℃	温差/℃
1	分馏塔顶空冷器	EC-201/1~5	95	50.3	44.7
2	分馏塔顶空冷器	EC-201/5~10	95	50.9	44.1
3	轻柴油空冷器	EC-202/1~2	95	47.0	48
4	贫吸收油空冷器	EC-203/1~2	95	50.8	44.2
5	气压机出口空冷器	EC-301/1~2	95	49.5	45.5
6	稳定汽油空冷器	EC-302/1~2	95	48.8	46.2

表 4　空气流速

	1	2	3	4	5	6	平均值
清洗前空气流速/(m/s)	0.00	1.13	1.94	0.95	1.48	1.30	1.13
清洗前后气流速/(m/s)	4.65	4.38	5.11	3.94	4.54	4.69	4.55
平均流速增加/(m/s)							3.18

表 5 清洗前后温度变化

	1	2	3	4	5	6	T_m	$T_{风机}$	ΔT
清洗前温度/℃	80.5	85.2	84.8	86.8	84.6	87.6	84.9	32.1	52.8
清洗后温度/℃	50.3	50.9	47.0	50.8	49.5	48.8	49.6	18.9	30.7

注：T_m 是空冷器出口清洗前后的温度平均值。$T_{风机}$ 是风机出口清洗前后的风速平均值。

换热效率提高计算：

$$Q_1 = \Delta T_1 \times V_1 \times C_P$$
$$= 52.8 \times 1.13 \times C_P = 59.66C_P$$
$$Q_2 = \Delta T_2 \times V_2 \times C_P$$
$$= 30.7 \times 4.55 \times C_P = 139.69C_P$$
$$\eta = Q_1/Q_2 \times 100\% = 234\%$$

式中 Q_1——清洗前热负荷，W；

ΔT_1——清洗前介质出口平均温度(T_m)与清洗前风机入口温度($T_{风机}$)差，℃；

V_1——清洗前风机入口空气平均流速，m/s；

Q_2——清洗后热负荷，W；

ΔT_2——清洗后介质出口平均温度(T_m)与清洗后风机入口温度($T_{风机}$)差，℃；

V_2——清洗后风机入口平均空气流速，m/s；

C_P——液体的定压比热容，J/(kg·k)；

η——换热效率提高，%。

从计算可以看出清洗后比清洗前热效率提高了 234%，效果是显著的。

5.2 成本计算

成本分析见表 6，从成本分析可以看出工程造价为 7.5 元/m²，比采用其他化学清洗的方法 18 元/m² 要低得很多。

表 6 成本分析 元/m²

产品名称	直接费用			合计	综合取费	税金	工程造价
	人工费	材料费	机械费				
TCS 清洗	0.98	2.48	2.52	5.98	1.27	0.25	7.5

工作内容为：常规检查(电机、传动设备、风机、风机室与风机保护板、翅片)，清洗前后测试空气流速、温度，提供测试报告。在线设备现场保护，风机断电，上下部送水清洗浮尘，喷清洗剂，高压水清洗，清除污物，现场保护设施拆除，送电。

6 结论

采用 TCS 清洗可以实现在线清洗，不影响装置正常生产；对换热器翅片无损伤；空冷器提高了换热效率；清洗后翅片侧平均空气流速提高 3 倍以上；可对清洗后的空冷器换热效果进行定量标定；提高冷却量、增加产量、增加回收率。同时，由于灰垢和污垢的清除避免空冷器管束的腐蚀，提高了设备的使用寿命。采用该方法工程造价低，是空冷器清洗值得推广的技术。

（中国石油大庆石化分公司 刘明，王巍，卢静飞，闫凤琴）

53. 直接空冷凝汽器的应用及长周期运行

凝汽器的作用就是将凝汽式汽轮机排出的蒸汽冷凝成水，同时依靠抽气装置将不凝气抽出，来维持汽轮机所需的真空。目前我国普遍采用的仍是水冷式凝汽器，我国作为一个缺水的国家，在水资源的分配上存在着一定的困难，选择直接空冷式凝汽器代替水冷式凝汽器，将大大降低汽轮机的耗水，是许多工业企业克服缺水的一个好方法。空冷凝汽器通常分为两种：一种为直接空冷式凝汽器，简称直接空冷；另一种为间接空冷式凝汽器。早在20世纪30年代末，德国首次采用了直接空冷式的空冷凝汽器。目前在国内空冷凝汽器已得到了广泛的使用并有了成熟的设计制造及运行经验。

1 直接空冷的工作原理及特点

1.1 直接空冷的工作原理

直接空冷式凝汽器就是汽轮机的排汽直接由空冷冷凝。空气与蒸汽通过空冷管束进行表面热交换。冷空气由风机通风供应，在空冷管束的管外流动。直接空冷工作原理图如图1所示，直接空冷凝汽系统流程图如图2所示。

首先汽轮机的排汽经集液箱和排汽总管，进入置于管束顶部与各顺流管束相连的蒸汽上联箱，小部分蒸汽冷凝后通过重力回到集液箱，其余蒸汽经蒸汽分配管进入各顺流管束，蒸汽在顺流管束内由上向下流动，使得较大部分的蒸汽被冷凝。收集的凝结水流入下端的凝结水收集总管。在顺流管束内未冷凝的过剩蒸汽，通过凝结水收集总管进入逆流管束下端的集管箱，由此分配到逆流管束。过剩蒸汽通过逆流管束由下向上流动直至完全冷凝下来，而凝结水顺着与蒸汽相反的方向向下流入凝结水收集总管。凝结水在收集总管中靠重力流入下面的热井。不凝气通过逆流管束上部的抽真空管道，被抽气器抽走。集液箱内的凝结水由集液箱水泵送至热井，热井中的凝结水由热井水泵送出。

直接空冷之所以采用顺、逆流设计，目的是为了使冷却管束中的一部分蒸汽在管内的流动方向与凝结水的流动方向相反，通过蒸汽对凝结水的回热来提高水温，防止过冷和结冰。

1.2 直接空冷的特点

从直接空冷的工作原理可以看出它有如下特点：

(1)不需要中间冷却介质；

(2)传热效果较好；

(3)节水效果显著，比常规水冷凝汽器系统节水95%以上；

(4)与水冷凝汽器相比，热井液位对凝汽系统真空度影响大大降低；

(5)与水冷凝汽器相比占地大，所需基建投资相对较大；

(6)排汽管粗大，密封困难；

(7)系统较大，因此为造成汽轮机启动所需真空需要时间较长；

(8)采用机力强制通风，所需厂用电增加；

(9)噪声源较大。

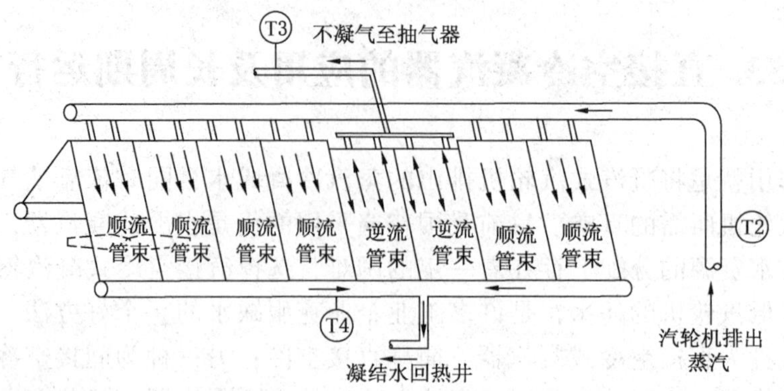

图 1　直接空冷工作原理图

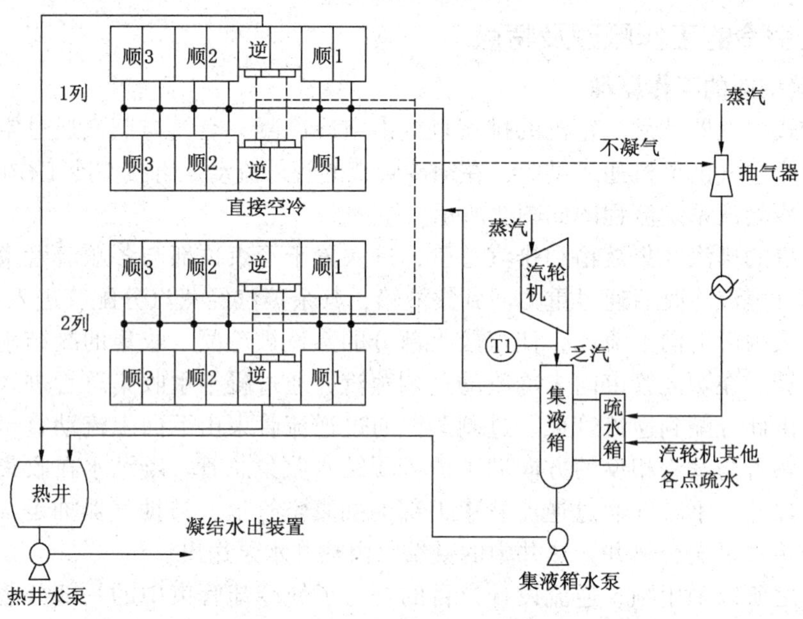

图 2　直接空冷凝汽系统流程图

1.3　直接空冷与传统的水冷凝汽器经济性比较分析

以 A 装置汽轮机组为例，1.0MPa 蒸汽为动力，蒸汽耗量为 30t/h 的汽轮机组，在春季环境气温 12℃左右，排汽压力-0.088MPa(表压)的情况下，直接空冷电机以 4 台半速、4 台全速运行，耗电约 30×4+20×4=200kW·h，集液箱泵 4kW，每小时运行约 5min，则每小时耗电 4×5/60=0.33kW·h。直接空冷系统中抽气器用循环水约 21.6t/h。同样条件下水冷凝汽器循环水量约为 1600t/h，忽略两者排汽焓及热井凝结水泵功率的微小差异，电以 0.5 元/度，循环水以 0.3 元/吨计算。扣除直接空冷每年较少的维护维修费用，直接空冷可节约成本约 320 万/年，节能效果非常明显。

2　直接空冷在汽轮机组上的应用

正常情况下直接空冷凝汽式汽轮机排汽压力 P 可用下面的关系式表达：

$$P=f(T)=f(Q、V、t、\varepsilon_1、\varepsilon_2) \tag{1}$$

式中　T——汽轮机排汽温度；

Q——排汽热负荷；

V——空冷器迎面风速；

t——环境温度；

ε_1——空气管束内热阻；

ε_2——空气管束外热阻。

可见汽轮机排汽压力 P 与排汽热负荷 Q、空冷器迎面风速 V、环境温度 t 及空冷管束内外热阻 ε_1、ε_2 有关。排汽热负荷 Q 的增加，空冷器迎面风速 V 减小，环境温度 t 的升高，空冷管束内外热阻 ε_1、ε_2 的增大，都将导致汽轮机排汽压力升高。

直接空冷可通过改变风机的转速或停运部分风机等方法来适应环境条件变化及变负荷工况。一般用采用变频调速的方法或采用双速电机的方法来改变风机的转速。表 1 是 A 装置直接空冷的一组操作参数，表中“半”指半速运行，转速为 750r/min，“全”为全速运行，转速为 1000r/min，“停”为风机停用。

由表 1 可以看出：

(1) 当负荷不变而环境温度升高时，为了保持一定的排汽温度及背压，需增加风机开机数，当环境温度降低时相反。

(2) 当环境温度不变而负荷增大时，为了保持一定的排汽温度及背压，需增加风机开机数，当负荷降低时相反。

在实际操作中直接空冷的操作基本遵循上述原则。在机组低速暖机及环境温度较低时会遇到一些特殊情况，下面以 A 装置压缩机组的运行为例进行阐述。

2.1 低速暖机时排汽温度高

机组低速暖机时直接空冷的一组操作参数如表 2 所示。

由表 1 可以看出正常情况下，直接空冷的回水温度 T_4 及抽真空管线的温度 T_3 略低于汽轮机至直接空冷的排汽立管上的温度 T_2。在 A 装置汽轮机首次开车时，环境气温较高约 30℃，在机组启动前先将两台逆流风机半速运行。

从表 2 可以看出，暖机 5min 时，汽轮机排汽温度 T_1 逐渐上升至 70℃，随着 1000r/min 暖机时间延长，排汽温度逐渐上升，暖机第 20min 时，直接空冷冷却效果已经完全恶化，排汽温度高达 97℃，而抽真空线的温度只有 31℃，空冷回水温度只有 42℃。但是随着汽轮机转速上升，各点温度趋于相等，排汽温度明显下降。造成上述现象由以下原因引起：①在低速暖机过程中，流经汽轮机的蒸汽流量很小，排汽缸的热量不能被蒸汽全部带走，使排汽室得不到充分的冷却，从而使汽轮机本身排汽温度升高；②由于蒸汽量小，立管段的温度也不能充分带走，而空冷中的少量蒸汽会被迅速冷凝，直接空冷流通的末端逆流管束中蒸汽量将更少，造成空冷回水温度低，抽气管线温度更低。时间一长造成蒸汽的“断流”，于是就出现了空冷处温度越开越低，汽轮机排汽部位温度越来越高的运行恶化情况。

根据几次开车的经验，要避免暖机时造成汽轮机排汽温度过热，根据具体情况可采取以下几个措施：

(1) 增开抽气器，甚至可以将两组二级抽气器及开工抽气器同时开起来，增大抽气量。

(2) 环境温度较高时，开机前不要启动直接空冷的风机，汽轮机 1000r/min 低速暖机时排汽温度一般不会过高，可以在 1000r/min 下较长时间暖机。

表1 装置直接空冷的一组操作参数

序号	1列				2列				排汽立管温度 T_2/℃	空冷回水温度 T_4/℃	抽气管线温度 T_3/℃	排汽压力/MPa	环境温度/℃	蒸汽量/(t/h)
	顺1	逆	顺2	顺3	顺1	逆	顺2	顺3						
1	停	半	停	半	停	半	停	停	52.7	51.8	51.1	-0.083	5	27.04
2	停	半	停	半	停	半	停	半	48.2	47.3	46.6	-0.087	5	27.21
3	停	半	停	半	停	半	停	半	49.9	49.2	48.5	-0.086	8	27.54
4	停	半	半	半	停	半	半	半	50.9	50.2	49.5	-0.085	13	27.13
5	半	半	半	半	半	半	半	半	50.1	49.6	48.9	-0.086	15	27.23
6	全	半	半	半	全	半	半	半	56.3	55.4	54.9	-0.082	24	26.98
7	全	半	全	半	全	半	全	半	49.7	48.9	48.3	-0.086	20	28.1
8	全	全	全	全	全	全	全	全	57.1	56.6	55.7	-0.081	33	27.43

表2 低速暖机时直接空冷的一组操作参数

转速/(r/min)	运行时间/min	蒸汽量/(t/h)	风机运行状态	汽轮机排汽温度 T_1/℃	排汽立管温度 T_2/℃	抽气管线温度 T_3/℃	空冷回水温度 T_4/℃	环境温度/℃
1000	5	4	两台半速	70	63	50	58	30
1000	10	4	两台半速	80	70	45	53	30
1000	20	4	两台半速	97	86	31	42	30
2500	25	8	空冷全停	70	63	50	58	30

(3)环境温度较低时开机，开机前即使不启动直接空冷，汽轮机在1000r/min低速暖机时也可能会出现排汽温度较高的情况，这时可暂时切出一列直接空冷，只投用一列直接空冷工作。另外可尽量缩短1000r/min低速暖机的时间，将汽轮机提高到较高转速下暖机。

2.2 环境温度低时直接空冷各部位冷却温度不均匀

表3为环境温度低的情况下，直接空冷发生冷却温度不均匀的一组操作参数。

由表3可见，当5台风机半速运行时，空冷的冷却效果反而变得更差，出现温度不均匀，如果在这种情况下运行时间过长，则抽气管线温度 T_3 会越来越低，汽轮机排汽温度 T_1 却始终降不下来。造成这种现象是因为：环境温度较低而空冷风机开得过多时，易产生直接空冷末端逆流管束出现蒸汽“断流”，从而造成逆流管束温度及抽气管段温度 T_3 越来越低。这种现象的出现，意味着直接空冷的整体冷却效果变差，反而造成真空度变低。真空度变低导致蒸汽中有更多的不凝气体不能及时排除，而这些不凝气会在以后的运行中不断聚集，在直接空冷管束中占据越来越大的空间，并且这些不凝气会显著聚集在直接空冷的冷端，从而进一步阻碍了蒸汽在此流动，就形成了典型的死区。死区又造成直接空冷冷凝效果进一步变差，形成恶性循环。除此之外因为冷凝液不能通过不凝气聚集区与蒸汽接触，在局部管壁会出现过冷，增加了结冰的危险。

由此可以看出要避免冷却不均匀就必须首先确保在所有运行条件下向每根管子提供蒸汽，其次要使不凝气及时排出。根据我们的使用经验：①以表3中5台半速空冷的运行情况为例，当发生冷却不均匀时，可停掉两台甚至三台空冷风机，待各点温度上升并基本相等后，再增开一台空冷风机，这样直接空冷各点温度就基本可以趋于正常工作了；②增开一台抽气器，提高抽气能力，并再停一台空冷，这样直接空冷各点温度也基本可以趋于正常。

3　直接空冷长周期运行面临的问题及操作优化

3.1　泄漏

从一些单位的使用经验来看，当直接空冷运行较长时间后，可能会发生管壁泄漏，一般采用堵塞漏管管端解决。当堵管数量超过允许值时，进行换管处理。在空冷系统中最昂贵的部件就是翅片管束，它构成了空冷凝汽器的核心。市场上可得到各种类型的翅片管，例如单金属轧片式、双金属轧片式、螺旋绕片式以及浸锌套片式等。因为在直接空冷系统中管子较长，所以对特殊的系统要设计专门的翅片管束。翅片管束有两种最常用的形式：①椭圆钢管矩形钢翅片加浸锌处理，这种翅片管特别适用于要求使用寿命长，且处在易腐蚀环境中而要经常清洗的场合。浸锌提供了防腐层且使管子和翅片间的热接触更好。A 装置的直接空冷用的就是这种管束。②圆钢管铝翅片形式，这种翅片管传热性能好，制造成本低，广泛应用于石化工业，但是这种管子具有寿命短、易腐蚀、不易清洗等缺点。

3.2　过冷

天冷时要注意防止直接空冷过冷。从管束的设计上一般用两个手段来防止直接空冷过冷：①合理分配顺流管束和逆流管束的比例；②在各排翅片管采用不同的翅片间距，使每排翅片管的冷凝能力较为接近，从而减少或避免由于各排翅片管冷凝的不同而造成的过冷和死区现象。

从操作上来讲，当环境温度较低时（一般为<3℃），需要注意及时调整空冷风机的运行，控制好凝结水及抽气管温度，避免出现温度不均匀。

3.3　抽汽器的因素

在实际运行中，A 装置的直接空冷曾经遇到在机组高负荷运行的情况下，无论如何调节风机的运行，T_1 的温度为 50℃的情况下，T_3 的温度却只有 17℃，而其他顺流空冷各点回水温度也各不相同，分别为 30~40℃不等。起初以为系统漏气过多所致，在排除了漏气的可能之后，检查抽气器蒸汽喷嘴发现喷嘴垫片已经呲开，喷嘴螺纹连接处也已经冲刷出一沟槽，将喷嘴修复后投用，直接空冷各点温度恢复正常。

表 3　直接空冷冷却温度不均匀的一组操作参数

转速/(r/min)	蒸汽量/(t/h)	风机运行状态	汽轮机排汽温度 T_1/℃	排汽立管温度 T_2/℃	抽气管线温度 T_3/℃	空冷回水温度 T_4/℃	环境温度/℃
6000	17.15	2 逆 1 顺共 3 台半速	52	51	51	51	3
6000	17.15	2 逆 2 顺共 4 台半速	46.6	46	46	46	3
6000	17.15	2 逆 3 顺共 5 台半速	53	54	18	45	3

3.4　管束换热效果

由式(1)可以看出空冷管束内外热阻 ε_1、ε_2 影响着汽轮机的排汽压力，因此直接空冷运行一段时间后，由于管束外积灰及管束内结垢都可导致直接空冷换热效果变差。对于管外积灰的情况，可用高压水或高压蒸汽冲洗翅片管表面，将沉积在齿片间的灰尘和杂物清洗干净，保持良好的换热效果。在西北风沙大、灰尘多的地区，正常情况下每年都要安排

1~2次的管外清洗。对于管内结垢严重的情况，可以在停机时安排酸洗解决。

3.5 优化操作

假定直接空冷逆流管束抽气点的压力及温度分别为 P_1 及 t_1，P_1 对应的饱和蒸汽温度为 t_2，t_1 对应的饱和蒸汽压为 P_2。则 P_2 为逆流管束抽气点的蒸汽分压力，由道尔顿定律得知，逆流管束抽气点不凝气的分压力为$P_a=P_1-P_2$，在这种情况下，不凝气的分压力、温度与比容分别为：P_a、t_1、V_a，蒸汽的分压力、温度与饱和蒸汽的比容分别为：P_2、t_1、V_s，将不凝气近似视为理想气体，则所抽的气汽混合物中蒸汽质量与不凝气质量比 k 可用下式表达[3]：

$$k=\frac{0.287(273.15+t_1)}{(P_1-P_2)\cdot V_S X} \tag{2}$$

式中 t_1——逆流管束抽气温度,℃；

P_1——逆流管束混合物抽气点压力，kPa；

P_2—— t_1 对应的饱和蒸汽压力，kPa；

V_S—— t_1 对应的饱和蒸汽比容，m^3/kg；

X——在分压 P_2 下，抽气所带蒸汽的干度。

记 $\Delta t=t_2-t_1$，由公式(2)可以得出：当 P_1 为定值时，Δt 越大，则意味着 t_1 越小，t_1 对应的饱和蒸汽压 P_2 越小，k 越小；反之 Δt 越小，k 越大。k 值大时，意味抽气带汽多，汽气混合物流量大，对抽气系统不利；当 k 值小时，逆流管束中的空气含量高，换热热阻大影响换热效果，不利于降低背压，增加机组汽耗，另外增加了寒冬季节逆流管束结冰的可能。在实际生产中机组低转速低负荷运行时 Δt 近似等于汽机排汽气温与逆流管束抽气点气温之差，即图 1、图 2 中 T_1-T_3。在上面曾提到低速暖机风机部分开启的情况下，排汽温度高，温差 Δt 高达 60℃，这种情况下抽气带汽比 k 很小，在空冷管束中蒸汽的空气含量高，热阻大，此时需停开空冷风机或增大抽气能力以降低 Δt。正常运行时，Δt 近似等于逆流管束进出温差，根据直接空冷的设计指标，一般当夏季环境气温高时，Δt 宜取较小值(2℃左右)，以使逆流管束有相对较大的初始温度，尽力提高逆流管束的换热能力；冬季环境气温低时，Δt 宜取大值(4℃左右)，这样 k 值较小，减少了抽气混合物总的容积量及其中的蒸汽含量，保证抽气系统正常运行。在实际生产中我们可以以此为参考来调节风机的运行，实现精细操作，即当温差大于控制值时适当减小风机的转速，当温差小于控制值时适当增大风机的转速。

4 结论

近些年来的干旱缺水，使我们每个人都深深地感到了用水危机，目前我国炼油企业蒸汽轮机的蒸汽冷凝方式基本上是水冷却，每年都消耗了大量的工业用水，以至冷却水的运转费用高，水质管理、设备维护工作量大，环境保护方面也提出了更高的要求。而直接空冷技术克服了上述缺点，并有了成熟的设计制造及运行经验，相信随着企业的发展，直接空冷技术将得到越来越广泛的应用。

（中国石化镇海炼化分公司炼油四部　黄文斌）

第五章　水冷却器维护检修案例

54. 循环水冷却器检修期间全过程预膜保护方案探讨

为保证循环水冷却器长周期稳定运行，大修期间需要对所有水冷器进行有效地清洗和预膜。由于循环水系统一般较大，无法进行有效地酸洗，因此结合水冷器高压水枪清洗工作对单台水冷器进行离线预膜，避免清洗后的水冷器暴露在大气中导致二次腐蚀，开工前再进行整体预膜方案，能够有效保证水冷器在检修期间全过程受到保护。

1　停工前的黏泥剥离

循环水冷却器在运行多年后，冷却器内会产生微生物黏泥情况，需要进行有效地剥离，切断其对药剂的阻隔作用，使药剂最大程度地发挥作用。剥离过程通常采用以下步骤：

（1）停止现场循环水旁滤器的反洗；

（2）取样分析循环水浊度、总铁、微生物；

（3）将次氯酸钠加药泵开大，循环水余氯调高至 0.5ppm；

（4）投加黏泥剥离剂 50ppm，封闭运行；

（5）增加分析频率，待浊度、总铁 2h 内保持稳定时，大量排水至停工，完成黏泥剥离，水排空前取样分析微生物，以检查剥离效果。

停工前黏泥剥离操作很重要，尤其对于系统有轻微渗漏的循环水场，必须进行剥离，剥离期间循环水的浊度、总铁含量均大幅上升，如图 1 所示。

2　单台水冷器离线预膜

水冷器在检修时，一般用高压水枪清洗，高压水枪清洗后，金属表面处于活化状态，若不进行保护，放置在大气中很快会产生二次腐蚀，如图 2 所示。

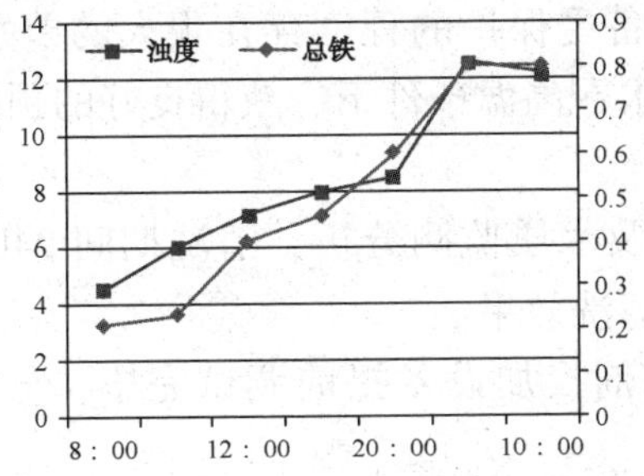

图 1　乙烯三循 2014 年停工前黏泥剥离数据趋势图

图 2　乙烯 EA156-E 水冷器清洗后放置 24h 照片

为避免水冷器清洗后产生二次腐蚀，需对清洗后的水冷器立即进行预膜保护，可利用低压的清洗水枪喷涂快速预膜药剂，在换热器的金属表面形成一层钝化膜，可使水冷器露天放置7~10天不会产生二次腐蚀。

离线预膜的步骤如下：

（1）配置好快速预膜剂溶液，可选用六偏磷酸钠600ppm，pH值控制在5~6，也可根据需要选用其他专用药剂；

（2）对单台换热器进行清洗，将管束和封头均清洗干净，对于壳层换热器清洗重点需要将折流板与管束接触面清洗干净；

（3）清洗后10min内用配置好的预膜剂对水冷器进行预膜，用低压水枪将配置好的药剂吸入，反复喷洒管束，并从换热器2端反复喷洒，使管束表面均匀，自然晾干即可。

图3为单台水冷器清洗后离线预膜照片，由于换热器很小，预膜工具为喷水壶，大型水冷器可结合清洗水枪进行。图4为该台水冷器预膜后放置24h照片，离线预膜对防止水冷器二次腐蚀效果明显。

图3 水冷器清洗后离线预膜照片

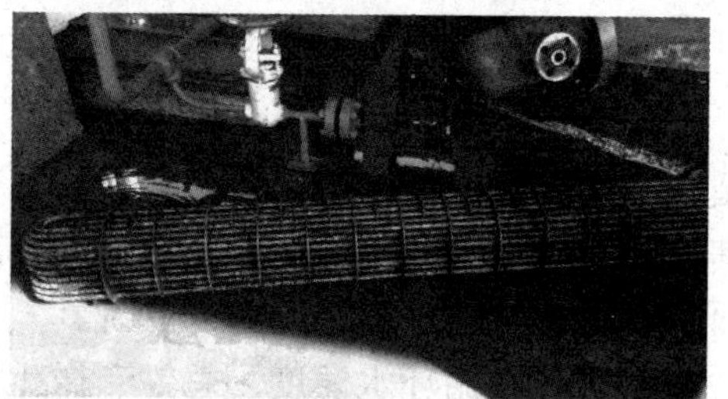

图4 水冷器离线预膜后放置24h照片

3 开工前在线清洗预膜

对于腐蚀沉积控制较好不必要用高压水枪清洗的换热器，长时间停工后，也会发生腐蚀、黏泥的可能，因此开工前需要进行系统清洗预膜，以确保水冷器的安全运行。

循环水系统的预膜是为了提高缓蚀剂的成膜效果，在循环水开车初期投加较高的缓蚀剂量，待成膜后再降低药剂浓度维持补膜，即所谓的正常处理。这种预膜处理，其目的是希望在化学清洗后的金属表面上能很快地形成一层保护膜，防止产生腐蚀速率更大的初始腐蚀，也为今后的运行打下了稳定的基础。实践证明，在同一个系统中，经过预膜和不经过预膜的设备，在同样的缓蚀剂日常处理下，其设备受保护的程度存在很大的差别。对不停车清洗预膜需要采用不同于一般的预膜方案，要求在高温条件下，获得良好的预膜效果。

3.1 系统清洗预膜前的准备工作

安排2名服务工程师进行清洗阶段的现场操作及水质监测分析，清洗期间24h连续监控系统运行情况，准确判断清洗各阶段节点，保证清洗效果。

清洗、预膜用药剂提前进现场，硫酸、预膜药剂投加设备提前调试完毕，分析仪器、分析设备、分析试剂提前准备完毕。

3.2 化学清洗步骤

（1）开启水循环，确认所有水冷器进出阀门全开，全部参加清洗，保持循环水场大池水位至最低安全水位即可；

(2)检查循环水流量是否达到设计值，确保换热器在高流速下运行；

(3) 按使用剂量投加足够的黏泥剥离剂 50ppm 和 20ppm 的除锈剂，以帮助清洗系统的黏泥、浮锈等；同时投加铁分散剂，防止清洗下来的铁再次沉积。

(4) 根据泡沫情况，适当投加消泡剂(视系统泡沫的多少决定是否补加消泡剂)。

(5) 保持运行 24h，当化学清洗开始时，随着运行时间的增加，总铁和浊度也将增加，并逐渐趋于稳定。

清洗 24h 期间主要控制参数如下：pH 值不作调整，受补水 pH 值控制，范围为 7.0~9.0；COD≤120ppm；悬浮物≤150ppm；总磷≤1ppm(以 P 计)；总锌≤2ppm。

(6) 置换：分析系统的总铁和浊度稳定 2h 不再升高时，进行排放置换，系统置换应以最快速度进行；将塔池底部排污阀打开，将塔池及换热器所有的水放净后，重新注满水，检测总铁、浊度；当总铁小于 0.5ppm、浊度小于 10NTU 时可以直接预膜，若浊度、总铁较高，继续置换至合格的水质，开始预膜。

3.3 预膜处理

对循环水预膜可采用正磷-锌组合方案或无磷药剂+锌方案，目的是在金属表面形成一个钝化膜以长期避免金属的腐蚀。这一组合方案，主要有阻垢缓蚀剂、分散剂等，保证在金属表面形成一个均匀的保护膜，具体步骤如下：

(1) 清洗置换结束后，控制循环水的 pH 值在 6.5~7.5 之间。根据现场分析水中的 Ca^{2+}值，Ca^{2+}最好控制在 100ppm 以上(以 $CaCO_3$计)，如果低于 50ppm，投加氯化钙。

(2) 当系统调整好后，投加分散剂 80~100ppm 和阻垢缓蚀剂 200ppm，以系统保有水量计。

(3) 预膜开始后，在挂片器挂置新的碳钢和铜挂片，以检查预膜的效果。

随着钝化膜的形成，水中磷酸盐会被消耗约 20%~50%。要按照控制指标对冷却水系统进行监测，具体要根据现场预膜的实际情况来决定预膜的时间，根据监测结果，包括循环水中的钙硬度、pH 值、磷酸根浓度。

(4) 预膜期间监控项目和频率见表 1。

表 1　预膜期间分项目及频率

项目	单位	控制指标	监测频率	调节方法
pH		6.5~7.5	2~3 次/天	浓硫酸
正磷	ppm	30~40	2~3 次/天	投加 3DT129
总锌	ppm	3~5	2~3 次/天	3DT129
浊度	NTU	≤30	2~3 次/天	
总铁	ppm	≤3	2~3 次/天	
钙硬度	ppm	50~200	2~3 次/天	低于 50，投加 $CaCl_2$
悬浮物	ppm	≤60	1 次/天	
COD	ppm	≤100	1 次/天	

(5) 预膜运行控制：钝化预膜持续 2~4 天，如果水温较低时间将会延长到一周时间。在预膜运行过程中，磷酸根和锌的浓度将逐步下降；根据挂片的情况和现场分析的结果，铁离子、钙离子、磷酸根离子的浓度已经维持不变化，可以判定预膜的终点已经到达，由

于运行方案与预膜方案的差异，在预膜结束后不大量排污，磷、锌依靠消耗和旁滤器反洗逐渐下降，使系统在低磷下运行一段时间，待热负荷正常后，恢复正常运行工况。

（6）效果评价：化学预膜前在双方确认的系统合适位置悬挂碳钢。清洗过程中，碳钢挂片腐蚀速率<2g/m^2·h，不锈钢挂片腐蚀速率<0.1g/m^2·h；预膜后的碳钢挂片，外观无锈点、有明显的光泽。用5%的硫酸铜溶液做滴液试验，变色时间应大于10s，预膜效果图

图5 预膜72h的挂片情况

见图5，检验数据见表2。

表2 预膜72h挂片检验数据表

试片编号	2139	2372 正面	2372 反面	2140 正面	2140 反面
挂片位置	塔前池	塔后池	塔后池	塔后池	塔后池
挂片时间/h	96	96	96	96	96
硫酸铜滴定时间/s	23	30	51	23	46

3.4 清洗预膜的安全措施

（1）所有参与清洗工作的人员必须遵守相关安全规程的规定。

（2）严格执行标准作业，穿戴好个人安全防护用品。

（3）清洗药剂投加应戴好防护眼镜、口罩及手套，防止药剂喷溅；人工加药时，注意加药口的安全保护。

（4）在清洗过程中，水池内会有少量泡沫，可能对液位计产生假信号，循环水场运行人员应做好巡检工作。

（5）循环水现场附近清除所有施工器具和杂物，切断各种临时电源，防止大量跑水时发生漏电伤人。

（6）预膜过程中投加硫酸时，应穿好防护服，戴好防护面罩和耐酸手套。

4 结论

大修期间通过对水冷器进行清洗剥离、离线预膜、在线预膜，可有效防止水冷器的二次腐蚀，最大限度地保证了水冷器的清洁，为循环水系统的平稳运行奠定基础，有效延长水冷器的寿命。

（中国石化镇海炼化分公司机动处 李忠）

55. 循环冷却水系统冷却器结垢原因探讨及预防对策

长岭炼化公司第一循环水场从 1998 年起，为降低循环水系统不断增加的腐蚀率，开始使用长炼设备研究所自行开发的 ZH-347-YX 复合水稳剂。在使用的第一个周期(即 1998.3 ~1999.12)，循环水现场监测换热器试管、试片的腐蚀率大大降低。大检修打开换热器后，内部没有发现明显的腐蚀与结垢现象。但第二个周期末大检修时，发现一循系统有多台冷却器存在结垢现象，结垢最重的冷却器其管子内径减少了 1/2 多，这在以往是很少见的。为了弄清造成结垢的原因，我们做了细致的分析。

1　现场调查情况

一循系统内有近 130 台冷却器，结垢冷却器的台数约占总数的 1/3，严重结垢的冷却器有烷基化 E4105/A，B 和 E313，催化 E310/2、重整 E319/2、E202/1，3，5，9。垢主要为白色或淡黄色，稍硬。大部分垢样可溶于盐酸，并有硫化氢气味放出。

我们在生产装置调查时，收集了部分冷却器内的垢样，并在试验室进行了垢样全分析，表 1 是垢样分析的结果。

表 1　2001 年一套装置大检修垢样分析结果

垢样名称	550℃灼减	950℃灼减	SiO_2	CaO	MgO	Fe_2O_3	Al_2O_3	ZnO	P_2O_5
一循池底黏泥	28.87	5.33	43.45	0.0	6.02	3.11	2.18	1.83	14.0
重整 E319/2	20.18	5.02	27.09	14.81	8.36	1.81	1.24	3.34	18.45
重整 E214/1	11.42	3.07	3.97	0.0	2.2	71.4	2.0	1.85	4.61
焦化 E104	8.8	3.26	4.03	0.0	3.35	73.98	3.1	1.65	5.1
烷基化 E4107/E	21.38	5.74	10.14	0.84	12.7	18.0	7.54	9.52	18.1
1#催化 E310/1	14.75	4.42	5.97	14.5	7.98	7.13	5.88	7.44	34.36
1#常压 E211	13.62	1.45	2.75	0.0	4.38	73.35	1.51	1.04	4.37

与上一次检修的垢样分析结果相比，一循池底黏泥中 P_2O_5 的量增加了近 7 倍，从 2.29%上升到 14%，SiO_2 的量也从 32.81%增加到 43.45%。此外，MgO 的含量也有所增加。与此同时，550℃灼减减小到 30%以下，综合数据说明一循池底垢样已经由过去单一的生物黏泥型转变为生物黏泥、结垢混合型，而垢主要是磷酸盐垢。

从表 1 的结果看，在各装置的垢样中，重整 E319/2、烷基化 E4107/E、1#催化 E310/1 均为结垢型垢样，其垢的主要组成分别为$Ca_3(PO_4)_2$、$Mg_3(PO_4)_2$、$Ca_3(PO_4)_2$，后两者的垢中还含有一定量的锌盐。重整 E214/1、焦化 L104、1#常压 E211 的垢样属腐蚀型。

2　结垢原因分析

2.1　循环冷却水系统结垢的机理

在循环冷却水系统，水垢是由过饱和的水溶性组分形成的。水中溶解有各种盐类，如重碳酸盐、碳酸盐、硫酸盐、氯化物、硅酸盐等，其中以溶解的重碳酸盐如 $Ca(HCO_3)_2$、$Mg(HCO_3)_2$最不稳定，极容易分解成为碳酸盐。因此，当冷却水中溶解的重碳酸盐较多时，水流通过换热器表面，特别是温度高的表面，就会受热分解，释放出二氧化碳，生成 $CaCO_3$ 沉淀。如水中溶有适量的磷酸盐与钙离子时，也将产生磷酸钙沉淀。

碳酸钙和磷酸钙等均属于微溶性盐，它们的溶解度比重碳酸钙要小得多。此外，它们的溶解度还随着温度的升高而降低。因此，在换热器的传热表面上，这些微溶性盐很容易达到过饱和状态而从水中结晶而出，尤其当水流速度小或传热面较粗糙时，这些结晶沉淀物就会沉积在传热表面上，形成通常所说的水垢。常见的水垢组成为：碳酸钙、硫酸钙、磷酸钙、镁盐、硅酸盐。

水垢的形成受多种因素的影响，如热流密度值。单位面积上传递的热量称为热流密度。热流密度在一定程度上反映了冷却水一侧金属壁面的温度。热流密度大的系统，容易造成金属壁温与冷却水水温有较大差异，这样随着金属壁温的升高，水中成垢物质结垢的趋势必然增强。对于加了阻垢分散剂的水系统而言，如果分散剂选用不当，或是药剂受其他物质作用而分解(如膦酸盐的水解)，则系统结垢的可能性会增大。

2.2 原因分析

(1) 主要原因

从垢样分析结果看，这次一循系统形成的垢主要是磷酸盐垢和锌垢。未受污染的天然水是不含膦酸盐的，而工业循环冷却水中之所以产生磷酸盐的沉积，主要是由于冷却水中投加了磷系水处理药剂。这些药剂水解成不同形态的正磷酸盐，正磷与水中的钙、铁、镁等离子生成磷酸盐垢。

一循使用的水稳剂中含有有机膦酸盐、锌盐以及具有良好稳磷、稳锌作用的分散剂，具有较好的缓蚀阻垢性能。但任何药剂作用的发挥都需要一定的水质条件，超出了药剂使用的边界条件，水稳剂的作用就会受影响。在石化企业的循环水系统，换热器介质泄漏是影响水稳剂药效的一个重要原因。

2000年年初及年底，一循系统发生了两次大的介质泄漏，涉及的介质包括液态烃、烯烃、凝缩油、干气、甲醇等多个品种。尽管泄漏介质种类不一，但循环水都出现了类似的异常情况：pH降低，总磷和正磷大幅度升高，而锌离子含量远低于正常值。

结合水质异常的情况及垢样分析的结果，我们认为造成换热器结垢的根本原因是介质泄漏。在炼油厂，换热器的介质内大多含有硫化物，特别是在一些气态介质中，硫化氢的含量非常高。当这些含硫介质进入循环水中，水的pH就会降低，产生一种类似酸洗的作用，将系统内已形成的缓蚀阻垢膜清洗下来。膜中若有磷酸盐和锌盐，酸性条件下磷酸根在水中呈溶解状态，锌离子与硫化物反应生成硫化锌沉淀。随着水质逐渐恢复正常，pH上升到8以上。在碱性条件下，由于水中含有钙、镁等成垢离子，磷酸根与这些成垢离子反应，就会生成$Ca_3(PO_4)_2$、$Mg_3(PO_4)_2$等沉淀。

另外，当系统发生介质泄漏时，氧化性杀菌剂(通常是液氯)的用量会加大。氧化性杀菌剂对有机物和聚合物的降解和水解都起强烈的促进作用，使P—C、P—O、C—C等键断裂，同样也使得水中的正磷增加，促进了结垢。

(2) 次要原因

在查找结垢原因时我们发现，结垢严重的冷却器均为碳钢材质，这说明除了介质泄漏的原因外，设备材质与结垢也有一定关系。与不锈钢设备相比，碳钢设备表面粗糙，易于结合成垢离子形成的晶核，因此也就易于结垢。

3 预防结垢的措施

要预防冷却器的结垢，必须同时从几方面入手，才能有效地解决冷却器的结垢问题：

（1）控制泄漏的源头。在检修时严把质量关，保证焊接及垫片的质量，减少开工后因检修质量差而造成的冷却器的泄漏。

（2）提高水稳剂的化学稳定性，使得药剂在系统发生泄漏后仍然能保持良好的分散性能，防止离子沉积。

（3）对碳钢材质冷却器的水侧面，都应进行涂料表面处理。金属表面经涂料表面处理后，与水接触的界面很光滑，与水垢的结合力很弱；催生水垢晶核的可能性也大大下降；有的涂料中还可以加入含阻垢基团的添加剂，这样促使水垢无法在金属的传热面生成。

（岳阳长岭设备研究所有限公司　王湘，谭红）

56. 循环水冷却器腐蚀状况与防护

循环水冷却器作为必要的冷却手段在炼油装置内被广泛应用，大连石化公司循环水应用比较广泛，初步统计，在我公司现有的15个生产装置中，共有232台换热器及机泵水套等，其中循环水冷却器共有188台，在装置中担负着重要的作用。但随着运行周期的增长，部分循环水冷却器出现了不同程度的结垢、堵塞、腐蚀等一系列问题，给装置的正常运行带来了一定的影响。为此，我们从设备角度出发，针对腐蚀状况开展了一系列的技术调查和研究工作，找出了循环水冷却器腐蚀的原因，并采取了相应的措施。

1 腐蚀现状与典型事例

循环水在我公司的应用主要以管壳式冷却器为主，循环水一般走管程(个别也有走壳程)，因此，管束的腐蚀就成为主要的腐蚀因素，虽然对循环水的水质也采取了过滤、加药等一系列防腐措施，但在长期的运行中，管束内部还是出现了不同程度的腐蚀状况。从2005年初开始，我们相继对全厂的冷换设备开展了普遍的腐蚀调查，对循环水冷却器的腐蚀情况也给予了较大的关注，下面是近年来的几项腐蚀调查实例。

(1) 加氢装置汽提塔顶后冷器，设备参数见表1。

表1 汽提塔顶后冷器设备参数

设备名称	型　号	介　质（管/壳）	工艺参数		材　质	腐蚀介质
			温度/℃	压力/MPa		
汽提塔顶后冷器	AES 800-2.5-180-6/25-2	循环水	28	0.4	08Cr2AlMo	氧，水
		汽油、轻烃	40	0.3	16MnR	H_2S 等

换热器拆开后管板，管板腐蚀严重，聚结了棕黄色的腐蚀产物。腐蚀产物已将个别的换热器管堵塞，如图1所示。管程的下部腐蚀比上部腐蚀严重。抽芯检查表明换热器管为螺纹管，管径φ25mm，管长6m，壁厚2.5mm。螺纹管外壁有附着较牢固的黑色焦垢状物，垢下均匀腐蚀，局部黑色焦垢脱落部位，外壁螺纹已被腐蚀得明显减薄，出现较大蚀坑。纵向剖开内壁观察，管子内壁满视野有土黄色片层状腐蚀产物沉积附着，产物厚度大约1mm左右(见图2)。管壁垢层将会影响传热效果。管程清除棕黄色腐蚀沉积物后，内壁仍有黑色腐蚀膜，腐蚀形式为垢下均匀腐蚀，局部腐蚀严重，已出现较大蚀坑。

图1 管束外壁腐蚀形貌

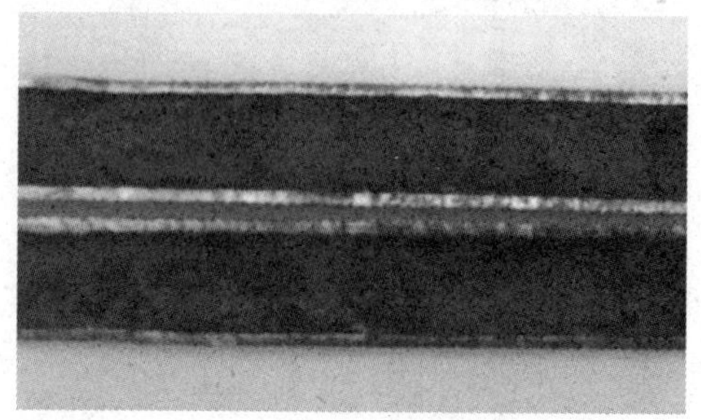

图2 管束内表面腐蚀沉积物形貌

选择管束腐蚀较有特征的位置进行人工切割，制备成适合SEM与EDX分析的样品，在Cambridge S360扫描电镜下观察。结果表明，管内壁含有Si、O、Fe、S、Cl、Cr等元素。由于管内壁腐蚀产物中以氧化物腐蚀为主，所以在能谱定量时未计入氧含量。

采用超生波测厚和机械测厚的方法，分别在管程腐蚀产物清理前、后对管壁做厚度的测量。测量时首先宏观观察判断壁厚大小，选择5点测厚并分别记录厚度最大值、最小值和5点平均值。厚度测量结果见表2。

表2　管壁测厚数据　mm

	原始壁厚	未除腐蚀产物	除去腐蚀产物
最大值	2.5	1.82	1.52
最小值		1.65	0.61
五点平均值		1.72	0.94

计算得到E-6换热器管程的腐蚀速率为0.33mm/a。

综合分析表明，管束外壁螺纹管外侧焦垢下出现均匀腐蚀，腐蚀较轻，内壁腐蚀较严重，腐蚀形貌符合一般垢下诱发的缝隙腐蚀的基本特征。管内壁的蚀坑由内壁结垢之后诱发的缝隙腐蚀引起，结垢部位诱发的内壁蚀坑扩展后能将导致管束局部穿孔。

（2）加氢反应产物后冷器，设备参数见表3。

表3　反应产物后冷器设备参数

设备名称	型　号	介　质（管/壳）	工艺参数		材　质	腐蚀介质
			温度/℃	压力/MPa		
反应产物后冷器	BIU 1000-8.1/0.6-268-6/25-2 Ⅰ	柴油、氢气、H_2S	60	7.0	20#	H_2S、氢气等
		循环水	40	0.3	16MnR	氧、水

该设备于1999年7月投入使用，2005年3月打开检查，发现管外壁腐蚀严重，锈层呈黄色，管壁减薄加剧，外壁粗糙，如图3所示。管束外壁表面腐蚀状况如图4、图5所示。内壁表面腐蚀状况如图6所示。

图3　冷却器管束腐蚀形貌

图4　冷却器管束外壁孔蚀表面腐蚀形貌

观察表明，出现孔蚀处隐约可见由于腐蚀减薄严重，表层起皱、缩颈而变形。蚀孔径的长约为0.416cm，宽约为0.244cm。这说明冷却器管束外壁腐蚀是由循环水造成，腐蚀穿孔是由管外向管内扩展的。管束内壁蚀孔表面观察表明，蚀孔附近锈层脱落、变形，但没有减薄迹象。

图5　冷却器管束外壁表面腐蚀形貌

图6　冷却器管束内壁表面腐蚀形貌

管束外壁的电子能谱分析(EDX)结果显示，管外壁表面主要由O、Fe和S元素，此外还有微量Mo元素组成。引人注目的是，管外壁表面锈层中O元素峰值高达34.25%，而S元素为2.91%。显然，在循环水环境中O和S元素参与了碳钢的锈蚀历程。

通过上述腐蚀分析，管束腐蚀穿孔是壳程循环水导致的，蚀坑是由管外向管内扩展的。虽然循环水中添加了缓蚀剂、阻垢剂以及杀菌剂，改善了管束的耐蚀性能，但管束长期运行时其表面大量沉积、堆积了腐蚀产物或垢，在循环水环境中钢管表面产生了垢下腐蚀或缝隙腐蚀，最终造成腐蚀穿孔。这在循环水走壳程的情况下几乎是不可避免的，因此，只要工艺条件允许，循环水尽量要走管程。

(3) 催化装置压缩富气冷却器，设备参数见表4。

表4　压缩空气冷却器设备参数

设备名称	型　号	介　质 (管/壳)	工艺参数		材　质	腐蚀 介质
			温度/℃	压力/MPa		
压缩富 气冷 却器	RCBOS 1300- 1.8/2.5- 728-9/ 25-6 I	循环水	30~38	0.4	08Cr2AlMo	氧、水
		富气	50~40	1.4	16MnR	H_2S

该设备于2002年10月投入使用，2005年7月打开检查，发现管板表面附有黑色和黄褐色的垢层，垢层较厚，管束堵塞严重，如图7、图8所示。管束内壁附有黄褐色的垢层，垢下均匀腐蚀，呈大小不一的密集的蚀坑，蚀坑处管壁明显减薄，如图9所示。管束外壁均匀腐蚀，呈麻点状分布，程度较轻，如图10所示。

图7　管板外观

图8　管板结垢情况

管壁经测厚，所得数据如下(mm)：2.18、2.15、2.32、2.11、2.22、2.28。

从腐蚀外观以及测厚数据来看，管束内壁为典型的循环水腐蚀，且腐蚀程度较重，但壁厚裕量较大，因此仍可继续使用，下一周期再做检验时，建议管束内部采取必要的防腐措施。

图 9　管束内壁腐蚀情况

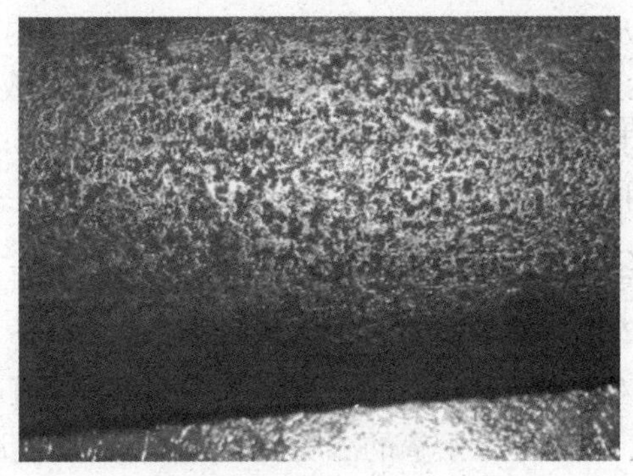

图 10　管束外壁腐蚀情况

（4）催化装置稳定塔顶后冷器，设备参数见表 5。

表 5　稳定塔顶后冷器设备参数

设备名称	型　号	介　质（管/壳）	工艺参数		材　质	腐蚀介质
			温度/℃	压力/MPa		
稳定塔顶后冷器	BJS 1400-0.68/2.45-782-9/25-6 Ⅰ	循环水	30~38	0.4	10	氧，水等
		液化气	45~40	1.1	16MnR	H_2S 等

该设备于 2002 年 10 月投入使用，2005 年 7 月打开检查，发现管板积垢较严重。管束内壁附有较硬的褐色垢层，垢层厚度不均，较厚的可达 4mm 左右。垢下均匀腐蚀，形成圆形的蚀坑和条形的蚀沟，条形蚀沟沿内壁斜向均匀分布，蚀坑处管壁已明显减薄。外壁为均匀腐蚀，呈麻点状分布，程度较内壁轻微，如图11~图 14 所示。

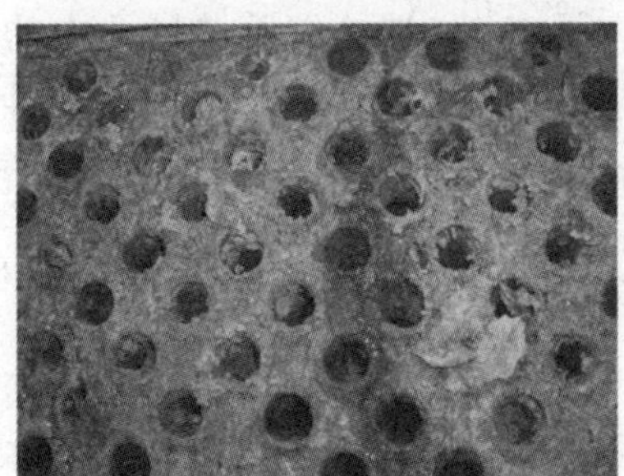

图 11　管板结垢情况

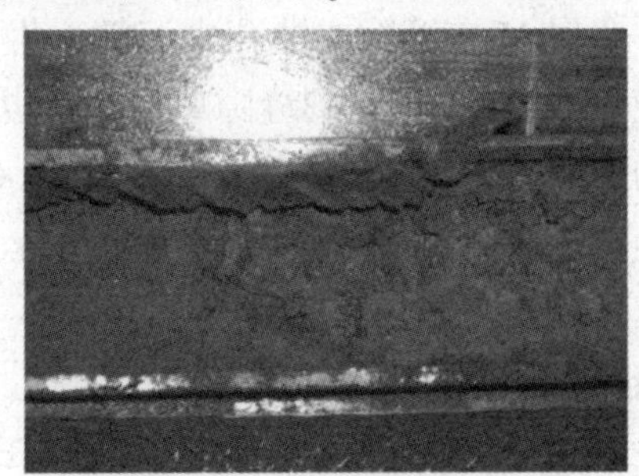

图 12　管束内壁结垢情况

图 13　管束内壁垢下腐蚀情况

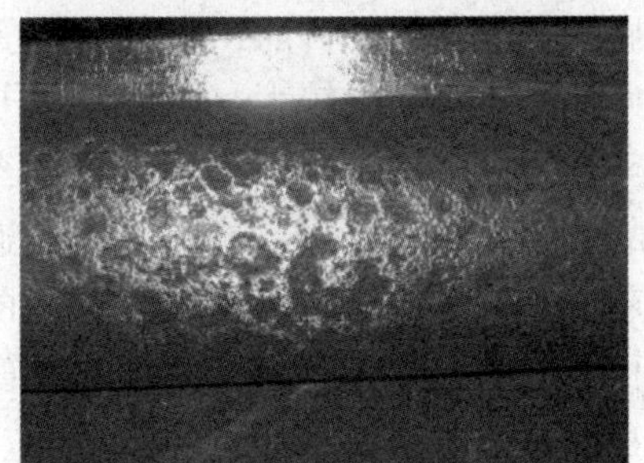

图 14　管束外壁腐蚀情况

对管束做厚度检测，结果如下(mm)：1.51、1.65、1.56、1.3、1.57、1.46、1.54。管子原始厚度为2.5mm，腐蚀减薄较严重。

从腐蚀外观以及测厚数据来看，管束内壁腐蚀较重，属于典型的循环水引起的垢下腐蚀，条形蚀沟为循环水沿垢层缝隙冲刷所致，最薄处的腐蚀速率达到0.369mm/a，而该设备的其他管束腐蚀速率可能要超过该数值，因此建议更换管束，并且管束内壁采用适当的防腐措施。

2 腐蚀原因调查

2.1 循环水的腐蚀机理

对于敞开式循环冷却水系统，水的pH值通常控制在6~9。此时，冷却水中游离的H^+浓度很低，而水中溶解氧的浓度则较高。在这种情况下，碳钢表面腐蚀电池中的阴极反应主要是氧的还原，而阳极反应则是铁的溶解，反应如下：

阳极：$2Fe \longrightarrow 2Fe^{2+} + 4e$

阴极：$O_2 + 2H_2O + 4e \longrightarrow 4OH^-$

总反应：$2Fe + 2H_2O + O_2 \longrightarrow 2Fe(OH)_2\downarrow$

生成的$Fe(OH)_2$会进一步氧化成$Fe(OH)_3$，即

$$2Fe(OH)_2 + H_2O + 1/2O_2 \longrightarrow 2Fe(OH)_3\downarrow$$

$Fe(OH)_3$不稳定，会脱水，生成铁锈(Fe_2O_3)，即

$$2Fe(OH)_3 \longrightarrow Fe_2O_3\downarrow + 3H_2O$$

当循环水水质比较洁净时，主要发生的是以上的反应，且生成的铁锈(即Fe_2O_3)会在金属表面形成保护膜，阻止金属的进一步腐蚀，这时金属的腐蚀速率比较小且比较稳定。但当循环水中生物黏泥或其他杂质较多时，会在金属管束表面形成沉积物，在垢层下形成强烈的缝隙腐蚀或孔蚀。缝隙腐蚀或孔蚀反应中的阳极溶解都是一种自催化过程，且都与Cl^-有关，其机理如下：金属M在缝隙或蚀孔中溶解，生成金属离子M^{2+}，造成缝隙或蚀孔中的正电荷过量，结果使氯离子Cl^-迁移到缝隙或蚀孔中以维持其溶液的电中性，这样，缝隙或蚀孔内会存在高浓度的MCl_2，MCl_2水解后会产生H^+和Cl^-，导致缝隙或蚀孔内金属的进一步溶解，从而使这一腐蚀过程不断加剧。我公司循环水中Cl^-含量一般都在10^{-4}以上，比较符合上述的腐蚀机理。

2.2 正常腐蚀以外的其他问题

除了上述的循环水的正常腐蚀以外，在实际运行中我们也发现了循环水冷却器在运行中出现的其他一些问题，主要如下：

(1) 循环水走壳程。目前，在部分装置中仍有一些冷换设备循环水走壳程，由于壳程冷却器中换热管外的空间较大，故壳程换热器的平均水流速都较低，一般在0.3m/s以下，流速过低容易引起沉积，沉积物不仅隔绝药剂对金属表面的作用，且易发生垢下腐蚀。另外，由于壳内折流板的原因，迫使水的流速与方向不断改变，这就形成了折流板附近的涡流区和滞流区。在这些流向改变和流速慢的地方，水中的污泥和黏泥就容易沉积下来形成污垢，垢下会产生坑蚀等腐蚀现象，造成管束的腐蚀穿孔，因此《中国石油化工集团公司暨股份公司工业水管理制度》中规定冷却水应走管程，尽量避免走壳程。

(2) 冷却水的流速问题。冷却水流速过低会使传热效率降低和出现沉积，尤其是水中

污物的沉积，会造成管束的堵塞以及垢下腐蚀，因此《中国石油化工集团公司暨股份公司工业水管理制度》中规定管内冷却水流速不应小于 0.5m/s，管束中循环水流速低主要是有两方面原因：一是冷却器设计时换热面积较大，造成冷却水流通截面积较大，使流速降低；另一方面，对出入口阀门的人为控制也会造成循环水流速的下降。

(3) 换热介质温度过高。循环水中含有 Ca^{2+}、Mg^{2+}、Na^{+} 和 HCO_3^-、SO_4^{2-}、Cl^- 等。$CaSO_4$、$CaCO_3$、$MgCO_3$ 和 $MgSO_4$ 的溶解度随着温度的上升而下降，如果冷却器中热介质温度过高，会导致冷却器内结垢严重，并造成垢下腐蚀，而且使传热效果恶化。因此，《中国石油化工集团公司暨股份公司工业水管理制度》中规定热介质温度>150℃时应先进行热量回收，再用间接循环水冷却，而不能直接换热。

3　解决措施

根据对循环水腐蚀机理的分析以及我公司的实际情况，提出了以下几项具体的解决方案：

(1) 对于管束内循环水流速比较低的换热器，采取措施将流速提高起来，达到 0.5m/s 以上；

(2) 对管板进行涂料防护，并加牺牲阳极联合保护；

(3) 对于循环水走壳程的换热器，尽量从工艺上改为循环水走管程，不能改变流程的，将管束进行外防腐处理或提高材质的方法解决；

(4) 对于工艺介质温度比较高的冷换设备，从工艺角度考虑先把温度降下来，然后同循环水进行换热。

上述措施落实后，经过近两年的运行，循环水冷却器的设备腐蚀问题已经大有改观，设备也得到了长周期运行。

（中国石油大连石化分公司机动处　原欣）

57. 水冷器泄漏分析及解决办法

大庆石化公司炼油厂现有列管式水冷器300多台。多数材质为碳钢，2009年以前所用的水均为重复利用的循环水。当冷却水与温度较高的介质换热时(水多数走管程)，水易结水垢，形成锈垢层，增加了热阻，使换热效率严重下降，满足不了生产的需要。所以说，合理选用冷换设备管束材料及控制方法，减少腐蚀，是我们科技人员一直关注的问题。当采用循环水时，每年水冷器碳钢无防腐措施管束泄漏平均8~10台。而2009年7月以来采用污水处理回用水(以下简称中水)到循环水场，水冷器使用中水后仅1年就造成管束泄漏31台，影响了设备的安全运行及造成生产成本增加。

从31台水冷器出现泄漏可以看出，换热器检修时发现泄漏主要集中在管程，腐蚀产物及锈垢较多。有的水冷器打开后，管板表面有较多的微生物黏泥。在管束打压时，在有的管头处发现微裂纹，有水渗出。下面从2010年泄漏的水冷器比较有代表性的管束进行分析，具体见表1。

表1 管束泄漏的基本情况

序号	装置名称	泄漏时间 年月日	工艺号	工艺介质	工艺介质温度 (出口/入口)/℃	循环水温度 出口/℃	管束更 新年度/年
1	二重催	2010. 4. 6	E310/1. 2	液化气	33/55	30	2008
2	重整	2010. 5. 19	E305	非芳烃	80/120	45	2007
3	一重催	2010. 8. 25	E209	轻柴油	70/100	43	2008
4	一套	2010. 8. 18	E139B. C	减二线	60/95	36	2008
5	一套	2010. 10. 24	E132	轻柴油	60/135	58	2010
6	二重催	2010. 10. 15	E815	碳四	53/115	35	2008
7	二重催	2010. 10. 18	E812	丙烯	46/110	37	2008

1 典型水冷器泄漏情况

2.1 二重催E310/1. 2

二重催装置E310/1. 2(BJS1400-2. 5-540-6/25-4I)为稳定塔顶冷凝冷却器，该冷却器是2008年时更新的管束，管束没有做防腐，管束材质为10#。管程介质为循环水，壳程侧介质为液化气。2010年4月6日，查水发现该冷却器泄漏。

检修拆开管箱和小浮头后，发现E310循环水入口侧有杂物，并且换热管内存在结垢现象，具体如图1、图2所示。通过试压，换热管漏3根，换热管和管板接口处泄漏2处。

图 1 设备打开后可以看出管板表面存有大量的微生物黏泥

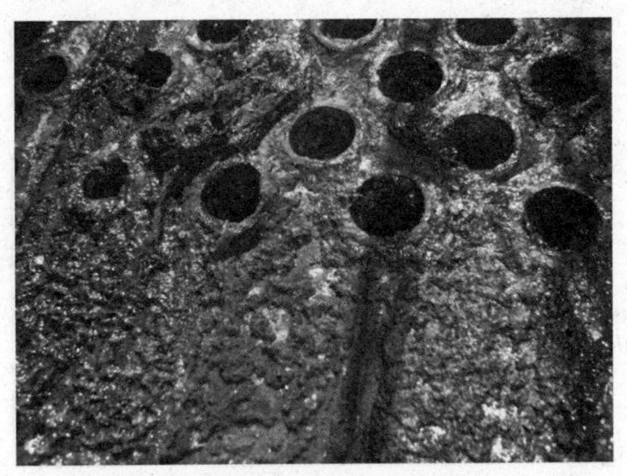

图 2 设备打开后可以看出管板表面存有大量的微生物黏泥

1.2 重整冷却器 H305

重整 E305($\phi600\times10$)烃冷却器于 2007 年大修更新。管束没有做防腐，管束材质为 10#。管程侧介质为循环水，壳程侧介质为非芳烃。介质温度 100℃，循环水温度 30℃，基本满足循环水温度使用条件。2010 年 5 月 19 日发现内漏，检修堵管 5 根。

设备打开后管板腐蚀严重，管板存在腐蚀锈蚀产物较多，同时管箱存在大量的微生物黏泥，具体如图 3、图 4 所示。

图 3 管箱内存在大量的微生物黏泥

图 4 管板表面腐蚀情况

1.3 一重催 E209

该台水冷器(B600-90-25-2)为 2007 年作为富气水冷器使用，2009 年 MIP 改造作为轻柴油水冷器使用，管束为 $\phi600$、4 管程。8 月 25 日发生泄漏，设备打开、试压，堵管 4 根，每个管程各堵管 1 根。设备打开后原始状况如图 5、图 6 所示。

1.4 一套 E139B、C

这两台水冷器管束是 2008 年 3 月 24 日投用的，规格型号为 FRH800-180-16-4。8 月 18 日，发现 E139BC 水中含油，管箱打开后管内有淤泥和铁锈流出，管板表面以及管箱筋板上所结锈垢非常多。经过高压水清洗后，可看出管板上坑蚀很严重，管内残留白色水垢，不能彻底清洗干净。由此判断应为管束的垢下腐蚀，具体如图 7、图 8 所示。

图 5　管板处存在大量的的微生物黏泥

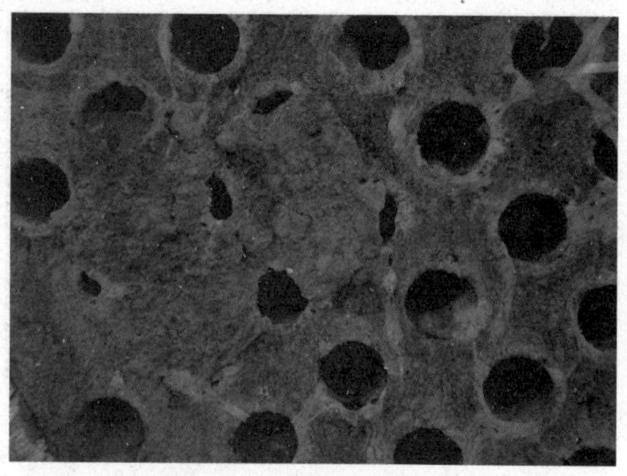

图 6　管板锈蚀情况

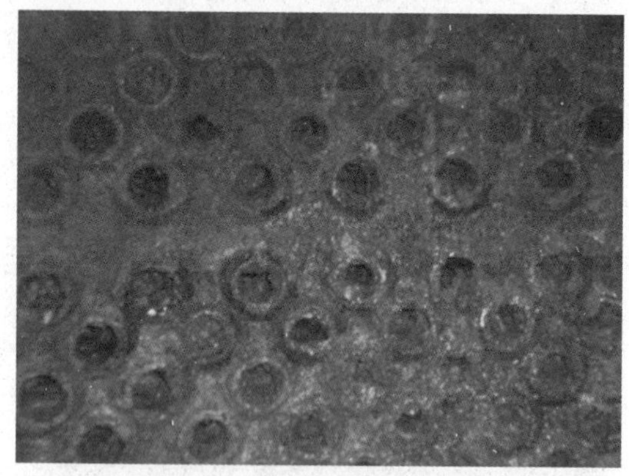

图 7　管板表面腐蚀情况

图 8　管箱内存在的杂物

1.5　一套 E132

该台水冷器管束为 2010 年投用的，规格型号为 FB700-130-25-2。投用后在 4 月 14 日开始泄漏第一次后，在 9 月、10 月又分别泄漏一次，今年共计泄漏 3 次。腐蚀情况如图 9、图 10所示。

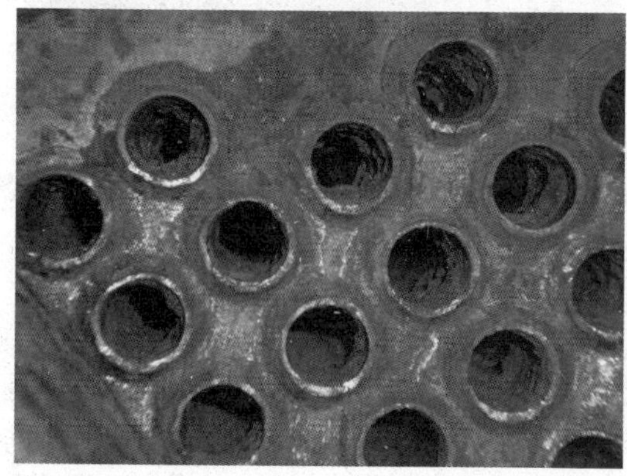

图 9　管束内壁腐蚀情况

图 10　管束内壁腐蚀情况

1.6　二重催 E815

该台水冷器为 2008 年 MIP 改造新上的管束，规格型号为 BJS1000-1.0-345-6/19-

4。换热管规格为 $\phi 19\times 2$。投用后在 2010 年 10 月 15 日发现泄漏，具体腐蚀情况如图 11、图 12 所示。打开表面发现较多的黏泥。在试压过程中发现较多泄漏在换热管与管板焊接、胀接的部位，泄漏部位为换热管外表面边缘的部位。

图 11　使用 2 年堵管情况

图 12　表面换热管出现微裂纹

1.7　二重催 E812

该台水冷器为 2008 年 MIP 改造新上的管束，规格型号为 BES1300-2.5-445-6/25-6。投用后在 10 月 18 日发现泄漏，具体腐蚀情况如图 13、图 14 所示。从图 13 可以看出管板附有较多的黏泥，有的表面换热管已经堵死。图 14 为换热管腐蚀的情况，同时表面附有大量的锈垢。

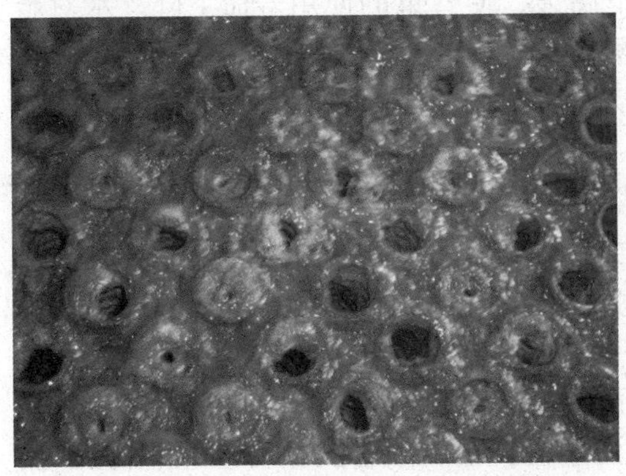

图 13　管板表面附有大量的黏泥

图 14　管板与换热管腐蚀情况

2　原因分析

从以上设备打开后，通过管束内、外壁检查可以看出，管束外壁的腐蚀不是导致管束泄漏的主要原因，主要原因是由于管束内壁的腐蚀造成管束泄漏。

2.1　中水回用后循环水的影响因素

2009 年 7 月至 2010 年 7 月，回用中水总量 2736850t，其中循环水补水占总量的 84%，化学水占总量的 14%，焦化高温用水占总量的 2%。

通过对回用中水水质进行评价，回用中水具有严重的腐蚀倾向，循环水现用的防腐、防垢的配方为磷系配方，使用条件是循环水温度不大于 50℃，超过此温度的循环水药剂就会失效，水质会就会发生严重的腐蚀倾向。在实际的使用过程中，由于工艺介质入口温度过高时，部分循环水的温度超过 50℃。因为在密闭式循环冷却水中，金属的腐蚀速率随温度的升高而升高，这是因为在密闭系统中，氧在有压力的状态下溶解在水中而不能逸出，温度升高，扩散系数增大，氧扩散到金属表面的通量增大之故。另外，循环水中含有一定量的悬浮物和菌藻，当循环水流速过低时，不仅水中悬浮物会产生沉积现象，菌造也会随同悬浮物沉积或黏附在设备表面，与水中的磷盐形成一个良好的生态环境，为此极易发生微生物腐蚀现象。在实际水冷器运行过程中，已经泄漏的管束可以看到微生物黏泥的存在。另外，据有关文献报道，在存在细菌腐蚀的情况下，腐蚀会加速，在泥垢造成的缺氧环境下，厌氧的硫酸盐环氧菌会在碳钢表面形成生物膜，改变了碳钢表面的微环境，促进碳钢点蚀的形成。

循环水以回用中水作补水，虽然循环水的运行水质控制指标和监测指标都达到股份公司指标，但由于补水水质波动、未知的腐蚀因子未得到控制等因素，会存在一些潜在腐蚀因子没有被发现。在水汽技术中心做动态实验时，与新鲜水相比，池底存有一定量的黑色污泥，说明回用中水中的 COD 具有一定可生化性，在其他条件的诱发下，可能产生腐蚀问题，需要进一步的研究和探索。

2.2 本身存在的腐蚀因素

对于大多数冷却器水走管程，因冷却水中含有钙、镁离子和酸式碳酸盐，当冷却水流经传热的金属表面时生成锈垢层，当冷却器运行时，由于垢层的影响，换热效果严重降低，有的个别管束使用不到一年换热管内已被堵死。

另外，由于水垢的存在，易造成管内壁的垢下腐蚀，使管束的使用寿命下降。水对金属表面的腐蚀主要为电化学腐蚀，在腐蚀电池中阴极反应主要是氧的还原，阳极反应则是铁的溶解。金属在垢下腐蚀由于本身电化学腐蚀存在自催化作用，将加速金属的腐蚀。

2.3 工艺方面因素

循环冷却水引起腐蚀的冷换设备，其腐蚀形式主要有氧浓差腐蚀、黏泥腐蚀(如硫酸盐还原菌腐蚀、硫氧化菌、腐生菌的腐蚀)、Cl^-腐蚀。对于水质不好的强腐蚀性循环水，材质为碳钢的管束耐蚀性差。

2010 年生产装置已有水冷器 25 台次发生泄漏。其中循环水中添加中水对水冷器管束有一定的腐蚀影响。其原因为：循环水中有一些石子、塑料布等杂物堵塞换热管，这样会导致换热管的循环水流动状态改变，有的水流小、流速慢，会造成管内结有水垢、污泥等，存在对换热管束有较严重的腐蚀倾向。

2.4 操作方面因素

我们在控制工艺指标上往往采用换热设备上的阀门控制循环水流速，如酮苯车间 N1/4、N1/2，一套 E132。这样做会使管束循环水流动状态改变，造成流速过低、流动状态改变，有的换热管有水，有的个别管无水。这样做的结果会在换热管内壁逐步结有锈垢，造成锈垢腐蚀。一旦形成锈垢腐蚀，会使腐蚀恶性循环造成换热管泄漏。

2.5 循环水量本身不够

二重催 2008 年 MIP 改造新上的设备，如 E815。本身换热器换热面积大，但是循环水出入管细(ϕ100)达不到要求。查“浮头式换热器、冷凝器系列 U 型管式换热器系列，型式与参数”，该规格的出入口公称直径应为 250mm。这样现有的管道流通面积与要求流通面积相差 5~6 倍，从而造成循环水量不够，容易形成垢下腐蚀。

2.6 制造方面的质量

目前对于换热管束普遍进行管板与换热管头进行强度胀、强度焊。但是在实际使用过程中对于 $\phi19\times2$ 的换热管在使用不到 2 年的时间会出现问题。如二重催的 E310、E815 在试压过程中，发现换热管外壁与管板内壁出现较多的裂纹，出现泄漏与渗漏。其原因为换热管本身较薄，加之进行强度胀接，容易造成钢材本身的弹性范围及强度降低，在腐蚀介质作用与压力变化下容易在连接处破损。

3 解决水冷器管束腐蚀的方法

3.1 对管束采用防腐方法

(1) 采用非金属涂层对管内壁进行防腐。对于温度比较低的(如 150℃时)可以采用非金属涂层的方法。如采用 7910 涂料在解决管束内壁腐蚀效果很好，但是对管束外壁的油气、溶剂效果不理想。但是采用钛纳米聚合物涂层可以解决管束内、外壁的腐蚀，特别是解决外壁的腐蚀，因而是一种目前我国较好的方法。例如 2004 年对水冷器防腐已经达到 50 多台，到目前为止还没有一台发生泄漏。

(2) 采用牺牲阳极的阴极保护。我们知道对于两种不同的金属连接在一起，在有导电体存在时，存在电偶腐蚀。从电极电位角度上看，电位低的受到腐蚀，高的不腐蚀。所以采用这种方法可以解决水侧的金属腐蚀。如采用镁金属作为阳极，在水溶液中可以保护碳钢表面不被腐蚀。

3.2 加强冷换设备的正确使用

在今后的换热设备使用过程中，一定不要采取对换热器出入口阀门进行调节的方法。避免循环水流速过低，产生生物黏泥和垢下腐蚀。抓紧调整水冷器运行参数，做好循环水温度及流速控制。

3.3 加强循环水场的管理

避免将不必要的杂物带入循环水系统中，造成管束不必要的堵塞。强化循环水场杀菌灭藻工作。自回用中水后，循环水中黏泥量普遍上升，为此要增加循环水自净能力，即提高循环水旁滤水量。

3.4 对于水冷器薄壁管束注意制造质量

建议在今后的换热器管束制造过程中，对于低温、低压的 $\phi19\times2$ 的换热管与管板的连接可以不用采用强度焊、强度胀的方法，避免在连接处出现泄漏。

另外，在水冷器的使用过程中尽量避免使用 $\phi19\times2$ 的换热管。因为该换热管较细，流动效果不好，容易腐蚀。

4 结论

通过以上几点建议的实施，目前水冷器管束泄漏率有明显的减少。

（中国石油大庆石化分公司炼油厂，王巍）

58. 常减压蒸馏装置塔顶冷却系统防腐蚀工艺与腐蚀监测

常减压蒸馏装置的塔顶冷却系统由于“HCl—H_2S—H_2O”腐蚀而严重影响设备正常运行。由于影响腐蚀的主要因素是原油中的盐水解后生成 HCl 而引起的，因此不论原油含硫及酸值的高低，只要含盐就会引起塔顶冷却系统的严重腐蚀。如果不采取防腐蚀措施，常压塔顶部碳钢塔盘的腐蚀率为 2~3mm/a，冷却器管束进口部位腐蚀率高达 6.0~14.5mm/a。因为系统中氯离子含量高，容易引起奥氏体不锈钢材料的氯化物应力腐蚀开裂，限制了广泛使用的奥氏体不锈钢材料的使用。塔顶冷却系统的防腐蚀措施除了可以采用昂贵的双相钢、钛材等耐蚀金属材料，主要措施是采用“一脱三注”防腐蚀工艺。正确实施合适的“一脱三注”工艺可以控制设备腐蚀，取得显著的腐蚀减缓效果，保障生产的正常进行。全面提升“一脱三注”防腐蚀工艺管理水平，实现腐蚀安全管理已经成为石油行业迫切需要解决问题。

1 塔顶冷却系统的腐蚀与防腐蚀工艺措施

1.1 塔顶冷却系统腐蚀

蒸馏装置“三顶”的冷却系统的腐蚀主要是“HCl—H_2S—H_2O”的腐蚀体系，发生“HCl—H_2S—H_2O”腐蚀主要部位为常压塔顶部塔盘、塔体、部分挥发线及常压塔顶冷却系统；减压塔部分挥发线和水凝冷却系统。腐蚀形态为碳钢部件的全面腐蚀均匀减薄，铁素体钢的点蚀以及奥氏体不锈钢的氯化物应力腐蚀开裂。

“HCl—H_2S—H_2O”腐蚀一般气相部位腐蚀较轻微，液相部位腐蚀严重。腐蚀最剧烈的部位是形成“露点”的温度区域。由于影响腐蚀的主要因素是原油中的盐水解后生成 HCl 而引起的，因此不论原油含硫及酸值的高低，只要含盐就会引起此部位的腐蚀。

原油中含有氯盐(氯盐中的主要成分是 NaCl、$MgCl_2$、$CaCl_2$)和水。在原油加工时，当加热到 120℃以上时，$MgCl_2$ 和 $CaCl_2$ 开始水解生成 HCl，其反应式为：

$$MgCl_2+2H_2O \longrightarrow Mg(OH)_2+2HCl\uparrow$$

$$CaCl_2+2H_2O \longrightarrow Ca(OH)_2+2HCl\uparrow$$

$$NaCl+H_2O \longrightarrow NaOH+HCl\uparrow$$

在常减压塔装置中，因加热温度不够，NaCl 在通常情况下是不水解的，但当原油中含有环烷酸和某些金属(如铁、镍、钒等)NaCl 可在 300℃以前就开始水解，生成 HCl。

原油中如果含有清蜡剂(卤氯化碳有机氯化物)，炼制时也会发生有机氯化物水解，析出 HCl。

分解析出的 HCl 和 H_2S 随着油气上升到达塔顶，如果 HCl、H_2S 处于干态时，对金属没有腐蚀性，当水蒸气在塔顶冷却系统冷凝结露出现水滴时，HCl 即溶于水中形成盐酸。此时，在初凝区内由于水量较少，盐酸的浓度可达 1%~2%，成为一个腐蚀性十分强烈的稀盐酸腐蚀环境。若有 H_2S 存在，可对腐蚀加速，HCl 和 H_2S 相互促进构成循环腐蚀，反应如下：

$$Fe+2HCl \longrightarrow FeCl_2+H_2$$

$$FeCl_2+H_2S \longrightarrow FeS\downarrow+HCl$$

$$Fe+H_2S \longrightarrow FeS+H_2$$

$$FeS+HCl \longrightarrow FeCl_2+H_2S$$

因此造成了塔顶冷却系统的严重腐蚀，如果不采取防腐蚀措施，常压塔顶部碳钢塔盘的腐蚀率为2~3mm/a，常压塔顶壳式冷却器管束进口部位腐蚀率高达6.0~14.5mm/a。常压塔顶Cr13浮阀出现点蚀，腐蚀率为1.8~2mm/a。采用奥氏体不锈钢的构件，都不同程度地发生了氯化物应力腐蚀开裂。有的炼厂在常压塔顶部塔体用塞焊内衬1Cr18Ni9Ti钢板。经短期使用，衬里塞焊点附近出现氯化物应力腐蚀开裂。某炼厂使用1Cr18Ni9Ti浮阀，普遍出现断腿和龟裂。某炼厂使用1Cr18Ni9Ti钢空冷器，投用90天，管子和管板胀接过渡区全部发生脆断。广州石化发生的蒸馏二装置常压塔塔壁腐蚀穿漏，也是由于塔内塔盘崩塌造成塔内工况变化，在碳钢塔壁部位发生露点腐蚀所导致的。

1.2 防腐蚀工艺措施

“$HCl—H_2S—H_2O$”腐蚀体系主要的腐蚀原因是由于HCl的冷凝所造成的腐蚀，H_2O浓度对腐蚀不是很显著，HCl含量低腐蚀轻微，HCl含量高则腐蚀加重。

塔顶冷却系统的防腐蚀措施除了可以采用双相钢、钛材、低合金钢(09Cr2AlMoRe等)等耐蚀金属材料，主要措施是采用“一脱三注”防腐蚀工艺。自20世纪70年代以来，“一脱三注”工艺一直是我国炼油厂的蒸馏装置中塔顶冷却系统最主要的防腐措施。“一脱三注”工艺是指原油电脱盐，脱后原油注水、注氨(或胺)和注缓蚀剂，目的是除去原油中的杂质，中和已生成的酸性腐蚀介质，改变腐蚀环境和在设备表面形成防护膜，经处理后原油的腐蚀性将降到一定的技术指标。经过几十年的工业验证，正确实施“一脱三注”工艺可以取得显著的腐蚀减缓效果。

HCl来源于原油中的氯盐。那么，降低介质的腐蚀性的方法就是除去原油中的氯盐。“一脱三注”工艺上的脱盐处理就是这一手段的实施，电脱盐工艺是工艺防腐蚀的第一步。通常应控制原油脱后含盐量在≤3mg/L以内。原油经过脱盐工序，可以将原油中的氯盐除去40%~50%，从而降低水解生成的HCl的量。原油脱盐后，常压塔顶部的pH值仍在2~3(酸性)，必须通过注中和剂(氨)的方法中和已生成的HCl来调节塔顶的pH值。通常是注氨调节到pH值为7.5~8.5，呈弱碱性。控制氢去极化作用，减少设备的腐蚀。氨的注入点选在初凝区前，在水溶性缓蚀剂注入口的上游。缓蚀剂是表面活性剂，其分子内部的极性基团吸附在金属表面，另一端烃类基团则在设备与介质之间组成一道屏障，起到保护作用。塔顶挥发线注缓蚀剂可对其后的一系列设备进行防护，当塔顶内部出现腐蚀时，还应在塔顶回流系统中注入缓蚀剂。注氨后塔顶馏出系统可能出现氯化铵沉淀，既影响冷却器传热效又引起设备的垢下腐蚀，故需用注水洗涤加以解决。在挥发线上注水，还可使冷却器的露点部位外移以保护冷凝设备。这就形成了我们通常称为“一脱三注”的工艺防腐蚀方法——脱盐、注水、注氨、注缓蚀剂。如果将有机胺和缓蚀剂复配(称为防腐剂，其实还是含有胺和缓蚀剂)，这时“一脱三注”工艺就简化为“一脱二注”，但实际原理方法还是不变，还是注水、注胺、注缓蚀剂。

在采用上面这些工艺防腐蚀措施后，塔顶冷却系统的碳钢设备腐蚀率可以控制在0.1~0.2mm/a以内，塔顶系统使用碳钢材料也能够保障生产的正常进行。在塔顶内部还需选用耐蚀金属材料，通常是选用0Cr13一类的铁素体不锈钢作衬里材料和塔内件，在这一部位由于有大量的氯离子，不能选用18-8型奥氏体不锈钢。

2 腐蚀监测方法

“一脱三注”防腐蚀工艺的防腐蚀效果可以通过腐蚀监测来监测和评估。作者与同事通过对各种腐蚀监测技术的应用研究，建立了各种腐蚀监测技术的检测操作方法，采用多种监测方法建立了一套适合我厂炼油装置生产实际的腐蚀监测系统，以满足当前炼制高含硫原油的生产需要。该系统能够对塔顶冷却系统进行动态的腐蚀监测，从而分析判断其腐蚀状态，对设备进行剩余寿命评估。塔顶冷却系统的腐蚀监测主要采用电阻腐蚀探针在线监测塔顶冷却部位腐蚀速度，结合采用挂片探针和超声波测厚方法监测腐蚀减薄量、分析冷凝水中介质间接了解冷凝部位腐蚀状态。共设置有 18 个电阻探针在线腐蚀监测点，16 个挂片探针腐蚀监测点，13 个塔顶冷凝水分析采样点。通过基于浏览器/服务器网络体系结构的腐蚀数据查询系统，在局域网上可以方便地对冷凝水分析数据、电阻探针检测数据和超声波定点测厚等腐蚀监测数据进行查询，综合地解析电阻腐蚀探针、挂片腐蚀探针、超声波定点测厚和冷凝水分析等数据，可以较准确分析了解塔顶冷却系统设备、管线的腐蚀状态，及时调整防腐蚀工艺参数以取得最好的防腐蚀效果。

图 1~图 4 示出常压塔塔顶冷却系统设备在 2004 年的腐蚀监测结果，从监测结果可以看到，在全年中“一脱三注”防腐蚀工艺得到较好地执行，腐蚀控制得较好，除一小部分时间冷凝水中氯离子偏高，其他时间冷凝水中的 pH 值、氯离子、总铁离子含量都控制在允许范围内。每周实时腐蚀率也大部分时间都控制在 0. 2mm/a，保证了设备全年稳定正常、安全运行，全年没有发生冷却系统腐蚀引起的非正常停车。

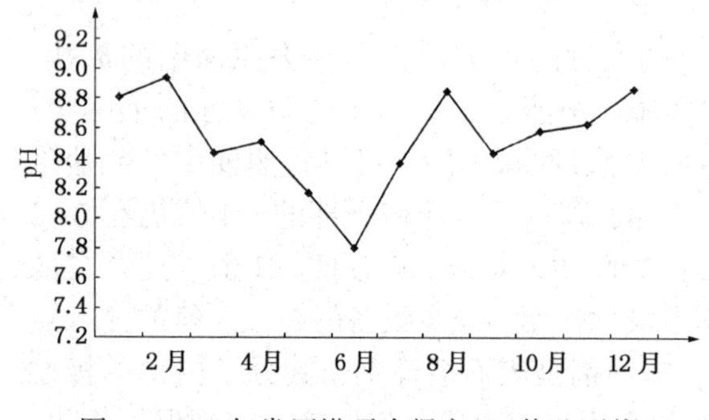

图 1 2004 年常压塔顶冷凝水 pH 值监测值

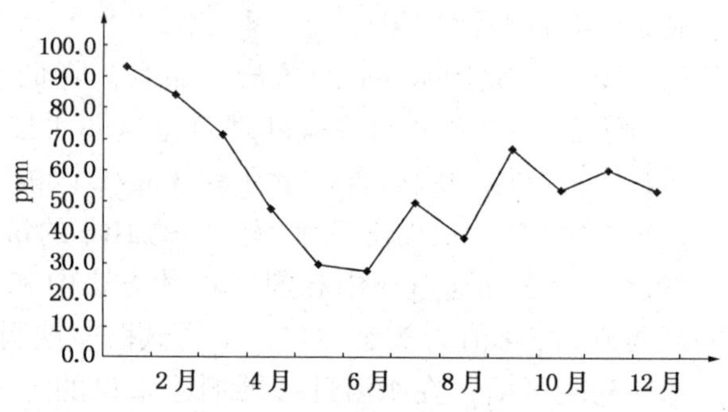

图 2 2004 年常压塔顶冷凝水氯离子监测值

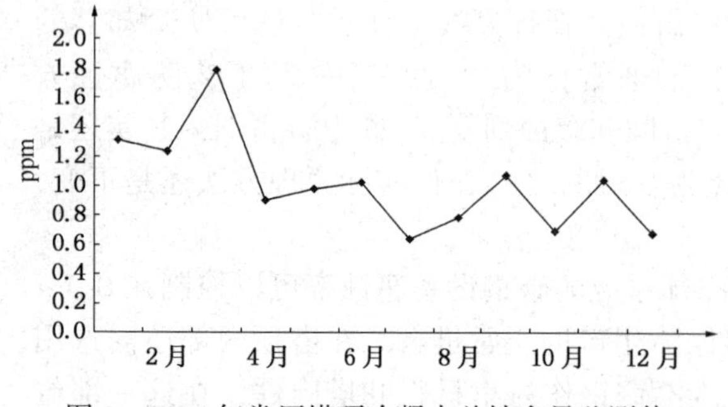

图 3 2004 年常压塔顶冷凝水总铁含量监测值

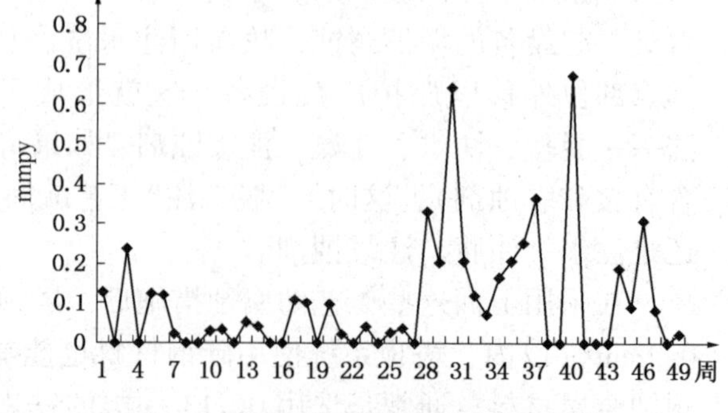

图 4 2004 年常压塔顶腐蚀率监测值

3　工艺防腐蚀措施的监测及讨论

炼油装置的塔顶冷却部位由于含有氯离子，设备的材质通常选用碳钢，靠工艺防腐蚀措施来控制设备腐蚀。因此，防腐蚀工艺能否正确执行及其防腐蚀效果直接影响到设备的腐蚀控制。以前靠分析冷凝水中各种离子的浓度来间接推测塔顶冷却部位的腐蚀状态，因为检测到的冷凝水中的离子代表了整个冷却部位的情况，不能反映局部冷凝发生的腐蚀。在可能发生局部 HCl 冷凝腐蚀的部位，安装电阻腐蚀探针，能够在线监测这些部位的腐蚀状态，及时反映工艺防腐蚀措施的效果。联合使用电阻探针、挂片探针和三顶冷凝水化学分析等检测方法，综合地解析这些检测数据，就能更为准确地判断腐蚀塔顶冷却系统的腐蚀状态，采取更有效的防腐蚀措施来控制设备腐蚀。

3.1　防腐蚀工艺与设备腐蚀监测

图 5 是蒸馏常顶空冷器在 2002 年 6 月~9 月的电阻探针监测测量曲线图，测量曲线图直观地反映了空冷器进口腐蚀状况改变，为设备运行管理提供了直接的依据。在测试进行到第 50 天(7 月 18 日)，监测到设备腐蚀速度上升迅速，但同期检测到常顶冷凝水的铁离子、氯离子值均没有明显地大幅度增加。经检查，引起腐蚀状态变化的原因是由于设备检修停在了注氨。经采取临时措施，注氨在 8 月 15 日恢复正常，及时控制了塔顶冷凝部位的腐蚀速度，保护了设备。

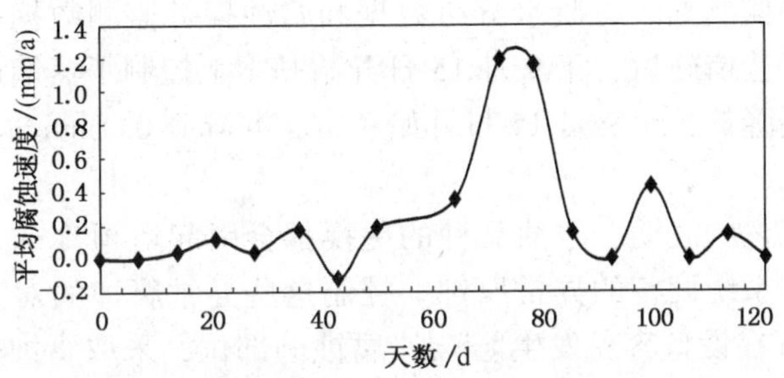

图 5　常顶空冷-1 进口平均腐蚀速度变化曲线

从图中可以看到，在设备处于正常注氨的运行期间，空冷器的进口总管的平均腐蚀速度保持在 0.072mm/a，也就是说连续执行现有的防腐蚀工艺完全可以满足设备腐蚀控制要求。当注氨暂停(第 50 天开始)，腐蚀速度迅速上扬，二十天后进入稳定，达到 1.3mm/a。大大超出设备腐蚀控制要求。以图 1 为例，假设一年中暂停注氨 30 天，空冷器进口总管的平均腐蚀速度将从 0.072mm/a 升为 0.32mm/a，已远远超出 0.20mm/a。这个现象表明现行的注氨防腐蚀工艺对控制空冷器进口处的腐蚀控制是非常有效的；另一方面也说明设备的腐蚀积累很大程度上是由于短期的腐蚀控制工艺不连续造成，例如停机、缓蚀剂注口堵塞等。可见保持防腐蚀工艺连续执行是确保设备长周期安全运行的重要条件，而在线腐蚀监测则起到监控的作用。自 2002 年腐蚀监测措施实施以来，通过对防腐蚀工艺措施效果的监测，使防腐蚀工艺措施得以认真地连续执行，有效地控制了塔顶冷却系统腐蚀，保障了设备的连续安全运行。从图 1~图 4 可以看到，在 2004 年中塔顶冷却系统的腐蚀已经得到有效控制。

3.2　防腐蚀工艺参数调整与设备腐蚀监测

图 6 是蒸馏一 B 区 E102/1 出口在 2003 年 9~10 月的腐蚀探针监测测量曲线图，测量曲

线图反映了空冷器进口在此期间的腐蚀状况改变。2003 年 8 月底，检测到 E102/1 出口的腐蚀速度开始增加，年腐蚀速度达 0.5mm/a 左右，并且由于局部腐蚀造成探针检测元件很快被腐蚀断而影响检测数据的采集。更换为连续记录型腐蚀探针后，采集到的检测数据如图 6 所示。

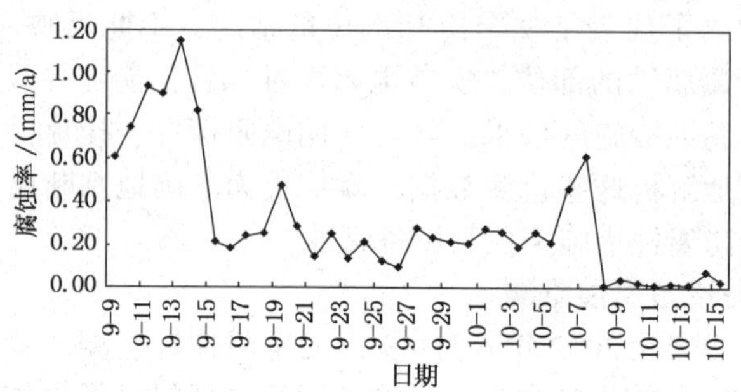

图 6　E102/1 出口腐蚀探针监测测量曲线图

在此期间，检测到常压塔顶冷凝水中铁离子和 pH 值均正常，氯离子偏高，而且在此期间原油脱盐后含盐量都控制在 3mg/L 以下，所以判断腐蚀可能是原油中带有机氯造成的。控制腐蚀异常的对策是调整防腐蚀工艺参数，即增加常顶的中和剂(复合型缓蚀剂)的注入量。经过采取参照腐蚀监测到的冷凝水分析数据和腐蚀探针监测数据，逐步调整提高该部位的中和剂注入量的工艺措施后，于 9 月 15 日开始基本上控制了蒸馏(一)A 区常顶的腐蚀异常问题，腐蚀率开始降低，至 9 月 15 日开始正常，并降到 0.1mm/a 以下，及时地保护了设备。

我们知道，生产工艺的波动、原油品种的更换都会引起塔顶冷却系统的腐蚀工况的改变，可能发生塔顶冷却系统设备的异常腐蚀。控制这些异常腐蚀的对策是及时调整相应的“一脱三注”工艺参数。在设备容易发生“露点”腐蚀的部位，采取腐蚀监测手段监测这些部位的腐蚀状态，在出现腐蚀异常时通过及时地调整“一脱三注”工艺参数，就能够更好地控制设备腐蚀，保护设备安全运行。可见，“一脱三注” 工艺参数要结合腐蚀监测结果来确定并及时调整注剂注入量，才能更好地控制塔顶冷却系统的腐蚀。

4　结论

(1) 蒸馏装置“三顶”的冷却系统的腐蚀主要是 HCl—H_2S—H_2O 的腐蚀体系，正确实施合适的“一脱三注” 工艺可以控制设备腐蚀，取得显著的腐蚀减缓效果。碳钢设备腐蚀率可以控制在 0.1~0.2mm/a 以内，塔顶系统使用碳钢材料也能够保障生产的正常进行。

(2) 塔顶冷却系统的在线腐蚀监测实践说明设备的腐蚀积累很大程度上是由于短期的腐蚀控制工艺不连续造成(例如停机、缓蚀剂注口堵塞等)，因此保持防腐蚀工艺连续执行是确保设备长周期安全运行的重要条件，而在线腐蚀监测则能起到监控的作用。

(3) 控制设备异常腐蚀的对策是及时调整相应的“一脱三注”工艺参数。“一脱三注” 防腐蚀工艺中“三注”的注剂注入量，要结合腐蚀监测结果来确定并及时调整注剂注入量，才能更好地控制塔顶冷却系统的腐蚀。

(中国石化广州分公司机械动力部　夏延燊)

59. 常减压蒸馏装置减顶二级抽空冷却器钩圈开裂原因分析

某公司常减压蒸馏装置减顶二级抽空冷却器，在停工检查中发现壳体腐蚀严重，浮头钩圈发生断裂失效，为了避免类似情况的再次发生，对其进行失效原因分析。冷却器基本工况如下：

管程介质为循环水，温度为32~42℃，压力为0.4MPa，管束材质为316L，壳程介质为减顶油气，出口温度为45℃，压力为0.07MPa，壳体材质为16MnR，钩圈接触壳程介质，其材质为1Cr13。减顶回流罐含硫污水分析结果如下：pH为7.8，Cl^-为4.2mg/L，H_2S为283mg/L，Fe^{2+}为1.19mg/L。

1　宏观检查

冷却器筒体内壁附着较多锈蚀物，基体凹凸不平，筒体余厚在6.3~7.5mm之间，有一定的腐蚀减薄，如图1所示。

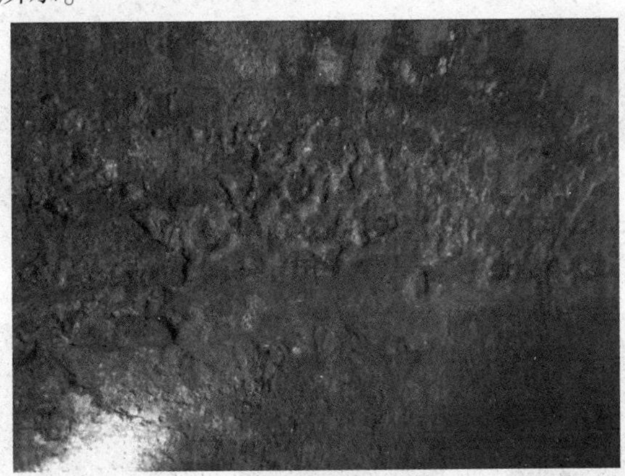

图1　冷却器内壁腐蚀形貌

钩圈表面腐蚀轻微，表面机加工条纹仍清晰可见，如图2所示。右数第三个孔存在3条裂纹，裂纹由开孔至内外表面贯穿，由上表面向下表面分别延伸至30mm、35mm和10mm，裂纹无明显分叉，呈阶梯状扩展，如图2(c)、(d)所示。右数第六个孔裂纹已贯穿内外和上下，断为两段，断口无明显塑性变形，覆盖有黄色和黑色腐蚀产物，如图2(b)所示。

2　化学成分分析

使用火花直读光谱仪对钩圈化学成分进行检测分析，并与GB 4237—2007相应的技术要求进行对比，结果列于表1，结果显示钩圈化学成分满足GB 4237—2007的技术要求。

3　硬度测试

对钩圈进行里氏硬度测试，结果换算为布氏硬度为349HB。

4　金相分析

对钩圈样品进行磨抛，在金相显微镜下观察，发现在未侵蚀样品上也有部分区域显现出明显的晶界，具有晶间腐蚀特征，如图3所示。夹杂物评级为A<0.5，B<0.5e，C<

0.5，D2.5。

使用苦味酸盐酸酒精溶液侵蚀后观察，主要为粗大马氏体和铁素体组织，晶粒度为0.5级，碳化物在铁素体晶界大量析出，如图4所示。

5 SEM及EDX分析

在扫描电镜下观察钩圈断口，断面覆盖大量的腐蚀产物，在EDX下进行分析，结果如图5所示，覆盖物中含有S和Cl等元素。

表1 钩圈化学成分 %

名称	C	Si	Mn	S	P	Cr	Ni
1	0.125	0.453	0.677	0.006	0.021	11.706	0.104
2	0.122	0.450	0.679	0.005	0.019	11.600	0.106
平均	0.124	0.452	0.678	0.005	0.020	11.653	0.105
标准要求(GB 4237—2007)	≤0.15	≤1.00	≤1.00	≤0.030	≤0.040	11.5~13.5	≤0.60

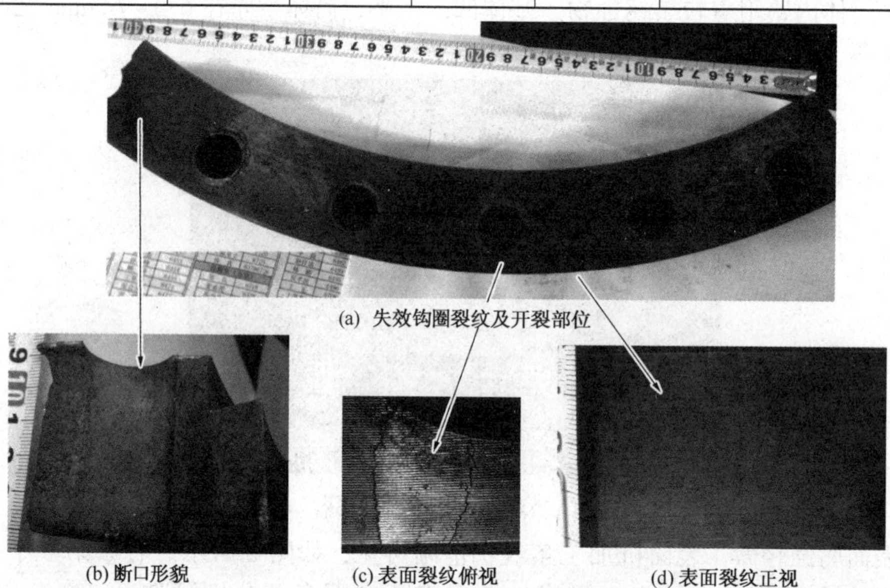

(a) 失效钩圈裂纹及开裂部位

(b) 断口形貌　(c) 表面裂纹俯视　(d) 表面裂纹正视

图2 钩圈裂纹及断口形貌

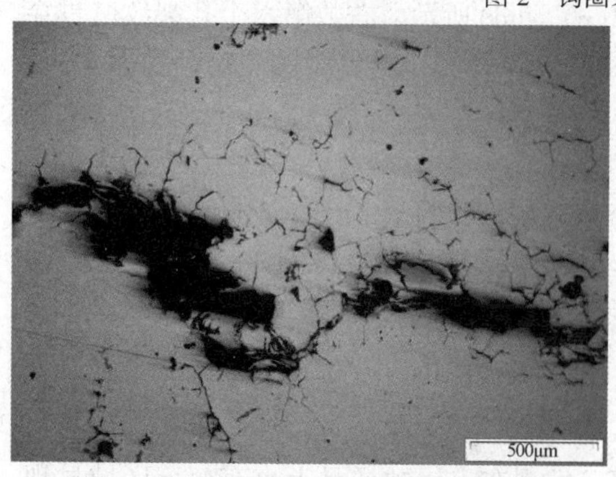

图3 未侵蚀的机械抛光样品金相照片

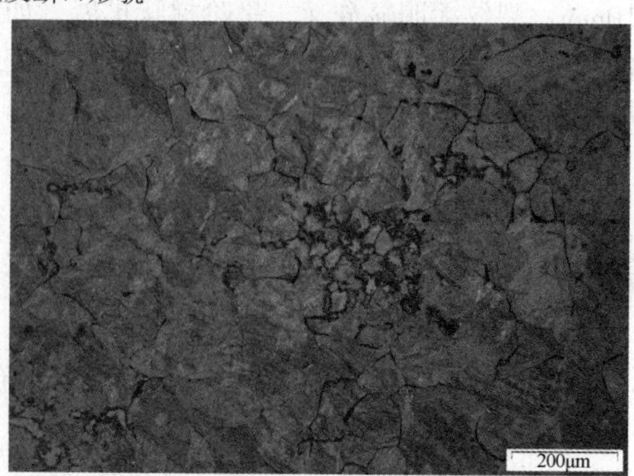

图4 金相照片

绝大部分断口为沿晶断口，如图6(a)所示；快速扩展区域发现少量的解理断口，如图6(b)所示。

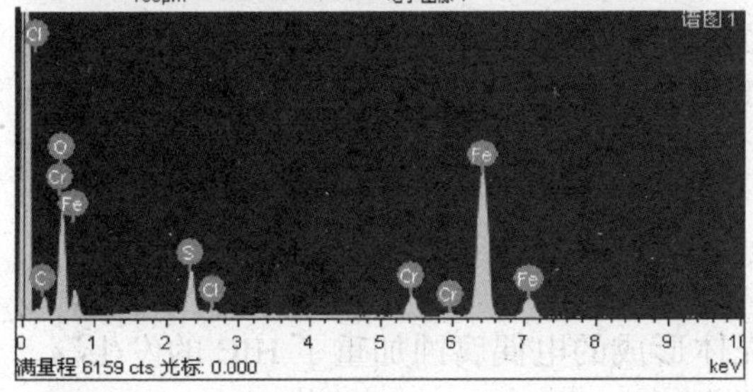

元素	CK	OK	SK	ClK	CrK	FeK
wt%	14.46	25.89	4.35	0.51	4.24	50.55
At%	30.40	40.88	3.43	0.36	2.06	22.87

图5　断口EDX分析结果

(a) 裂纹源区

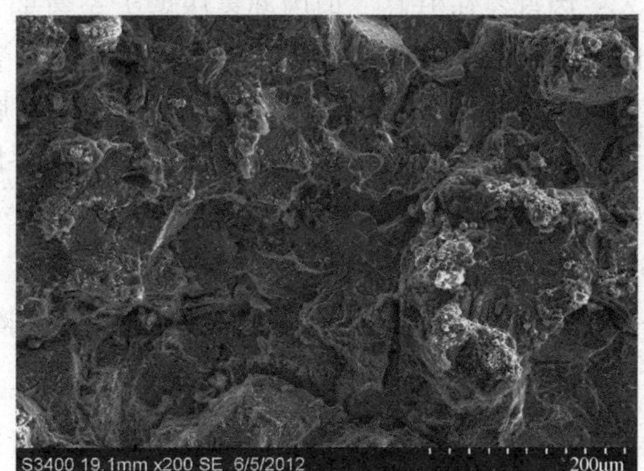

(b) 扩展区域局部的解理花样

图6　断口扫描电镜照片

6　讨论

按照HG 20581—2011《钢制化工容器材料选用规定》，当化工容器接触的介质同时符合下列各项条件时，即为湿H_2S应力腐蚀环境：

(1) 温度≤(60+2p)℃(p为表压，MPa)；

(2) H_2S分压≥0.00035MPa；

(3) 介质中含有液相水或处于水的露点温度以下；

(4) pH<9或有氰化物(HCN)存在。

该冷却器壳体出口温度为45℃左右，压力为0.07MPa，在此条件下已出现液相水，在其后的减顶回流罐含硫污水中发现H_2S含量达283mg/L，pH为7.8，因此可以判断冷凝器壳体中满足湿硫化氢环境条件。

湿硫化氢腐蚀本质是一种电化学腐蚀，其阳极反应是铁失去电子被氧化，阴极反应是氢离子得到电子被还原。由于硫化氢在水溶液中离解出氢离子，在钢的表面得到电子后还原成氢原子，且介质中的硫化物、氰化物等抑制了氢原子相互结合形成氢分子，所以钢铁表面氢原子很容易渗入钢的内部并溶入晶格中，将导致材料的脆化和氢损伤。因此，湿H_2

S 环境除了可以造成设备的均匀腐蚀外，更重要的是引起一系列与钢材渗氢有关的腐蚀开裂。

湿 H_2S 环境中的开裂有氢鼓泡(HB)、氢致开裂(HIC)、硫化物应力腐蚀开裂(SSCC)、应力导向氢致开裂(SOHIC)等多种形式。开裂敏感性与材料强度、组织、环境、夹杂物等多种因素有关，一般马氏体组织氢脆敏感性最大，而且晶粒越大，材料强度越高，开裂敏感性越高。该钩圈材质为 1Cr13，硬度高达 349HB，组织主要为马氏体，晶粒尺寸达 200μm 以上，其开裂敏感性高。再从钩圈断口来看，断口无明显塑性变形，成脆性沿晶断口。裂纹无明显分叉，成阶梯状扩展，具有氢致开裂特征。

该冷却器壳体为 16MnR，钩圈为不锈钢，两者接触，在电解质环境中发生电偶腐蚀，壳体为阳极被腐蚀，而钩圈为阴极，发生析氢反应，介质中的硫化物等又抑制了氢分子的形成，加重了氢原子向钩圈内的扩散。进入金属的氢不仅降低了原子键合力，而且氢原子容易在内部缺陷处富集，一旦氢原子结合为氢分子，就会形成内部氢压。随着氢的不断进入，内部氢压升高，但内部氢压增大至氢弱化的金属键合力后，就会形成微裂纹，微裂纹的不断扩张和互相联合就会形成宏观裂纹，裂纹扩展导致钩圈的最终断裂。

此外我们在减顶回流罐含硫污水及断口腐蚀产物分析中均发现了 Cl 元素，Cl 的存在加速了腐蚀。碳化物在晶界的析出，造成晶界附近贫铬，使得晶界区域更易发生腐蚀，造成晶界的显现。

7 结论

钩圈的开裂机理为氢致开裂(HIC)，钩圈与壳体形成的电偶腐蚀加重了 HIC 的发生。

8 建议措施

(1) 淬火加热温度不宜过高，避免形成 δ 铁素体及粗晶组织。

(2) 进行回火热处理，降低材料硬度值，进而降低材料开裂敏感性，或直接更换开裂敏感性低的材料。

(3) 紧固螺栓时应采用力矩扳手，控制预紧力，防止受力不均。

（中国石化青岛安全工程研究院　单广斌，谢守明，叶成龙，刘小辉；
中国石化荆门分公司　罗辉）

60. 溶剂再生装置水冷器腐蚀调查研究

海南炼化公司溶剂再生装置根据全厂总流程的安排，装置设计规模为680t/h，实际操作规模为490t/h 富胺液。它是由二列溶剂再生装置组成，一列处理从催化原料预处理装置、加氢裂化装置送来的富胺液，另一列处理从硫磺装置、脱硫脱硫醇装置送来的富胺液，经过加热再生，脱除富胺液中的 H_2S，称之为清洁酸性气，送至硫磺回收装置，被再生的溶剂，称之为贫胺液，再送到上述装置循环使用。海南炼化采用全厂的脱硫溶剂进行集中再生的工艺路线，并为全厂提供质量合格的脱硫溶剂，同时也为硫磺装置提供稳定酸性气。溶剂再生装置主要技术特点有：①工艺流程采用常规汽提再生工艺，溶剂采用复合型 MDEA 脱硫剂，再生塔底重沸器热源采用 0.35MPa 蒸汽，整个工艺过程控制采用 DCS 控制，并与其他装置共用一个中央控制室，便于集中管理、调度；②考虑到装置的操作灵活性及节省能耗，将本装置分为两个部分，第一套溶剂再生部分处理来自脱硫脱硫醇装置和硫磺回收装置的富胺液，第二套溶剂再生部分处理来自催化原料预处理装置和加氢裂化装置的富胺液。

1　腐蚀状况调查情况及原因分析

该装置于2006年9月28日开工，2009年12月20日停工，期间满负荷运行了39个月，本次腐蚀调查期间，对装置的所有换热器都进行了检查，从检查的情况来看，水冷器的水侧部位腐蚀状况较为突出，其他的换热器腐蚀轻微，如图1～图4所示。下面以几个实例来具体说明水冷器的腐蚀状况。

图1　1201-E-102 管箱腐蚀全貌

图2　1201-E-102 管箱腐蚀形貌

(1) 脱硫溶剂再生塔顶后冷器 1201-E-102(BIU1000-1.6/1.6-270-6/25-4)腐蚀状况调查　1201-E-102 壳程介质为酸性气、酸性水，材质为 20R，管程介质为循环水，材质为 10#钢管。本次检查发现管箱、管板上密布黑色锈瘤，铲除后基体很多腐蚀坑，坑深 1～2mm，管口和焊缝也有轻度的腐蚀。壳程换热终温比投用初期上升 2.5℃，效果变差。

为进一步分析 1201-E-102 水侧部位的腐蚀原因，对管箱内腐蚀产物进行了采样分析，其元素分析结果见表1。

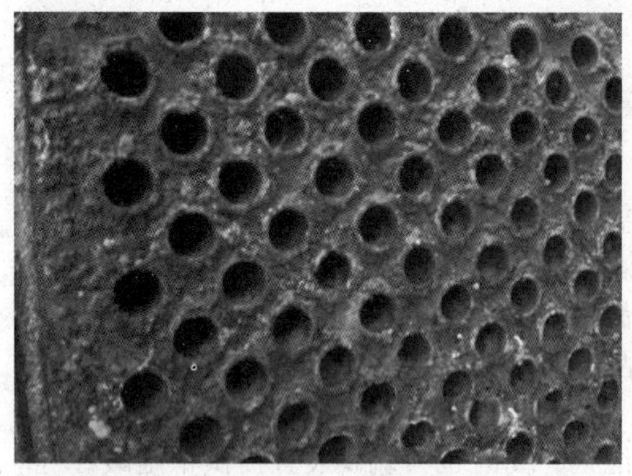

图 3　1201-E-102 管板腐蚀形貌

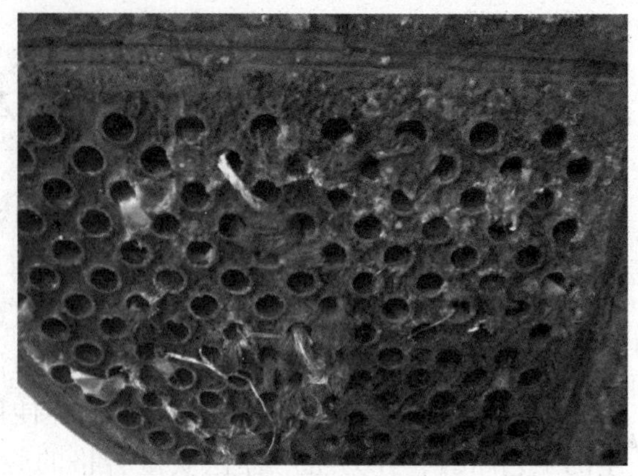

图 4　1201-E-102 管板杂物附着形貌

表 1　1201-E-102 腐蚀产物元素分析结果
(EDX 电子能谱分析法)

元　　素	质量分数	原子百分比
O	1. 42	4. 40
Al	1. 15	2. 12
Si	2. 42	4. 27
P	3. 67	5. 87
S	1. 78	2. 75
Cl	1. 70	2. 37
Ca	1. 60	1. 98
Fe	84. 04	74. 55
Zn	2. 21	1. 68

从表 1 的元素分析结果来看，1201-E-102 管箱腐蚀产物中的元素种类较多，其中 Al 由循环水中的补充水带入，P、Zn 由循环水中添加的缓蚀阻垢剂带入，这些组分不是循环水的腐蚀因素，Ca、Si 为循环水在换热器上的垢物成分，O、S、Cl、Fe 为腐蚀物组分，约占元素总量的 88. 94%。为了进一步确定腐蚀产物的物相组成，采用了 X 射线衍射法进行腐蚀产物分析(XRD)

从 1201-E-102 管箱腐蚀产物的 X 射线衍射图谱来看，腐蚀产物的主要物相组成为 FeO(OH)(占 78. 8%)、Fe_3O_4(占 4. 1%)、SiO_2(占 17. 2%)，以铁的氧化产物和生物黏泥组分为主。因此，可判断腐蚀原因主要为循环水中黏性物质细菌吸附水中灰分形成生物黏泥附着在管箱表面，引起了较严重的垢下腐蚀和微生物腐蚀。

(2) 脱硫贫液冷却器 1201-E-104A/B(BIU1200-1. 6/1. 6-405-6/25-2)腐蚀状况调查

壳程介质为贫胺液，材质为 16MnR，管程介质为循环水，材质为 10#钢。本次检查发现管箱内密布黑色锈瘤，锈瘤下基体呈同心圆状腐蚀深坑，1201-E-104A 管箱腐蚀坑深最深处达 3~4mm 左右，腐蚀较为严重，1201-E-104B 腐蚀程度稍轻。腐蚀情况如图 5~图 8 所示。

为进一步分析两台换热器水侧部位的腐蚀原因，对 1201-E-104A 管箱内腐蚀产物进行了采样分析，其元素分析结果见表 2。

从表2中的元素分析结果来看，1201-E-104A管箱内的腐蚀产物元素组分及含量与1201-E-102管箱腐蚀产物大致相同，为了进一步确定腐蚀产物的物相组成，采用了X射线衍射法进行腐蚀产物分析(XRD)。腐蚀产物物相定量分析结果推荐使用由峰面积求得的平均值来确定。

图5　1201-E-104A管箱腐蚀形貌(一)

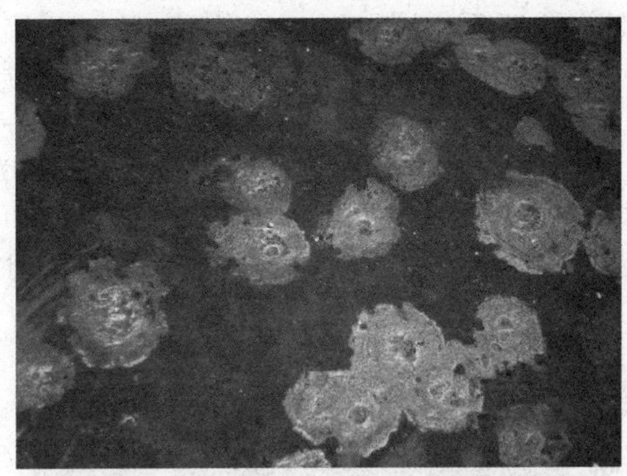

图6　1201-E-104A管箱腐蚀形貌(二)

图7　1201-E-104B管板腐蚀形貌

图8　1201-E-104B管板杂物堵塞形貌

表2　1201-E-104/A腐蚀产物元素分析结果

(EDX电子能谱分析法)

元　素	质量分数	原子百分比
O	1.10	3.40
Al	0.97	1.78
Si	2.55	4.49
P	4.56	7.28
S	1.83	2.83
Cl	1.51	2.10
Ca	2.50	3.09
Fe	82.61	73.23
Zn	2.38	1.80

从1201-E-104A管箱腐蚀产物的X射线衍射图谱来看，腐蚀产物的主要物相组成也与1201-E-102管箱内腐蚀产物大致相同，只是SiO_2含量更高，达到了28.2%，表明此处生物黏泥附着物更多，受垢下微生物腐蚀的影响更大。结合1201-E-104A腐蚀形态为典型的硫酸盐还原菌腐蚀所产生的同心圆形态，可以推断出造成1201-E-104A/B水侧部位腐蚀较重的主要原因为循环水系统微生物控制不力，有较多生物黏泥产生附着在换热器上，黏泥中所含大量的硫酸盐还原菌对设备造成了较严重的腐蚀。

（3）加氢溶剂再生塔顶后冷器（1202-E-202：BIU1000-1.6/1.6-270-6/25-4）腐蚀状况调查　壳程介质为酸性气、酸性水，材质为20R，管程介质为循环水，材质为10#钢。本次检查发现管箱内有较多黏泥状物质附着，已明显可见锥状腐蚀产物，产物下基体蚀坑较深，约2mm；管板和管束内壁附着薄层灰白色垢物，基体腐蚀轻微。腐蚀情况如图9～图10所示。

图9　1202-E-202管箱黏泥附着形貌

图10　1202-E-202管箱腐蚀形貌

为了进一步了解1202-E-202水侧部位垢物的组成，对管箱垢物进行了采样分析，结果见表3。

从表3可以看出，1202-E-202管箱垢样中，950℃灼减（代表垢样中二氧化碳的含量）、氧化钙、氧化镁所占比例很小，表明垢样中碳酸钙、碳酸镁型水垢很少；氧化铝（由补充水中絮凝剂带入）、氧化锌（由循环水中缓蚀阻垢剂带入）、氧化磷（由循环水中缓蚀阻垢剂带入）所占比例也很小，说明循环水药剂垢成分也很低；垢样中主要以550℃灼减、SiO_2、Fe_2O_3含量为主，其中550℃灼减代表垢物中有机物质（以生物黏泥为主）所占垢物中的百分比含量，SiO_2含量代表黏泥性物质吸附水中灰分所占垢物中的百分比含量，Fe_2O_3含量代表腐蚀产物所占垢物中的百分比含量，三者相加所占垢物中的百分比含量超过87%。反应出该套循环水中微生物控制不力，细菌大量繁殖，形成黏泥，吸附水中灰分，附着在设备壁上，产生黏泥下腐蚀和结垢腐蚀等问题。

表3　1202-E-202管箱垢样分析结果

分析项目	550℃灼减/%	950℃灼减/%	SiO_2/%	Fe_2O_3/%	Al_2O_3/%	CaO/%	MgO/%	ZnO/%	P_2O_5/%	合计/%
1202-E-202	14.53	1.60	6.73	66.25	1.89	0	2.8	0.62	4.06	98.5

2　腐蚀机理分析

（1）水的腐蚀　主要是由于水中含有钙、镁离子和酸式碳酸盐，同时溶解氧的存在还会造成金属腐蚀，形成铁锈。在实际过程中因铁锈的产生，冷换设备在运行一段时间后，锈垢层的存在使得换热效果严重降低，甚至有的管子被堵死，使设备无法继续运行。

（2）垢下腐蚀　由于水垢的形成，氧分子扩散受阻，垢下金属表面的氧浓度随腐蚀进行不断降低，与垢外金属表面的氧浓度形成浓度差，使垢下缺氧区金属表面成为阳极而被加速腐蚀的现象叫垢下腐蚀。

形成垢下腐蚀的主要影响因素有流速和生物黏泥。循环水的流速升高到一定程度（大于2.0m/s）后会破坏金属的保护膜而加剧金属的腐蚀，但当水流速降低到一定程度（小于0.3m/s）时，腐蚀产物和污垢的沉积则会更容易，沉积的污垢附着在管子内壁等部位，又会形成严重的垢下腐蚀。

造成水质生物黏泥产生的原因有以下几点：

① 循环水系统属开式循环冷却水系统，其结构决定了避免不了外界尘土和杂物的进入。另外，循环水场毗邻北围墙，围墙外正好是某纸业露天原料木屑堆场，原料存取扬起的灰尘较大，也加剧了进入系统的灰尘较多。

② 循环水换热后水温在40℃左右，非常适合水中的微生物和细菌繁殖，水质容易产生生物黏泥。

③ 该装置处于循环水管网的末端，管网压力比较低，导致流速较低，也是黏泥沉积的一个重要原因。

（3）硫酸盐还原菌（SRB）腐蚀　在工业循环冷却水系统中，硫酸盐还原菌（SRB）是微生物腐蚀的主要因素之一。硫酸盐还原菌对金属的腐蚀主要表现在其本身的生长代谢在金属表面形成生物膜，改变了生物膜内微环境，其代谢产物与金属基体相互作用，加速了金属的腐蚀过程。

（4）其他因素　循环水中含盐量增加，则水的导电能力也随之提高，腐蚀的电化学反应速度也会提高。由于浓缩倍数的控制较大（5~8），电导率比较大，循环水中所含 Cl^-、SO_4^{2-} 等侵蚀性离子对腐蚀的影响较大。

3　结论和措施

通过以上的分析，可以得出下面的结论：该装置水冷器腐蚀原因主要为循环水系统微生物控制不力，黏性物质细菌吸附水中灰分形成生物黏泥附着在管箱及管子内表面，黏泥中所含大量的硫酸盐还原菌对设备造成了较严重的腐蚀，由于结垢严重，引起了较严重的垢下腐蚀和微生物腐蚀。

几点措施：

（1）针对循环水冷却器水侧腐蚀严重的问题，建议加强循环水管理，特别是微生物控制，适当提高氧化性杀菌剂的用量和非氧化性杀菌剂剥离的频次。

（2）提高现场管理水平，设置一定的过滤设施，避免杂物进入系统，循环水的浊度应控制在指标之内。

（3）由于该装置地处循环水管网末端，压力较低，建议提高循环水压力，保证换热器内流速不低于0.3m/s，防止黏泥和杂质的沉积，造成垢下腐蚀。

（中国石化海南炼油化工有限公司　赵猛）

61. 气压机级间冷却器管束腐蚀分析及解决措施

1　工艺情况

由分馏塔顶油气分离器(D-201)40~60℃来的富气(0.22MPa)流量为700Nm^3/min，温度为40℃，经气压机入口*DN*700气动调节阀进入一段压缩，压缩至0.64~0.68MPa，这时的介质温度为95℃左右。进入级间冷却器(E-312)，为防止冷却器中形成铵盐结晶和除去H_2S等有害介质，在压缩富气进入冷却器前注入净化水，流量为8000kg/h。气体冷却器冷却40℃后进入级间分液罐进行气液分离。

2　气压机级间冷却器使用情况

气压机级间冷却器是气压机组随机设备，由沈阳鼓风机厂设计制造的，规格*DN*1200×9397m×626m，是非标换热器，管程工作介质为循环水，壳体工作介质气压机一段为压缩富气。其操作条件较苛刻(操作介质是含10.3m左右H_2S的富气，操作工况为富气经压缩机一段加压后部分重组分由气态冷却至液态，存在相变)，导致级间冷却器管束工作在极易产生H_2S腐蚀的工况下，大庆石化公司炼油厂在2001年6月装置首次停工检修时，发现级间冷却器管束腐蚀严重(运行一年)，单管程堵管率达55%，无法继续使用，采取了管板利旧换管的方法进行了修复(采取三层复合涂镀对管束防腐)，在2003年和2005年装置停工检修时试压均无泄漏。

本次检修检查换热管表面无明显腐蚀，原防腐涂层与浮动管板相邻5mm范围基本上全部脱落起皮，换热管主体防腐涂层基本完好，管程防腐涂层消失，管板表面无明显腐蚀。在检修用循环水试浮头时，发现泄漏部位是换热管与浮头管板连接部位，说明泄漏原因主要是运行五年以来造成原管束防腐涂层损坏部位腐蚀泄漏，具体情况如图1所示。本月10日出现的装置循环水中断是间接原因。

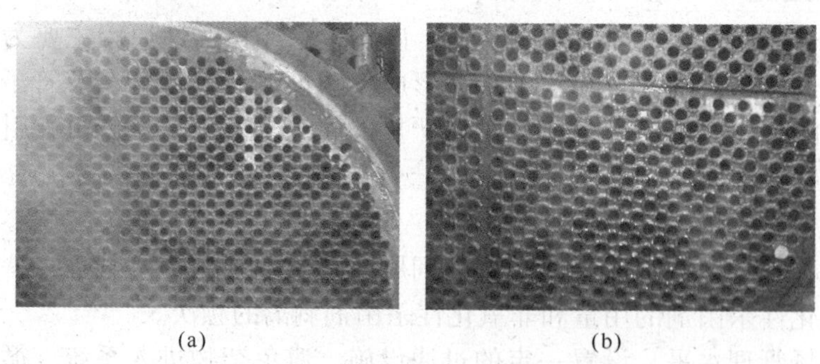

(a)　(b)

图1　管板表面涂层腐蚀脱落

3　腐蚀原因分析

碳钢在富气这样的环境中使用腐蚀是比较厉害的。介质中含有H_2S、NH_3，还含有CO_2、CN^-和油等多种介质，操作温度为95℃左右。碳钢在这样的操作条件下工作，其腐蚀形式为电化学腐蚀。

3.1 涂层表面的损坏

该冷却器管束如果采用碳钢材质，其使用寿命也就仅 1 年。采用三层复合涂镀对管束内外壁防腐可以使用近 6 年。三层复合涂镀防腐层是采用靠近金属表面为 20~30μm 的 Ni-P 合金镀层。中间层与面层为非金属的高分子涂层，不同之处是中间层为增厚层，外壁为封闭层。每层的作用为：

（1）Ni-P 合金镀层　首先是在金属表面进行涂装 1 层 Ni-P 合金镀层，能与金属产生较高的附着力，这层镀层是气孔率较高的镀层，增加了表面层的面积。增大的金属镀层与非金属材料能获得较好的附着力。

（2）中间层　该涂层是加了填料的厚涂型涂层，起的主要作用是把金属的涂镀层的凹凸遮盖住。

（3）封闭层　该层是不加填料的涂层，主要是减少涂层的气孔率，增加涂层的耐蚀性。该非金属涂层的主要成分为有机硅改性的环氧树脂的高温材料。

从使用 6 年的情况看，这种涂层还是不错的，达到了预期目的。因为该涂层在使用时是一种新材料，没有确定的年限，现在这种防护方法已经停止。

因为一切涂层在含有腐蚀介质的介质中，较小的分子气体及介质容易进入到有机涂层中，破坏涂层原有的分子结构，玻璃化转化温度下降，使其耐温性能下降，表面涂层变软，发生鼓泡、涂层硬化、破损从而失去作用。

3.2 壳体富气侧

原油中许多硫化物在催化裂化中被分解为 H_2S，同时原油中的氮化物也以一定的比例存在于裂解产物中，其中有 1%~2%的氮化物以 HCN 形态存在，而形成了 $HCN-H_2S-H_2O$ 腐蚀环境。HCN 的存在对 H_2S-H_2O 的腐蚀是起促进作用的。

氰离子在碱性的 H_2S-H_2O 溶液中有二种作用，其一氰化物溶解硫化氢生成的 FeS 保护膜，加速了 H_2S 的腐蚀，随着 CN^- 的存在和浓度的增加，对设备的腐蚀影响也增大；其二它能除掉某些溶液中的缓蚀剂，进一步加剧腐蚀。随着氢氰根离子的增加，均匀腐蚀和应力腐蚀、局部腐蚀的敏感性都将增加。

H_2S 和铁反应生成的 FeS 在 pH 值大于 6 时能覆盖在钢铁表面，有较好的保护作用，腐蚀速率随着时间的推移而下降。但是如果介质中含有 CN^-，则使 FeS 溶解生成络合离子 $Fe(CN)_6^{4-}$，加速了腐蚀：

$$FeS+6CN^- = Fe(CN)_6^{4-}+S^{2-}$$

$Fe(CN)_6^{4-}$ 与铁继续反应生成亚铁氰化亚铁：

$$Fe+Fe(CN)_6^{4-} = Fe[Fe(CN)_6]\downarrow$$

亚铁氰化亚铁在水中为白色沉淀，停工时氧化成亚铁氰化铁（$Fe_4[Fe(CN)_6]_3$），成普鲁士蓝，这是炼油厂较为普遍的腐蚀形态。

$$Fe[Fe(CN)_6]+H_2O+O_2 \longrightarrow Fe_4[Fe(CN)_6]_3\downarrow+Fe(OH)_3$$

本月 10 日出现的装置循环水中断加速了管束的腐蚀。可以看出碳钢在 $HCN-H_2S-H_2O$ 中腐蚀是比较厉害的。

3.3 管束内壁腐蚀

对于大多数冷却器水走管程，因冷却水中含有钙、镁离子和酸式碳酸盐。当冷却水流经传热的金属表面时就发生如下反应：

$$Mg^{2+}+HCO_3^-+H_2O \longrightarrow MgCO_3\downarrow+Mg(OH)_2\cdot 3MgCO_3+CO_2$$

$$Ca^{2+}+2HCO_3^- \longrightarrow H_2O+CO_2+CaCO_3\downarrow$$

此外溶解在冷却水中的氧还会造成金属腐蚀，形成铁锈，反应如下：

$$2Fe+2H_2O+O_2 \longrightarrow 2Fe(OH)_2\downarrow$$

反应的结果在传热面上逐渐结垢，同时伴随铁锈的生成。当冷却器运行时，由于垢层的影响，换热效果严重降低。有的个别管束使用不到一年换热管内已被堵死。

另外，由于水垢的存在，易造成管内壁的垢下腐蚀，使管束的使用寿命下降。

水对金属表面的腐蚀主要为电化学腐蚀，在腐蚀电池中阴极反应主要是氧的还原，阳极反应则是铁的溶解。碳钢在水中发生的腐蚀反应为：

阳极反应：$2Fe \longrightarrow 2Fe^{2+}+4e$

阴极反应：$O_2+2H_2O+4e = 4OH^-$

总反应：$2Fe+2H_2O+O_2 = 2Fe(OH)_2\downarrow$

在腐蚀时，铁生成氢氧化铁从溶液中沉淀出来。因这种亚铁化合物在含氧的水中是不稳定的，它将进一步氧生成氢氧化铁。

$$2Fe(OH)_2+H_2O+1/2O_2 = 2Fe(OH)_3\downarrow$$

之后，氢氧化铁脱水，生成铁锈。

$$2Fe(OH)_3 = 2FeOOH\downarrow+H_2O$$

所以说，金属在垢下腐蚀由于本身电化学腐蚀存在自催化作用，将加速金属的腐蚀。

4 解决措施

4.1 选择依据

不锈钢依据：根据奥氏体不锈钢材料耐点腐蚀、晶间腐蚀和应力腐蚀能力的顺序：1Cr18Ni9Ti→0Cr18Ni9(304)→0Cr18Ni10Ti(321)→00Cr19Ni10(304L)，通过综合效益考虑采用0Cr18Ni10Ti(321)能较好地解决该问题。

因为0Cr18Ni10Ti低碳不锈钢抗晶界腐蚀能力优秀，可以防止晶界腐蚀。Cr-Ni在钢的表面形成非常薄的致密的氧化膜，它可以防止进一步的氧化或腐蚀。选用含碳量低的铬镍奥氏体不锈钢，如0Cr18Ni10Ti可以降低晶界敏化的危害。采取上述防腐蚀措施后，能较好地解决碳钢的腐蚀问题，保证了设备的长周期安全运行。

硫化氢腐蚀发生在碱性溶液，氯离子在这样的环境中不腐蚀。氯离子在酸性溶液中腐蚀，而硫化氢在酸性溶液中不腐蚀。HIC(氢致开裂)大多发生在酸性条件下。碱性条件下氯离子不会对不锈钢腐蚀。

4.2 相同条件下使用情况

我厂重油催化一车间气压机级间冷却器管束1992年10月投用时材质为10#，至1994年5月已经堵管45根，1994~1995年在运行过程中出现内漏，气压机组停机，放火炬，1995年更换为1Cr18Ni9Ti材质管束，使用至2007年共12年多，未堵管，效果良好。操作条件：压力0.5MPa，温度30~70℃，介质为富气与循环水，规格为*DN*1200。另外，在国内同类型的重油催化装置中大部分使用的管束材质为不锈钢。

5 效果

根据以上分析结合实际使用情况可以看出，对管束腐蚀的主要原因是壳体的富气腐蚀，但是循环水对碳钢表面没有防腐措施的腐蚀也是厉害的。

根据以上分析，2006 年采用 0Cr18Ni10Ti 解决气压机级间冷却器管束的富气腐蚀，现已使用 3 年多，效果很好。

气压机出入口阀门在 2008 年装置检修时进行修理或更换，将原气动入口蝶阀（*DN*700）和出口风动马达闸阀（*DN*350）更换成普通闸板阀，保证气压机组与附属设备安全检修与系统隔离。将级间冷却器出口安装阀门及副线，方便在线进行检修。本次停机前进行了试验，气压机完全可以在低负荷下甩掉级间冷却器安全运行。

（中国石油大庆石化分公司炼油厂　王巍）

62. 酮苯装置立式氨用海水冷却器腐蚀的技术改造

海水作为工业用冷却剂最重要的优点是便宜并且可以大规模地使用，但其主要问题是对金属材料的腐蚀。海水含盐量相当大，高浓度的氯离子使大多数金属具有较高的腐蚀活性。同时海水中大量氧的存在决定了几乎所有结构金属在海水中借助氧的去极化而被腐蚀。大连石化公司酮苯装置立式氨用海冷器多年来一直被海水腐蚀失效困扰，装置使用过程中，寿命最短的3个半月报废，寿命最长的3年，一般使用一年以后就开始频繁抢修，平均抢修12~15次，整台设备寿命几乎不超过3年。寿命短、泄漏率高直接影响装置长周期高效运行。通过攻关研究，对该氨用海冷器进行了技术改造，经长期运行考核，证明该技术改造是成功的。

1 立式氨用海冷器失效分析

1.1 工艺过程与失效结果

立式氨用海冷器的工况如图1所示。管程是敞口的，冷却海水自上而下经过管程。壳程介质为氨，入口介质为温度不超过80℃的气液两相氨(以液相为主)，经冷凝冷却后，变为常温液相，最高工作压力1.6MPa。

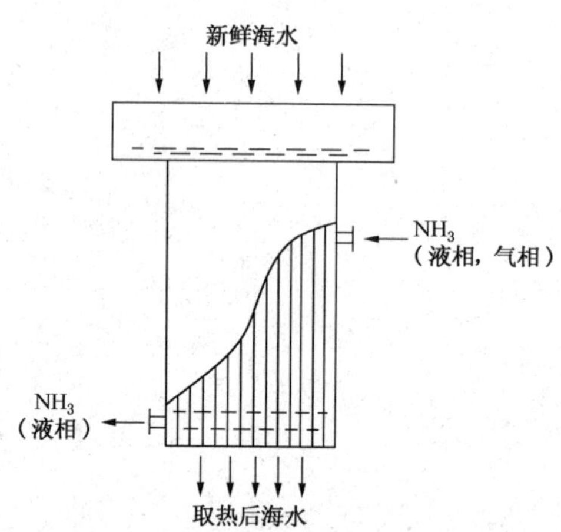

图1 立式海冷器工作示意图

管板材料为16Mn锻件，换热管为20低碳钢。

使用过程发现，该设备使用寿命短，泄漏抢修率高。对多台失效氨用海冷器进行研究，发现泄漏点几乎都是在管板与管子连接的焊缝处，而换热管和管板的其他部位几乎没有发生过泄漏。

1.2 失效分析

有文献报道，普通钢和低合金钢在静海水中的腐蚀速度约为0.1mm/a，孔蚀或坑蚀的速度可达0.3mm/a，在流动的海水中腐蚀更严重。由于管板与管子分别为低合金钢和低碳钢，其连接处的焊缝自然成了设备最薄弱的部位，焊接质量和应力集中等因素直接加速海水对焊缝的孔蚀，因此，该设备失效部位出现在管板与管子连接的焊缝处是很自然的结果。

2 改进方案与应用效果

2.1 改进方案

2.1.1 合理选材

采用复合钢板是许多场合解决腐蚀的优选方案。因此改进方案拟采用抗海水腐蚀材料与16Mn锻件复合组成复合管板。常用复合材料有海军铜、钛板、不锈钢等。

当海水流速不超过1m/s时，很多炼油厂采用海军黄铜制造海水换热器，并取得了相当满意的效果。但是，对于由图1所示工艺条件，如果采用海军黄铜与管板复合，一旦管子与管板连接处泄漏，壳程的高压氨会立即将整个铜复合层破坏掉，整台设备随即报废。因为氨对铜能够发生很强的络合反应，溶解在水中的氨气、氧气与铜络合反应生成了铜氨络离子。可见，在此海军黄铜不可以使用。

钛板是非常好的抗海水腐蚀用材，在海水和污染海水中不发生腐蚀，且抗冲刷和点蚀能力特别强，但是钛板价格太贵，与碳钢管的焊接性能不够理想，故钛板复合管板也不是最佳选择。

在海水中，不锈钢抗均匀腐蚀的能力特别强，其均匀腐蚀速度低于0.001m/s，但是文献资料一般不推荐在海水介质中使用不锈钢，主要原因是点腐蚀、晶间腐蚀和应力腐蚀破裂。点腐蚀理论认为，海水中Cl^-对不锈钢钝化膜有破坏作用。当含碳量较低时，不锈钢形成的钝化膜是均匀致密的，不会给Cl^-侵入晶界、贫铬区、夹杂物等缺陷部位的机会，能较好地防止点蚀。另外，不锈钢中钼的存在，使其与Cl^-结合成$MoCl_2$钝化膜，这种钝化膜使Cl^-无法穿透，从而进一步避免产生点蚀。同时，不锈钢的点腐蚀必须在高于“临界点蚀温度”才显著地表现出来，低于该“临界点蚀温度”，很少有点蚀危险。因此，在图1所示条件下，由于海水温度为常温，不会发生点蚀。晶间腐蚀理论认为，含碳量愈高，晶间腐蚀的倾向愈大。采用超低碳或高纯奥氏体不锈钢，例如仅在焊接时受热的构件，选用含碳0.04%~0.05%的不锈钢即可有效地避免发生晶间腐蚀。316L不锈钢的含碳量在0.03%以下，属于超低碳优质不锈钢，几乎没有发生晶间腐蚀的倾向。应力腐蚀理论认为，产生应力腐蚀断裂必须同时具备三个基本条件：腐蚀敏感的金属材料、处于拉应力状态下的工况和特定的介质环境。管板与换热管连接处的焊缝经热处理后可有效消除焊接应力，所以不会产生应力腐蚀。

下列大连石化公司的成功案例，也说明奥氏体不锈钢能完全胜任在海水介质中使用。

例1：1Cr18Ni9Ti管线在二酮苯装置海水中充当热交换管(在40℃以下)，使用了10年几乎没有发生腐蚀；

例2：二蒸馏装置铜管冷却器管箱隔板腐蚀烂透后，更换1Cr18Ni9Ti不锈钢隔板，直到该设备使用多年后报废，该隔板完好；

例3：一酮苯装置铜管冷却器小帽密封面被海水腐蚀破坏后，用不锈钢焊条堆焊车平后，能够长期使用。

可见，结合上述分析，选择奥氏体不锈钢作为图1管板的复合层，能够满足工艺条件要求，避免海水腐蚀。

2.1.2 阴极保护

利用海水的高导电性，海水成为了阴极保护理想的介质。阴极保护用于防止换热器管板、水箱和管端的腐蚀取得了相当成功的经验。因此，改进方案确定对图1所示设备采用牺牲阳极法保护设备免受海水腐蚀。采用牺牲阳极保护时，确保保护电流密度在 100～150mA/m²，取驱动电压为 0.2V，既确保需要的驱动电压要求，又避免析氢和涂层鼓包。

对图 1 所示氨海冷器，管端与管板的连接焊缝处是阴极保护的重点。

2.2 最终方案与使用效果

2.2.1 最终方案

为了延长海水金属设备的寿命，提高设备的耐海水腐蚀能力，除了考虑选用合适的材料外和阴极保护外，加保护涂层也是优选的方案。联合考虑上述方法效果更佳。

因此，保留原防腐涂层方案，管板与换热管焊接完成后，在整个管板板面覆盖防腐涂层，要求焊接接头涂层致密。原防腐涂层为 MQ901，耐温 300℃，考虑实际工作温度低于 100℃，改进方案选用 MQ847 防腐涂层，耐温 150℃，使防腐涂层耐蚀性能符合实际操作工况要求，同时降低涂层成本。

研究证明，奥氏体不锈钢的含碳量越低，抗腐蚀性能越好，因此选取 316L 超低碳不锈钢即 00Cr17Ni14Mo2 作为复合层材料，厚度 $\delta=4$mm，复层管板与管束 20 钢的焊接选取异型焊材 E309MOL—16。

以 Zn 作为牺牲阳极材料，该材料有成功的使用经验。

2.2.2 使用效果

原管板 16Mn 锻钢，厚度为 60mm，复合后厚度为 42mm，节省 16Mn 锻钢的费用 0.6 万元/台，316L 复合多投资 1.2 万元/台，总计多投资 0.6 万元/台。原防腐涂层采用 MQ901（耐温 300℃），防腐费用200 元/m²，每台费用 4.8 万元；改用 MQ847（耐温 150℃），防腐费用120 元/m²，每台费用 2.8 万元，节省费用 2 万元/台。新采用的牺牲阳极保护费用 3 万元。可见设备投资费用基本上与原投资费用相当。但是，改进后设备寿命明显增加。原设备寿命最短 3 个半月，最长不超过 3 年，而且经常抢修。改进后有 9 台设备已经投用，最早投用时间是 2001 年 5 月，最晚投用的一台也有一年多，这 9 台设备至今没有发生过一次抢修，实践证明这种设备的改造获得了极大的成功。不仅节省了大量的抢修费用，提高了装置完好运行能力，而且仅三酮苯一套装置与往年比较，每年就可以节省液氨跑损 30t。

3 结论

（1）16Mn 锻件管板与 20 钢换热管管端焊接处是立式氨用海冷器最容易失效的部位，主要原因是海水腐蚀导致焊缝处局部穿孔。

（2）改用 316L 超低碳不锈钢与 16Mn 锻件复合，增加牺牲阳极保护措施，结合防腐涂层保护，很好地解决了原设备因海水腐蚀寿命极短的问题，寿命由最短不足 3 个月提高到目前使用 4 年仍然完好无损。

（3）改进后的设备在保持制造成本基本不变的同时，大大节省了抢修费用，防止了液氨跑损，提高了装置长周期运行能力。

（4）建议类似海水冷换装置作上述改进，提高装置抗海水腐蚀的能力，延长装置的使用寿命。

（中国石油大连石化分公司机动处　刘俊武）

第六章　余热回收设备维护检修案例

63. 低温热交换及余热回收中节能防腐新技术

近年来，防腐蚀问题已从避免经济损失的层面上升到低碳节能和资源保护的高度。全球每年因腐蚀问题造成的损失超过 2.2 亿美元，即全球年 GDP 的 3%被腐蚀问题所吞噬。如果能采取有效的防护措施，每年可挽回 25% ~40%的腐蚀损失，而金属的防腐问题占到各种防腐蚀措施的 2/3，因此，对于金属防腐处理的深入研究和技术创新势在必行。

以石化行业为例，其换热设备投资约占建厂总投资的 40%，而每年因腐蚀结垢报废的换热器多达上万台。换热器的损坏不仅使维修更新作业频繁，原材料和产品跑、冒、滴、漏，有毒有害物资侵害人身安全、污染环境等，而且其造成的装置事故停车带来惊人的停产损失，如规模约为 20 万吨乙烯厂、250 万吨炼油厂、30 万吨合成氨厂停产一日损失高达数十万到数百万元。对于壳程温度低于 100℃的换热器，运行 6 ~10 个月就会因结垢、污物使大部分列管堵塞，换热失效。壳程温度为 200℃的换热器运行 2 ~4 个月，积垢就达 1mm 以上，使传热效率大大降低。到目前为止，在石油炼制与石油化工企业中，大量的低温余热未能获得低成本高效地回收，受到材料、腐蚀等因素制约，如低温余热回收、碳钢水冷器及冷凝器管束等均因材料的腐蚀未能很好地解决，制约着使用寿命。

为此，研制了一种新型的柔性金属搪瓷防护材料，有效地与换热管壁结合为一体，用来解决腐蚀性介质中或低温露点温度以下换热管金属壁面的腐蚀问题，延长管束的使用寿命，同时提高换热管壁面防结垢与抗锈垢能力，提高换热效率，为低温余热的回收、腐蚀性介质的热交换、流体输送、污水处理等领域的节能降耗奠定基础。

1　技术原理与特性

1.1　普通搪瓷

常用搪瓷材料，是一种金属与无机材料经特殊工艺构成的金属-玻璃体复合材料。搪瓷制品不仅具有金属材料的物理性能和功能，而且还具有瓷层的各种物理化学性能，具有优良的化学稳定性和机械性能。搪瓷是一种玻璃质的无机涂层，它在金属制品上熔融形成较薄的涂层，成为金属基体防腐蚀的保护层，具有较好的耐腐蚀性能、耐磨损性能、耐高温性能等。

普通搪瓷釉主要是玻璃相物质，因此瓷釉的结构也类似于玻璃的结构，可以把瓷釉视为一种异向同性的无定性物质，属于远程无序和近程有序的结构。形成瓷釉基体的主要是 SiO_2、B_2O_3等，在瓷釉中以多面体的形式相互组合成连续的网架结构。引入瓷釉中的金属阳离子，如 Na^+、K^+、Li^+、Ca^{2+}等，则按照一定的配位关系进入瓷釉网络的外体孔位中。这些金属阳离子强烈地影响着瓷釉的性能，成为瓷釉不可或缺的重要组成部分。在金相显微镜和电子显微镜下观察普通搪瓷层的结构，可以看到搪瓷层结构是不均匀的。在搪瓷层中存在瓷釉颗粒、各种氧化物、惰性耐火材料和大量的气泡。搪瓷制品的缺陷与搪瓷层中的气泡结构有密切关系；若气泡的尺寸相对比较小，数量相对比较多，则搪瓷制品容易出现鳞爆的缺陷；若气泡结构过大，搪瓷层则会变得太薄，瓷层与金属的结合性能变弱，导致整个搪瓷层的强度降低，容易产生搪瓷制品其他的缺陷。

1.2 柔性金属搪瓷

在普通搪瓷的基础上，运用流态化粉碎动力学原理，加入具有抗腐蚀性能的金属元素，进行加工，在微尺度下其表面活性提高，并与助熔化合物之间形成牢固的化学吸附和化学键合状态，形成聚合物，从根本上改善了界面处的薄弱环节；显著提高了该金属搪瓷的强度、柔韧性、耐磨性、耐蚀性(耐水、油、酸、碱、盐)、耐温性及抗结垢性等多种特殊功能，亦称为“柔性金属搪瓷”。

1.3 柔性金属搪瓷特性

1.3.1 抗渗透性

(1) 在微尺度下金属聚合物和助熔化合物间形成了化学键合和化学吸附，阻塞了渗透通道；

(2) 微尺度下的金属粒子填充到空穴中，具有腐蚀性介质的离子不能直接透过该金属搪瓷层颗粒本身，只能绕道渗透，这样延长了渗透路线，起到迷宫效应，阻挡了腐蚀介质的渗透；

(3) 防腐金属粒子被聚合物所包覆，具有抗润湿性，可抵抗极性介质和离子通过该金属搪瓷层。

1.3.2 抗腐蚀性

(1) 腐蚀的三个重要因素是水、氧和离子，而柔性金属搪瓷层的抗渗透性好，使其具有屏蔽效应，能有效发挥防腐蚀作用；

(2) 柔性金属搪瓷层呈游离键和金属的结合状态，使分子链柔软便于旋转，可消除内应力，其内应力很低，其内部没有微裂纹，抗开裂、剥离能力强，提高了防止物理破坏的能力；

(3) 由于耐蚀性金属元素的加入，化学键合与化学吸附作用形成稳定的结构，阻止水、氧及其他腐蚀介质的取代作用，使其不易发生腐蚀反应，提高了防止化学腐蚀破坏的能力。

1.3.3 抗垢性

(1) 对于粗糙的表面能增加液体流动的阻力而减小流速，增加近壁流层的厚度，造成更多的结垢核心，有利于污垢的沉积长大。柔性金属搪瓷层由于微粒子的填充作用表面光滑度很高，近壁流层薄不利于结垢。

(2) 柔性金属搪瓷层具有特殊的性能，能对污垢粒子整形使其排列整齐，不形成垢质分子交错穿插的硬垢。

(3) 柔性金属搪瓷层特殊的化学结构形成憎水表面，排斥污垢粒子，使其不能黏附到该表面上，达到防垢的功能。

1.3.4 导热性

(1) 柔性金属搪瓷层由于呈黑色，所以其辐射热吸收率较高；

(2) 柔性金属搪瓷层中的立体网状结构形成导电的同时，也形成了导热通道，导热系数接近金属导热范围。

1.3.5　耐温性

柔性金属搪瓷层一般可用在150℃以下，最高为200℃，对于石化加热炉、锅炉等尾部余热回收能基本满足要求。

2　应用实例

2.1　冷凝管束

在炼油装置中，常见的问题是冷换设备的腐蚀与结垢，特别是冷却器管束，因管程多数走循环水，当水与温度较高的介质换热时，极易使管子内壁腐蚀与结垢形成垢层，而水垢的导热系数与金属的导热系数相差20倍以上，造成换热效率下降。另一方面，一般碳钢冷却器管束没有采取防腐措施，有的使用不到一年即发生管束腐蚀穿孔，如图1和图2所示。

图1　管束外壁腐蚀(未防腐处理)

图2　换热管腐蚀(未防腐处理)

2004年，在某炼油厂初顶冷凝器管束内、外表面均使用了柔性金属搪瓷防腐，冷凝器材质为10#碳钢，经过3年多使用，2007年在设备检修时打开，在没有进行清扫下，其结果如图3~图6所示。

图3　设备打开后的原始表面状态(使用3年)

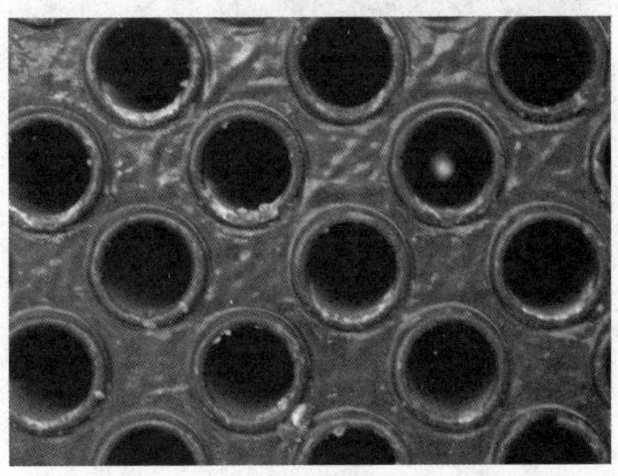

图4　管板没有清洗的表面状态(使用3年)

图 3 为设备打开后的原始表面状态。图 4 为管板处表面原始状态，图中的白点是对面管口透的光，可以看出没有水垢，管内表面光滑。图 5 为管束打开口没有清洗的管束外表面。图 6 为用水清洗后的管束外壁状态，从图中可以看出管束外壁没有结任何锈垢。

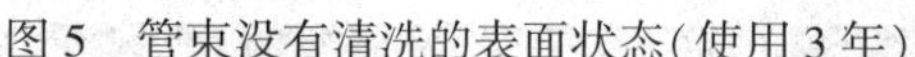

图 5　管束没有清洗的表面状态(使用 3 年)

图 6　用水清洗后的管束外壁状态(使用 3 年)

经检查管束内表面没有结水垢(管内)，管束外表面没有锈垢(管外)，柔性金属搪瓷防腐层表面没有损坏。而后，继续使用了 8 年多。在使用 8 年后，打开检查，设备完好，如图 7、图 8 所示。图 7 为使用 8 年打开时管束外壁表面状态，没有锈垢。图 8 为使用 8 年打开时，管板在没有进行清扫时的表面状态。其中有一台管束 8 年经过 3 个周期检修时，不用抽管束，做到免维护。

图 7　打开时管束外壁表面状态(使用 8 年)

图 8　管板没有清洗的表面状态(使用 8 年)

可见，采用柔性金属搪瓷防腐，已初见成效。自 2004 年以来，先后在常减压、重油一催化、重油二催化塔顶冷凝器中的管束内外壁面上使用，从 2004 年到 2012 年共计水冷器防腐达百台，约合施工面积超 30000 m^2，一方面较好地解决了冷凝换热的腐蚀问题，另一方面，由于其抗结垢性能，减薄了原垢层的厚度，相对提高了换热效率。经对比计算采用柔性金属搪瓷防腐比管束不防腐综合传热系数提高 66.54%。

2.2　加热炉余热回收

为提高加热炉效率，要求其排烟温度降低，但是在其尾部的空气预热器、省煤器等余热回收设备的换热面上不可避免地会产生强烈的低温露点腐蚀，根据烟气的组分，有的甚至在不到一年的运行时间内，换热面就严重腐蚀穿孔，使炉子不能正常运行。因此，低温露点腐蚀问题已成为降低炉子排烟温度、提高热效率的主要障碍。

某厂重整装置投入运行的一加热炉，烟气尾部的余热回收采用热管式空气预热器，其设计排烟温度为160℃，而实际运行时排烟温度为120℃，由于烟气中含有 H_2S、HCl、SO_2 等组分，在烟气出口处低温段对热管表面产生较严重的腐蚀，使用不到一年热管表面的翅片有的已经被腐蚀掉。经分析该腐蚀结垢物 pH 值为1~2，属强酸物质，易溶于水，所以对碳钢的金属表面容易发生露点腐蚀。图 9、图 10 为热管表面腐蚀结垢情况，较多的垢层导致热管的换热效果下降。在 2007 年更换热管时，对热管壁温在露点温度以下的表面做柔性金属搪瓷防腐蚀处理，使用 3 年后，到 2010 年检修打开时，发现其金属搪瓷防腐层整体性完好，表面有光泽，无起皮、起泡、龟裂、脱落等现象，并且表面只附着较少的结垢层，易清洗，如图 11、图 12 所示。

图 9　热管表面结垢(未防腐处理)

图 10　热管表面腐蚀(未防腐处理)

图 11　打开时热管表面未清洗(使用 3 年)

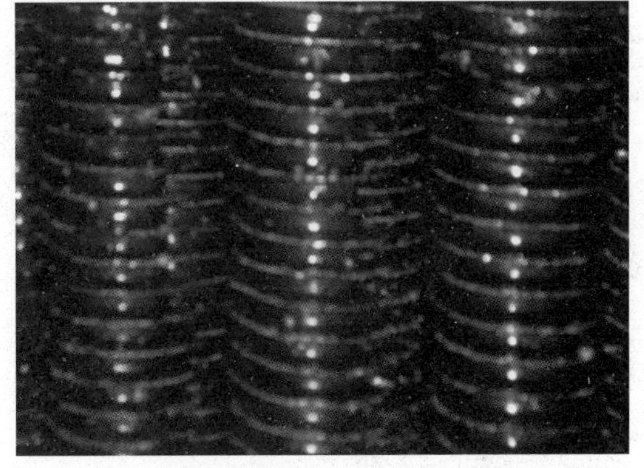

图 12　热管表面清洗后(使用 3 年)

2.3　储罐、泵体防腐

储油罐是炼油厂储运系统不可缺少的主要设备之一，如果对其内壁防腐不好或不防腐，经过一段时间的使用之后，金属表面会遭到严重腐蚀甚至穿孔，使储罐的使用寿命大大缩短，给企业造成不必要的损失，严重影响安全生产。同时由于罐体的腐蚀，产生了大量的锈蚀产物，污染了油品，这种现象在储存油品的储罐中较为普遍。油罐腐蚀的主要部位有：罐底板、罐壁和罐顶。

炼油厂的酸性水气体装置，主要处理来自常减压、催化裂化、加氢等装置的含硫污水。由于酸性污水组分较复杂，含有 H_2S、NH_3、CO_2、CN^-、酚和油等多种介质，腐蚀性较强。

对于排烟温度过低的加热炉，由于烟气中含有大量的二氧化硫气体，对引风机壳体及叶轮腐蚀比较厉害，使用不到半年壳体便出现点蚀和大面积减薄，使用不到一年壳体便可报废。

采用柔性金属搪瓷防护，能解决酸性水罐的应力腐蚀，解决风机壳体的烟气露点腐蚀，并且已在实际工程中得到了验证。

2.4 污水管道防腐

对于埋地污水管线，管道的外表面受土壤的腐蚀需要防护，管道的内表面同样因输送介质的腐蚀性而需采取防护措施。污水中含有 S^{2-}、CN^-、NH_3-N，pH 值在酸性条件下存在金属氧化的去极化电化学腐蚀，同时在水中有害介质的协同作用下，构成 $HCN-NH_3-H_2O$ 系统腐蚀。通常采用一般的常温固化的环氧、呋喃、酚醛类的涂层，其表面涂层易发生变软、鼓泡、破损而失去作用。

采用柔性金属搪瓷防护，其良好的耐水性、致密性以及憎水性，可以起到有效的防护。

3 结论

柔性金属搪瓷防腐层具有抗腐蚀性高、抗锈垢性能好、抗渗透性强、导热性好等特点，在含有腐蚀性的多种介质中，解决了金属表面既耐温、耐腐蚀又耐磨的难题，为低温余热回收、冷凝器、热管、管道防腐蚀开辟了新的途径。

（江苏中圣集团南京圣诺热管有限公司　郭宏新，王巍，杨峻，陈军）

64. 延迟焦化装置加热炉烟气余热回收系统节能改造

延迟焦化装置属于高耗能装置，焦化反应所需的全部能量都是由加热炉提供的，加热炉所耗燃料的能耗约占焦化装置(不含焦化富气压缩和下游单元)总能耗的75%～80%，因此提高加热炉的热效率对装置的降本增效有着极为重要的意义。

镇海炼化公司2.5Mt/a延迟焦化装置原为“一炉两塔”流程的1.0Mt/a延迟焦化装置，于2005年4月一次投料成功，2007年又扩建增加“一炉两塔”流程，达到目前处理量规模。其中加热炉F1101自2005年开工后，排烟温度一直偏高，未达到设计要求，且呈逐月升高趋势，达到230℃左右。其后虽然于数次对热管式空气预热器进行检修改造，但一般在运行一个多月之后，排烟温度出现与改造前类似的变化趋势，最高达到250℃。空气预热器排烟温度高，使加热炉热效率降至87%，加热炉低热效率运行下，不仅浪费了燃料气，也造成了过多废气的排放。为此，趁2007年12月装置扩能改造机会，对加热炉F1101的对流室、烟气余热回收系统进行了改造，改造后的加热炉热效率有了较大的提高，取得了较好的经济效益。

1 加热炉概况

2.5Mt/a延迟焦化装置(以下简称焦化装置)有两台加热炉分别为F1101、F1102，设计负荷26.7MW，它们为相对独立的“三炉膛”结构，三个炉膛共用一个鼓、引风机、风道和烟道，加热炉设置了烟气余热回收系统，采用热管式空气预热器，由中船重工711研究所设计制造，利用烟气余热来预热助燃空气。烟气余热回收系统流程如图1所示，图中E1110为热管式空气预热器。加热炉基础数据见表1，加热炉加热介质操作参数见表2，原料平均进炉温度290℃，出炉温度500℃，流量37t/h。

表1 延迟焦化装置加热炉F1101部分设计参数

规格型号	35000kW-6.8MPa-ϕ114.3-ϕ114.3	对流炉管规格	ϕ114.3×8.56×17500
对流段有效传热面积	1400m^2	对流炉管材质	1Cr9Mo
过热蒸汽管对流炉管数量	4×16(程数×根数)	渣油介质对流段入口温度/℃	337
渣油对流炉管数量	4×72(程数×根数)	渣油介质对流段出口温度/℃	392
过热蒸汽入口温度/℃	280	过热蒸汽出口温度/℃	340
烟气进预热器温度/℃	360	烟气出预热器温度/℃	≤160
空气进预热器温度/℃	常温	空气出预热器温度/℃	220±20
炉膛烟气温度/℃	~820(最高)	全炉热效率/%	~90

表2 加热炉各时期燃料气及排烟温度

项 目	设计值	开工初期值	2007年1月	2007年2月	2007年3月
燃料气温度/℃	40～45	42	38	39	41
空气进预热器温度/℃	环境温度	环境温度	环境温度	环境温度	环境温度

续表

项　　目	设计值	开工初期值	2007 年 1 月	2007 年 2 月	2007 年 3 月
空气出预热器温度/℃	240	240	230	225	220
烟气进预热器温度/℃	360	360	361	360	362
烟气出预热器温度/℃	150	180	243	245	246
热效率/%	90	90	87.2	87.2	86.8

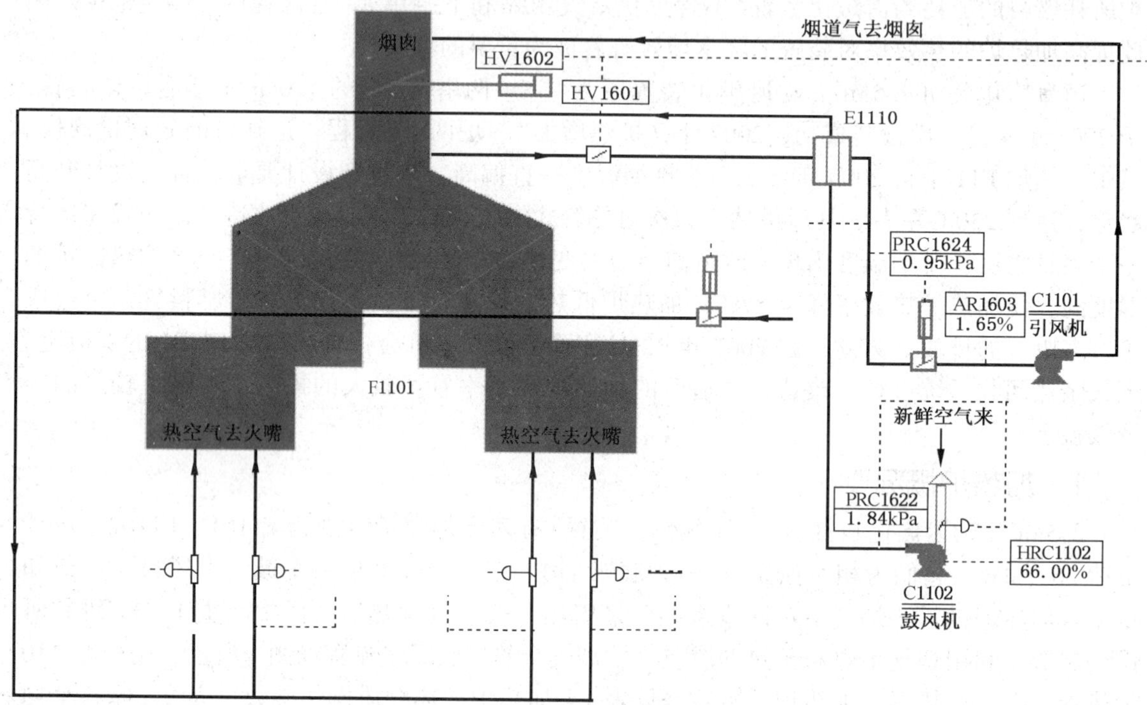

图 1　延迟焦化装置加热炉 F1101 烟气余热回收系统流程图

2　加热炉烟气余热回收系统存在的问题

焦化装置炉 F1101 炉排烟温度自 2005 年 4 月开工后，排烟温度一直偏高，未达到设计要求，且呈逐月升高趋势，达到 230℃左右。其后虽然数次对热管空气进预热器进行修复，但一般运行一个多月之后，排烟温度出现与改造前类似的变化趋势，最高达到 250℃，使该加热炉的热效率一直较低，在 85%左右。从图 2、图 3 看出，2006 年 2~12 月，焦化炉 F1101 炉排烟温度变化逐月升高，其热效率逐月降低。

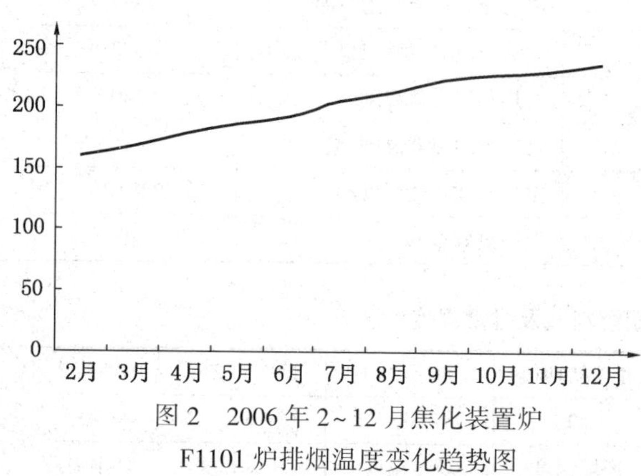

图 2　2006 年 2~12 月焦化装置炉 F1101 炉排烟温度变化趋势图

3　加热炉系统存在的问题分析

3.1　烟气出对流室进预热器温度过高

导致烟气出对流室进预热器温度过高原因有以下三点：

（1）Ⅱ焦化装置加热炉 F1101 对流炉

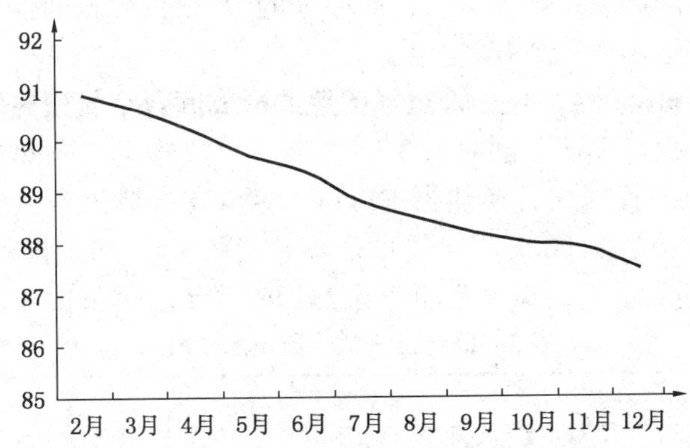

图3　2006年2~12月Ⅱ焦化装置炉F1101炉热效率变化趋势图

管数量设计较少，只有72根ϕ114.3×8.56的渣油介质取热管。而0.8Mt/a焦化装置加热炉F101，其热负荷比炉F1101小32.5%，但对流炉管数量却比炉F1101多很多。其中：对流减渣炉管ϕ127×8，84根；对流过热蒸汽炉管ϕ127×8，6根；软化水炉管ϕ60×5，56根。这样使炉F1101烟气取热量不够，经过取热后烟气温度仍较高，在360~380℃左右，给热管空预器的平稳正常运行带来了很大的威胁。

(2) 一般加热炉经过半年多的运行后，炉管均出现不同程度的结焦现象，炉管一旦结焦，炉膛操作温度就要大幅度提高，炉管表面温度超高，炉管结焦后热负荷过大，全炉热负荷增加，在加热炉110%的加工负荷下，加热炉热烟气出对流室温度基本都超过385℃，最高达393℃。

(3) 随着焦化装置经常20h生焦，处理量提高较多，也使炉F1101负荷提高较多，处于超负荷运行。

3.2　空气预热器热管在过高的温度下运行传热效果下降

烟气进热管空气预热器温度过高会导致热管失效。因热管内工质由97%的水和3%的添加剂组成，热管长时间在较高温度下工作，钢和水会发生化学反应，生成氢气，使热管真空度下降，从而使热管传热效果下降。

另外，预热器入口热烟气温度超过360℃时极易引起热管内部工作温度上升而导致热管破裂，从而失去热管的传热效应。可以判定，预热器烟气入口温度频繁超高控制而使热管失效。

2006年1月，由于焦化装置F1101排烟温度已逐渐升高至230℃左右，焦化热管空气预热器切出停工检修。在对拆下的518根水热管进行抽检，发现大多水热管等温性严重退化，选取高温段部分热管割开，发现有钢管与介质高温反应现象，生成大量不凝气，致使部分热管失效。后继续挑选其余各排热管割开，发现大部分热管均有高温反应现象，完好的热管极少。此次经过部分热管更新、部分热管修复之后，当月平均排烟温度为160℃，但不久排烟温度又逐渐升高，直至最高达到250℃。由此可见，热管失效是焦化加热炉排烟温度高的主要原因。

4　加热炉技术改造

4.1　改造加热炉对流室

为增加炉F1101对流段取热负荷，利用装置大修机会，对炉F1101对流炉管进行适当改造。由于对流空间所限制无法增加炉管，对原来的 16 根汽轮机对流取热段过热蒸汽炉管改为对流段渣油取热，进出口重新配管。

4.2 新增列管空气预热器，与热管空气预热器形成联合空气预热器

为增加空气预热器换热负荷，同时避免高温烟气对热管空气预热器热管的破坏，在热管空气预热器上方增加二管程列管换热器 E1111，烟气走壳程、空气走管程，与热管空气预热器串联且位于其上方，形成联合空气预热器(见表 3)。烟气出扰流子段设计温度取 260℃，同时冷热烟道进行改造。改造后烟气余热回收系统流程如图 4 所示。

表 3 联合空气预热器技术参数

	烟气侧	空气侧
列管空气预热器进口温度/℃	360	140
列管空气预热器出口温度/℃	260	300
热管空气预热器进口温度/℃	260	20
热管空气预热器出口温度/℃	130	140
流量/$kg \cdot h^{-1}$	57750	46600
总阻力降/Pa	≤9800	≤9800
回收热量/kW	3875	

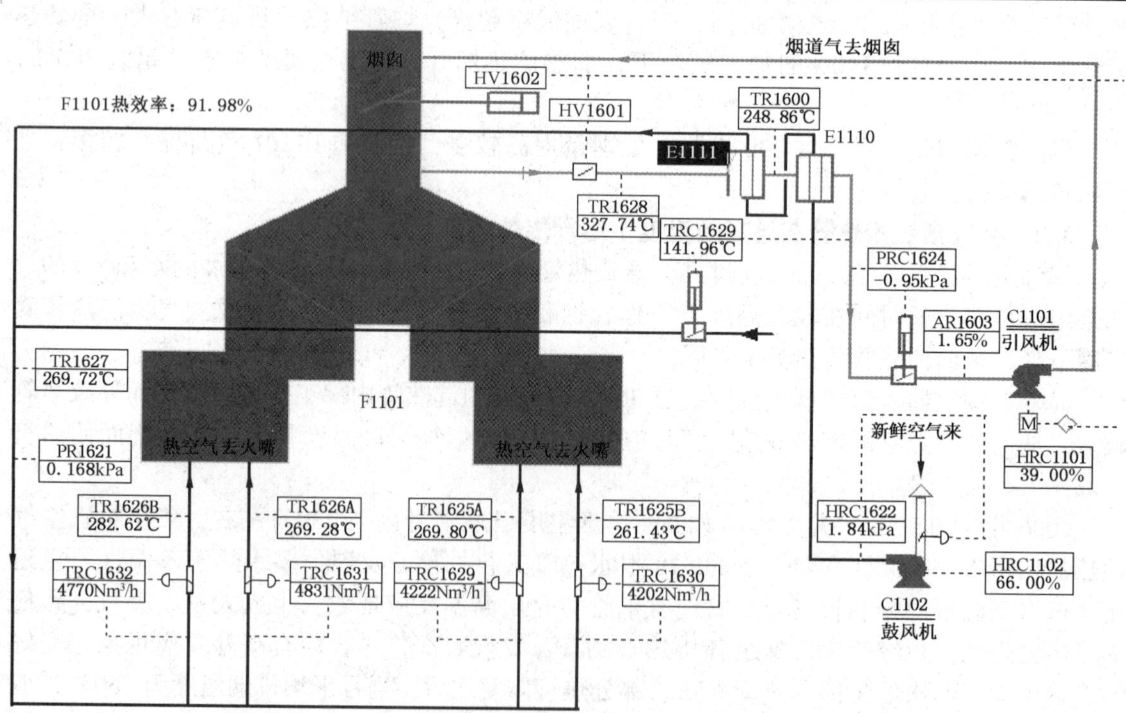

图 4 改造后的延迟焦化装置加热炉 F1101 烟气余热回收系统流程图

4.3 对原来的热管空气预热器进行检修

2007 年 3 月，对原先的热管空气预热器 10 排 215 根吡络丙酮管全部换为钢-水热管，对所有原 518 根钢-水热管进行再生检修或更换新热管，大大提高了热管空气预热器换热性能。排烟终温稳定控制在 130℃。

5　加热炉技术改造效果

装置在检修期间进行改造施工，加热炉经过改造取得了较为满意的效果，改造前、后对比情况见表4，排烟温度大幅下降，热效率提高较多，减少了燃料消耗，节约燃料费用初步计算一年有500多万元，经济效应十分显著。

表4　加热炉改造前后对比

项　目	改造前	改造后	差　值
排烟温度/℃	246	130	116
空气预热温度/℃	220	280	60
加热炉热效率/%	87.2	91.8	4.6

联合式空气预热器技术在焦化F1101炉上获得了成功应用，随后在新建的焦化加热炉F1102炉上，余热回收系统也采用了联合式空气预热器，并获得了理想应用效果。这种技术的应用，为今后对于热烟温度高、热管空预器受限应用的加热炉空气预热器设计选用提供了借鉴，也为目前国内焦化加热炉排烟温度普遍高问题找到了解决途径。

6　总结

2.5Mt/a延迟焦化装置加热炉F1101，经过2007年4月大修节能改造，克服原加热炉烟气余热回收系统设计上的部分不足，充分提高了加热炉的热效率，降低燃料消耗。随后，在该装置新增一炉二塔的扩能改造中，对新加热炉F1102应进行了同样设计应用，极大地增加了经济效益。

（中国石化镇海炼化分公司　武明波）

65. 润滑油加氢装置加热炉余热回收系统改造

上海高桥公司炼油厂是中国石化集团公司所属的大型燃料——润滑油型炼油基地，为了提高润滑油基础油产品质量，新建一套30万t/a润滑油加氢装置，引进美国雪佛龙公司最新异构脱蜡专利技术、工艺包和催化剂，由中国石化工程建设公司承担设计，中国石化第十建设公司施工安装。设计以大庆原油和卡宾达原油的减三线、减四线和轻脱沥青油为原料，以切换进料的方式进入装置，通过加氢裂化、异构脱蜡/加氢后精制及常减压分馏，来生产APIⅡ类和API Ⅲ类高档润滑油基础油。润滑油加氢装置为连续生产装置，介质性质为易燃、易爆、易凝、易腐蚀，工艺过程属高温、高压、临氢、长流程，最高温度可达430℃，最高压力可达18.0MPa。

1 加热炉系统介绍

润滑油加氢装置共有五台加热炉及一套烟气余热回收系统。由于装置为生产高档润滑油型的高压加氢装置，对油品品质要求较高，同时根据工艺条件，加热炉操作要满足开工初期和操作末期及多种原料的切换条件，各种工况操作条件相差很大，因此要求在加热过程中不但要避免局部过热影响油品品质，而且要求加热炉操作弹性大，同时为充分利用材质较高的炉管(不锈钢TP347、TP321)，两台反应炉F101、F201和两台分馏炉F102、F202设计成单管双面辐射方箱炉，并配用底烧附墙扁平焰瓦斯燃烧器。减压炉F203设计为卧管单面辐射方箱炉，配用底烧瓦斯燃烧器。余热回收系统采用热管空气预热器回收烟气余热，并设有空气鼓风机和烟气引风机。来自五台加热炉对流室的热烟气经集合热烟道进入热管空气预热器与空气换热后由烟气引风机排入冷烟道，经60m钢烟囱排入大气。冷空气由空气鼓风机送入热管空气预热器与烟气换热后经热风道供炉底燃烧器燃烧使用。加热炉安装了余热回收系统后不仅使烟气中大部分余热得到利用，而且由于热风助燃改善了燃烧条件，两者的综合效果使加热炉的热效率有较大提高。

2 改造原因及主要内容

润滑油加氢装置加热炉余热回收系统自2004年11月开工，采用的是RH1100W型热管空气预热器。余热回收运行以来，加热炉最终排烟温度一直很高，为240~245℃。2006年9月对此空气预热器失效热管518根进行了修复，修复后排烟温度降为190~200℃，加热炉热效率为87%~88%。经过两年的使用，到2008年7月热管已有部分失效，排烟温度达到220℃，加热炉热效率一般在87.0%左右，远低于全厂加热炉平均热效率，根据经验需对全部热管518根进行了修复，费用较高。同时根据装置加热炉的工艺条件及烟气、空气的流量，可计算出空气预热器热负荷需要3.0MW，而实际的RH1100W型热管空气预热器热负荷偏小，造成加热炉最终排烟温度高，热效率低。因此为了进一步提高加热炉的热效率，达到节能降耗的要求，决定润滑油加氢装置大修时对加热炉余热回收系统进行改造。

装置加热炉余热回收系统改造委托中国石化集团上海工程有限公司进行设计。改造主要内容为：更换一台新空气预热器(GLKY2200型，设计负荷3.2MW)；相应烟道、风道改动；因预热器负荷增大，鼓风机利旧，更换一台大功率马达(132kW)；引风机利旧，更换一台大功率马达(200kW)；为节能，鼓、引风机马达增加变频，电缆改造；鼓、引风机马达基础相应变动；空气预热器安装激波吹灰器。

3　GLKY2200 型管式/热管混合式空气预热器

余热回收空气预热器采用 GLKY2200 型热管/列管混合式空气预热器。它由管式换热器及热管换热器两部分组成。烟气由上向下流动，空气由下向上流动，顺着烟气流动方向，管式换热器置于设备上部，热管换热器置于设备下部。烟、空气流程：以设计工况为例，412℃的烟气顺着流动方向，先经过管式换热器温度降至 250℃，然后经过热管换热器温度进一步降至 120℃，经烟囱排放。空气逆向流动，20℃的空气先经热管换热器受热温度升至 166℃，然后经过管式换热器受热温度升至 350℃，进加热炉助燃。

3.1　热管元件的结构及工作原理

采用热管作为传热元件是热管空气预热器的主要特点，其性能好坏与空气预热器整体性能的优劣密切相关。本预热器采用重力式热管元件，其结构及工作原理如图 1 所示。它由简单的密闭金属管体、密封结构、工质三部分组成。在管内真空状态下，热管蒸发段吸收烟气释放的热量，液态工质蒸发成蒸汽，蒸汽向压力较低的冷凝段移动。到了冷凝段蒸汽向管外空气释放热量，同时凝结成液体。冷凝后的液体在重力的作用下重新返回蒸发段。如此往复循环，热管以相变传热的方式进行工作，因此传热效率高。为了强化管外放热，蒸发段和冷凝段(即烟气侧和空气侧)两侧都装设了翅片以增大传热面积。热管中间固定了一个锥形中接头，与中隔板的直孔配合形成线密封。

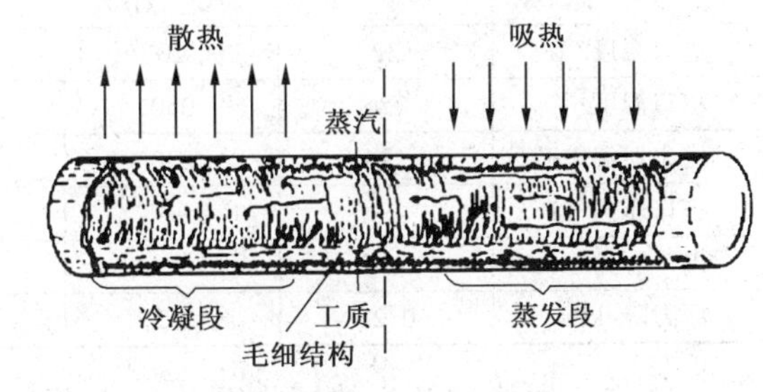

图 1　热管的结构及工作原理

3.2　空气预热器的结构及特点

管式换热器置于设备上部，由 2052 支传热管、侧面空气通道、支撑管板及壳体构成。将传热管焊接在管板上，管焊缝通过着色探伤来保证焊接密封性，并与空气隔绝。空气通道焊接在管板外侧，保证与外界空气隔绝。将管式换热器布置在对流室烟气出口处，可以有效避免因入预热器烟气温度过高而引起的热管换热元件爆管或失效现象。

热管换热器置于设备下部，由 392 支热管元件、管板、专利技术(在烟气通道的近出口段通入一股高温烟气对烟气通道的近出口段加热，将烟气通道出口处温度控制在露点以上)调节通道及壳体构成。热管元件由底部锁紧弹簧固定在中隔板及下隔板上，专利技术调节通道的开启位置由热管换热器侧面的圆形手轮控制，从 0°全关到 90°全开。将采用专利技术的热管换热器置于空预器的后部，既可以利用热管换热元件的高效换热性能来提高换热效率，又可以通过对烟气出口温度的调节来避免低温露点腐蚀。同时可以提高使用寿命及吹灰效率。

4　余热回收系统投用介绍

加热炉余热回收改造项目完成后，装置立即开始调试并投用。投用时注意：热管在超过设计温度的环境下工作时其内部工质会受到破坏，导致换热器性能下降，因此调试时应先开鼓风机再开引风机，保证预热器在有空气流入的情况下通入烟气；并且鼓风机应和引风机连锁，一旦鼓风机出现故障，引风机会自动停机；低温酸露点腐蚀是导致热管腐蚀损坏的一个主要原因，因此也要控制好烟气的出口温度，本设备中可以通过调节圆型手轮来控制调节通道的开度，达到控制烟气出口温度的目的，避免露点腐蚀的产生。

表 1 为新空气预热器投用时及老预热器投用时数据对比。可以明显看出新预热器除过压降较大外，其他各项指标都要比老预热器好很多，并且也达到了设计值。投用后加热炉的最终排烟温度比过去下降很多，为 120℃，相应加热炉热效率为 91%~91.5%，比过去热效率提高 3.5%。按照装置去年瓦斯日平均消耗量为 42.60t，理论上瓦斯用量与热效率反比关系，即瓦斯日平均消耗量可节约 1.64t，瓦斯单价 1491 元/t，每天可节约瓦斯费用 2443 元，每年节约费用约 90 万元。合计投资 140 万，预计 1.5 年可回收成本。

表 1　空气预热器数据

	空气侧			烟气侧		
	老预热器	新预热器		老预热器	新预热器	
		设计	投用后		设计	投用后
进口温度/℃	32	20	30	356	412	390
出口温度/℃	226	350	342	195	120	120
进出口温差/℃	194	330	312	161	292	270
进口压力/kPa	—	—	1.311	—	—	-0.371
出口压力/kPa	—	—	0.385	—	—	-1.054
压力降/kPa	0.22	2.2	0.926	0.22	1.3	0.683

目前，加热炉及余热回收系统还未调节到位，鼓、引风机的变频开度都为 70%，相信随着操作参数的进一步调节，鼓、引风机的变频开度能调节为 50%，进一步节约电能。

5 遗留问题

预热器长久运行，烟气中的烟尘会沉积在翅片中，过多的积灰势必会影响换热效果，因此应按规定定期开动吹灰器进行清灰。适当时候对热管元件进行检查，用热水清洗积灰过多的热管，晾干后装回原处继续使用。如热管损坏，应予更换。

由于本次余热回收系统改造时间比较匆忙，且大部分时间是在加热炉已经运行的情况下施工，不可避免地存在对生产不安全的因素，因此预热器的激波吹灰系统未安装，对预热器的长久运行有一定影响，希望在装置下次停工时及时安装。

6 结论

加热炉一般占炼厂燃料消耗的 35%左右，所以，提高炼厂加热炉的热效率，可大量节约燃料用量，对减少能源消耗是十分必要的。加热炉安装热管空气预热器余热回收系统，对提高加热炉的热效率十分有效。润滑油加氢余热回收系统改造投用后加热炉的热效率提高了 3.5%，瓦斯单耗下降 3.916kg/t 就是证明。因此热管空气预热器要使用和维护好，失效后要及时修复。

（中国石化上海高桥分公司　闫喜庆）

66. 催化裂化装置余热锅炉综合防腐节能改造

在炼油厂中，催化裂化装置的能耗约占全厂总能耗的40%~50%，降低催化装置的能耗对全厂节能成效具有十分重要的意义。催化装置余热锅炉一般同装置外取热器、油浆蒸发器一起构成装置中压蒸汽发生、过热系统。余热锅炉除过热自产饱和蒸汽外，还需过热外取热器、油浆蒸发器产生的饱和蒸汽，另外余热锅炉还对外取热器、油浆蒸发器汽包给水进行预热。

在很多炼油厂，催化裂化装置发生的中压蒸汽占全厂中压蒸汽发生总量的70%以上，夏天的情况尤为突出。因此，催化裂化装置余热锅炉能否长周期高效可靠运行，不仅影响全厂能耗指标，而且影响全厂蒸汽平衡和全厂装置安全运行。

由于催化再生形式分贫氧再生和富氧再生两种，催化装置配带的余热锅炉也主要有二种形式：一种为针对含CO再生烟气的燃烧式CO余热锅炉(不完全再生)；另一种为针对不含CO再生烟气的纯余热锅炉(完全再生)。根据2003年中国石油炼油处组织对当时各炼油厂催化装置能量回收系统调查结果：几乎所有余热锅炉的运行状况均存在比较多的问题，主要表现在以下几个方面：

(1) 蒸汽过热能力不足，中压饱和蒸汽不能完全过热或过热温度偏低；

(2) 炉膛压力偏高，再生烟气处理能力不足；

(3) 受热面积灰严重，排烟温度偏高，余热锅炉效率偏低；

(4) 省煤器没有有效的防腐措施，经常因省煤器腐蚀穿孔导致停炉。

鉴于以上情况，有必要开发一整套防腐节能技术，彻底解决了催化裂化余热锅炉烟气流通能力不足、过热器过热能力不足、省煤器低温露点腐蚀、排烟温度高和余热回收效率低等问题。

1　催化裂化装置余热锅炉存在的主要问题及分析

1) 省煤器腐蚀泄漏

在催化裂化装置余热锅炉中普遍存在省煤器腐蚀泄漏现象，经常发生因省煤器腐蚀穿孔导致停炉，严重影响余热锅炉长周期运行。尤其在加工含硫量较高的进口原油时，省煤器腐蚀更加严重。其原因在于一般省煤器的上水温度为104℃，由于水侧的换热系数比烟气侧换热系数高100倍以上，省煤器管壁温度接近水侧温度，即使排烟温度超过300℃，省煤器进水段的管壁温度也只有110℃左右，由于再生烟气的酸露点温度较高(一般为130~150℃左右)，导致省煤器管壁温度低于酸露点温度，省煤器换热管壁面凝结一层“酸水”，使管子腐蚀穿孔而泄漏。

2) 受热面积灰严重

催化裂化装置余热锅炉的再生烟气中夹带着催化剂粉尘。这些微小的催化剂粉尘流经受热面管子时，就静电吸附在受热面管子上。加上过去设计的余热锅炉过热器、省煤器和对流蒸发器传热管均为错排布置，催化剂粉尘很容易搭桥，堵塞烟道，给吹灰带来很大的困难。尤其在省煤器低温段，由于管壁温度低于烟气露点，催化剂粉尘会牢牢地黏结在管壁上，越结越厚，越结越坚硬。这样，随着锅炉运行时间的增加，受热面积灰日趋严重。

3）炉膛压力偏高

受热面积灰严重后，使烟气流通面积减小，烟气流动阻力增大，导致炉膛压力升高，既降低了烟机的做功效率，又容易引起烟气泄漏，给安全生产带来隐患。在锅炉运行后期，只好采取将部分再生烟气直接从旁通烟道排向烟囱，再生烟气能量不能得到充分回收，同时也对环境造成污染。

4）排烟温度偏高

受热面积灰严重后，受热面吸热量大大下降，导致排烟温度偏高。为了保证锅炉效率，不得不经常进行停炉清灰。

5）过热器过热能力不足

过热器过热能力不足是两方面原因造成的，一方面，由于过热器受热面积灰，使过热器传热能力下降，过热器出口蒸汽温度下降；另一方面，由于尾部受热面积灰使炉膛压力偏高，只好将部分再生烟气直接从旁通烟道排向烟囱，再生烟气流量减少，过热器的对流传热量减少，使过热器出口蒸汽温度下降。

从上述分析，我们可以看出：困扰催化裂化装置余热锅炉长周期、高效、安全运行的主要问题是腐蚀和积灰。另外，催化余热锅炉还需要特别强调两点：

（1）过去催化裂化装置余热锅炉设计中容易忽视的一点：催化裂化余热锅炉是与催化裂化装置相配套的能量回收设备之一。催化装置运行负荷高低、催化原料(掺渣比，减渣或常渣，原料油轻重)变化以及装置本身操作工艺参数的控制对再生烟气的流量、装置外取热器、油浆蒸发器的饱和蒸汽产量以及再生烟气中 CO 含量(对不完全再生装置而言)均影响很大，而余热锅炉又必须满足催化裂化装置运行工况的变化要求，而不可能是催化裂化装置运行工况适应或余热锅炉操作条件。因此，在催化裂化装置余热锅炉的设计中，必须使余热锅炉具有一定的调节手段和很强的操作弹性，在各种可能的催化裂化装置运行操作工况条件下，均能做到长周期、高效、安全运行。

（2）由于催化裂化余热锅炉(尤其是重油催化)主要过热装置外取热器和油浆蒸发器产中压饱和蒸汽，自身仅产很少饱和蒸汽，因此运行中一旦余热锅炉发生故障，不仅再生烟气的余热不能回收，而且还导致大量装置产中压饱和蒸汽不能过热，只能串入低压管网或放空，严重影响全厂蒸汽平衡，对全厂安全、正常生产造成极大冲击。因此，催化裂化余热锅炉设计、制造时对可靠性要求特别高，要求能做到随装置三年一修。

2 催化裂化装置余热锅炉综合防腐节能改造技术

针对各石化企业催化裂化装置余热锅炉的不同结构形式、再生烟气成分和运行中存在问题的特点，在仔细分析和计算的基础上，根据锅炉实际运行操作参数和锅炉改造要求，采取相应的改造措施。主要改造措施有：

1）改变省煤器上水流程，增设给水预热器和旁路控制回路

为了解决困扰催化装置余热锅炉长周期运行的省煤器腐蚀问题，采取改变省煤器上水的工艺流程，增设给水预热器，利用省煤器的高温出水(一般为 180~200℃左右)，将省煤器上水温度由 104℃提高至 130~150℃(可调整)后再进入省煤器。同时为增加余热锅炉操作弹性，在给水预热器高温水进出口之间增设旁路调节阀，控制在各种工况下，省煤器实际上水温度高于露点温度，这样通过上水流程的改进，确保省煤器换热管最低壁温高于烟气露点温度，根除省煤器低温露点腐蚀。

2）改变受热面的换热元件及布置，强化换热，便于清灰

过去，催化裂化装置余热锅炉的各受热面普遍采用光管为换热元件，错列布置，该结构在运行中存在着易积灰、除灰难、阻力大等问题，是导致炉膛压力偏高、排烟温度偏高的直接原因。为此，在改造中采用翅片管替代光管作为余热锅炉各受热面的换热元件。翅片管与光管相比，其传热面积可增加7~8倍，传热能力增加约3倍，因此，在原有锅炉受热面布置空间范围内，采用翅片管换热元件，可大大增加各受热面传热能力，降低排烟温度。另外将各受热面换热管错列布置改为顺列布置，可提高烟气流速，便于各受热面清灰。

各受热面换热元件由光管改为翅片管，管排数大大减少，加上换热管布置由错排改为顺排，可以降低烟气流动阻力，降低炉膛压力，增加余热锅炉再生烟气处理能力。

3）增设前置低温过热器，优化长周期蒸汽过热能力

在CO锅炉改造中，为了使余热锅炉在整个运行周期中蒸汽过热能力得到优化和平衡，利用CO余热锅炉过热器、对流蒸发管束积灰后，热量逐渐后移，对流蒸发段烟气温度逐渐升高的特点，在锅炉对流蒸发段出口和省煤器入口之间增设前置低温过热器，将外来饱和蒸汽先引入该前置低温过热器过热，再与CO锅炉自产饱和蒸汽相混，一起进入过热器过热。可提高过热器出口蒸汽温度，使过热器出口蒸汽温度达到设计值。

新增前置低温过热器对CO余热锅炉过热能力主要起优化平衡作用，在投运初期，余热锅炉受热面积灰较少，对流蒸发管束出口烟气温度仅400℃左右，该前置低温过热器对过热蒸汽温度影响很小，而此时过热器积灰也少，过热蒸汽温度能够满足要求；到运行后期，过热器逐渐积灰，吸热量逐渐减少时，对流蒸发管束的出口烟气温度也逐步升高，前置低温过热器吸热量也逐渐增加，弥补原锅炉过热器吸热不足的问题，确保在整个长周期运行阶段，CO余热锅炉过热能力基本稳定，出口蒸汽温度在410℃以上。

4）布置脉冲激波吹灰器及其反吹保护风系统

结合受热面的结构形式，选择合理的吹灰器，及时有效地将静电吸附在尾部受热面的催化剂粉尘清除，是达到锅炉改造设计效果的重要保证。我们在受热面设计换热管顺排布置有利吹灰的基础上，针对催化剂粉尘静电吸附受热面上的特性，在各受热面布置脉冲激波吹灰器。由于受热面的布置与吹灰器特点相结合，确保了吹灰效果。另外针对催化烟气正压的特点，我们专门设计了吹灰器反吹保护风系统，在吹灰器停用时，保护吹灰器管线内不形成酸液，确保吹灰器不腐蚀、工作可靠。

5）增设水热媒式空气预热器

对于燃烧式CO余热锅炉，在对锅炉改造时，增设了水热媒空气预热器，利用省煤器高温出水（一般为180~200℃）为热源，将助燃空气温度由20℃加热至160℃左右。增设水热媒空预器后，提高焚烧炉膛助燃空气温度，既增加了燃烧稳定性，又降低瓦斯（燃料油）消耗量。

6）模块化受热面结构

为了提高余热锅炉各受热面产品质量和可靠性，减少现场安装周期，我们研究开发模块化过热器、蒸发器和省煤器。全部受压元件的焊接（包括换热管组与集箱的焊接）、拍片和水压试验换热管均在制造厂完成。

根据再生烟气的温度，设备选用内保温（带隔热耐磨衬里，烟气温度在530℃以上）或外保温（烟气温度在530℃以下，530~400℃之间箱体采用12Cr1MoV制造）。由于低温模块

采用外保温，热壁结构，可以有效避免炉体表面露点腐蚀。

3 改造实施周期

根据石化企业大修改造时间紧的特点，对催化裂化装置余热锅炉的改造还必须做到安装方便、施工周期短，为此，改造后的高、低温省煤器、低低温过热器、空气预热器等换热器设备均采用模块化箱体结构设计，全部受压元件的连接组焊在锅炉制造厂内完成，分段出厂，实现工厂化制造。设备运至改造现场，吊装定位后，只需在各模块之间焊接连接钢板，然后进行外保温，即完成设备的安装，大大缩短现场安装工期，节约安装费用。一般现场安装周期可控制在20天以内，十分适合装置检修周期的要求。

4 改造实例介绍

1）齐鲁石化80万t/a重油催化装置余热锅炉省煤器改造

齐鲁石化炼油厂北催化(80万t/a)装置余热锅炉由于设计、制造等方面原因，装置开工投用后，余热锅炉暴露出许多问题：①省煤器腐蚀严重，经常发生换热管腐蚀穿孔，多次导致停炉抢修；②受热面积灰严重，导致炉膛压力偏高、烟气泄漏等；另外，由于炉膛压力偏高，导致烟机背压偏高，影响烟机出力，严重影响装置能耗和长周期安全运行。

2006年10月我们对其进行综合节能防腐技术改造，改造主要内容为：

(1) 将原光管省煤器改为翅片管省煤器，强化换热，换热管顺排布置，便于清灰；

(2) 增设给水预热器，采用水热媒技术，利用省煤器出口高温水加热省煤器进口低温水，在降低余热锅炉排烟温度的同时，提高省煤器进水温度，避免露点腐蚀；

(3) 在改造后的省煤器增设脉冲激波吹灰器，脉冲激波吹灰器采用PLC自动控制。

本次改造余热锅炉省煤器全部采用模块化箱体结构，外保温。全部受压元件的组焊在锅炉厂完成，分段出厂，现场组装，实现工厂化制造，确保产品质量，现场安装工期仅18天。

该余热锅炉改造后已投运超过4年，余热锅炉运行高效、平稳、可靠。省煤器彻底避免了露点腐蚀，没有发生过一次泄漏，排烟温度降至170℃左右，新增经济效益300万元/年，经济效益明显。

2）玉门炼油厂80万t重油装置余热锅炉改造

该余热锅炉改造前与其他催化余热锅炉类似，投入运行后存在如下问题：

(1) 省煤器腐蚀严重，换热管穿孔泄漏。开工不久，就发生省煤器换热管腐蚀穿孔，三组省煤器已切除二组省煤器。

(2) 余热锅炉受热面振动较大，影响安全运行。因省煤器和过热器振动，导致部分烟气直排烟囱，大量高温烟气余热不能得到回收，而且影响安全运行。

(3) 过热器受热面积灰严重，过热蒸汽温度偏低。过热器受热面积灰严重，过热蒸汽温度仅380℃左右。

(4) 蒸发器多次泄漏，目前已切除通低压蒸汽保护。因蒸发器对流管束泄漏，经多次堵漏无效，导致汽包放水，通低压蒸汽保护。

(5) 余热锅炉烟气阻力偏大，烟机背压偏高，烟机出力下降。余热锅炉各受热面积灰严重，即使目前两烟气旁路阀开度很大，烟机的背压仍达到13kPa(设计值为8.6kPa)，烟机出力降低。

2007 年 5 月我们对其进行综合节能防腐技术改造，改造主要内容为：

(1) 拆除原对流管束蒸发管束及上下汽包，在该空间位置布置新增强制循环蒸发器，从装置外取热器强制循环泵出口分 50t/h 左右饱和水进入强制循环蒸发器，汽水混合物出口接外取热器汽包。

(2) 拆除原省煤器，在该空间位置布置新设计的省煤器，新设计的省煤器分为三个模块。

(3) 采用水热媒技术，增设给水预热器，利用省煤器出口高温水加热省煤器进口低温水，使省煤器实际进水温度提高至 145℃，从而提高省煤器最低管壁温度，彻底消除省煤器低温露点腐蚀。

(4) 改造后的强制循环蒸发器、省煤器采用翅片管结构，强化换热，同时换热管排列采用正方形排列(顺排)，便于清灰和降低烟气流动阻力。

(5) 改造后的强制循环蒸发器、省煤器采用模块化箱体结构，采用外保温，便于安装和检修。全部受压元件的组焊(包括换热管组与集箱的焊接)在锅炉厂完成，现场组装，实现工厂化制造，确保产品质量，缩短现场安装工期。

(6) 在改造后的强制循环蒸发器、省煤器受热面以及原过热器受热面，增设脉冲激波吹灰器，有效防止催化剂粉尘静电吸附在余热锅炉尾部受热面，确保余热锅炉长周期高效运行。脉冲激波吹灰器为防爆型吹灰器，采用 PLC 控制。

(7) 在过热器中增设防振隔板，改变驻波频率，避免了因换热管积灰导致烟气流速提高引发的振动问题，消除余热锅炉安全隐患，使全部烟气进余热锅炉进行能量回收。

本次改造余热锅炉现场安装工期仅 18 天，目前余热锅炉已投运 2 年多，运行高效、平稳、可靠。过热器消除了振动，全部烟气进余热锅炉进行能量回收，省煤器和蒸发器彻底避免了泄漏和腐蚀，没有发生过一次停炉事件，排烟温度一直稳定在 170℃左右。改造后余热锅炉烟气阻力仅 3kPa，大大降低了烟机备压，烟机出力提高了 200kW 左右。

另外，改造后余热锅炉不再设汽包，无需液位控制、炉水化验、排污等，大大简化了操作，改造效果十分明显。

5 结论

(1) 催化裂化装置余热锅炉普遍存在着尾部受热面腐蚀、积灰严重、排烟温度偏高、炉膛压力偏高、过热蒸汽出口温度偏低、锅炉热效率低等问题，影响了锅炉的长周期安全运行，并导致装置能耗居高不下。

(2) 通过对多家石化企业的催化裂化装置余热锅炉改造表明，改造后的催化裂化装置余热锅消除了省煤器低温腐蚀现象，大大减轻了尾部受热面的积灰，保证了过热蒸汽出口温度，提高了锅炉热效率，达到了增产、防腐、节能和环保四重效果，并达到了长周期高效安全运行的目的。

(3) 针对石化炼油行业的催化裂化装置余热锅炉，综合防腐节能改造技术具有较好的推广价值，同时也可广泛应用于类似的余热锅炉和废热锅炉改造之中。

(上海宁松热能环境工程有限公司 敖建军，屈武第，沃开宇)

67. 制氢装置余热锅炉系统修复案例

上海高桥石化公司1#制氢装置是“十五”期间建造的年产氢2万Nm^3/a的制氢装置。其工艺路线为：采取烃类-水蒸气转化法造汽，PSA法净化提纯制取氢气，是润滑油加氢、加氢裂化用氢的惟一来源。转化炉及其热工设备是装置核心设备。而烟道式转化炉余热锅炉是热工的关键，包括转化炉余热锅炉(ER101)一台，余热锅炉汽包D121一台，减温器一台，主要工艺流程如图1所示。在2006年9月装置生产过程中，发现锅炉过热段炉管爆管，于是停工对该系统进行抢修。

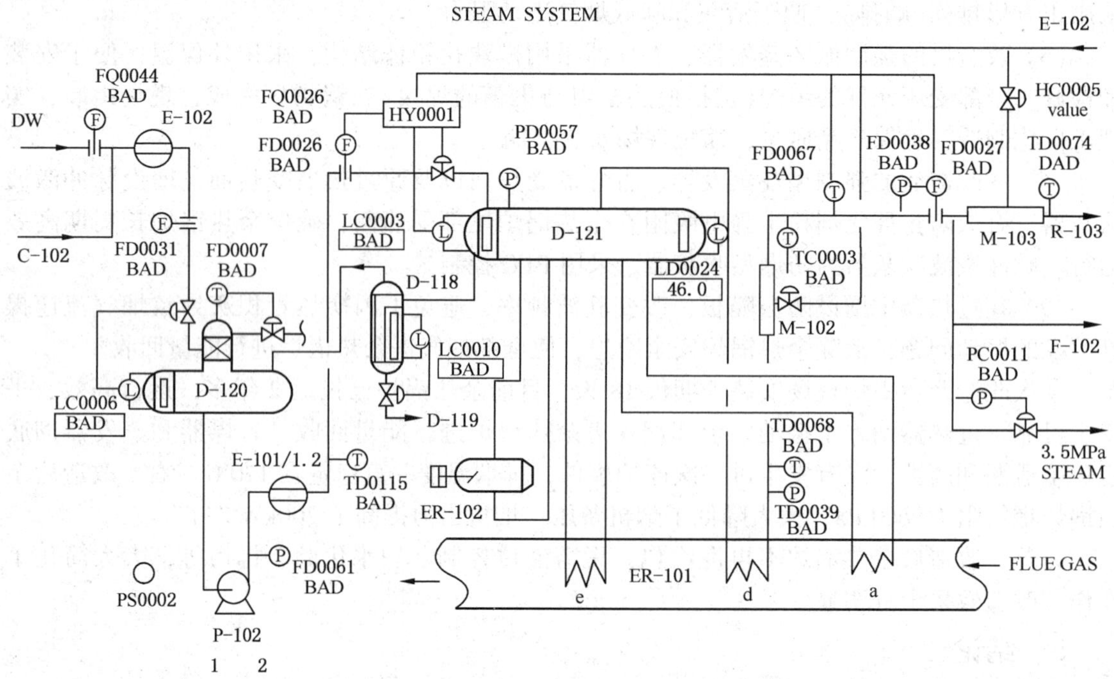

图1 热工流程图

D121—汽包；D120—除氧器；P102—锅炉给水泵；d—过热段；M102—减温器

1 修复内容

本次停工针对运行中存在的缺陷进行全面的抢修，主要是以下三个方面的内容：

(1) 锅炉过热段炉管爆管抢修及汽包结构改造；

(2) 烟道衬里脱落及修复；

(3) 转化炉炉管与下集合管对接焊缝裂纹修理。

2 修复过程

2.1 锅炉过热段炉管爆管修理

9月1日11：00当班内操在DCS显示屏上查阅到在锅炉汽包给水量、液面不变及炉膛烟道气温度不变的情况下，过热蒸汽产汽量比正常少4t，过热段后的烟气温度由571℃下降为561℃。炉膛压力上升0.07MPa，同时烟道气后面的引风机进口温度上升10℃，由此说明过热段存在泄漏的可能，在对过热段现场进行检查时，听到炉内有异常声音，于是断定是炉管爆管，进行停工修理。

过热段炉管集合管为 *DN*300，材质 20G，过热炉管为：12CrMoVA，$\phi 42\times 4\times 4000$，45 组蛇行管，每蛇行管从进口到出口共有 5 只弯头，如图 2 所示。

图 2　过热炉管

装置于 9 月 14 日停工，9 月 16 日对过热段进行检查，发现靠进汽集合管进口端，出汽集合管出口端 1~7 排管弯曲、剥落、颜色变黑，第三排中部第四根管下部爆裂，形状如图 3 所示，裂口处有积盐堆积。对其他管线进行硬度检测，合格。为抢时间，决定修理方案为 1~3 排炉管割除，集合管管口用管帽焊死，其余管进行酸洗，酸洗液的配方是盐酸+缓蚀剂。用盐酸做酸洗液的目的是既节约成本又能清除炉管内壁结盐，加缓蚀剂的目的是防止酸对炉管的腐蚀。酸洗液由出口集合管进，进口集合管出逆向清洗。在 7 个小时内只有 4 根炉管贯通，当时认为是酸洗液流量、压力不够，在集合管进炉管过程中发生偏流，或者是炉管结盐堵死。在接下来的两天中，一方面加大酸洗液流量压力，一方面对管束进行敲击，以便能使酸洗液贯通，但收效甚微。最后只有从南到北炉管编号为 13、18、34 至 45 共 15 组能贯通，其余 30 组不能贯通被堵死。鉴于这种情况，对爆管的第三组炉管进行分段切割，发现直管及弯头处被黄色结盐物堵死。经请示领导，决定对 45 组炉管进行更换，新的炉管由嘉定弯管厂制造，在 10 月 8 日、10 月 11 日分两批到货。江苏华能在 10 月 15 日安装完毕，拍片全部合格，并按规定进行 700℃ 6 小时热处理，在 10 月 16 日试压 4.77MPa 合格，设备动力部同作业区一道进行了验收。

图 3　炉管爆裂

与此同时，对割下炉管弯头内结盐物送请上海成套电力研究院进行成分分析，结果是其中含 Na^{+} 18.46%，PO_4^{3-} 17.34%。检验结果证实垢物是结盐、PO_4^{3-} 积聚铁锈而成，该垢的形成是蒸汽带炉水所致。事实上，1#制氢自 2001 年投运以来，经多达 10 次的开停工，有的是紧急停工，过热段管束处于底点，无冲洗和其他的保护措施，导致管束自弯头开始日积月累形成结盐堵塞。针对这种情况，本次抢修在过热蒸汽出口阀后加一只放空管，以便在开停工时对过热管进行冲洗，清除盐分和垢物。

2.2　汽包改造

过热段的结盐 PO_4^{3-} 是过热蒸汽从汽包带入，为此我们对汽包进行了全面检查及结构分析，发现原设计多项不合理地方，在上海成套发电设备研究所的帮助下，对汽包内部结构进行了多项改造，如图 4 所示。

图4 汽包改造

汽包内水下一次汽水分离孔板一块1000mm×6mm×400mm脱落，造成水汽走短路，使蒸汽品质恶化，炉水被蒸汽带入过热段，而过热管内每组需经过5只弯头，形成较大阻力，使汽中盐分堆积在管壁，引起超温爆管。本次检修中对所有孔板进行了重新加固安装。

(1) 汽包进水管布局不合理，不能有效减缓进水压力产生动能对汽包内蒸汽流动的影响。这次将*DN*150进水管加长同时外加一段半圆形缓冲套管以改进进水质量。

(2) 增加两块进口挡板。为消除汽水混合物流的动能，在汽包水下孔板的两侧各安装一块挡板。为避免水滴粉碎，汽水混合物进入挡板应尽量平稳，因此，挡板与气流之间必须保持不大于45°角。

(3) 原设计二次分离装置存在缺陷。原设计二次分离装置为波纹板分水器。其工作原理是气流经过密集布置的波纹板时，依靠气流转弯时的离心力将水滴分离出来，聚集在波形板面上形成薄的水膜，慢慢向下流动，到板的下端形成较大的水滴落下。但是，一旦蒸汽流速大，就会破坏水膜，影响分离工作的进行。对于中压锅炉来说，丝网分离器优于波纹板分离器。蒸汽穿网而过，水将沿网流下，疏入水空间，结构简单，阻力小。因此，这次将14组丝网分离器取代波纹板分离器。

(4) 排污管效果不佳。影响蒸汽带水的一个重要因素是炉水含盐量，当含盐量增加，汽包水容积中含汽量增多及蒸发面泡沫增厚，使蒸汽实际空间高度减少。到超过临界值时，就使炉水飞溅并被蒸汽大量带走。因此，排污好坏直接关系到蒸汽品质，所以将原单根排污管改为单根多分支管排污，以增大排污空间。

(5) 加药管需重新布局。本装置采用磷酸三钠作为锅内水处理的处理药剂，炉水中的钙镁离子与磷酸根 PO_4^{3-} 结合生成溶解度小的钙镁磷酸盐，然后用排污的方法除掉。当炉水中保持一定量的 PO_4^{3-} 时，炉水中的硬度离子的浓度就可以减少倒不能行成水垢的程度。因此，加药的有效性是获得高品质蒸汽的一个重要环节。为此，增加一根加药管来加强药剂在炉水中的分散度。

(6) 提高除氧器的操作温度。本装置使用的是除盐水，水中含有的溶解氧使锅炉产生腐蚀。为除去氧气，装置采用热力除氧。热力除氧是引入一定压力的蒸汽将水加热到沸腾，水中的氧因溶解度减少而逸出，再将逸出的氧随少量未凝结的蒸汽一起排出，以保证水质。为达到良好排氧效果，除氧器要求水能加热到相应于除氧器内压力的沸点，此压力的饱和温度为104~105℃。因此，原操作温度102℃需调整为104~105℃。

2.3 衬里修复

2005年12月在余热锅炉烟道气的起点，烟道斜顶的外壁发现温度高达350℃(正常小于80℃)，当时就断定炉内壁衬里脱落。由于生产的需要，仅在外壁进行保温，以防人烫伤，炉子继续带病运行。这次对衬里进行检查修理。

停炉后，入炉检查发现烟道衬里大面积脱落，大约有2m^{2}的脱落层，且为单层脱落，如图5所示。原衬里采用的结构是：双层衬里，靠火面一层是厚度100mm、含锆纤维可塑料，型号为 BLXS-26，容重 700kg/m³，使用温度 1300℃；贴在炉板壁层厚度 150mm，为高铝纤维扩可塑料，型号为 BLXS-22，容重600kg/m³，使用温度 1100℃。保温钉为 Y 形麻花装，材质 1Cr18Ni9Ti，高度 250mm，如图 6 所示。使用双层结构虽然能更好利用材料，降低造价，但施工困难，质量较难保证。一是分层施工炉壁层模板加工、安装难度大，可塑料的施工周期长；二是在第二层制模安装前要对保温钉进行转向处理，容易损坏内层，同时保温钉的转向不合要求，易使第二层拉紧力不够，使靠火层易脱落。另外，采用 Y 形保温钉结构，在施工时要求 Y 形顶角为 60°，实际施工中不能做到这一点，要么偏大使钉的高度不够，要么偏小使钉对可塑料的支撑力不够。依次向火层在使用过程中容易脱落。

图 5　烟道衬里脱落

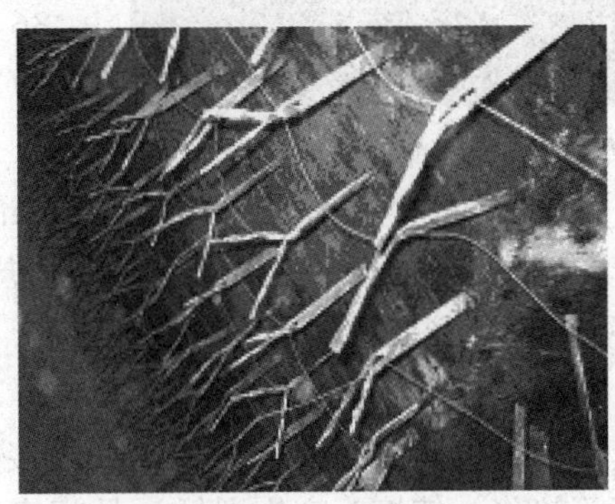
图 6　烟道衬里保温钉暴露

鉴于上述情况，在修复过程中对原施工方案进行修改：

(1) 采用单层可塑料，便于施工。本次使用的是江苏泰兴生产的含锆纤维可塑料，型号为 XT-KS-650，化学成分为：Al_2O_3>38%，ZrO_2>16%，Fe_2O_3≤0. 3%. 1000℃×6h，线收缩 2. 5%，导热系数(900℃)<0. 15W/m · K，使用温度 1300℃，容重 660kg/m³，常温抗压强度 1. 385MPa，常温抗折强度 0. 945MPa。该可塑料具有明显的优点：采用稳定性高的结合剂；属气硬性材料，材料内低共容物少，自身能提高耐火度和抗侵蚀性；容重小，导热系数低，抗气流冲蚀能力强，烟气的最大速度能达到 20m/s。

(2) 对原 Y 形保温钉进行加固，每 4 只保温钉中加入一只 V 形钉，V 形钉材质 1Cr18Ni9Ti，高度 250mm，直径 6mm。并对所有保温钉根部进行除锈，涂刷防腐漆，以防烟气中低温硫对保温钉的腐蚀。

在施工过程中，我们进行了一系列质量控制：

(1) 保温钉施工结束后，对保温钉的高度和焊接牢固度进行确认，并对防腐层进行检查。

(2) 模板设置好后，检查模板内高度是否合格。由于炉板局部在超温后有变形，因此，模板的基准高度按突出来钢板平面加 250mm 进行置模。在凹陷处实际高度为 270mm 左右。

(3) 对可塑料施工方法和过程进行监督。该可塑料施工要求按 30∶1 的比例加入促凝剂，不得加水，搅拌 10min 左右，均匀，然后布料，进行捣打捣实。当间隙超过初凝时间必须将保留施工缝做成斜坡形，并在两保温钉之间。下次施工之前斜面需淋水湿润。在施工结束后需留出伸缩缝，缝宽 5mm，缝深 10mm 左右，缝间距 1m。本次检修有三个地方施工后脱落进行了补修，整个修整的保温面约 20m²，做到表面平整、密实、均一。

对该可所料投入使用前需进行烘炉，供料方已提供烘炉曲线。

2.4 转化炉炉管修理

在2006年3月份1#制氢装置的运行过程中，外操作员查出转化炉炉管与下集合管对接焊缝处泄漏，经查泄漏的原因是焊缝裂纹，如图7所示。9月14日至9月16日合肥通用研究所对炉管进行超声波检查，在88根炉管的对接焊缝中发现有42处缺陷，缺陷的性质是裂纹。裂纹的埋藏深度在2.0~7.5mm之间，裂纹长度在10~110mm之间，超过100mm的有三处，分别是北排东往西第27、32、36根炉管，缺陷的性质为Ⅱ级，Ⅲ级不合格，标准为JB 4730—2005，经练三建返修后全部拍片合格。

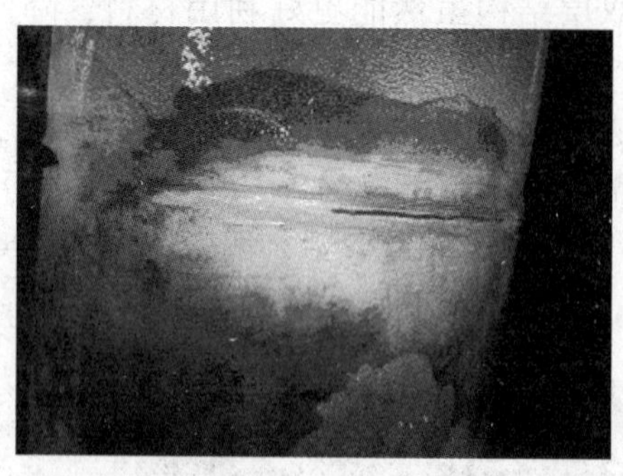

图7 转化炉管与下集合管对接焊缝裂纹

炉管材质为ZG40Cr35Ni25Nb，规格ϕ127×11，是离心铸造的高铬镍耐热钢炉管，能承受高温1200℃，高压4.0MPa。焊接时一般不预热，焊接工艺遵循奥氏体钢焊接原则，采用小电流，多层多焊道，焊前坡口需着色检查，打底焊，焊后也必须着色检查，若发现缺陷必须除尽。对接接头下尾管接口材质为20R，其焊接遵从珠光体钢焊接原则。因此，其对接接头属珠光体与奥氏体异种钢焊接。在焊接过程中，由于化学成分差异大，易导致稀释、碳的迁移等缺陷，使接头产生裂纹、晶间腐蚀等缺陷。同时奥氏体钢热膨胀系数比珠光体大30%，导热系数却只有珠光体1/3。其接头在冷却处理过程中，于熔合区产生严重的热应力，结果在珠光体钢下尾管一侧熔合区产生裂纹。

事实上，在2#制氢的炉管的对接焊缝及外厂沧州石化制氢转化炉管的同一部位也多次发现裂纹。说明在这两种材料的对接焊缝中，裂纹几乎不可避免。上述情况说明这两种材料的搭配选用上不是很恰当。从理论上说，避免这一状况的措施是采用过渡段，过渡段热膨胀性能介于二者之间，且有较好的力学性能，TP321材料可以适应这一要求。但是从炉管的结构上说，内有复杂的保温层、内部套管及催化剂存在，要做到这一点既要耗费大量时间进行复杂施工，又要花费大量经费，短时间来说是不可能的。因此，选择裂纹返修是最后的方案。

3 结论及建议

经过抢修，余热锅炉系统缺陷得到了较好的消除：

(1) 过热炉管更新为今后锅炉运行提供了有力的保证。汽包内部结构的改造，使汽包在理论上为锅炉的良好运行提供条件。

(2) 烟道衬里的选材、改型、锚固件的调整及严格的施工为衬里的使用提供了质量保证。

(3) 炉管裂纹的消除为炉子的长周期运行消除了隐患。

另外针对本次检修的问题提出几点建议：

(1) 针对锅炉运行维护中缺少很多运行参考数据的情况，希望在1#、2#制氢装置开工后，做一次热化学试验，寻求合理的操作控制指标。如加药量的控制、排污控制、漏水质量控制与简易判断。

(2) 1#制氢装置开工前，为确保衬里质量，必须按厂家提供烘炉曲线进行烘炉。但是转化炉升温有自身的需求，因此有必要在征得供应商的同意下制定可操作的烘炉曲线，然后严格按烘炉曲线进行烘炉升温控制，做好衬里的投用工作。

（3）鉴于炉管材料选材缺陷及炉管施工的复杂性，为确保装置安全长周期运行，在适当时机有必要对炉管进行彻底改造。

（中国石化上海高桥分公司　鲍志亮）

68. 制氢转化气余热锅炉炉管失效原因分析

某公司制氢装置转化气余热锅炉多次出现换热管束穿孔，造成介质泄漏，影响正常生产。该锅炉是卧式自然循环火管余热锅炉。管程为转化气(氢气、一氧化碳、二氧化碳、水蒸气)，压力为2.5MPa，入口温度为800℃，出口温度为380℃。壳程为除氧水，压力为3.5MPa，入口温度为160℃，出口温度为250℃。炉管采用材质为15CrMo无缝钢管，规格为ϕ38×3.5mm。锅炉两端转化气出、入口集箱内部采用硅酸镁铝保温填料加$Cr_{25}Ni_{20}$衬套结构。

1 检查与结果

1.1 宏观检查

该转化气余热锅炉共有168根管束，已发生泄漏的有30余根，泄漏管束多集中在锅炉下部。检查泄漏管束外表面可发现明显的腐蚀小孔，样品穿孔位置在管束底部，小孔直径可达2mm，如图1(a)所示，其他部分腐蚀轻微，有少量锈斑。将管束剖开检查内壁，可见表面覆盖一层红棕色覆盖物，刮去表面红棕色覆盖层，里面垢物呈灰白色，垢层较厚，有些部位厚度超过1mm。穿孔部位存在一较大的腐蚀坑，直径超过15mm，大坑内又存在许多小腐蚀坑。穿孔正对位置同样存在大的蚀坑，如图1(b)所示。从宏观腐蚀形貌来看，可以断定管束是由内到外腐蚀穿孔。检查穿孔位置后部管束，发现内部有较多块状黑色垢物。

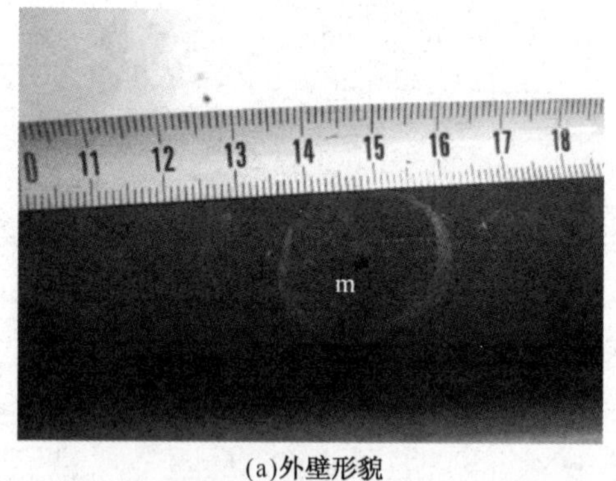

(a)外壁形貌

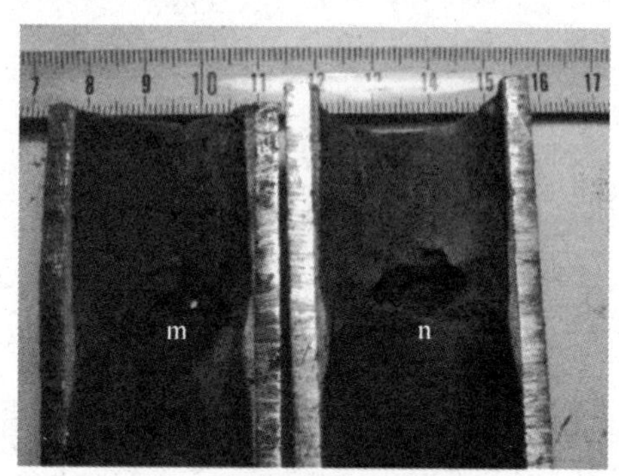

(b)剖开后的内部形貌

图1 失效管束宏观照片

1.2 化学成分测试

对已泄漏和未泄漏管束进行火花直读光谱分析，结果表明已腐蚀泄漏管束和未发生明显腐蚀管束被检元素均在“GB 5310—2008 高压锅炉用无缝钢管”规定要求范围内，见表1。材料成分合格。

表1 管束化学成分

名　　称	C	Mn	Si	Mo	Cr	S	P
未发生明显腐蚀的管束	0.167	0.5140	0.233	0.444	0.903	0.0062	0.0190
已发生腐蚀泄漏的管束	0.180	0.5112	0.250	0.446	0.891	0.0078	0.0205
标准要求(GB 5310—2008)	0.12~0.18	0.40~0.70	0.17~0.37	0.40~0.55	0.80~1.10	<0.015	<0.025

1.3 硬度与抗拉强度测试

对泄漏管束进行了硬度和强度测试，结果表明材料的硬度和强度同样符合 GB 5310—2008 的要求，见表 2。

表 2 泄漏管束的硬度和强度值

项 目	1	2	3	4	平均
HB	165	166	162	163	164
σ_b	557	503	519	527	527

1.4 金相分析

在已泄漏管束上取横截面样品，通过机械磨抛制备成金相试样。用金相显微镜观察，组织为铁素体+珠光体组织，如图 5 所示。A、B、C 类夹杂物等级均小于 0.5 级，D 类夹杂物等级为 2.5 级，晶粒度为 7~9 级。管束内外表面均无明显渗碳和脱碳现象。

(a) 金相组织形貌

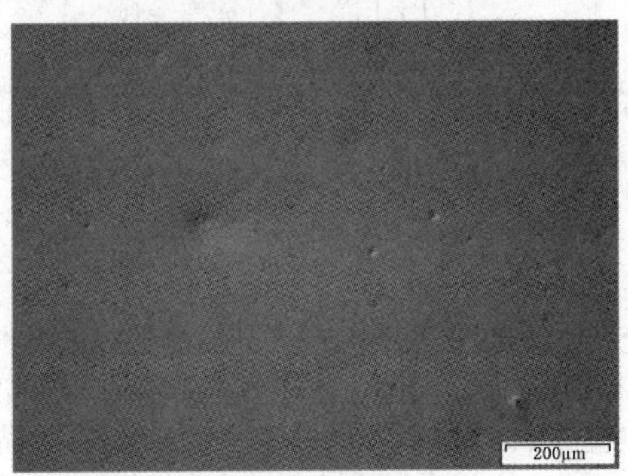

(b) 夹杂物形貌

图 2 已泄漏管金相组织及夹杂物形貌

沿切过内壁小蚀坑的横截面切割、机械磨抛制成样品，在扫描电子显微电镜和光学显微镜下进行观察，发现即使试样未侵蚀，在管内壁边缘也可发现半圆形的晶粒显现区，晶粒尺寸正常，但部分晶粒的晶界已被腐蚀，如图 3 所示。

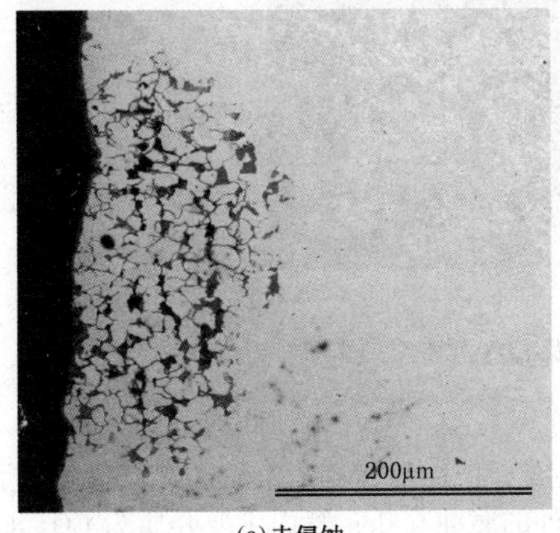

(a) 未侵蚀

(b) 侵蚀

图 3 腐蚀初期形貌

1.5 X射线衍射分析

在腐蚀穿孔附近区域和黑色垢块分别刮取部分粉末，进行X射线衍射分析，结果显示腐蚀穿孔附近垢物成分主要为AlO(OH)和Fe_2O_3，黑色垢块主要成分为Fe_3O_4，如图4所示。

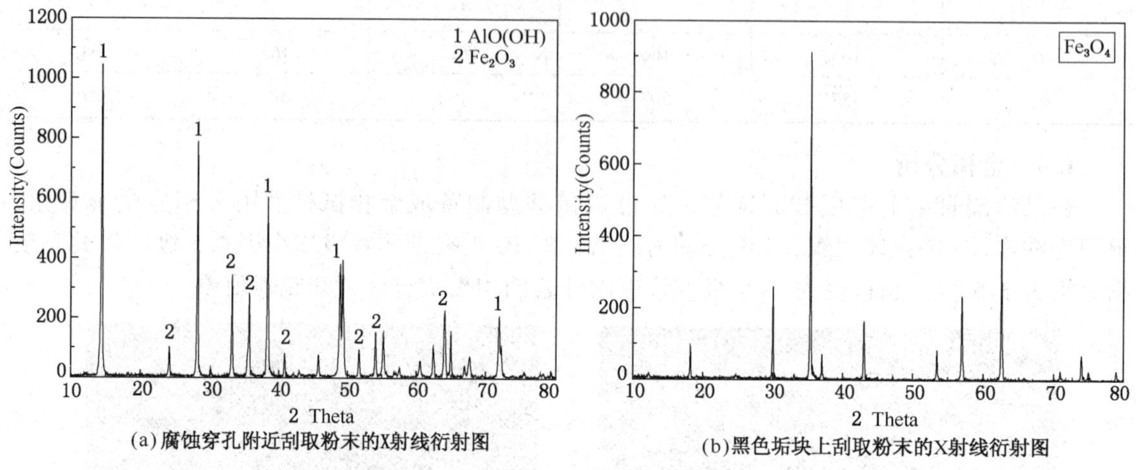

(a)腐蚀穿孔附近刮取粉末的X射线衍射图

(b)黑色垢块上刮取粉末的X射线衍射图

图4 腐蚀产物/垢物的X射线衍射

1.6 扫描电镜观察及EDX分析

取横截面样品在扫描电镜下观察，发现管束内壁有较厚垢物，并且具有明显分层。对靠近内壁的区域进行放大，并做EDX线扫描，结果如图5所示。EDX扫描结果表明，内层a、b以Fe、O、C元素为主，外层以Al、O为主，含有部分Fe元素。结合X射线衍射结果可知外层为AlO(OH)和Fe_2O_3。

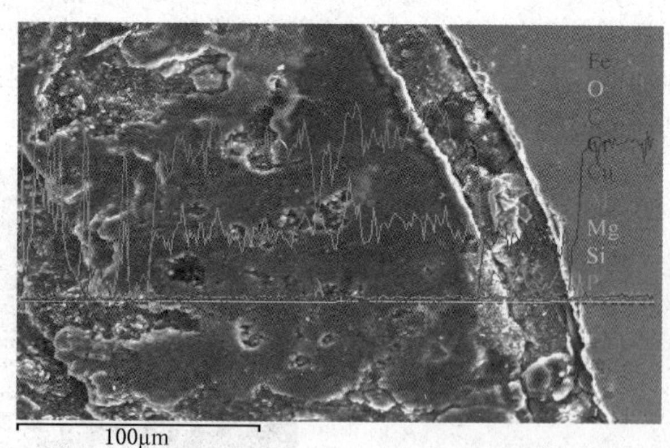

图5 横截面扫描电镜形貌及EDX元素线扫描图

2 分析与讨论

(1) 从测试结果来看，材料成分、硬度及强度等指标均达到GB 5310—2008要求，管束材质合格。管束外壁腐蚀轻微，失效是从内到外的腐蚀穿孔，管内主要介质为CO、CO_2、H_2和水蒸气，温度较高(设计温度入口800℃)，有可能会发生高温氢腐蚀。然而管束横截面金相组织分布均匀，不存在明显的脱碳，因此管束的腐蚀穿孔不是氢腐蚀造成的。转化气进入余热锅炉前经过了脱硫、脱氯处理，而且在 EDX 分析中也未发现硫和氯的存在。因此也排除了硫和氯等杂质引起腐蚀失效的可能。转化气中的 CO_2 在无凝结水的情况下不具腐蚀性，而管内设计温度在 350℃以上，远高于露点温度，正常操作情况下不可能发生露点腐蚀。只有在异常情况或停工期间才具备发生露点腐蚀的条件。

（2）设备的实际运行情况表明由于受生产条件和计划需求的制约，设备运行负荷较低，停工也比较频繁，有时一年内停工时间超过 3 个月。这就使得露点腐蚀的发生成为了可能。另一方面我们在宏观检查中发现管内覆盖较多灰白色的垢，部分管段垢层厚度超过 1mm。XRD 检验证明该垢的主要成分为 AlO(OH)，与保温填料的 XRD 谱线相吻合。从检维修历史中了解到几台损坏的锅炉均不同程度地存在衬套破损、管板焊缝焊肉缺失等现象，衬板内的保温填充料缺损严重，这也就解释了管内垢层的来源。

（3）这种管内形成的垢层在开停工或者温度变化较大时会产生裂纹或剥落。一旦有凝结水进入垢层缝隙，垢层将起到保护作用，即能减缓液滴的蒸发，又给吹扫带来困难，而且由于垢层的存在也会严重影响传热，保温材料的导热系数都在 0.2W/(m·K)以下，硅酸镁铝在 350°下的导热系数为 0.082W/(m·K)，而 15CrMo 钢的导热系数为 41.6W/(m·K)(GB 151—1999)，是保温材料导热系数的数百倍。因此当保温材料的厚度与管束厚度在一个数量级时，垢层下管壁温度应更接近于管外壁温度，当管内高温转化气与垢层下的低温管壁接触也有可能会形成露点。当液态水形成就会溶解转化气中的 CO_2，形成腐蚀性溶液，在管壁和液体接触的部位发生腐蚀，腐蚀沿晶界向晶粒并向纵深发展，导致晶粒不断脱落，形成腐蚀小坑，见图 3。由于保温垢层的覆盖，使溶液与管壁接触局限于垢层缝隙或剥落部位，这些部位是垢层的薄弱环节，也是每次发生腐蚀的优先部位。

（4）垢层的存在不仅促进了露点腐蚀的发生，也促进了腐蚀在局部的发展。小蚀坑在局部的不断联合与发展，最终导致腐蚀穿孔。管外压力大于管内，一旦穿孔，外部除氧水就会喷入管内，冲刷对面管壁，造成穿孔位置对面产生蚀坑，如图 1(b)中的 b 点。随着水的进入量的增多，造成管内温度降低，以至连续液态水形成，溶有 CO_2 的液态水在管束下部聚集，对管束下部造成腐蚀。在管束上部气相部分，气态水凝结成小水滴，造成露点腐蚀坑。而在气液面交界区域，由于气液的交替，腐蚀加剧，从而在左右对称的气液交界区形成腐蚀沟槽。

（5）对腐蚀产物和垢物进行 X 射线衍射时并未发现 $FeCO_3$，这是由于 $FeCO_3$ 不稳定，在 200℃以上容易发生分解，有水存在时还容易发生水解。设备在运行和开停工过程中具备加热分解或水解的环境条件。大部分的 $FeCO_3$ 会发生分解或水解，随后产物又会发生逐步氧化，所以腐蚀产物以 Fe_2O_3 和 Fe_3O_4 的形式存在也是可以理解的。同时在 EDX 扫描中也发现，在靠近管壁的产物层(图 5 中 a、b)主要元素有 C、O、Fe 等，可能含有未分解的 $FeCO_3$。

3　结论

通过上述分析可以得出以下结论：

（1）管束材料成分、硬度、抗拉强度、晶粒度和夹杂物均符合 GB 5310—2008 要求。

（2）管束是由内壁向外腐蚀失效。

（3）造成管束腐蚀失效的原因是局部区域的 CO_2 露点点腐蚀。

4　防护措施

从上述炉管腐蚀失效的原因出发，建议根据实际情况综合采取以下措施，减少该类腐蚀问题的发生：

（1）采取措施减少保温填料的跑损，如平稳操作防止超温、及时维修更换保温衬套和焊缝、控制焊接质量等；

（2）适当提高介质流速，减少垢物的沉积；

（3）适时对管束进行清洗除垢；

（4）停工时用热氮气进行吹扫，长时间停工时采取保护措施，保持干燥；

（5）平稳操作，防止操作温度剧烈波动；减少开、停工次数。

（中国石化青岛安全工程研究院　单广斌，刘小辉，亓婧，柴永新；
中国石化沧州分公司　杨骁）

69. 硫磺装置余热锅炉陶瓷套管国产化改造

普光气田天然气净化厂为川气东送工程建设中的一个组成部分，以普光气田高含硫天然气(硫化氢体积分数13% ~18%、二氧化碳体积分数8% ~10%)为原料，生产优质商品天然气与工业硫磺，其中，高含硫天然气净化能力120亿 m^3/a，硫磺储运能力200万t/a，总硫回收率99.8%以上。普光气田天然气净化厂是国内建设的第一个百亿方级的高含硫天然气净化厂，且是世界第二大规模的酸性天然气净化厂。目前，普光气田已建设十二个系列的天然气处理装置及配套工程，单套硫磺回收装置目前在国内加工能力最大，设计量为硫磺20万t/a(最大量26万t/a)。

克劳斯反应炉余热锅炉(以下简称余热锅炉)安装于硫磺回收单元中，与克劳斯反应炉相连接，六个联合装置中共有12台余热锅炉。第一台余热锅炉于2009年6月开始烘炉后，陆续出现余热锅炉管板处陶瓷套管大面积破裂的现象。作为硫磺回收装置中的关键设备，一旦余热锅炉陶瓷套管出现问题，将会使 H_2S 等有害气体得不到有效处理，不仅影响装置安全平稳运行，而且还会严重影响周边环境。2009年8月，中原油田普光分公司在不改变原设计衬里厚度和锚固钉尺寸的情况下，对余热锅炉陶瓷套管进行国产化设计及改造。截止到2012年3月，对克劳斯反应炉停工后进行的全面检查表明，经过改造的陶瓷套管管口完好、表面光洁无裂纹，可以满足装置的长周期运行。

1 硫磺回收装置简介

1.1 工作原理

反应炉是硫磺回收装置的核心设备之一，其工作原理是：酸性气体的 H_2S 与空气中的 O_2 在反应炉内发生部分高温氧化反应，大约有60%～70%(质量分数)的 H_2S 转化为单质硫磺。此过程为放热反应，产生的热量使炉膛温度高达1100℃以上。

硫磺回收装置的生产特点是来料酸性气量波动比较大，炉内温度也随之大幅度波动，对反应炉耐火衬里材料的抗热震稳定性能要求相当高。从反应过程中可以看出，反应物和生成物中均有强危害性物质，由此对设备的适应能力也有一定的要求。

1.2 余热锅炉

余热锅炉为自然循环火管锅炉，火管分为两段(平行布置)。第一段直接与反应炉连接，两段共用一个汽包，由下降管和上升管将两段汽水系统连接在一起。第一段余热锅炉由4根下降管(材料SA-106B，规格 ϕ219mm×10mm)和3根上升管(材料SA-106B，规格 ϕ325mm×16mm)与汽包连接，汽包支承在第一段余热锅炉上，锅炉循环倍率大于30。

锅炉筒体规格(内径×名义厚度×直段长度)为 ϕ3000mm×75mm×5800mm，由SA-516-70N钢板卷焊而成。管板采用柔性结构，管板厚度28mm，通过圆弧过渡部分与余热锅炉筒体连接。

火管规格(外径×名义厚度×直段长度)为 ϕ89mm×8mm×6200mm，数量426根(正三角形排列)，材质为：SA-106B，换热面积为605m²。管子与管板连接采用U形坡口，全氩弧焊+贴胀。为防止高温气流对进口管端形成热冲击和磨损，管端内镶入锆质刚玉保护套管，套管与列管间隙填充耐高温的硅酸铝纤维，以防管板过热，另外，前管板上涂敷 75mm 厚的锆质磷酸盐可塑料以降低管板的温度，管板抓钉材料为 0Cr25Ni20(310S)。

为增强管束在运行中的稳定性以减少振动，余热锅炉内布置了一块材料为 A36 的支承板。硫磺回收反应炉操作温度要求在 1100℃左右，允许一定程度的操作波动。另外，余热锅炉内既有剧毒物质，又有高腐蚀剂物质，且浓度非常高。

硫磺回收装置自 2009 年 6 月准备开始投产以来，六个联合装置十二个系列的十二台余热锅炉管板上的陶瓷套管均出现了大面积的破裂。停工检查中发现，破裂主要为不规则的纵向裂纹及环向裂纹。

2 原因分析

(1) 材质 管板向火面材料为高纯氧化铝陶瓷，此材料缺点是抗热震稳定性较差。硫磺回收装置生产特点是来料酸性气被动接受，进入炉内的酸性气体流量波动较大，对管板受热表面的冲击也较大，导致向火面陶瓷套管容易发生断裂。

(2) 余热锅炉设备结构特点 余热锅炉在结构紧凑、密封性能、材质要求上都比较严格。天然气净化装置连续生产性比较强，余热锅炉运行条件苛刻，各受压部件长期在高温高压下运行，极易发生泄漏和其他事故。在高温气体的入口部位，由于高温、高速气体的热冲击，容易引起设备结构产生热应力、热疲劳和高温腐蚀，由此导致构件的破坏。在高温气体的入口部位管子增设保护套管的目的是降低温度，进口端保护套管的设置，一方面要考虑承受高温、一定的压力、介质的腐蚀性能等而选择适当的材料，另一方面要保证安装质量，套管与换热管之间要保持一定的间隙。

(3) 管板耐磨衬里与换热管、管板的膨胀系数差异 在热胀冷缩作用下，管板膨胀量比刚玉浇注料膨胀系数大，管板端面的耐磨衬里因膨胀和收缩系数大，易导致耐磨陶瓷套管受径向作用力，产生破裂。

(4) 陶瓷套管质量 余热锅炉中进口端保护套管采用的是加拿大 Industrial Ceramics 公司的陶瓷套管，其特点是气孔率高，可以有效保护换热管入口段不受高温过程气的侵蚀，其结构如图 1 所示。由国家耐火材料检测中心的检测数据显示，加拿大进口陶瓷套管虽然气孔率高，但耐压性较差，很容易在热振不稳定的情况下发生破裂。

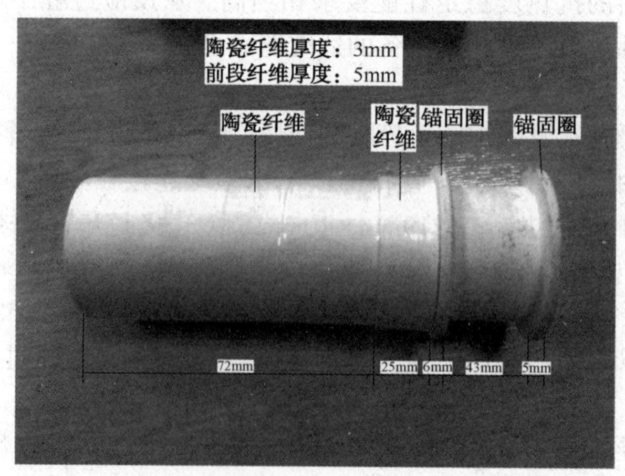

图 1 进口套管

3　改造

3.1　陶瓷套管要求

(1) 具有抗高温酸性气体的侵蚀能力;

(2) 具有较高的耐火度及荷重软化度;

(3) 具有较好的高温强度、耐磨性能;

(4) 体积稳定性、抗蠕变性良好, 线性变化小;

(5) 热震稳定性好, 以适应反应炉开、停频繁, 有效防止温度高低急变在材料内部产生热应力而导致陶瓷套管破裂;

(6) 施工方便, 烘炉时间短。

3.2　新陶瓷套管材质及结构

根据余热锅炉的工况和特性, 在余热锅炉的管板上开有冷却孔, 其特征在于管板冷却孔内置有一由内外套管构成的瓷保护套管, 瓷保护套管的末端部分置于冷却孔内, 前端部分置于管板端面的刚玉可塑料中。置于冷却孔外的部分瓷套管长度与换热器管板表面的刚玉可塑料厚度相等, 也就是浇注料做好后跟瓷套管表面是齐平的, 如图 2 所示。

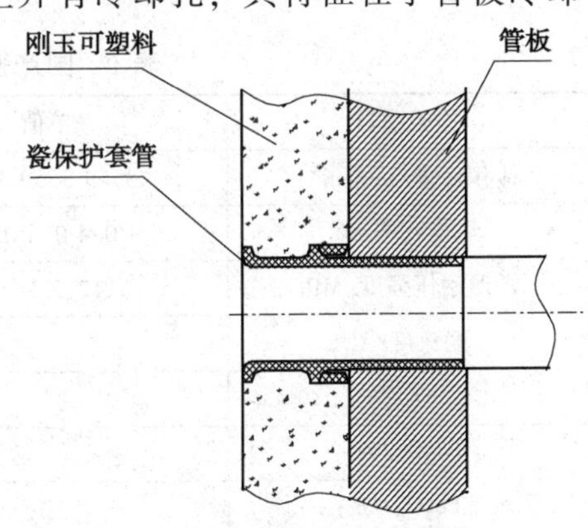

图 2　瓷保护套管安装示意图

本次使用的国产化新型的瓷套套管与进口套管相比在中部置有支撑件, 通过使瓷套管部分插入在冷却孔内。支撑件为活件, 与瓷保护套管之间有间隙, 能够在炉内气流产生热震时形成一定的活动空间, 同时能够抵消一部分浇注料的线变化。插入冷却孔内的瓷套管管口为平口, 冷却孔外的瓷套管管口为带沿斜口。管口带沿是为了增加管口强度和更好地与浇注料固定衔接, 同时减小气流阻力。外套管是为了保护内套管的, 在使用过程中, 因为热胀冷缩的关系, 衬里和瓷套管的膨胀系数不一样, 可能把套管挤碎, 有了外面的套管, 碎的是外套管, 内套管不会碎裂, 起到保护作用。如图 3~图 5 所示。

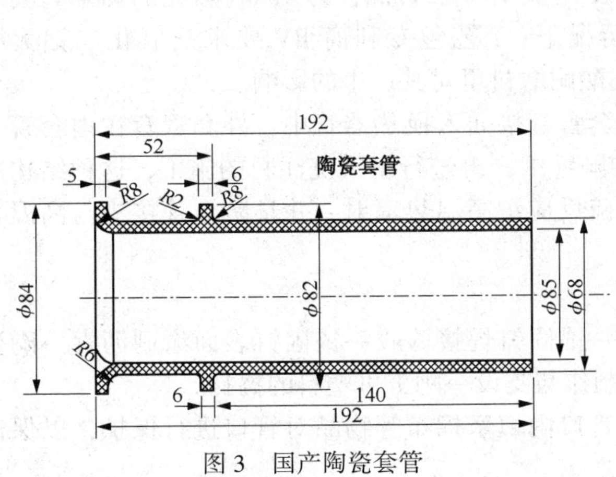

图 3　国产陶瓷套管

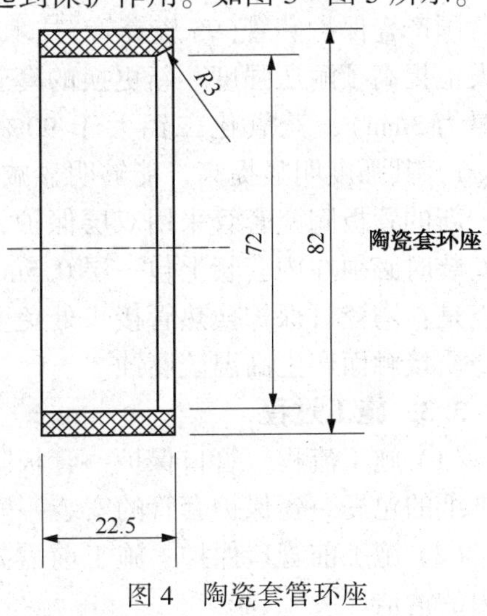

图 4　陶瓷套管环座

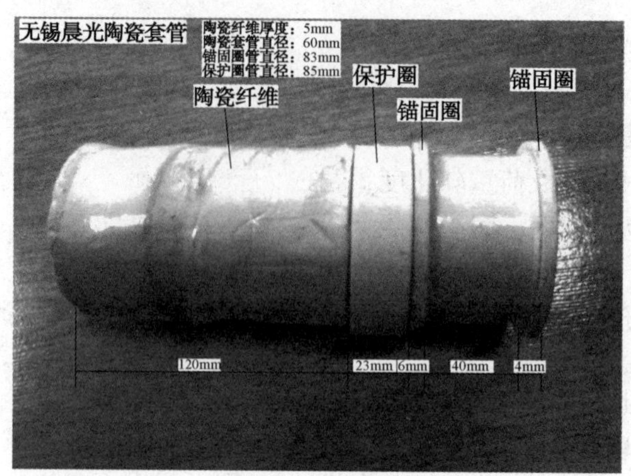

图 5 国产套管

表 1 国产瓷保护套管(95 瓷套管)技术指标

检验项目	单值	平均值	检验依据或说明
体积密度/(g/cm^3)	3.59 3.59 3.58	3.59	GB/T 2997—2000
显气孔率/%	0.4 0.4 0.4	0.4	GB/T 2997—2000
常温耐压强度/MPa	112.7 147 /	130	GB/T 5072—2008
耐火度/℃	>1800		GB/T 7322—2007
SiO_2/%	1.73		GB/T 6900—2006
Al_2O_3/%	96.34		GB/T 6900—2006
Fe_2O_3/%	0.068		GB/T 6900—2006
TiO_2/%	0.007		GB/T 6900—2006
CaO/%	0.043		GB/T 6900—2006
MgO/%	0.052		GB/T 6900—2006
K_2O/%	0.0081		GB/T 6900—2006
Na_2O/%	1.17		GB/T 6900—2006

国产瓷保护套管(95 瓷套管)技术指标见表 1。从指标看，国产套管气孔率降低的同时，极大地提高了耐压强度。新更换的套管厚度在壁厚增加 1mm，为 4mm(原先的加拿大套管壁厚为 3mm)、三氧化二铝大于 90%的情况下(工艺包专利商 BV 要求三氧化二铝大于 85%)，其强度明显提高，能够明显减少耐酸耐磨衬里对其产生的影响。

新的管板陶瓷套管采用双层保护，内套管直接插入换热器管中，外套管套在内套管上在安装时必须在内套管上包一层 0.5mm 的陶纤纸，再进行耐火浇注料的施工，这种结构的优点是：陶瓷管保护换热管接头处免受制硫反应炉高温热辐射，并且防止管接头与高温含硫介质接触而产生高温硫腐蚀。

3.3 施工过程

(1) 施工流程　管口保护→管板除锈→锚固钉焊接验收→锚固钉表面涂刷沥青→陶瓷纤维纸的包裹→瓷保护套管的安装→模板制作与支设→刚玉可塑料的捣打。

(2) 施工前管口保护　施工前需先在管口内填塞棉布等物品对管口进行保护，以保证管内的清洁。

(3) 管板除锈　由专业施工人员进行，除锈处理在衬里施工前进行，并且尽可能接近施工时间，以防间隔时间太长使管板表面再次生锈。

(4) 锚固钉焊接验收　锚固钉检查及修正：锚固钉的布置应按施工图中要求进行，锚固钉应垂直焊于壁板上，焊接应牢固、焊点应避开壳壁焊缝。

锚固钉焊接验收时，应按规范要求经锤击检查，0.5kg 的铁锤打弯 90°不开裂者即为合格，如有焊缝开裂和松动者，需重新切割、打磨、重新焊接，直至符合要求。锚固钉布置按 250mm×250mm 间距布置。

(5) 锚固钉表面涂刷沥青　在衬里施工前，待锚固钉焊接验收合格后，所有锚固钉都要涂刷沥青漆，厚度为 1~2mm，要求均匀一致，不得有大面积的漏涂现象。

(6) 陶瓷纤维纸的包裹　瓷保护套管穿进炉管内部分应均匀地包裹一层 2mm 厚的陶瓷纤维纸，并用胶带粘好。

(7) 瓷保护套管的安装　瓷保护套管的安装需保证与管板垂直，并且处于管口的中心(即瓷保护套管与炉管周圈的间隙保证均匀)。

(8) 模板制作与支设　根据管板衬里施工需要来制作木模，要求按施工图放样、提前预制作，制作要求尺寸误差小、平整精度高、拼缝严密；浇注使用时分段支设，随浇随支、支设牢固，以保证浇注的连续性和浇注质量。

(9) 刚玉可塑料的施工　余热锅炉换热器管板处 GREENCAST 94 浇注料施工：支模捣打，要求木模制作精细，各尺寸误差小、拼缝严密，支设牢固、稳靠；手工捣打。

施工注意事项：①刚玉可塑料最好用手工捣打，因为如果机械振捣的话看不到陶瓷套管，容易造成陶瓷套管的产生偏移和破坏；②手工捣打的时候注意在套管周围捣打均匀，发现偏移及时调整；③刚玉可塑料施工要求浇注料必须密实，厚度均匀，表面平整；④刚玉可塑料的搅拌应严格按供货商的使用要求及配比进行，严格控制好加水量，每次的搅拌用量按施工面积来确定；⑤搅拌好的可塑料必须在规定时间内(一般为 20min)用完，已经初凝的浇注料不允许再使用。

(10) 衬里养护及烘干　衬里施工完毕，将炉内清理干净，至少自然干燥 72h，并经各方检验合格后，方可进行烘炉。烘炉时，须严格按材料供货方的烘烤曲线来进行。

3.4　使用效果

经过改良后的陶瓷套管，经过实践证明，已经满足了技术要求，使得余热锅炉具有很好的抗高温酸性气体侵蚀的能力，具有良好的体积稳定性和较好的蠕变性，线变化小，延长了余热锅炉管板的使用寿命，消除了生产运行中的不稳定因素，使装置具备了长周期运行的条件。

4　经济效益分析

4.1　潜在的经济效益

天然气净化厂是目前国内最大的高含硫天然气净化厂，硫磺回收装置的正常检修周期为两年一修。检修期间，装置的停、开、修所需时间至少为半个月，如果反应炉耐火衬里需要重做，那么时间需要更长。

新型结构的陶瓷套管的应用，使装置的检修周期延长，大大节省了企业的检修时间和成本，提高了产量。大大提高企业的经济效益。国内现有炼化企业现在基本是两年一修，这种国产化套管结构的经济效益突出。

总之，硫磺回收装置安全平稳运行是普光气田取得好的经济效益不可缺少的必要条件，而克劳斯反应炉及其余热锅炉又是装置的核心设备，其创造的潜在经济效益不可低估。

4.2 维修费用低

硫磺回收反应炉余热锅炉这种国产化陶瓷套管预计使用寿命可达 5 年以上，改造 12 个系列一次性总投资 228 万元。

4.3 社会效益

克劳斯反应炉余热锅炉陶瓷套管如果经常出现问题，装置始终处于不稳定状态。这样一来，装置就会有停工处理问题的情况发生，造成富含 H_2S 的酸性气直接排放到火炬。富含 H_2S 等有害物资的酸性气得不到有效处理，会直接影响周边环境，还有可能造成环保事故。所以克劳斯反应炉余热锅炉能否正常运行将是普光气田安全生产不可缺少的重要条件之一，克劳斯反应炉陶瓷套管的国产化改造成功，在为天然气净化厂创造良好的经济效益的同时，对环境保护也将起到重大作用。

5 结语

我国十二五期间天然气及石化行业处于高速发展阶段，硫磺回收装置新增或改造项目逐年递增，且装置日趋大型化。目前，普光天然气净化厂该规格的余热锅炉在国内是首次使用，该内径尺寸的陶瓷套管在国内也是首次应用，此改造经验不仅可为即将建设开工的祖国西南地区的元坝天然气净化装置提供可借鉴的经验，而且也可为后续硫磺装置建设中同类型套管的国产化应用提供宝贵的经验。

（中国石化中原油田普光分公司设备管理部　张杰，焦鑫；
中国石化中原油田普光分公司天然气净化厂　李煌，王团亮，贺飞鸿）

70. 乙烯裂解炉废热锅炉集束管失效原因分析与改进

1　概况

某厂乙烯装置裂解炉配套国产 4 台椭圆封头双套管式废热锅炉(简称 TLE)，其作用是降低裂解气温度以及回收余热，并产生压力为 12.4MPa、温度 326℃的高压蒸汽。TLE 管程流动介质为高温裂解气，壳程是锅炉水和受热产生的高压蒸汽。设备外观如图 1 所示，主要技术参数见表 1。

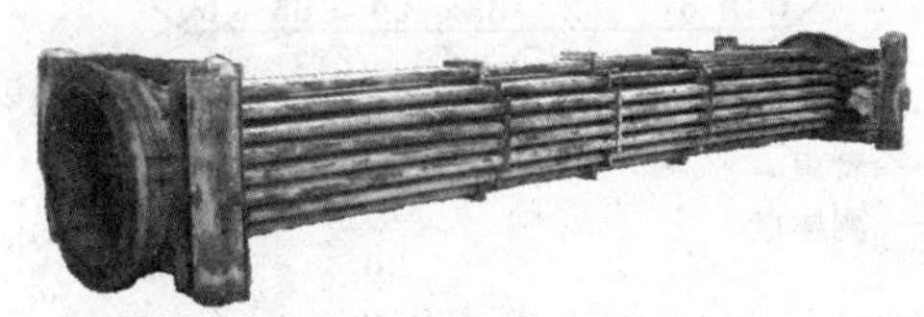

图 1　TLE 下管箱外形结构示意图

表 1　TLE 主要参数表

技术参数	管　程	壳　程
设计压力/MPa	0.35	13.9
工作压力/MPa	0.09	12.4
设计温度/℃	入 900/出 560	350
工作温度/℃	入 805~840/出 397~560	326
材质与规格	15Mo3，ϕ51×5mm	15Mo3，ϕ73×5mm
传热面积/m^2	75.9	
水压试验压力/MPa	0.55	18.07
气密试验压力/MPa	0.35	
管板集束管	15Mo3，ϕ108×11 压扁制成	

经过几年时间运行我们对这四台 TLE 进行了内外部检验，发现 A、B、C 三台设备裂解气入口侧管板都有不同程度的球化现象，其中 C 台管板“严重球化”，管板有 3 处鼓包，最薄处厚度 2.9mm；A 台管板“完全球化”，管板有 1 处鼓包，最薄处厚度 7.3mm。根据检验结果，A 台修复降级使用，C 台报废。

2　检验

为查清原因，我们对 C 台 TLE 进行了全面检验，结果如下。

2.1　外观检验

外观检验发现 TLE 下管箱集束管外观呈乌灰色，有高温氧化特征，其中有三条集束管上出现了鼓包，鼓包部位如图 2 所示。最大鼓包处鼓出 12mm 左右，局部放大示意图如图 3 所示。

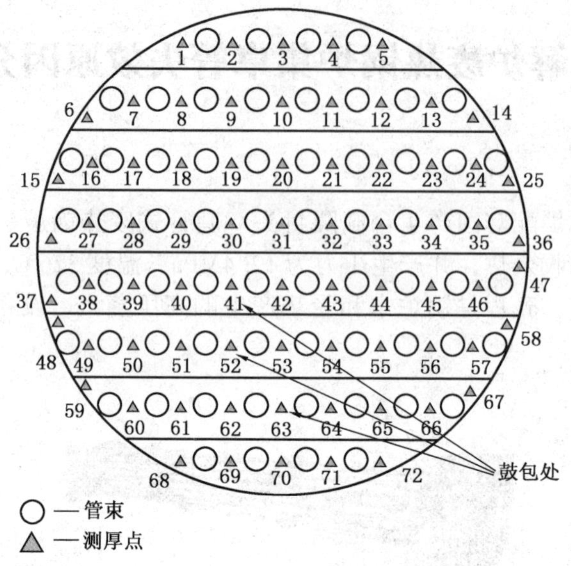

图 2 C 台下管箱集束管鼓包部位示意图

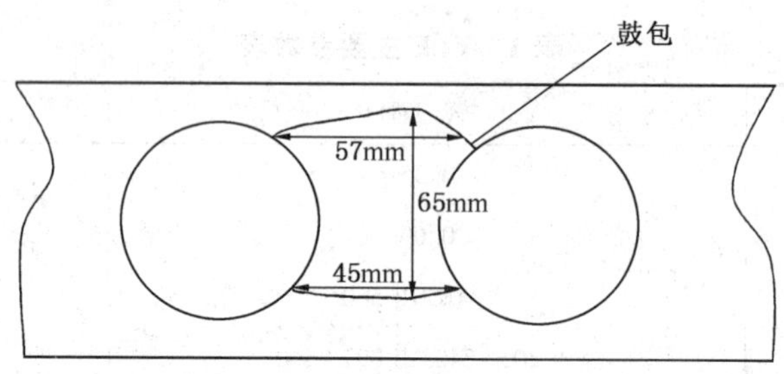

图 3 鼓包壁厚减薄范围

对三处鼓包部位和无鼓包部位分别进行剖断检查，发现鼓包部位水侧内壁都附着结垢物，结垢物由松散的碳黑色粉末和厚度约有 5mm 的层状硬块组成；在对无鼓包部位集束管剖断检查后发现，管壁内清洁，有一层氧化膜。

2.2 超声波测厚检测

通过超声波检测发现，集束管所有未发生鼓包的部位壁厚值均正常，而鼓包区域则都显示出壁厚减薄，且鼓包越大，减薄现象越严重。

2.3 换热管化学成分分析

对废热锅炉集束管所用 15Mo3 钢管的化学成分进行了分析，并与 DIN 标准进行了对比，数据见表 2。

表 2 TLE 集束管化学成分分析数据 %

分析项目	C	Si	Mn	P	S	Cr	Mo	Ni
DIN 标准值	0.12~0.20	≤0.35	0.40~0.90	≤0.030	≤0.025	≤0.30	0.15~0.35	≤0.30
分析结果	0.19	0.22	0.61	0.015	0.011	0.11	0.17	0.01

通过将 15Mo3 钢的化学成分分析数据与 DIN 标准值对比可以知道，TLE 用钢符合

15Mo3 钢的制造标准要求。

2.4 硬度检测和复膜金相检测

对所有鼓包部位和随机抽取未发生鼓包部位进行硬度测试，检测结果为：鼓包处测定值为 HB88~110，未鼓包部位测定值为 HB120~140。通过硬度检测结果可知鼓包部位的材质出现了劣化，强度已经下降。

在对集束管鼓包顶部、鼓包截面根部部位和未发生鼓包部位分别进行了复膜金相分析。其中鼓包顶部组织如图 4 所示。

15Mo3 的正常的金相组织为铁素体+珠光体的形态，渗碳体组织分布在铁素体基体中。从图 4 复膜金相图片中可以看出，鼓包顶部部位金相组织为粒状珠光体组织，已经属于“严重球化”。鼓包部位截面根部区域的金相组织渗碳体球化状况要稍微好一些，未发生鼓包部位的复膜金相组织较为正常。

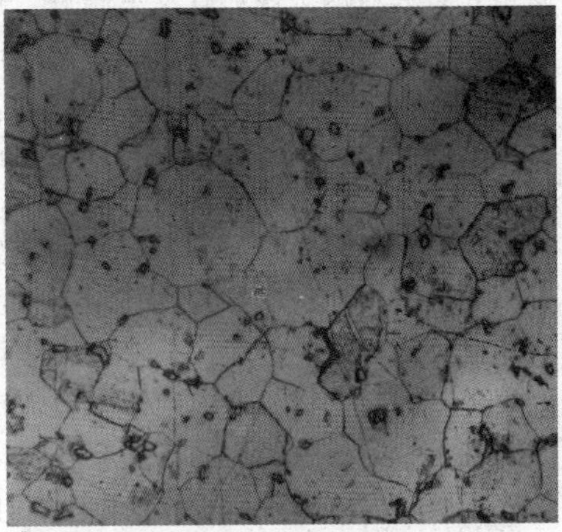

图 4 鼓包顶部部位组织

2.5 垢样分析

在去除松散的的黑色粉末后，对层状硬块进行了灼烧减量、酸不溶物和氧化钙、氧化镁、氧化锌等氧化物的测定。检测数据见表 3。

表 3 TLE 集束管内部垢样分析数据 %

分析项目	550 灼烧减量	550~590℃灼烧减量	酸不溶物	Fe_2O_3	CaO	MgO	ZnO	CuO	P_2O_5
分析结果	0	3.58	11.87	62.75	5.44	7.83	0.01	0.28	5.03

从分析结果可知，鼓包部位层状硬垢 62%以上是三氧化二铁（Fe_2O_3），即大部分为腐蚀产物。

2.6 锅炉水质分析

锅炉水质分析见表 4。

表 4 TLE 供水指标与实际检测值

工艺参数	设计值	实测值
pH(25℃)	9~10	9.5
$SiO_2/10^{-6}$	≤0.02	0.012
溶解气$/10^{-9}$	<7	6.2
总铁$/10^{-6}$	<0.03	0.02
氨氮$/10^{-6}$	<0.5	0.4

3 失效原因分析

（1）从上述检验情况看，TLE 内外管及管板材质采用的是使用条件为≤530℃的 15Mo3 过热器管，能够满足正常的工况条件；通过管材的化学成分分析，各项指标符合标准，可以认定 TLE 材质没有问题。检查历史工艺操作和锅炉水质记录，各项运行参数均在设计范围内，可以排除因工艺操作和水质原因而引起废热锅炉集束数管损坏。

（2）鼓包部位有硬垢，说明锅炉水内存在不溶固体颗粒。虽然锅炉水供水指标正常，但由于锅炉水在运行中不断受热汽化，锅炉水内微量元素会不断浓缩，包括氯离子在内的微量元素会对锅炉换热管发生腐蚀。排污间隔时间为 1 个月左右，间隔时间较长，这就增加了锅炉水内微量元素对换热管腐蚀的几率。研究资料表明，氯离子腐蚀容易发生的部位主要发生在水流速低，或局部温度高，或不平滑表面，或有飞溅焊渣的部位，或含有各种金属的和非金属的杂屑表面。TLE 下管箱集束管为高温裂解气入口，局部下凹使局部流速降低，造成氯离子局部含量增加，所以比较容易产生氯离子腐蚀。

(3)锅炉壳程的水蒸气介质中的微量固体颗粒(包括腐蚀产物)向下沉积，在正常情况下，如果下表面足够平滑，沉积下来的微小固体颗粒会被水蒸气流携带冲刷到集合器，然后随排污水排除。然而，下管箱上表面不够平滑，集束管局部存在下凹，点蚀造成下凹处聚集更多的腐蚀物，造成固体颗粒流动不好，在此积聚到一定程度就更不容易被水蒸气流冲刷带走，此处就成为局部结垢区。

局部结垢区出现后，在疏松多孔的腐蚀产物覆盖下的金属表面，将会出现垢下腐蚀。随着垢层的增加，下管箱集束管的热传导率将进一步降低，金属温度逐渐升高，从而出现局部高温点。该区域出现垢下腐蚀后，腐蚀产物将进一步增加垢层厚度，如此循环作用，使金属温度进一步升高，使 15Mo3 集束管材质出现了异常珠光体球化，甚至严重球化。材质的损伤又进一步降低了材料的机械强度性能指标，腐蚀的加剧又导致了局部减薄，二者相互作用，达到承载能力不足以承受约为 12.4 MPa 的内压时，该部位就会出现鼓包。

（4）15Mo3 材质最高允许使用温度为 530℃，从工艺上满足要求，但在有结垢倾向的条件下，材质的安全裕度不足，抗异常升温能力脆弱。最近的研究结果表明，15Mo3 钢及其相类似的钼钢组织稳定性不够好，如长期在 500~550℃ 温度范围内使用，有珠光体球化和石墨化倾向，尤其在焊接接头区域容易产生球化，近年来已逐步被低碳铬钼钢所取代。

综合上述分析，废热锅炉下管箱集束管出现鼓包现象的外因可以归结为：锅炉水浓缩存在氯离子等微量元素对金属表面腐蚀的作用；锅炉水中存在腐蚀产物等杂物颗粒；下管箱集束管局部存在下凹，壳程内的固体颗粒在该区域沉积，长期积累形成局部区域结垢区，局部结垢进一步造成腐蚀加剧和局部异常升温。材质损伤的内因是 15Mo3 材质最高允许使用温度低，抗异常温声能力脆弱。

4 改进措施

（1）增加锅炉水排污次数，控制废热锅炉壳程锅炉水微量元素含量，降低微量元素对金属表面的腐蚀；加强对下管箱集束管的清洗，及时清垢，降低垢下腐蚀的几率。

（2）改进管箱集束管表面质量，或者改进管箱套管结构，使沉积颗粒容易被清走，避免出现局部结垢区。

（3）在废热锅炉制造选材上应考虑提高材料的等级，可以采用 12Cr1MoV，其使用条件为温度≤570℃的受热面管，能够提高抗异常温升的能力，且价格与 15Mo3 管材相差不大。

（中国石化天津分公司　魏冬）

71. 催化裂化装置分馏二中油蒸汽发生器管束泄漏分析

1 基本情况

分馏二中油蒸汽发生器 E206 是 280×10^4t/a催化裂化装置的重要设备，管程走二中回炼油，壳程为 6.0MPa 除氧水，产生 3.5MPa 饱和蒸汽 20t/h，主要技术参数见表 1。该设备于 2010 年 2 月制造，2010 年 11 月装置正式投入运行。2011 年 5 月中旬，E206 产汽量仪表显示为零，进水量 10t/h 左右，同时分馏塔顶带水冲塔。判断 E206 可能内漏，工艺停用。

表 1 E206 的主要技术参数

设备名称	分馏二中油蒸汽发生器			
设备型号	BJS1200-4.02/5.02-366-6/25-6I			
操作条件		工作介质	工作温度	最高工作压力
	管程	分馏二中油	340~270℃	1.42MPa
	壳程	除氧水	180~257℃	4.22MPa
主体材质	换热管：00Cr19Ni10，ϕ25×2			
	壳程壳体：Q345R，ϕ=28			
	管箱壳体：Q345R+022Cr19Ni10			
	管板：16MnⅢ+00Cr19Ni10(166+4mm)			

E206 管束抽出后，目测管板表面存在较多裂纹。对管板表面进行了 PT 检测，发现裂纹集中在温度较高的第 1、2 管程。其中第 1 管程(油浆入口处)固定管板管桥有十多处开裂，多数集中于管头与管板的连接焊缝处，沿焊缝径向开裂，部分裂纹延伸至换热管母材和管板，未发现管头角焊缝的环向开裂。目测发现在活动管板侧第 2 管程区有一支换热管断裂，断裂部位在管孔内，距管子端面约 65mm 左右，该处管孔经高压蒸汽冲蚀，形成深约 10 ㎜的凹坑。试压时发现第 2 管程多支换热管裂开，大多位于强度胀与未胀部位的接合处，距离管端 65mm 左右；也有裂纹位于管头焊缝根部熔合线处，距离管端 5mm 左右。

2 原因分析

2.1 材料分析

现场对堆焊层、换热管取样进行理化分析，C、S、P 以及合金元素含量全部合格(见表 2)，其中换热管执行 GB 13296—2007《锅炉热交换器用不锈钢无缝钢管》，堆焊层执行 GB 8165《不锈钢复合钢板》。

表 2 堆焊层、换热管取样理化分析结果

名 称	元素含量/%											结论
	C	S	P	Cr	Ni	Mo	V	Ti	Si	Mn		
标准值	0.030	0.030	0.035	18~20	8~12							
换热管	0.024	0.001	0.025	18.21	8.25	—	—	—	—	—	—	合格
堆焊层	0.028	0.003	0.007	18.54	9.01	—	—	—	—	—	—	合格

2.2 胀接质量

2.2.1 制造工序

设计连接形式为预胀+强度焊+强度胀。强度胀的的目的是使管子端部在管板孔内产生塑性变形，管径增大，而管板只产生弹性变形，使胀管后的管子与管板之间产生一定的挤压力，紧密地固定在一起，具有抗泄漏的严密性和抗拉脱强度，达到密封和紧固连接的目的。

若未进行预胀就进行焊接，则由于管子与管孔之间存在间隙，管子沉底后导致坡口间隙不均匀，间隙最大为0.45mm，最小为0mm。焊接后再进行强度胀，一方面焊接质量难以保证；另一方面由于焊接后间隙不均匀，在强度胀接过程中将有可能使管子产生过度减薄变形而出现冷作硬化，并使焊口承受较大应力。

设备交付资料中无法追溯制造工序是否符合设计要求。

2.2.2 胀接长度

GB 151—1999《管壳式换热器》规定：强度胀接的最小长度应取管板的名义厚度减去3mm或50mm二者的最小值；对于胀焊并用的结构型式，距离管板端面15mm不需要胀接。而本设备管板的名义厚度为170mm，设计要求的强度胀长度为170－15－3＝152mm。若按GB 151制造，则强度胀末端距离管板端面为65mm。检测发现裂缝大都位于焊缝及强度胀(距离管子端面65mm左右)范围内，很有可能是制造时胀接长度不符合设计要求，只达到了GB 151的最低要求，如图1所示。

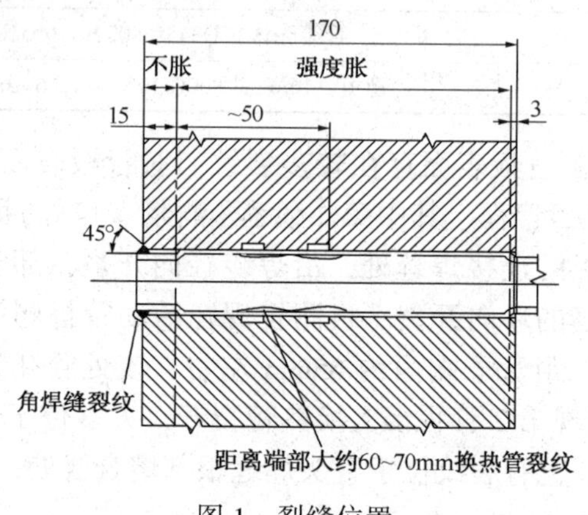

图1 裂缝位置

2.2.3 胀度

为检查胀接质量，将断管的管头焊缝铣掉时，换热管可在管孔内自由旋转，且能轻易地将换热管抽出，证实其拉脱力很小甚至可以忽略。实测断管胀接处的管子内径为21.05mm，管孔内径为25.4mm，管子壁厚为2mm。不考虑管子在胀接过程中的壁厚减薄因素，该换热管在胀接后管孔内壁存在最小间隙 $e=25.4-(21.05+2\times2)=0.35$mm。说明该换热管与管孔壁未紧密贴合，胀接质量不合格。

另外抽检40根管子，测量其强度胀接后的内径值，大多处于21.15~21.3mm之间，最大值21.4mm。内径值越大，说明胀接效果越明显。由于无法实测其余管孔内径值，取管孔内径值为25.4mm，管子壁厚为2mm，对内径为21.4mm的换热管与管孔内壁的间隙 $E=25.4-(21.4+2\times2)=0$mm，也仅仅是做到消除管子外壁与管孔内壁的间隙而已，更不要说紧密贴合。

胀度有多种表示方法，本文以管子内径的胀大值对管壁厚度的相对百分率来表示胀度（h_s），$h_s=[d_2-(d_1+e)]/2s\times100\%$。根据换热器检修手册，该设备最适宜的胀度为 $h_s=7\%\sim8\%$。通过上述数据可知，胀度最大值$h_s=[21.4-(21+0.2)]/2\times2\times100\%=6\%$。

因此根据上述分析可以推断：大部分管头未达到强度胀的要求，部分管头未达到贴胀要求。

2.2.4 胀接方式

胀接方式主要有柔性液压胀接和机械胀接两种。厂家采用的是机械胀接，在进行机械强度胀时，若换热管与管孔的间隙过大、管孔加工质量差或胀接速度过快等，就有可能产生管壁过度减薄、晶格滑移以及冷作硬化等，胀接处塑性下降，容易开裂。

2.3 焊接质量

2.3.1 坡口形式

设计图纸为半 U 形坡口 2×2.5mm，该尺寸的 U 形坡口需特制刀具进行磨削加工，成本相对较高。从设备交付资料中发现，厂家未经设计和用户同意就以 2×45°倒角代替。一般而言，半 U 形坡口更容易焊透，焊接应力要小于 V 形坡口。

2.3.2 质量检测

该处焊接质量控制尤为关键，是管束发生泄漏的主要部位之一。由于角焊缝缺乏可靠的质量检测手段，只能进行渗透检测，而渗透检测只能对焊缝表面的开口型缺陷进行确认，无法发现焊缝内部的缺陷。目测该设备管头焊缝的成型质量较差，存在较多弧坑、气孔等缺陷，部分进行了补焊，有十多处管头焊缝在弧坑或补焊部位裂开。技术要求该角焊缝至少分 2 层焊接，且每层的起弧和收弧部位至少需错开 30°；每层焊后需进行 100%渗透检测，Ⅰ级合格。但设备交付资料中无焊接工艺、焊缝外观检查结果和相应的无损检测报告，无法得知厂家是否分两层焊接并进行了相应检测。

奥氏体不锈钢具有焊接热裂纹敏感性，若焊接工艺执行不到位，在弧坑、热影响区等薄弱部位是容易产生热裂纹的。

2.4 其他应力分析

（1）若厂家未按预胀→强度焊→强度胀的工序制造，甚至未进行预胀，强度焊后就直接进行强度胀，则会对管头焊缝产生较大应力。

（2）304L 管子焊后不需要热处理，存在较大焊接残余应力。

（3）管头胀接部位因管壁减薄、突变和冷作硬化等存在较大加工残余应力。

（4）该管束分 6 管程，不同的管程介质温度不一致，故换热管的膨胀量也不一致，就产生了轴向温差应力，且第 1、2 管程介质温度相对较高，不锈钢的热膨胀系数大，相对膨胀量也大。因而第 1、2 管程的焊缝承受较大的热应力。

2.5 管束振动

壳程为 6.0MPa 除氧水，产 3.5MPa 饱和蒸汽 20t/h，除氧水在换热管外围不断汽化形成气泡，在气泡上升与破裂时，除氧水在高压下又迅速弥补气泡上升与破裂产生的空腔。在气泡上升、破裂、除氧水弥补空腔以及除氧水横向流动的过程中，换热管承受着蒸汽与除氧水的连续冲击，产生不规则的流体诱导振动，对换热管与管板连接处形成一个高频的交变载荷。所以换热管在不规则振动产生的交变应力作用下，在强度胀减薄、突变等薄弱部位产生疲劳断裂；部分裂纹在焊缝及熔合线处，说明该处存在“欠胀”现象，换热管与管孔之间存在间隙，换热管的高频振动传导至焊缝，导致焊缝熔合线、弧坑、气孔以及补焊部位等薄弱环节产生疲劳失效。

在温度相对较高的第1、第2管程，蒸发尤为剧烈，产生的振动也最严重，故管板及管头裂纹均集中于此。

另外支撑板与活动管板之间的间距约600mm，第一块折流板与固定管板之间的间距为650mm，无支撑跨距相对较大，管子挠度也较大，更容易产生振动。

3 结论

综上所述，由于胀接和焊接质量不合格，特别是部分管子存在“欠胀”现象，在运行过程中管束振动产生了疲劳失效，导致管头焊缝缺陷、强度胀减薄、局部冷作硬化等薄弱环节出现裂纹，从而使管束发生泄漏。

4 建议

目前换热器管子与管板的连接通常设计成“强度焊+贴胀”型式，对于运行过程中管束振动较大的蒸发器、重沸器等设备，需提高连接强度等级，改为“强度焊+强度胀”型式，并需重点关注胀接质量和管束振动情况。

（中国石化长岭分公司机动处 陈宝林）

72. 制氢装置转化气蒸汽发生器故障分析

2004 年 2 月中国石化西安分公司 4000t/a 制氢装置因转化气蒸汽发生器内漏，装置停工检修近一个月；同年 10 月塔河分公司 8000t/a 制氢装置因转化气蒸汽发生器管程筒体发生变形、鼓包并产生裂纹，大量转化气外泄，装置停工检修 32 天。两套新建制氢装置的转化气蒸汽发生器相继出现故障，致使装置停工抢修一个月，对全厂的生产经营产生影响，造成较大的经济损失。通过对蒸汽发生器拆开检查，对故障问题进行分析，并从设计、施工及应用方面提出了整改措施，这将为今后制氢转化气蒸汽发生器的安装及使用提供参考和借鉴。

1 西安分公司制氢装置转化气蒸汽发生器故障分析

1.1 设备结构及设计参数

西安分公司制氢装置蒸汽发生器为卧式，壳程筒体直径为 ϕ800mm/ϕ1200mm，材质为 15CrMoR，管程筒体材质为 15CrMoR，内衬 160mm 的氧化铝空心浇注料，锥锻材质为 UNS NO8810，管程接管及法兰采用 15CrMo 锻件，管板材料 15CrMoR。设计参数见表 1。

表 1　西安分公司制氢蒸汽发生器主要设计参数

项　目	单 位	管　程	壳　程
工作压力	MPa	2. 93	4. 2
工作温度(入/出)	℃	介质 840(300)	250
介质		转化气	锅炉给水，蒸汽
设计压力	MPa	3. 22	4. 6
设计温度	℃	270	300

1.2 故障情况

制氢装置于 2004 年 8 月建成投产，2005 年 2 月 1 日在停工小修后开工，当转化炉炉膛温度超过 900℃时，转化炉出口温度达不到设计要求，同时第一、二分水罐产生大量的水，从中变反应器内排出大量蒸汽，当时转化炉配汽并未投用，据此判断转化气蒸汽发生器内漏，装置被迫停工，对转化气蒸汽发生器进行检修。

1.3 检查情况

打开转化气蒸汽发生器进行检查，发现进口端衬里崩塌，衬里护板严重变形，裸露的导热陶瓷管大量断裂，如图 1 所示。打压试漏发现有两根换热管泄漏。

1.4 泄漏原因分析

通过对拆开检查情况进行分析，认为故障原因如下：

（1）转化气蒸汽发生器在制造上存在一定的缺陷。转化气蒸汽发生器泄漏部位结构如图 2所示，泄漏部位位于焊接热应力影响区与胀接应力区之间。从图中可以看出，为减少高温气流对换热管的冲刷，换热管在管板处特别设计了隔热衬里和导热陶瓷管，使高温转化气经导热陶瓷管直接进入低温换热管内。在换热管与陶瓷管之间镶嵌绝热陶纤绳，该陶纤绳有两方面作用：一是提高绝热率，二是补偿衬里烘干和设备升温时衬里与管板不同材质

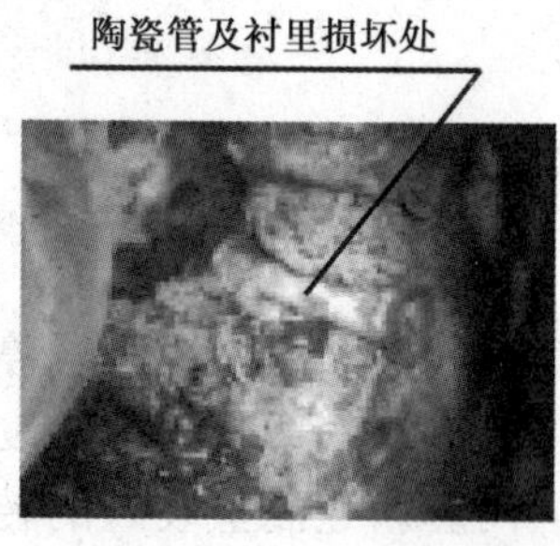

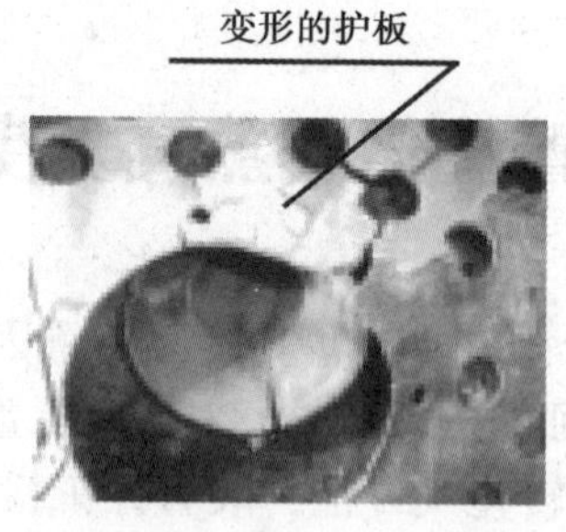

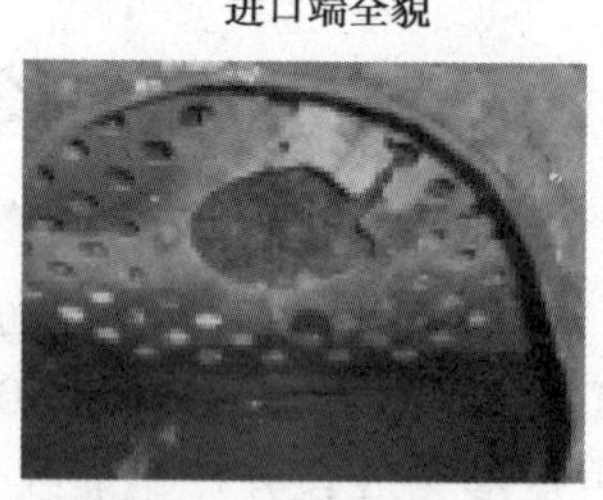

图 1 转化气蒸汽发生器检查情况

的膨胀蠕变对陶瓷管的损伤。设计要求换热管为ϕ38mm×4mm，内径 ϕ30mm，陶瓷管外径为 ϕ23mm，凸台外径为 ϕ28mm，陶瓷管与换热管配合后应有 3.5mm 的充填陶纤绳空间。而施工制造并没有按照设计要求进行，实际设备所安装的换热管为 ϕ38mm×5mm ，内径 ϕ28mm，陶瓷管凸台外径为 ϕ27.5mm，管径为 ϕ27mm，陶瓷管与换热管几乎是紧配合，没有充填陶纤绳空间，甚至一些陶瓷管无法插入换热管，所以原设备制造时就没有加装陶纤绳，并为了顺利安装，对大直径的陶瓷管还进行了打磨。在遇到装置压力、温度较大波动时，容易造成陶瓷管破裂，除氧水从陶瓷管断裂处漏出后与炙热衬里接触，发生爆炸式的汽化，冲坏衬里以及护板，造成衬里损坏。

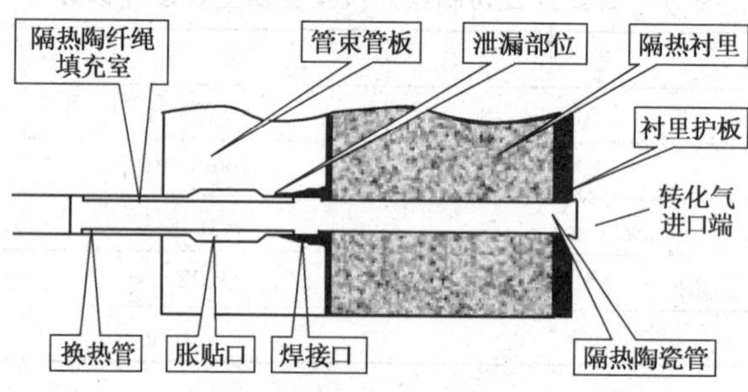

图 2 转化气蒸汽发生器泄漏部位结构图

（2）装置频繁的开停是诱发事故的重要原因。该装置自 2004 年 7 月设备投用以来，由于燃料中断、操作不当、设备故障等原因，装置切断进料 14 次，并有 1 次超温情况发生，这是使该设备发生泄漏的直接诱因。

1.5 处理措施

（1）对换热管泄漏处进行堵漏处理，对管板及内外表面进行 PT 检查，对管束进行水压试验试漏。

（2）陶瓷管衬里重新制作，进口锥段衬里损坏处修复。

（3）由于检修时间紧张，对新做衬里采取在线烘干形式，严格按照烘炉曲线升降温。

2 塔河分公司制氢装置转化气蒸汽发生器故障分析

2.1 设备结构及设计参数

塔河分公司制氢装置蒸汽发生器为卧式，壳程筒体直径 ϕ1000mm，材质为 16MnR，管程筒体直径 ϕ1300mm，材质为 15CrMoR，内衬 150mm 的氧化铝空心浇注料，锥锻材质为 UNS NO8810，管程接管及法兰采用 15CrMo 锻件，管板材料 15CrMoR。设计参数见表 2。

表 2　塔河分公司制氢蒸汽发生器主要设计参数

项　目	单 位	管　程	壳　程
工作压力	MPa	2.85	4.2
工作温度(入/出)	℃	介质 850(300)	252
介质		转化气	锅炉给水，蒸汽
设计压力	MPa	3.14	4.6
设计温度	℃	300	260

2.2　故障情况

该公司制氢装置于 2004 年 9 月份中交，在 10 月份开工时，转化气蒸汽发生器在管程与锥段相连的外筒体发生变形、鼓包并产生裂纹(见图 3)，造成大量转化气外泄，被迫停工处理。

图 3　制氢蒸汽发生器外观检查

停工后检查操作记录，发现操作温度和操作压力均在工艺卡片控制范围内，没有出现超温超压情况。但从现场外观检查情况来看，管程与锥段相连的外筒体出现鼓包并有一处开裂，裂缝长度约 120mm，与锥段相连的外筒体外部有保温。

打开蒸汽发生器进行内部检查，发现外筒衬里出现多条裂纹，衬里护板出现变形、焊缝开裂，管板及陶瓷管没有损坏，如图 4 所示。

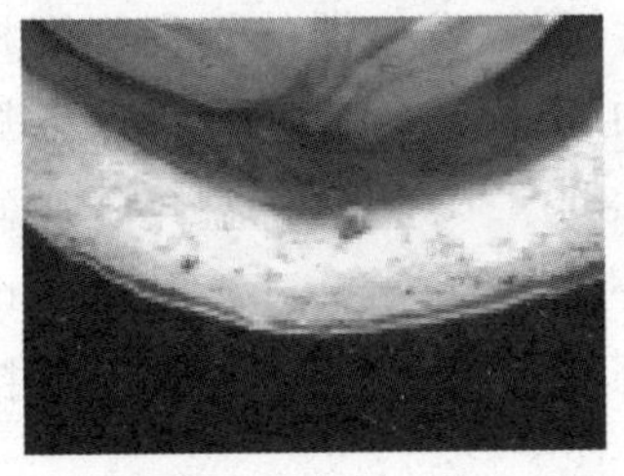

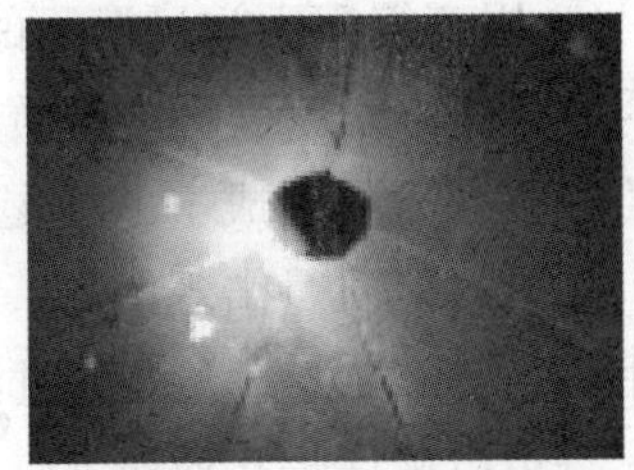

图 4　制氢蒸汽发生器内部检查

2.3　原因分析

经过检查分析，认为故障原因主要有两个方面：

(1) 从检查的情况分析，管程带衬里部分外加了保温是造成管程与锥段相连的外筒体出现鼓包并开裂的主要原因。洛阳设计院提供的设计说明书中有关制造及验收技术条件明确要求：蒸汽发生器外保温范围仅为壳程部分，管程带衬里部分不得保温。而施工时由于疏忽，未按该要求执行，将管程带衬里部分进行了外保温，以致管程外筒部位热量无法散发，造成温度超高，在高温、内压力及介质作用下，筒体强度急剧下降，筒体出现变形、鼓包并最终产生裂纹。

（2）管程筒体上部衬里损坏，出现贯穿性裂纹，是造成管程外筒部位热量聚集、温度超高的重要原因。

2.4 处理措施

（1）将鼓包的管程外筒体割除并重新制作外筒体。

（2）对管程过渡段筒体、管程锥段筒体及人孔处内外表面作 PT 或 MT 检测，并进行金相组织检查，确认各项指标合格，可以继续使用。

（3）衬里拆除修复。除管板衬里不动外，其余衬里拆除，尽量避免振动，以防止陶瓷管的损坏；按设计规范重新制作衬里，由于天气较冷，在衬里制作完成后立即用电炉加热进行保温，同时减少自然养护时间。

在冬天进行现场衬里施工，由于气温低，质量保证较为困难，加上检修工期紧，要求衬里烘完后不再降温检查。为确保施工顺利完成，采取了几方面措施：一是晚上采用电炉供热，确保施工环境温度达到设计要求的5℃以上，衬里施工完毕，自然养护 3 天；二是搅拌好的料要求在 50min 内用完，防止出现初凝现象；三是烘衬时严格按照烘炉曲线进行。

该装置于 2004 年 11 月底再次开工，蒸汽发生器运行基本正常，但在管程靠人孔处仍出现了热点，目前用蒸汽喷淋降温。

3 建议

转化气蒸汽发生器是制氢装置的关键设备，而管程内部衬里的施工质量是确保该设备长周期运行的保证。当管程衬里出现问题需要重新制作时，由于施工周期长，对企业的正常生产将产生较大影响。为确保制氢转化气蒸汽发生器长周期运行，应从设计、安装及运行方面作好以下几方面工作。

（1）从设计上应考虑提高蒸汽发生器高温部分的强度及衬里制作质量。

① 提高管程中间过渡段的材质等级。目前一般设计思路是：蒸汽发生器的管程锥锻材质为 Alloy800，管程筒体材质为 15CrMoR，中间过渡段采用 16MnR 材质。这样容易保证焊接质量，同时降低成本，但是中间过渡段的强度有所降低，在 800℃以上的高温介质冲刷下，如果衬里质量出现问题，容易出现设备超温鼓包甚至开裂的情况。如果过渡段材质也使用 Alloy800，将大大提高过渡段的强度，有利于设备的长周期运行，而通过严格控制焊接工艺，可以确保焊接质量。

② 为确保管程衬里的制造质量，应对衬里的材料技术性能参数提出详细要求，在衬里护板的开孔率、焊接形式等方面提出更合理的方案。

（2）在安装施工方面，要按照设计要求，严格注意衬里的施工质量。

① 衬里材料必须经试样合格后方可使用。

② 衬里施工方案必须经设计、生产单位、监理等相关单位联合签字后方可实施，衬里施工时尽量在室内进行，必须连续作业。对施工完的衬里要组织联合检查。对于在用设备的衬里修复时，要防止对陶瓷管的破坏。

③ 衬里烘干必须严格按照设计提供的烘炉曲线执行，一般情况下，衬里烘完后应打开检查，确认无问题后再开工。目前有的企业由于抢修时间紧，在转化气蒸汽发生器衬里施工完毕、烘完衬里后直接进入开工阶段，而不进行降温打开设备检查衬里的过程。在确保衬里施工质量和严格按照烘炉曲线烘炉的情况下，这种情形应该是允许的。

(3) 在操作方面，一是开停工时，要严格控制升降温速度，并保证日常生产中的平稳操作，减少非计划停工的出现；二是要加强巡检，对转化气蒸汽发生器定时进行测温，防止超温情况的发生。

（中国石油化工股份有限公司炼油事业部　任刚；
中国石化长岭分公司　黄琦）

后　记

《炼油化工换热设备维护检修案例》一书，系本书编者从多年来主编的有关设备维修管理著作中，精选了炼油化工企业有关换热设备维护检修的案例汇编而成。所选的案例紧密结合生产，具有很好的示范性和可操作性。

本书旨在为广大炼油化工设备工作者提供一个交流、借鉴和相互学习的平台，希望能对提高和加强炼油化工换热设备维护检修水平起到积极的促进作用。

本书的出版，离不开案例撰写人的努力实践和辛勤劳动。在此，编者向其表示衷心的感谢和深深的敬意！

本书出版后，所选案例的第一作者可与中国石化出版社联系，出版社将赠书一本以表谢意。

联系人：中国石化出版社装备综合编辑室　龚志民

电　话：(010)84289937

E-mail：gongzm@sinopec.com